高等学校测绘工程系列教材

“十三五”江苏省高等学校重点教材（编号：2019-2-134）

现代监测技术与数据分析方法

主　编　岳建平　徐　佳
参　编　李宗春　杨泽发　李增科
丁　勇　丛康林　何　华

图书在版编目(CIP)数据

现代监测技术与数据分析方法/岳建平,徐佳主编.—武汉:武汉大学出版社,2020.12(2024.8 重印)
高等学校测绘工程系列教材 “十三五”江苏省高等学校重点教材
ISBN 978-7-307-21814-7

Ⅰ.现… Ⅱ.①岳… ②徐… Ⅲ.安全监测—统计数据—统计分析—高等学校—教材 Ⅳ.①X924.2 ②O212

中国版本图书馆 CIP 数据核字(2020)第 189103 号

责任编辑:杨晓露　　责任校对:汪欣怡　　版式设计:马　佳

出版发行:**武汉大学出版社**　(430072　武昌　珞珈山)
(电子邮箱:cbs22@ whu.edu.cn 网址:www.wdp.com.cn)
印刷:武汉邮科印务有限公司
开本:787×1092　1/16　印张:17.25　字数:406 千字　插页:3
版次:2020 年 12 月第 1 版　2024 年 8 月第 2 次印刷
ISBN 978-7-307-21814-7　定价:39.00 元

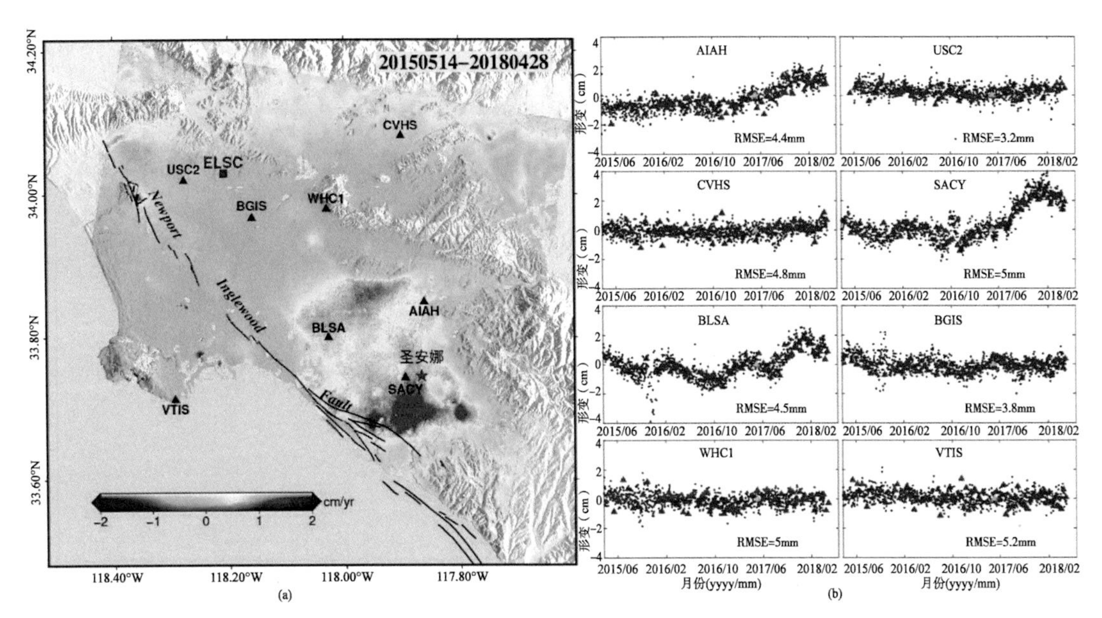

图 5-9 (a) 美国南加州洛杉矶地区 2015 年 5 月 14 日至 2018 年 4 月 28 日沿雷达视线方向的平均形变速率；(b) 8 个 GNSS 站点处实测视线向形变（蓝色实心圆点）与 SBAS-InSAR 监测结果（品红色三角形）对比。

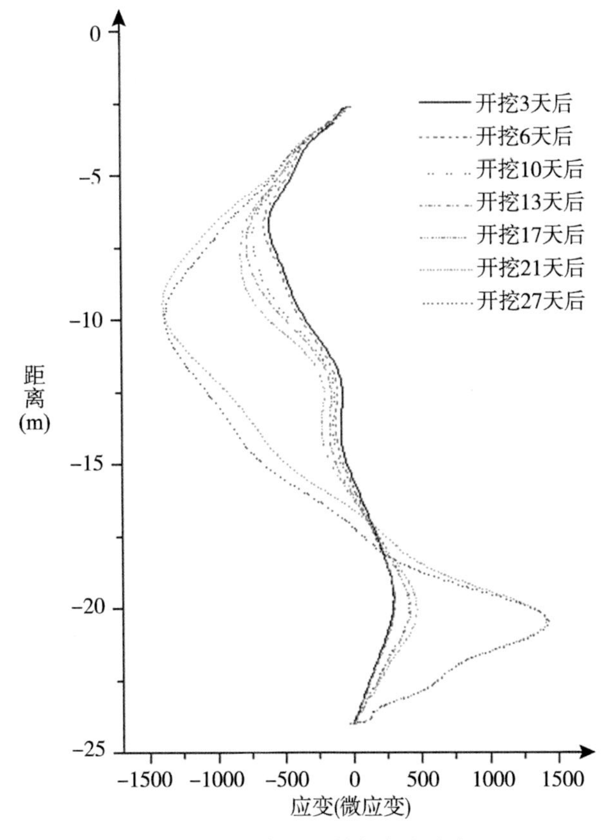

图 7-22 H 型钢基坑外侧应变分布图

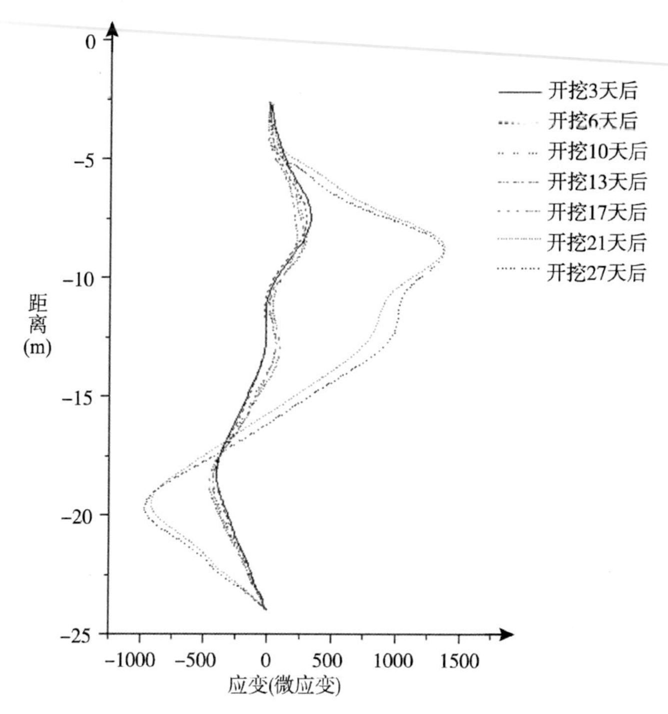

图 7-23　H 型钢基坑内侧应变分布图

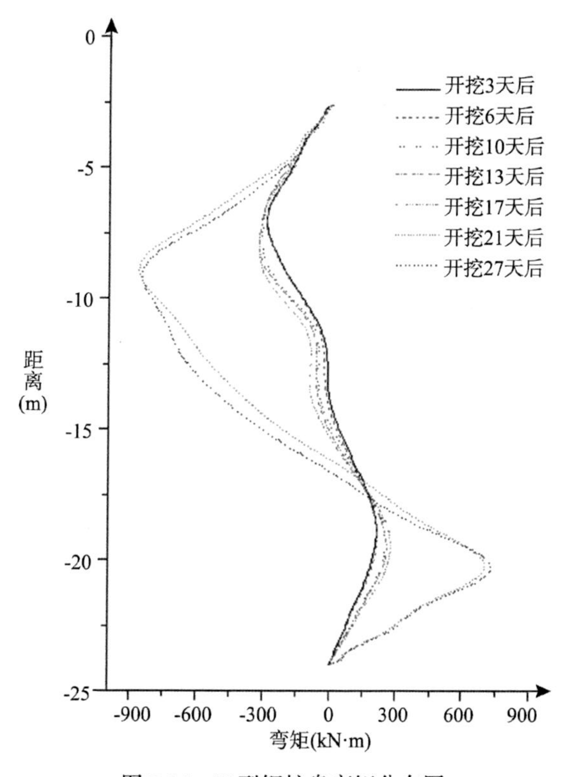

图 7-24　H 型钢桩身弯矩分布图

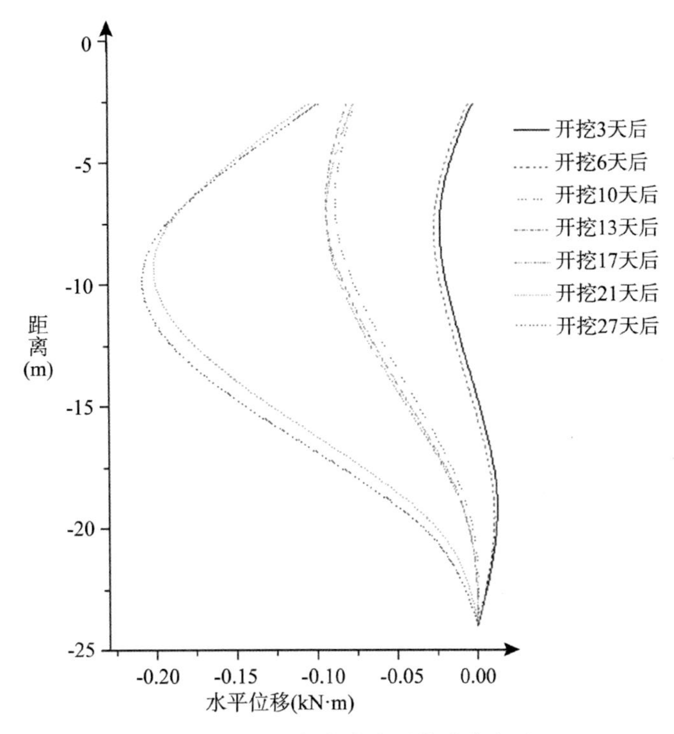

图 7-25　H 型钢桩身水平位移分布图

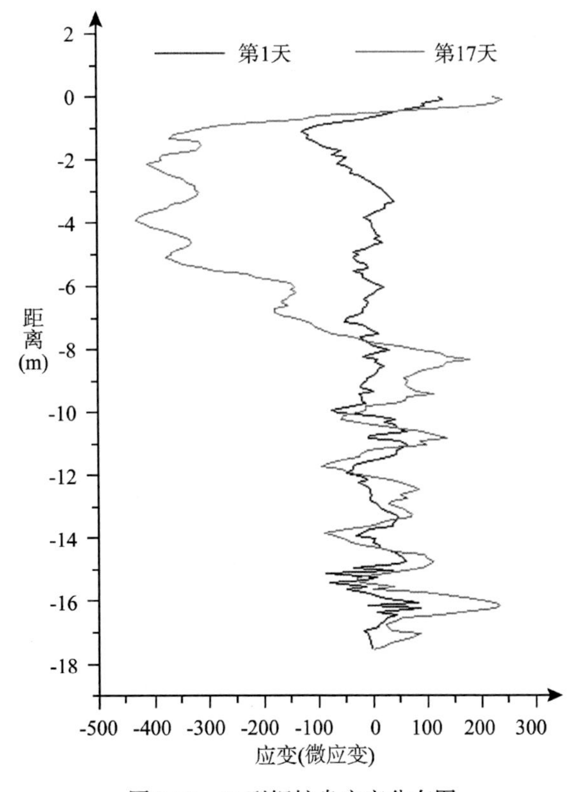

图 7-29　H 型钢桩身应变分布图

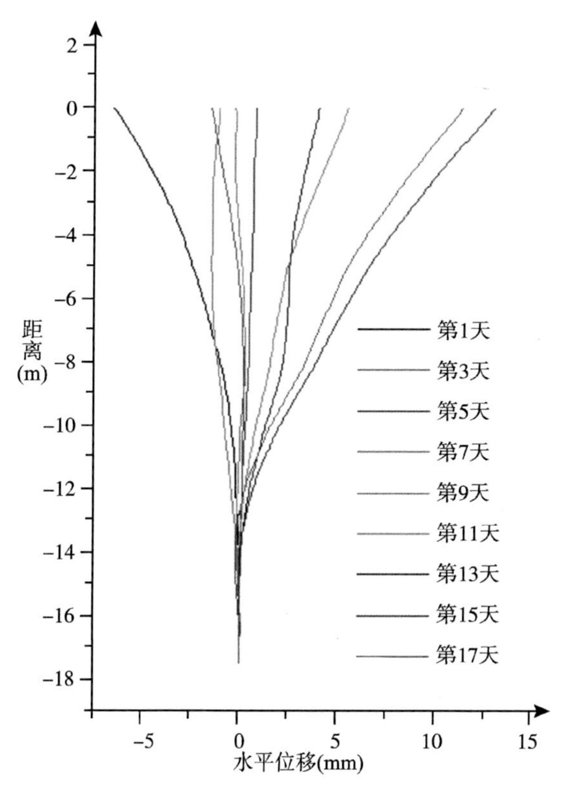

图 7-30　H 型钢桩身水平位移分布图

前　言

随着三峡大型水利枢纽工程、港珠澳大桥等世界级大型土木工程的兴建，我国已经成为土木工程建设最活跃的国家。这些工程规模大、要求高、工艺新、速度快，对施工技术和监测技术提出了更高的要求，传统的基于人工观测的大地测量技术等已经难以满足现代化监测的需求。近年来，随着测绘技术的进步，大量新型的监测技术得到成功应用，为工程的顺利施工和安全运营提供了有力保障。为此，在新形势下需要拓展传统变形监测的内涵，引进 InSAR、三维激光扫描等新型监测技术，提高监测技术的现代化水平，丰富和完善监测数据分析处理理论，以满足大型土木工程现代化管理的需求。

本书紧密结合了党的二十大会议中关于科技创新、产业升级、现代化建设等方面的要求，全面贯彻党的教育方针，落实立德树人的根本任务。根据二十大报告中提出的“坚持科技是第一生产力、人才是第一资源、创新是第一动力”，在推进教育现代化中培养高校学生担当民族复兴大任的时代新人。围绕“两支撑、一提升”的新时期测绘工作根本定位，推进高水平安全监测技术的蓬勃发展，夯实国家基础设施体系和社会稳定基层基础，完善国家安全管理体系，以新安全格局保障新发展格局，为全面建设社会主义现代化国家贡献力量。

本书根据当今监测技术的发展情况，全面介绍了安全监测的原理和方法，监测数据分析处理理论，以及监测技术在典型工程中的应用。在基本原理中，主要介绍了安全监测的目的与意义、精度要求、观测周期，以及安全监测系统的设计等原理。监测技术主要介绍了水平位移、垂直位移、挠度、裂缝等大地测量监测技术，并对内部位移、应力、渗流等监测技术进行了全面的介绍，在此基础上，重点介绍了 GNSS、InSAR、三维激光扫描、光纤等现代监测技术及其应用，并对自动化监测技术进行了全面的阐述。在数据处理与分析方面，对监测资料的整编、监测数据分析处理方法等进行了较深入的介绍。

本书内容完整，结构合理，深入浅出，符合专业教学的要求；技术先进，理论完善，结合工程实际，实用性强。本书除可作为测绘工程、土木工程等相关专业的教学用书外，也可作为科研、工程技术人员的参考用书。

参加本书编写的作者分工如下：

岳建平（河海大学），撰写第 1、9 章，负责全书的组织和统稿。

徐佳（河海大学），撰写第 2、8、10 章，负责全书的统稿和校对。

李宗春、何华（中国人民解放军战略支援部队信息工程大学），撰写第 6 章。

杨泽发（中南大学），撰写第 5 章。

李增科（中国矿业大学），撰写第 4 章。

丁勇（南京理工大学），撰写第7章。

丛康林（山东农业大学），撰写第3章。

本书的部分内容摘自所列的参考文献，在此对原作者表示衷心的感谢！

由于编者水平所限，书中难免存在谬误，敬请读者批评指正。

目　　录

第1章 绪　　论

内容及要求：本章主要介绍安全监测的基本概念。通过本章学习，要求了解安全监测的目的与意义；了解安全监测的主要内容以及监测方法；掌握安全监测精度、周期的确定原则和方法；掌握监测系统设计的基本原则和主要内容；了解监测技术的最新进展。

1.1 安全监测的目的与意义

变形监测是指采用一定的测量手段对被监测对象（简称变形体）进行测量，以确定其空间位置及内部形态随时间变化的测量工作。变形监测又称变形测量或变形观测。变形体一般包括工程建筑物、技术设备以及其他自然或人工对象，如：大坝、桥梁、电视塔、大型天线、油罐、滑坡体等。变形监测是工程测量学的重要内容。

最初的变形监测只是对变形体的位移特征进行测量，技术手段和内容单一，难以全面分析和掌握变形体的性态特征。为此，还需要对监测对象的内部应力、温度以及外部环境进行测量，以全面掌握变形体的综合情况。由于原来的“变形监测”已无法涵盖测量的所有内容，为此，在“变形监测”的基础上进行了拓展，成为了“安全监测”。安全监测不仅其内容较变形监测更丰富，而且其成果可以反映建筑物的工作性态，反馈调控生产过程。近年来，由于计算机和人工智能技术的应用，安全评判理论得到了快速的发展和完善，建筑物健康诊断理论取得了较大的发展，在许多工程领域得到成功应用。

1.1.1 目的与意义

由于大型建筑物在国民经济中的重要性，其安全问题受到普遍的关注，政府和地方部门对安全监测工作都十分重视，因此，绝大部分的大型建筑物都实施了监测工作。对建筑物进行安全监测的主要目的有以下几个方面。

1. 分析和评价建筑物的安全状态

工程建筑物的安全监测是随着工程建设的发展而兴起的一门年轻学科。改革开放以后，我国兴建了大量的水工建筑物、大型工业厂房和高层建筑物。由于工程地质、外界条件等因素的影响，建筑物及其设备在施工和运营过程中都会产生一定的变形。这种变形常常表现为建筑物整体或局部发生沉陷、倾斜、扭曲、裂缝等。如果这种变形在允许的范围之内，则认为是正常现象。如果超过了一定的限度，就会影响建筑物的正常使用，严重的还可能危及建筑物的安全。例如，不均匀沉降使某汽车厂的巨型压机的两排立柱靠拢，致使巨大的齿轮“咬死”而不得不停工大修；某重机厂柱子倾斜使行车轨道间距扩大，造成了行车下坠事故。不均匀沉降还会使建筑物的构件断裂或墙面开裂，使地下建筑物的防水措施失效。中华人民共和国成立以来，我国共修建了8.6万余座堤坝，这些工程在国民经济中发挥了巨大的作用。然而，相当一部分大坝存在着某些不安全因素，有的已运行30多年，甚至更长，坝体材料逐渐老化，这些因素不同程度地影响工程效益的发挥，甚至威胁着下游千百万人民的生命财产安全。因此，在工程建筑物的施工和运营期间，都必须对它们进行安全监测，以监视其安全状态。

2. 验证设计参数

安全监测的结果也是对设计数据的验证，并可为改进设计和科学研究提供资料。由于人们对自然的认识不够全面，不可能对影响建筑物的各种因素都进行精确计算，设计中往往采用一些经验公式、实验系数或近似公式进行简化，在理论上不够严密，有一定的近似性。对正在兴建或已建工程的安全监测，可以验证设计的正确性，修正不合理的部分。例如，刘家峡大坝，根据观测结果进行反演分析，得出了初期时效位移分量、坝体混凝土弹模、渗透扩散率及横缝作用等有关结构本身特性的信息。另外，对于一些新型的大型建筑物（如鸟巢、特大型桥梁等），由于其结构特殊，可参考经验少，需要通过监测对设计的理论和参数等进行验证，以积累经验，完善设计理论。

3. 反馈设计施工质量

安全监测不仅能监视建筑物的安全状态，而且对反馈设计施工质量等起到重要作用。例如，葛洲坝大坝是建在产状平缓、多软弱夹层的地基上，岩性的特点是砂岩、砾岩、粉砂岩、黏土质粉砂岩互层状，因此，担心开挖后会破坏基岩的稳定，通过安装大量的基岩变形计，在施工期间及1981年大江截流和百年一遇洪水期间的观测结果表明，基岩处理后，变形量在允许范围内，验证了大坝是安全稳定的。

4. 研究正常的变形规律

由于人们认识水平的限制，对许多问题的认识都有一个由浅入深的过程，而大型建筑物由于结构类型、建筑材料、施工模式、地质条件的不同，其变形特征和规律存在一定的差异，因此，对已建建筑物实施安全监测，从中获取大量的监测信息，并对这些信息进行系统的分析研究，可寻找出建筑物变形的基本规律和特征，从而为监控建筑物的安全、预报建筑物的变形趋势提供依据。

1.1.2 安全监测的特点

安全监测与常规的测量工作相比较，既有相同点，又有各自的特点，具体来说，安全监测具有以下特点：

1. 周期性重复观测

安全观测的主要任务是通过对观测点进行定期观测，以求得测点的变化量。为获得变化的特征信息，观测一般按照一定时间间隔重复进行，表现出观测的周期性和重复性。周期性是指观测的时间间隔是固定的，不能随意更改；重复性是指观测的条件、方法和要求等基本相同。周期性观测的主要目的是避免错过变形的特征点，反映变形的变化过程。重复性观测是为了观测结果的精度等一致，同时，通过差值减小测量仪器、外界条件等引起的系统性误差影响，因此，每次观测时，测量的人员、仪器、作业条件等都应相对固定。

2. 精度要求高

在通常情况下，为了准确地了解监测对象的变形特征和变形过程，需要精确地测量监测点的空间位置，因此，安全监测的精度要求一般比常规工程测量的精度要求高。例如，在大坝安全监测中，坝体的水平位移监测精度一般要求达到±1mm，对于坝基等特殊部位的监测精度要求甚至更高。因此，高精度的测量要求对测量的仪器和作业方法提出了更高的要求。

3. 多种观测技术的综合应用

随着科学技术的发展和进步，安全监测技术也在不断丰富和提高，相对而言，安全监测的技术和方法较常规大地测量的技术方法更为丰富。目前，在安全监测工作中，通常用到的测量技术有：大地测量技术，主要包括三角测量、水准测量、交会测量等方法；专门测量技术，如基准线测量技术、自动化测量技术、InSAR 监测技术、GNSS 监测技术等，这些技术通常会同时应用于同一个工程，形成一个综合的安全监测方案。

4. 监测网着重于研究点位的变化

安全监测工作主要关心的是测点的点位变化情况，而对测点的绝对位置并不过分关注，因此，在变形监测中，常采用独立的坐标系统。虽然坐标系统可以根据工程需要灵活建立，但一经建立一般不允许更改，否则，监测资料的延续性得不到保证。例如，在沉降监测中，一般采用独立的高程系统，该系统可以和国家或地方的高程系统联测，也可以不进行联测，只需要在成果资料中予以说明即可。另外，对于某些建筑物，其监测的位移量要求在某个特定的方向上，这时，若采用国家坐标系统或地方坐标系统，将难以满足这样的要求，因此，只能建立独立的工程坐标系统。例如，在大坝变形监测中，要求测量的水平位移是坝轴线方向和垂直于坝轴线方向的位移，这时的坐标系统就应该根据坝轴线来建立。

1.1.3 变形的分类

引起建筑物变形的原因有很多，但主要可分为外部原因和内部原因两个方面。外部原因主要有：建筑物的自重、使用中的动荷载、振动或风力等因素引起的附加荷载、地下水位的升降、建筑物附近新工程施工对地基的扰动，等等。内部原因主要有：地质勘探不充分、设计错误、施工质量差、施工方法不当等。分析引起建筑物变形的原因，对以后变形监测数据的分析解释是非常重要的。

对变形体的变形特征进行合理的分类，有利于科学合理地开展监测工作，对变形的机理及变形监测的数据进行有效的分析和解释。变形体的变形特征按照其自身的特点和研究的不同目的有不同的分类方法，主要方法如下：

1. 变形的一般分类

在通常情况下，变形可分为静态变形和动态变形两大类。静态变形主要指变形体随时间的变化而发生的变形，这种变形一般速度较慢，需要较长的时间才能被发觉。动态变形主要指变形体在外界荷载的作用下发生的变形，这种变形的大小和速度与荷载密切相关，在通常情况下，荷载的作用将使变形即刻发生。

2. 按变形特征分类

根据变形体的变形特征，变形可分为变形体自身的形变和变形体的刚体位移。变形体自身形变包括：伸缩、错动、弯曲和扭转四种变形；而刚体位移则包含整体平移、整体转动、整体升降和整体倾斜四种变形。

3. 按变形速度分类

变形按照其速度一般可分为：长周期变形、短周期变形和瞬时变形。长周期变形一般指在比较长的时间段内发生的循环变形过程，如大坝在运营期由于受水压、温度等的影响而产生的年周期变形等。短周期变形是指在较短的一段时间内发生的循环变形过程，如高大型建筑物在日照的作用下发生的周日变形等。瞬时变形是指在短时间荷载作用下发生的瞬间变形，例如，烟囱、塔柱等高大建筑物在风力的作用下发生的变形等。

4. 按变形特点分类

变形按其特点可分为弹性变形和塑性变形两类。当作用的荷载在构件的弹性范围内时，其发生的变形一般为弹性变形，其特点是当荷载撤销后，变形也将消失。当荷载作用在非弹性体上或者荷载超过了构件的弹性限度，则会产生塑性变形，其特点是当荷载撤销后，变形没有或者没有全部消失。在实际工程中，弹性变形和塑性变形会同时存在。

1.2 安全监测的主要内容

对于不同类型的监测对象，其监测的内容和方法有一定的差异，但总的来说可以分成巡视检查，环境监测，位移监测，渗流监测，应力、应变监测及周边监测等几个方面。

1.2.1 巡视检查

巡视检查是安全监测中的一个重要内容，它包括现场巡视和现场检测两项工作，分别采用简单量具或临时安装的仪器设备在建筑物及其周围定期或不定期进行检查，检查结果可以定性描述，也可以定量描述。

巡视检查不仅是工程运营期的必需工作，在施工期也应十分重视。因此，在设计安全监测系统时，应根据工程的具体情况和特点，制定巡视检查的内容和要求，巡视人员应严格按照预先制定的巡视检查程序进行检查工作。

巡视检查的次数应根据工程的等级、施工的进度、荷载情况等决定。在施工期，一般每周2次，正常运营期，可逐步减少次数，但每月不宜少于1次。在工程进度加快或荷载变化很大的情况下，应加强巡视检查。另外，在遇到暴雨、大风、地震、洪水等特殊情况时，应及时进行巡视检查。

巡视检查一般由熟悉工程情况的有经验的技术人员负责。巡视检查的方法主要依靠目视、耳听、手摸、鼻嗅等直观方法，也可辅以锤、钎、量具、放大镜、望远镜、照相机、摄像机等工器具进行。如有必要，可采用坑（槽）探挖、钻孔取样或孔内电视、注水或抽水试验，化学试剂、水下检查或水下电视摄像、超声波探测及锈蚀检测、材质化验或强度检测等特殊方法进行检查。

现场巡视检查应按规定做好记录和整理，并与以往检查结果进行对比，分析有无异常迹象。如果发现疑问或异常现象，应立即对该项目进行复查，确认后，应立即编写专门的检查报告，及时上报。

1.2.2 环境监测

环境监测主要包括大气环境和荷载环境两大方面。

大气环境一般包括气温、气压、降水量、风力、风向等。大气环境监测通常采用自动气象站来实现，即在监测对象附近设立专门的气象观测站，用以监测气温、气压、降雨量等数据。

不同建筑物的荷载种类差别较大，其监测内容和方法也不同。如：对于水工建筑物，应监测库水位、库水温度、冰压力、坝前淤积和下游冲刷等；对于桥梁工程，应监测河水流速、流向、泥沙含量、河水温度、桥址区河床变化等。对于特定类型建筑物的特定监测项目，应采用特定的监测方法和要求。如：库水位监测应在水流平稳，受风浪、泄水和抽水影响较小，便于安装设备的稳固地点设立水位观测站，采用遥测水位计或水位标尺进行观测。

地震是一种危害巨大的自然灾害，对于一些重大工程，为保证其安全，降低地震灾害所造成的损失，需要在工程所在地设立地震监测站，以分析和预报可能发生的地震。

1.2.3 位移监测

位移监测主要包括沉降监测、水平位移监测、挠度监测、裂缝监测等，对于不同类型的工程，各类监测项目的方法和要求有一定的差异。为使测量结果有相同的参考系，在进行位移测量时，应设立统一的监测基准点。

沉降监测一般采用几何水准测量方法进行，在精度要求不太高或者观测条件较差时，也可采用三角高程测量方法。对于监测点高差不大的场合，可采用液体静力水准测量和压力传感器方法进行测量。沉降监测除了可以测量建筑物基础的整体沉降情况外，还可以测量基础的局部相对沉降量、基础倾斜、转动等。

水平位移监测通常采用大地测量（包括交会测量、三角网测量和导线测量等）、基准线测量（包括视准线测量、引张线测量、激光准直测量、垂线测量）以及其他一些专门的测量方法。其中，大地测量方法是传统的测量方法，而基准线测量是目前普遍使用的主要方法。对于某些专门测量方法（如：裂缝计、多点位移计等）也是进行特定项目监测的十分有效的手段。

近年来，GNSS 监测技术、InSAR 监测技术、三维激光扫描技术等成功应用于变形监测中，使得测量的精度和效率得到大幅上升，测量成果的展示形式也更丰富。

1.2.4 渗流监测

渗流监测主要包括地下水位监测、渗透压力监测、渗流量监测等。对于水工建筑物，还包括扬压力监测、水质监测等。

地下水位监测通常采用水位观测井或水位观测孔进行，即在需要观测的位置打井或埋设专门的水位监测管，测量井口或孔口到水面的距离，然后换算成水面的高程，通过水面高程的变化分析地下水位的变化情况。

渗透压力一般采用专门的渗压计进行观测，渗压计和测读仪表的量程应根据工程的实际情况选定。

渗流量监测可采用人工量杯观测和量水堰观测等方法。量水堰通常采用三角堰和矩形堰两种形式。三角堰一般适用于流量较小的场合，矩形堰一般适用于流量较大的场合。

1.2.5 应力、应变监测

应力、应变监测的主要项目包括：混凝土应力应变监测、锚杆（锚索）应力监测、钢筋应力监测、钢板应力监测等。

为使应力、应变监测成果不受环境变化的影响，在测量应力、应变时，应同时测量监测点的温度。应力、应变的监测应与变形监测、渗流监测等项目结合布置，以便监测资料的相互验证和综合分析。

应力、应变监测一般采用专门的应力计和应变计进行。选用的仪器设备和电缆，其性能和质量应满足监测项目的需要，且应特别注意仪器的可靠性和耐用性。

1.2.6 周边监测

周边监测主要指对工程周边地区可能发生的对工程运营产生不良影响的监测工作，主要包括：滑坡监测、高边坡监测、渗流监测等。对于水利工程，由于水库的蓄水，使库区岸坡的岩土力学特性发生变化，从而引起库区的大面积滑坡，这对工程的使用效率和安全将是巨大的隐患，因此，应加强水利工程库区的滑坡监测工作。另外，对于水利工程中非大坝的自然挡水体，由于没有进行特殊处理，很可能会存在大量的渗漏现象，加强这方面的监测，对有效地利用水库，防止渗漏有很大的作用。

1.3 安全监测的精度和周期

1.3.1 安全监测的精度

在制定变形监测方案时，应确定监测的精度。确定监测精度主要从监测的目的来考虑：如果监测的目的是确保建筑物的安全，则其监测的中误差应小于允许变形值的1/20～1/10；如果监测的目的是研究其变化的过程，则监测中误差应有更高的精度。

由于安全监测工作基本上是为土木工程安全服务的，因此，其测量精度能够满足确保建筑物安全就可以了。目前，绝大多数的土木工程领域都根据工程的具体特点和要求，以及当前的测量技术水平，制定了符合实际情况的安全监测规范，工程技术人员只需要按照规范的要求进行监测工作。当遇到特殊工程或特殊要求时，应组织业主、设计、施工、监理、监测等部门的技术人员，进行广泛的交流和研究，制定符合特殊工程要求的监测方案。

由于安全监测的重要性、测量技术的进步，以及测量费用所占工程费用的比例较小，因此，变形观测的精度要求一般较严。表1-1为我国《混凝土坝安全监测技术规范》

（DL/T 5178—2016）有关安全监测的精度要求。

表 1-1　**混凝土坝安全监测的精度**

<table>
<tr><th colspan="4">项目</th><th>监测精度</th></tr>
<tr><td colspan="4">变形监测控制网</td><td>±1.4mm</td></tr>
<tr><td rowspan="6">水平位移</td><td rowspan="3">坝体</td><td colspan="2">重力坝</td><td>±1.0mm</td></tr>
<tr><td rowspan="2">拱坝</td><td>径向</td><td>±2.0mm</td></tr>
<tr><td>切向</td><td>±1.0mm</td></tr>
<tr><td rowspan="3">坝基</td><td colspan="2">重力坝</td><td>±0.3mm</td></tr>
<tr><td rowspan="2">拱坝</td><td>径向</td><td>±0.3mm</td></tr>
<tr><td>切向</td><td>±0.3mm</td></tr>
<tr><td colspan="3" rowspan="2">坝体、坝基垂直位移</td><td>坝体</td><td>±1.0mm</td></tr>
<tr><td>坝基</td><td>±0.3mm</td></tr>
<tr><td colspan="4">坝体、坝基挠度</td><td>±0.3mm</td></tr>
<tr><td rowspan="2">倾斜</td><td colspan="3">坝体</td><td>±5.0″</td></tr>
<tr><td colspan="3">坝基</td><td>±1.0″</td></tr>
<tr><td colspan="4">坝体表面接缝与裂缝</td><td>±0.2mm</td></tr>
<tr><td colspan="4">坝基、坝肩岩体内部变形</td><td>±0.2mm</td></tr>
<tr><td rowspan="2">近坝区岩体和高边坡</td><td colspan="3">水平位移</td><td>±2.0mm</td></tr>
<tr><td colspan="3">垂直位移</td><td>±2.0mm</td></tr>
<tr><td colspan="2" rowspan="3">滑坡体</td><td colspan="2">水平位移</td><td>±3.0mm（岩质边坡）
±5.0mm（土质边坡）</td></tr>
<tr><td colspan="2">垂直位移</td><td>±3.0mm（岩质边坡）
±5.0mm（土质边坡）</td></tr>
<tr><td colspan="2">裂缝</td><td>±1.0mm</td></tr>
<tr><td colspan="2" rowspan="4">渗流</td><td colspan="2">渗流量</td><td>±10%满量程</td></tr>
<tr><td colspan="2">量水堰堰上水头</td><td>±1.0mm</td></tr>
<tr><td colspan="2">绕坝渗流孔、测压管水位</td><td>±50mm</td></tr>
<tr><td colspan="2">渗透压力</td><td>±0.5%满量程</td></tr>
</table>

在确定了变形监测的精度要求后，可参照《建筑变形测量规范》（JGJ 8—2016）确定相应的观测等级（参见表 1-2）。当存在多个变形监测精度要求时，应根据其中的最高精度选择相应的精度等级；当要求精度低于规范最低精度要求时，宜采用规范中规定的最低精度。

表1-2　　建筑物变形测量等级及精度

变形测量等级	沉降观测	位移观测	适用范围
	观测点测站高差中误差（mm）	观测点坐标中误差（mm）	
特等	≤0.05	≤0.3	特高精度要求的变形测量
一等	≤0.15	≤1.0	地基基础设计为甲级的建筑的变形测量；重要的古建筑、历史建筑的变形测量；重要城市基础设施的变形测量等
二等	≤0.50	≤3.0	地基基础设计为甲、乙级的建筑的变形测量；重要场地的边坡监测；重要的基坑监测；重要管线的变形测量；地下工程施工及运营中的变形测量；重要城市基础设施的变形测量等
三等	≤1.50	≤10.0	地基基础设计为乙、丙级的建筑的变形测量；一般场地的边坡监测；一般的基坑监测；地表、道路及一般管线的变形测量；一般的城市基础设施的变形测量；日照变形测量；风振变形测量等
四等	≤3.0	≤20.0	精度要求低的变形测量

注：①沉降观测观测点测站高差中误差：对于水准测量，为其测站高差中误差；对于静力水准测量、三角高程测量，为相邻沉降监测点间等价的高差中误差。

②位移观测观测点坐标中误差：指的是监测点相对于基准点或工作基点的坐标中误差、监测点相对于基准线的偏差中误差、建筑上某点相对于其底部对应点的水平位移分量中误差等。坐标中误差为其点位中误差的$1/\sqrt{2}$倍。

1.3.2　安全监测的周期

安全监测的时间间隔称为监测周期，即在一定的时间内完成一个周期的测量工作。监测周期与工程的大小、测点所在位置的重要性、监测目的以及监测一次所需时间的长短有关。根据监测工作量和参加人数，一个周期可从几小时到几天。监测速度要尽可能地快，以免在监测期间某些标志产生一定的位移。

安全监测的周期应以能系统反映所测变形的变化过程且不遗漏其变化时刻为原则，根据单位时间内变形量的大小及外界影响因素确定。当监测中发现变形异常时，应及时增加监测次数。不同周期监测时，宜采用相同的监测网形和监测方法，并使用相同类型的测量仪器。对于特级和一级变形监测，还宜固定监测人员、选择最佳监测时段、在基本相同的环境和条件下监测。

一般可按荷载的变化或变形的速度来确定。在工程建筑物建成初期，变形速度较快，监测次数应多一些，随着建筑物趋向稳定，可以减少监测次数，但仍应坚持长期监测，以便能发现异常变化。对于周期性的变形，在一个变形周期内至少应监测两次。

如果按荷载阶段来确定周期，建筑物在基坑浇筑第一方混凝土后就立即开始沉陷监测。在软基上兴建大型建筑物时，一般从基坑开挖测定坑底回弹就开始进行沉陷监测。一般来说，从开始施工到满荷载阶段，监测周期为 10~30 天，从满荷载起至沉陷趋于稳定时，监测周期可适当放长。具体监测周期可根据工程进度或规范规定确定。表 1-3 为大坝变形监测的周期。

在施工期间，若遇特殊情况（暴雨、洪水、地震等），应进行加测。

及时进行第一周期的监测有重要的意义。因为延误最初的测量就可能失去已经发生变形的变形数据，而且以后各周期的重复测量成果是与第一次监测成果相比较的，所以，应特别重视第一次监测的质量。

表 1-3　**大坝变形监测周期**

变形种类	水库蓄水前	水库蓄水	水库蓄水后 2~3 年	正常运营
混凝土坝：				
沉陷	1 个月	1 个月	3~6 个月	半年
相对水平位移	半个月	1 周	半个月	1 个月
绝对水平位移	0.5~1 个月	1 季度	1 季度	6~12 个月
土石坝：				
沉陷、水平位移	1 季度	1 个月	1 季度	半年

1.3.3 一般规定

1. 测次安排

测次的安排原则是能掌握测点变化的全过程并保证监测资料的连续性。对于水利工程，一般在施工期及蓄水运行初期测次较多，经长期运行掌握变化规律后，测次可适当减少，各种监测项目应配合进行监测，宜在同一天或邻近时间内进行。对于有联系的各监测项目，应尽量同时监测。野外监测应选择有利时间进行。如遇地震、大洪水及其他异常情况时，应增加监测次数；当第一次蓄水期较长时，在水位稳定期可减少测次。大坝经过长期运行后，可根据大坝鉴定意见，对测次做适当调整。根据《混凝土坝安全监测技术规范》（DL/T 5178—2016）规定，混凝土坝变形监测各阶段的监测次数见表 1-4。

表 1-4　**变形监测各阶段的测次**

监测项目	施工期	首次蓄水期	初蓄期	运行期
位移	1 次/旬~1 次/月	1 次/天~1 次/旬	1 次/旬~1 次/月	1 次/月
倾斜	1 次/旬~1 次/月	1 次/天~1 次/旬	1 次/旬~1 次/月	1 次/月
大坝外部接缝、裂缝变化	1 次/旬~1 次/月	1 次/天~1 次/旬	1 次/旬~1 次/月	1 次/月

续表

监测项目	施工期	首次蓄水期	初蓄期	运行期
近坝区岸坡稳定	2 次/月~1 次/月	2 次/月	1 次/月	1 次/季
大坝内部接缝、裂缝	1 次/旬~1 次/月	1 次/天~1 次/旬	1 次/旬~1 次/月	1 次/月~1 次/季
坝区平面控制网	取得初始值	1 次/季	1 次/年	1 次/年
坝区垂直位移监测网	取得初始值	1 次/季	1 次/年	1 次/年

2. 变形量正负号规定

在变形监测中，对位移的方向和符号也进行了规定。表 1-5 为水利工程变形监测符号的一般规定。

表 1-5　　**变形监测符号规定**

变形项目	正	负
水平位移	向下游、向左岸	向上游、向右岸
垂直位移	下沉	上升
倾斜	向下游转动、向左岸转动	向上游转动、向右岸转动
高边坡和滑坡体位移	向坡下、向左	向坡上、向右
接缝和裂缝开合度	张开	闭合
船闸闸墙的水平位移	向闸室中心	背闸室中心

1.4　监测系统的设计

1.4.1　设计的原则

设计一套监测系统对建筑物及其基础的性态进行监测，是保证建筑物安全运营的必要措施，以便发现异常现象及时分析处理，防止发生重大事故和灾害。监测系统设计时，应根据工程的具体情况，以及当时的监测技术水平，综合考虑并遵循以下基本原则：

（1）针对性。设计人员应熟悉设计对象，了解工程规模、结构设计方法、水文、气象、地形、地质条件及存在的问题，有的放矢地进行监测设计，特别是要根据工程特点及关键部位综合考虑，统筹安排，做到目的明确、实用性强、突出重点、兼顾全局，即以重要工程和危及建筑物安全的因素为重点监测对象，同时兼顾全局，并对监测系统进行优化，以最小的投入取得最好的监测效果。

（2）完整性。对监测系统的设计要有整体方案，它是用各种不同的监测方法和手段，通过可靠性、连续性和整体性论证后，优化出来的最优设计方案。监测系统以监测建筑物安全为主，监测项目和测点的布设应满足资料分析的需要，同时兼顾到验证设计，以达到提高设计水平的目的。另外，监测设备的布置要尽可能地与施工期的监测相结合，以指导施工和便于得到施工期的监测数据。

（3）先进性。设计所选用的监测方法、仪器和设备应满足精度和准确度的要求，并吸取国内外的经验，尽量采用先进技术，及时有效地提供建筑物性态的有关信息，对工程安全起关键作用且人工难以进行监测的数据，可借助于自动化系统进行监测和传输。

（4）可靠性。监测设备要具有可靠性，特别是监测建筑物安全的测点，必要时在这些特别重要的测点上布置两套不同的监测设备，以便互相校核并可防止监测设备失灵。监测设备的选择要便于实现自动数据采集，同时考虑留人工监测接口。

（5）经济性。监测项目宜简化，测点要优选，施工安装要方便。各监测项目要相互协调，并考虑今后监测资料分析的需要，使监测成果既能达到预期目的，又能做到经济合理，节省投资。

1.4.2 主要内容

对于一个安全监测系统的设计，应包括以下内容：

（1）工程概况。对工程的自然条件、规模和工艺生产过程等的介绍，说明各部分监测的重要性及可能出现的问题，指出工程及其基础的关键部位和薄弱环节，为监测系统的设置做准备；技术设计书；测量所遵照的规范及其相应规定；合同主要条款及双方职责等。

（2）监测系统的总体设计。明确设计依据，主要是指设计依据的规范等。确定监测项目、主要监测断面、重点监测部位等。在总体设计时，应考虑各监测项目之间的有机联系，做到相互验证，以方便后期的数据分析。绘制监测系统总体布置图。

（3）监测系统详细设计。对各监测项目的各监测点的位置进行设计，绘制测点布置图、监测点结构图、仪器埋设图等；对测点的设置和埋设要求作出详细说明。

（4）监测方案设计。对各类测点的监测精度、周期等作出说明，提出监测方法、仪器及监测规程。对于非常规测量方法，应给出精度论证，并说明监测中的注意事项。

（5）成果的整理及其他要求或建议。明确成果整理的基本要求或依据的规范，对于规范中没有明确规定的内容，应进行详细说明。

1.4.3 监测点的分类

监测点一般分为基准点、工作点和观测点三类，其布设的具体要求如下：

1. 基准点

基准点是变形监测系统的基本控制点，是测定工作点和变形点的依据。基准点通常埋设在稳固的基岩上或变形区域以外，能长期保存，且稳定不动。每个工程一般应建立 3 个基准点，以便相互校核，确保监测基准的一致。当确认基准点稳定可靠时，也可少于 3 个。

水平位移监测的基准点，可根据点位所处的地质条件选埋，常采用地表混凝土观测墩、井式混凝土观测墩等。在大型水利工程中，经常采用深埋倒垂线装置作为水平位移监测的基准点。

沉降观测的基准点通常成组设置，用以检核基准点的稳定性。每一个测区的水准基点不应少于3个，对于小测区，当确认点位稳定可靠时可少于3个，但连同工作基点不得少于2个。水准基点的标石，应埋设在基岩层或原状土层中。在建筑区内，点位与邻近建筑物的距离应大于建筑物基础最大宽度的2倍，其标石埋深应大于邻近建筑物基础的深度。水准基点的标石，可根据点位所处的不同地质条件选埋基岩水准基点标石、深埋钢管水准基点标石、深埋双金属管水准基点标石和混凝土基本水准标石。

变形监测中设置的基准点应进行定期观测，将观测结果进行统计分析，以判断基准点本身的稳定情况。水平位移监测的基准点的稳定性检核通常采用三角测量法进行。由于电磁波测距仪精度的提高，也可采用三维三边测量来检核工作基准点的稳定性。沉降监测基准点的稳定性一般采用精密水准测量的方法检核。

2. 工作点

工作点又称工作基点，它是基准点与变形监测点之间起联系作用的点。工作点埋设在被研究对象附近，要求在观测期间保持点位稳定，其点位由基准点定期检测。

工作基点位置与邻近建筑物的距离不得小于建筑物基础深度的1.5~2.0倍。工作基点与联系点也可设置在稳定的永久性建筑物墙体或基础上。工作基点的标石，可根据实际情况和工程的规模，参照基准点的要求建立。

3. 观测点

观测点是直接埋设在变形体上的能反映建筑物变形特征的测量点，一般埋设在建筑物内部。并根据测定它们的变化来判断这些建筑物的沉陷与位移。对通视条件较好或观测项目较少的工程，可不设立工作点，在基准点上直接测定观测点。

监测点标石埋设后，应在其稳定后方可开始观测。稳定期根据观测要求与测区的地质条件确定，一般不宜少于15天。

1.5 安全监测新技术

随着电子技术、计算机技术、通信技术等的发展，变形监测技术有了显著的提高，从传统的光学经纬仪、光学水准仪测量，发展到GNSS、三维激光扫描、InSAR等新的监测技术，测量的速度、精度、覆盖度、自动化程度等多方面都有了显著的进步，下面介绍几种典型的监测技术。

1.5.1 自动化监测技术

随着我国大型土木工程的增多，对工程的安全监测工作提出了新的要求，其最突出的表现是要求测量工作的自动化，这就要求测量工作能够快速、自动完成，为数据的实时分析提供基础。

传感器是自动化监测必不可缺的重要部件，它是根据自动控制原理，把被监测的几何量（长度、角度）转换成电量，再与一些必要的测量电路、附件装置相配合，组成自动测量装置。目前，直接测量的电量有电容、电压、电感、频率、电阻等，通过一定的计算，可将这些电量转换成位移、温度等。在土木工程中常用的传感器有渗压计、应力计、土压力计、裂缝计等，集成式的自动化监测仪器有液体静力水准仪、引张线观测仪、垂线观测仪等，这些仪器为自动化监测系统提供了基本的技术保障。

对于一个自动化监测系统，除了要有各种类型的传感器外，还需要测量控制单元、数据通信设备、电脑、测量控制软件等设备，以保证监测工作能顺利进行。

我国在20世纪70年代开始这个方面的研究，并率先在水利工程中得到应用，目前我国的自动化监测水平已经达到国际先进水平。

1.5.2 光纤传感检测技术

常规传感器易受电磁干扰，在强电磁干扰的恶劣环境中，难以正常工作。为解决此问题，人们开始探索用光学敏感测量来取代机-电敏感测量。光纤和光通信技术的迅速发展，加速了这一过程，在20世纪70年代中期出现了一种新型的传感器——光纤传感器。它是光纤与光学测量相结合的产物，采用光作为敏感信息的载体，具有光学测量和光纤传输的优点，响应速度快、测量灵敏度高、精度高、电绝缘、安全防爆、抗电磁干扰等，特别适用于高压大电流、强电磁干扰、易燃易爆等恶劣环境。

光纤是以不同折射率的石英玻璃包层及石英玻璃细芯组合而成的一种新型纤维，它使光线的传播以全反射的形式进行，能将光和图像曲折传递到所需要的任意空间。具有通信容量大、速度快、抗电磁干扰等优点。以激光作载波，光导纤维作传输路径来感应、传输各种信息。凡是电子仪器能测量的物理量（如位移、压力、流量、液面、温度等）它大多能测量。光纤灵敏度相当高，其位移传感器能测出0.01mm的位移量，温度传感器能测出0.01℃的温度变化。在土木工程监测中已应用于裂缝、应力、应变、振动等观测。

光纤传感技术是衡量一个国家信息化程度的重要标志，该技术已广泛用于军事、国防、航天航空、工矿企业、能源环保、工业控制、医药卫生、计量测试、建筑、家用电器等领域，已有的光纤传感技术有上百种，诸如温度、压力、流量、位移、振动、转动、弯曲、液位、速度、加速度、声场、电流、电压、磁场及辐射等物理量，都实现了不同性能的传感，并有着广阔的应用前景。

1.5.3 测量机器人监测技术

测量机器人由带电动马达驱动和程序控制的TPS系统结合激光、通信及CCD技术组合而成，它集目标识别、自动照准、自动测角测距、自动跟踪、自动记录于一体，可以实现测量的全自动化。测量机器人能够自动寻找并精确照准目标，在1s内完成对单点的观测，并可以对成百上千个目标作持续的重复观测。

测量机器人可自带测量控制软件，也可通过电缆实现计算机远程控制，实现数据采集、储存和处理的一体化。采用多台测量机器人，可实现整个工程的自动化变形监测。目前，该项技术在城市地铁结构监测、大坝外部变形监测等工作中有着广泛的应用。

1.5.4 GNSS形变监测技术

全球导航卫星系统（Global Navigation Satellite System，GNSS）是指利用卫星对地面上的用户进行定位、导航及授时等的所有导航卫星系统总称。目前，世界上主要的全球性、区域性及相关增强系统有：美国的 GPS（Global Positioning System）、俄罗斯的 GLONASS（Globalnaya Navigatsionnaya Sputnikovaya Sistema）、中国的北斗卫星导航系统（Beidou Navigation Satellite System，BDS）、欧洲的 Galileo 系统、日本的准天顶卫星导航系统（Quasi-zenith Satellite System，QZSS）及印度的 NAVIC 系统（Navigation with Indian Constellation）。GNSS 技术具有高精度、全天候、自动化、实时、连续、无需通视条件等优点，在大地测量学及其相关学科领域，如地球动力学、海洋大地测量、资源勘探、航空与卫星遥感、工程变形监测及精密时间传递等方面得到了广泛应用。

随着 GNSS 接收机的小型化以及价格的大幅降低，该技术在测绘工程领域得到普遍应用，特别是 20 世纪 90 年代，由于数据处理技术的日臻完善，使测量的速度和精度不断提高，GNSS 在我国的变形监测领域中得到应用。1998 年，我国的隔河岩大坝外部变形首次采用 GPS 自动化监测系统，对坝体表面的各监测点能进行同步变形监测，并实现了从数据采集、传输、处理、分析、显示、存储等的自动化，测量精度可达到亚毫米级。

目前，GNSS 在土木工程变形监测中得到广泛应用，如水利工程、桥梁工程、边坡、滑坡等，除了可监测静态的位移，还可进行动态实时位移、振幅、振动频率测试等，具有十分广泛的应用前景。

1.5.5　激光技术

激光是 20 世纪以来，继核能、计算机、半导体之后，人类的又一重大发明，被称为“最准的尺”和“最亮的光”。激光的发展不仅使古老的光学科学和光学技术获得了新生，而且导致整个一门新兴产业的出现。激光可使人们有效地利用前所未有的先进方法和手段，去获得空前的效益和成果，从而促进生产力的发展。

激光技术在变形监测中的应用主要体现在激光准直系统上。激光准直系统是用激光束作为测量的基准线。激光具有良好的方向性、单色性和较长的相干距离，采用经准直的激光束作为测量的基准线，可以实现较长距离的工作。但激光束在大气中传输时会发生漂移、抖动和偏折，影响大气激光准直观测的精度。真空激光准直系统是在基于人为创造的真空环境中自动完成测量任务，大大减小了长距离监测过程中由于温度梯度、气压梯度、大气折光等因素对监测造成的漂移、抖动和偏折等影响。随着 CCD 技术的发展，激光监测的精度和速度大幅度提高。由于真空激光准直系统能够实现水平和垂直位移同步自动监测，具有测量精度高、长期可靠性好、易于维护等特点，是目前较为理想的大坝变形监测的一种方法。

我国从 20 世纪 70 年代初开始研究激光准直系统，70 年代后期开始研究真空激光准直系统，太平哨真空激光准直测坝变形系统于 1981 年建成运行。20 世纪 90 年代后期真空激光准直系统有了新的发展，采用密封式激光点光源、聚用光电耦合器件 CCD（面阵）作传感器，采用新型的波带板和真空泵自动循环冷却水装置等新措施和新技术，进一步提高了该系统的可靠性。激光技术的应用，提高了探测的灵敏度，减少了作业的条件限制，克服了一定的外界干扰。

1.5.6 三维激光扫描技术

三维激光扫描技术出现在20世纪90年代中期，是继GNSS测量技术之后出现的测量新技术，它是通过直接测量仪器中心到测量目标的距离和角度信息，计算出测量目标的三维坐标数据，从而建立被测对象的三维形体。该技术在扫描测量时，不需要在测量物体上设置任何专用测量标志，可以直接对其进行快速测量，并获取高密度的坐标数据，得到一个表示测量物体的点集，称之为“点云数据”。该技术已经在数字城市、工程测量、变形监测等领域得到成功应用。

该技术在变形监测中的应用主要是基于两种变形监测方案：一是在变形体表面放置球形标志，通过比较各时段扫描数据中相同球心的坐标变化来提取变形信息；二是根据点云数据建立变形体的数字高程模型，统一坐标系统后用基于模型求差的方法分析变形。

利用该技术进行测量和变形分析具有如下的优点：扫描测量的速度快；扫描点云高密度、高精度；测量过程数字化、自动化；实时、动态、主动性的扫描方式；扫描的非接触性；数据信息的丰富性；监测信息的可融合性；对外界环境要求低；使用方便。

1.5.7 InSAR监测技术

合成孔径雷达干涉（Synthetic Aperture Radar Interferometry，InSAR）技术可全天时、全天候、高精度地进行大面积地表变形监测，是近些年来迅速发展起来的微波遥感新技术。该技术尤其适用于传统光学传感器成像困难的地区，现已成为地形测绘、灾害监测、资源普查、变化检测等很多微波遥感应用领域的重要信息获取手段。

InSAR技术通过相距很近的两个天线得出的两幅SAR的复图像，由地面各点分别在两个复数图中的相位差，得到两复数图的干涉图，进而计算出地面各点在成像中电磁波所经过的路程差，最后得出地面各点地表的高度信息，形成三维地貌，生成数字高程模型（DEM）。

InSAR在原始数据获取之后，必须经过一系列的处理过程才能得到观测区域的干涉条纹图和三维地形图。在数据处理过程中，由于对目标区域内的高程信息的反演是通过对干涉相位处理完成的，因此，要对回波的信息里携带的相位信息进行相位保持。

InSAR的数据处理技术近年来得到了较大的发展，主要有：差分干涉测量（D-InSAR）技术、永久散射体（Permanent Scatterers Interferometry，PSI）技术、相干目标（Coherent Target Analysis，CTA）方法、短基线集（SBAS）技术等，这些数据处理理论和技术的发展，大大提高了InSAR监测成果的精度和可靠性。

1.5.8 安全评判专家系统

专家系统（Expert System，ES）由人工智能的概念突破发展而来，是在某个特定领域内运用人类专家的丰富知识进行推理求解的计算机程序系统。它是基于知识的智能系统，主要包括知识库、综合数据库、推理机制、解释机制、人机接口和知识获取等功能模块。专家系统采用了计算机技术实现应用知识的推理过程，与传统的程序有着本质的区别。作为人工智能的重要组成部分，专家系统近年来在许多领域得到了卓有成效的应用。

安全评判专家系统对确保工程安全、改善运行管理水平起到重要作用，它的建立具有重大的实际意义和科学价值。目前，安全评判专家系统还处于起步阶段，有待于进一步完善。这主要是因为，对工程安全性态的评价是一个多层次、多指标相当复杂的综合分析推理过程，从评价体系中下一层多个元素的已知状态来评价上一层元素的状态时，往往需要富有经验的专家根据工程实际情况、历史经验等，运用其智慧、逻辑思维及判断能力，作出合理恰当的评价，而一般的常规模型是难以做到这一点的。

近年来，随着计算机技术、人工智能技术、大数据分析技术的发展，专家系统的研究成为又一热点，相信在不远的将来将更为智能和实用。

本章思考题

1. 安全监测的主要目的有哪些？
2. 安全监测的精度如何确定？
3. 安全监测的周期如何确定？
4. 安全监测的主要内容有哪些？
5. 监测点分哪几类？各有什么要求？
6. 安全监测系统设计的原则有哪些？
7. 监测系统设计的主要内容有哪些？
8. 安全监测主要有哪些新技术？

第2章　大地测量监测技术

内容及要求：本章主要介绍大地测量监测技术的原理与方法。通过本章学习，要求掌握精密水准测量、三角高程测量进行沉降监测的原理与方法；掌握交会法测量、导线测量、三角测量进行水平位移监测的原理与方法；了解这些方法在监测工作中的特点和要求。

2.1　精密水准测量

2.1.1　监测标志与选埋

精密水准测量精度高，方法简便，是沉降监测最常用的方法。采用该方法进行沉降监测，沉降监测的测量点分为水准基点、工作基点和监测点三种。

水准基点是沉降监测的基准点，一般3~4个点构成一组，形成近似正三角形或正方形，为保证其坚固与稳定，应选埋在变形区以外的岩石上或深埋于原状土上（在冻土地区，应埋至当地冻土线0.5m以下），也可以选埋在稳固的建（构）筑物上。为了检查水准基点自身的高程有无变动，可在每组水准基点的中心位置设置固定测站，定期观测水准基点之间的高差，判断水准基点高程的变动情况，也可以将水准基点构成闭合水准路线，通过重复观测的平差结果和统计检验的方法分析水准基点的稳定性。

根据工程的实际需要，水准基点可以采用下列几种标志：

（1）普通混凝土标。如图2-1所示，用于覆盖层很浅且土质较好的地区，适用于规模较小和监测周期较短的监测工程。图中数字注记单位为cm，以下同。

（2）地面岩石标。如图2-2所示，用于地面土层覆盖很浅的地方，如有可能，可直接埋设在露头的岩石上。

（3）浅埋钢管标。如图2-3所示，用于覆盖层较厚但土质较好的地区，采用钻孔穿过土层达到一定深度时，埋设钢管标志。

（4）井式混凝土标。如图2-4所示，用于地面土层较厚的地方，为防止雨水灌进井内，井台应高出地面0.2m。

（5）深埋钢管标。如图2-5所示，用于覆盖层很厚的平坦地区，采用钻孔穿过土层和风化岩层，到达新鲜基岩时埋设钢管标志。

（6）深埋双金属标。如图2-6所示，用于常年温差很大的地方，通过钻孔在基岩上深埋两根膨胀系数不同的金属管，如一根为钢管，另一根为铝管，因为两管所受地温影响相同，因此通过测定两根金属管高程差的变化值，可求出温度改正值，从而可消除由于温度影响所造成的误差。

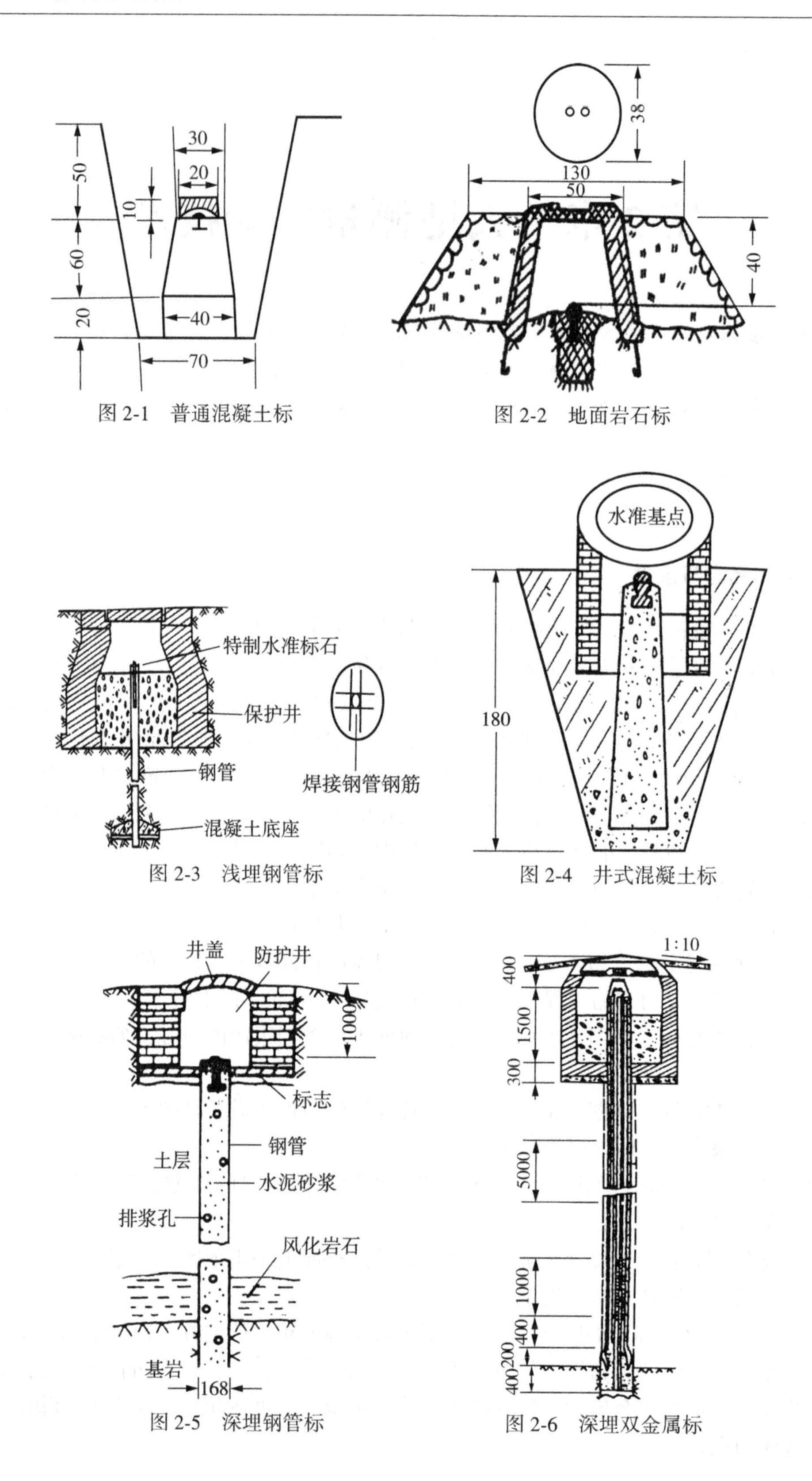

图 2-1　普通混凝土标

图 2-2　地面岩石标

图 2-3　浅埋钢管标

图 2-4　井式混凝土标

图 2-5　深埋钢管标

图 2-6　深埋双金属标

工作基点用于直接测定监测点的起点或终点。为了便于观测和减少观测误差的传递，工作基点应布置在变形区附近相对稳定的地方，其高程尽可能接近监测点的高程。工作基点一般采用地表岩石标，当建筑物附近的覆盖层较深时，可采用浅埋标志，当新建建筑物附近有基础稳定的建筑物时，也可设置在该稳定建筑物上。因工作基点位于测区附近，应经常与水准基点进行联测，通过联测结果判断其稳定状况，保证监测成果的正确可靠。

监测点是沉降监测点的简称，布设在被监测建（构）筑物上。布设时，要使其位于建筑物的特征点上，能充分反映建筑物的沉降变形情况，点位应避开障碍物，便于观测和长期保护，标志应稳固，不影响建（构）筑物的美观和使用，还要考虑建筑物基础地质、建筑结构和应力分布等因素，对于重要和薄弱部位应该适当增加监测点的数目。如：建筑物四角或沿外墙 10~15m 处或 2~3 根柱基上；裂缝、沉降缝或伸缩缝的两侧；新旧建筑物、高低建筑物及纵横墙的交接处；建筑物不同结构的分界处；人工地基和天然地基的接壤处；烟囱、水塔和大型储藏罐等高耸构筑物的基础轴线的对称部位，每个构筑物不少于 4 个点。监测点标志应根据工程施工进展情况及时埋设，常用的监测点标志形式有：

（1）盒式标志。如图 2-7 所示，一般用铆钉或钢筋制作，适于在设备基础上埋设。图中数字注记单位为 mm，以下同。

（2）窨井式标志。如图 2-8 所示，一般用钢筋制作，适于在建筑物内部埋设。

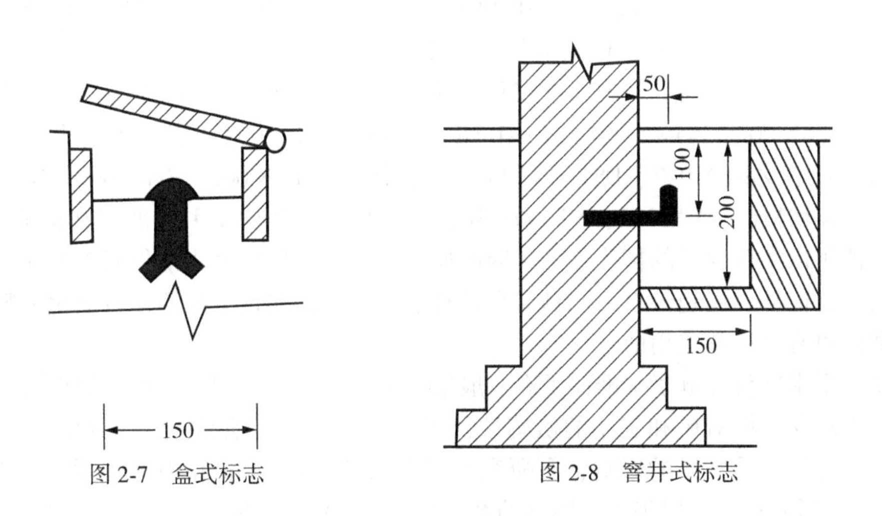

图 2-7 盒式标志

图 2-8 窨井式标志

（3）螺栓式标志。如图 2-9 所示，标志为螺旋结构，平时旋进螺盖以保护标志，观测时将螺盖旋出，将带有螺纹的标志旋进，适于在墙体上埋设。

2.1.2 监测仪器及检验

不同类型的建筑物，如大坝、公路等，其沉降监测的精度要求不尽相同。同一种建筑物在不同的施工阶段，如公路基础和路面施工阶段，其沉降监测的精度要求也不相同。针对具体的监测工程，应当使用满足精度要求的水准仪，采用正确的测量方法。国家有关测

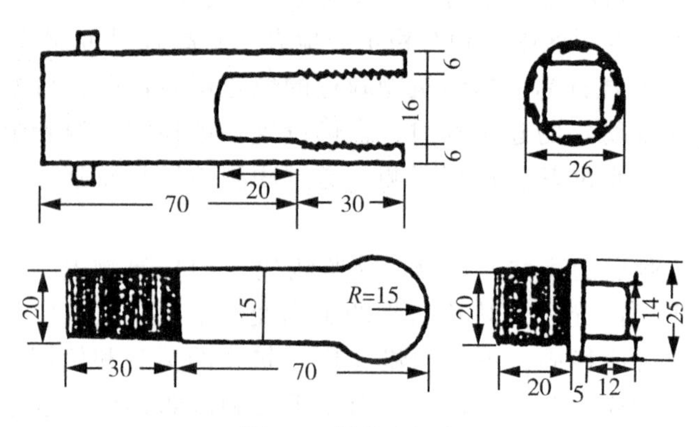

图 2-9　螺栓式标志

量规范如《建筑变形测量规范》(JGJ 8—2016)，对不同等级的沉降监测应当配备的水准仪有明确的要求：对于特等沉降监测，应对所用测量方法、仪器设备及具体作业过程等进行专门的技术设计、精度分析，并宜进行试验验证；对一等沉降监测，应使用 DS05 型水准仪配合因瓦条码标尺；对二等沉降监测，应使用 DS05 型水准仪配合因瓦条码标尺或玻璃钢条码标尺，或使用 DS1 型水准仪配合因瓦条码标尺；对三等沉降监测，应使用 DS05 型或 DS1 型水准仪配合因瓦条码标尺或玻璃钢条码标尺，或使用 DS3 型水准仪配合玻璃钢条码标尺；对四等沉降监测，应使用 DS1 型水准仪配合因瓦条码标尺或玻璃钢条码标尺，或使用 DS3 型水准仪配合玻璃钢条码标尺。

目前，投入沉降监测的精密水准仪种类较多，相当于或高于 DS05 型的精密水准仪有 Wild N3、ZeissNi002、ZeissNi004、ZeissDiNi12、DS05、NA2003 等，相当于或高于 DS1 型的精密水准仪有 ZeissNi007、DS1、NA2002 等，其中 ZeissNi002、ZeissNi007 为自动安平水准仪，ZeissDiNi12、NA2002、NA2003 为电子水准仪。自动安平水准仪在概略整平后，自动补偿器可以实现仪器的精确整平，因此操作过程比一般精密水准仪简单方便，且提高了观测速度，但从发展趋势看，既具有自动补偿功能又能实现水准测量自动化和数字化的电子水准仪更有发展和应用前景。

自动安平水准仪和电子水准仪虽有一般精密水准仪无法比拟的优点，但也有其不足之处，首先表现在它们对风和震动的敏感性，因此，在建筑工地和沿道路观测时应特别注意。此外，它们易受磁场的影响，有研究和经验表明，ZeissNi007 基本不受磁场的影响，ZeissNi002 受影响较小，但仍然呈明显的系统影响，NA2002 存在影响，但大小尚不明确。因此，精密水准测量时应该避开高压输电线和变电站等强磁场源，在没有搞清楚强大的交变磁场对仪器的磁效应前，最好不要使用这类仪器。

无论使用何种仪器，开始工作前，应该按照测量规范要求对仪器进行检验，其中水准仪的 i 角误差是最重要的检验项目。检验 i 角误差时，如图 2-10 所示，可在较为平坦的场地上选定安置仪器的 J_1、J_2点和竖立标尺的 A、B 点，$s=20.6$m。先在 J_1点上安置水准仪，分别照准标尺 A 和 B 读数，如果 $i=0$，标尺上的正确读数应分别为 a_1' 和 b_1'，如果 $i\neq 0$，读数应分别为 a_1 和 b_1，由 i 角引起的读数误差分别为 Δ 和 2Δ，则在 J_1点上测得 A、B 两点的正确高差为：

$$h'_1 = a'_1 - b'_1 = (a_1 - \Delta) - (b_1 - 2\Delta) = a_1 - b_1 + \Delta = h_1 + \Delta \tag{2-1}$$

再在 J_2 点上安置水准仪，分别照准标尺 A 和 B 读数，同理可得 A、B 两点的正确高差为：

$$h'_2 = a'_2 - b'_2 = (a_2 - 2\Delta) - (b_2 - \Delta) = a_2 - b_2 - \Delta = h_2 - \Delta \tag{2-2}$$

如不考虑其他误差的影响，则 $h'_1 = h'_2$，由式（2-1）和式（2-2）可得：

$$2\Delta = (a_2 - b_2) - (a_1 - b_1) = h_2 - h_1 \tag{2-3}$$

由图 2-10 可知，

$$i'' = \frac{\Delta}{s} \cdot \rho'' \approx 10\Delta \tag{2-4}$$

式中，Δ 以 mm 为单位，$\rho = 206265 \approx 206000$。水准测量规范规定水准仪的 i 角对一等、二等沉降观测不超过 15″，对三等、四等沉降观测不超过 20″，否则应进行校正。

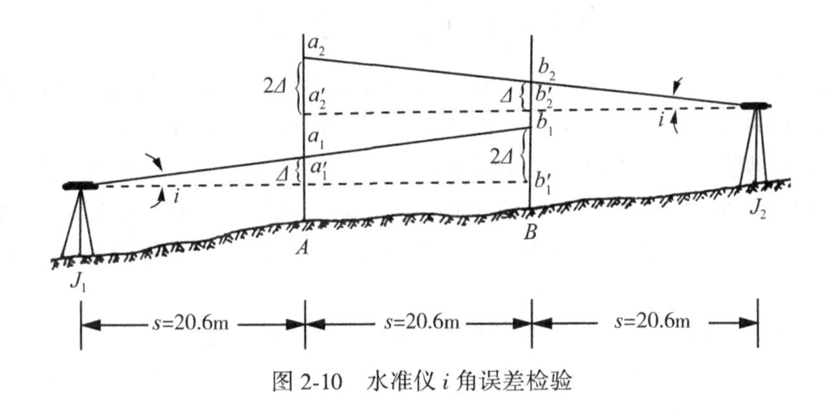

图 2-10　水准仪 i 角误差检验

精密水准测量前，还应按规范要求对水准标尺进行检验，其中标尺的每米真长偏差是最重要的检验项目，一般送专门的检定部门进行检验。《国家一、二等水准测量规范》（GB/T 12897—2006）规定，如果一根标尺的每米真长偏差大于 0.1mm，应禁止使用，如果一对标尺的平均每米真长偏差大于 0.05mm，应对观测高差进行改正，一个测站观测高差的改正数为：

$$\delta = fh \tag{2-5}$$

式中，δ 为一个测站观测高差的改正数，单位为 mm；f 为平均每米真长偏差，即一对标尺的平均每米真长与名义长度 1m 之差，单位为 mm/m；h 为一个测站观测高差，单位为 m。一个测段观测高差的改正计算公式为：

$$\sum h' = \sum h + f\sum h = (1 + f) \sum h \tag{2-6}$$

式中，$\sum h$ 为测段观测高差，单位为 m；$\sum h'$ 为测段改正后高差，单位为 m。在野外作业期间，可以用通过检定的一级线纹米尺检测标尺每米真长的变化，掌握标尺的使用状况，但检测结果不作为观测高差的改正用，具体方法参见《国家一、二等水准测量规范》（GB/T 12897—2006）。

2.1.3　监测方法与技术要求

采用精密水准测量方法进行沉降监测时，从工作基点开始经过若干监测点，形成一个或多个闭合或附合路线，其中以闭合路线为佳，特别困难的监测点可以采用支水准路线往返测量。整个监测期间，最好能固定监测仪器和监测人员，固定监测路线和测站，固定监测周期和相应时段。

水准仪的 i 角误差已经被检验甚至校正，但仍然是存在的，设 $s_{前}$、$s_{后}$ 分别为前后视距，在 i 角不变的情况下，对一个测站高差的影响为：

$$\delta_s = \frac{i''}{\rho''} \cdot (s_{后} - s_{前}) \tag{2-7}$$

对一个测段高差的影响为：

$$\sum \delta_s = \frac{i''}{\rho''} \cdot \left(\sum s_{后} - \sum s_{前}\right) \tag{2-8}$$

由式（2-7）、式（2-8），一个测站上的前后视距相等和一个测段上的前后视距总和相等可以消除 i 角误差的影响，但事实上很难做到，为了保证极大地减少 i 角误差的影响，水准测量规范对前后视距差和前后视距累积差都有明确的规定，测量中应遵照执行。严格控制前后视距差和前后视距累积差，也可有效地减弱磁场和大气垂直折光的影响。例如，当水准线路与输电线相交时，将水准仪安置在输电线的下方，标尺点与输电线成对称布置，水准仪视准线变形的影响将得到较好地减弱和消除。

水准仪在作业中由于受温度等的影响，i 角误差会发生一定的变化，这种变化有时是很不规则的，其影响在往返测不符值中也不能完全被发现。减弱其影响的有效方法是减少仪器受辐射热的影响，避免日光直接照射。如果认为在较短的观测时间内，i 角与时间成比例地均匀变化，则可以采用改变观测程序的方法，在一定程度上消除或减弱其影响。因此水准测量规范对观测程序有明确的要求。往测时，奇数站的观测顺序为：后视标尺的基本分划，前视标尺的基本分划，前视标尺的辅助分划，后视标尺的辅助分划，简称“后前前后”；偶数站的观测顺序为：前视标尺的基本分划，后视标尺的基本分划，后视标尺的辅助分划，前视标尺的辅助分划，简称“前后后前”。返测时，奇、偶数站的观测顺序与往测偶、奇数站相同。

标尺的每米真长偏差应在测前进行检验，当超过一定误差时应进行相应改正。测量中还必须考虑标尺零点差的影响，假设标尺 a、b 的零点误差分别为 Δa、Δb，如图 2-11 所示，在测站Ⅰ上零点误差对标尺读数 a_1、b_1 和高差产生影响，观测高差为：

$$h_{12} = (a_1 - \Delta a) - (b_1 - \Delta b) = a_1 - b_1 - \Delta a + \Delta b \tag{2-9}$$

在测站Ⅱ上零点误差对标尺读数 a_2、b_2 和高差产生影响，观测高差为：

$$h_{23} = (b_2 - \Delta b) - (a_2 - \Delta a) = b_2 - a_2 + \Delta a - \Delta b \tag{2-10}$$

若将式（2-9）、式（2-10）相加，则测站Ⅰ、Ⅱ所测高差之和中消除了标尺零点误差的影响，故作业中应将各测段的测站数目安排成偶数。

对采用精密水准测量进行沉降监测，国家有关测量规范都提出了具体的技术要求，具体实施时，应结合具体的沉降监测工程，选择相应的规范作为作业标准，表 2-1、表 2-2、

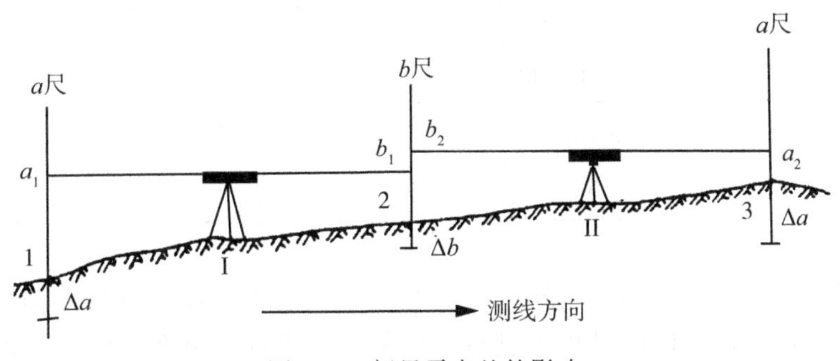

图 2-11 标尺零点差的影响

表 2-3 摘录了《工程测量规范》(GB 50026—2007) 对沉降监测的主要技术要求。

表 2-1 **视线长度、前后视距差和视线高度 (m)**

等级	仪器类型	视线长度	前后视距差	视距累积差	视线高度
一等	DS05	≤15	≤0.3	≤1.0	≥0.5
二等	DS05	≤30	≤0.5	≤1.5	≥0.5
三等	DS05、DS1	≤50	≤2.0	≤3.0	≥0.3
四等	DS1	≤75	≤5.0	≤8.0	≥0.2

表 2-2 **水准测量主要限差 (mm)**

等级	基辅分划读数差	基辅分划所测高差之差	相邻基准点高差中误差	每站高差中误差	往返较差、附合或环线闭合差	检测已测高差较差
一等	0.3	0.4	0.3	0.07	$0.15\sqrt{n}$	$0.2\sqrt{n}$
二等	0.3	0.4	0.5	0.15	$0.3\sqrt{n}$	$0.4\sqrt{n}$
三等	0.5	0.7	1.0	0.30	$0.6\sqrt{n}$	$0.8\sqrt{n}$
四等	1.0	1.5	2.0	0.70	$1.4\sqrt{n}$	$2.0\sqrt{n}$

注:n 为测段的测站数。

表 2-3 **沉降监测点的精度要求 (mm)**

等级	往返较差、附合或环线闭合差	高程中误差	相邻点高差中误差
一等	$0.15\sqrt{n}$	±0.3	±0.10
二等	$0.3\sqrt{n}$	±0.5	±0.30

续表

等级	往返较差、附合或环线闭合差	高程中误差	相邻点高差中误差
三等	$0.6\sqrt{n}$	±1.0	±0.50
四等	$1.4\sqrt{n}$	±2.0	±1.00

另外，根据《建筑变形测量规范》（JGJ 8—2016），对于特等沉降监测，应对所用测量方法、仪器设备及具体作业过程等进行专门的技术设计、精度分析，并宜进行试验验证。

2.2　三角高程测量

水准测量因受观测环境影响小，观测精度高，是沉降监测的主要方法，但如果水准路线线况差，水准测量实施将很困难。高精度全站仪的发展，使得电磁波测距三角高程测量在工程测量中的应用更加广泛，若能用短程电磁波测距三角高程测量代替水准测量进行沉降监测，将极大地降低劳动强度，提高工作效率。

2.2.1　单向观测及其精度

单向观测法即将仪器安置在一个已知高程点（一般为工作基点）上，已知观测工作基点到沉降监测点的水平距离 D、垂直角 α、仪器高 i 和目标高 v，计算两点之间的高差。顾及大气折光系数 K 和垂线偏差的影响，单向观测计算高差的公式为：

$$h = D \cdot \tan\alpha + \frac{1-K}{2R} \cdot D^2 + i - v + (u_1 - u_m) \cdot D \tag{2-11}$$

式中，u_1 为测站在观测方向上的垂线偏差，u_m 是观测方向上各点的平均垂线偏差。

垂线偏差对高差的影响虽随距离的增大而增大，但在平原地区边长较短时，垂线偏差的影响极小，且在各期沉降量的相对变化量中得到抵消，通常可忽略不计。因此上式简化为：

$$h = D \cdot \tan\alpha + \frac{1-K}{2R} \cdot D^2 + i - v \tag{2-12}$$

高差中误差为：

$$m_h^2 = \tan^2\alpha \cdot m_D^2 + D^2 \sec^4\alpha \frac{m_\alpha^2}{\rho^2} + m_i^2 + m_v^2 + \frac{D^4}{4R^2} \cdot m_K^2 \tag{2-13}$$

由式（2-13）可以看出，影响三角高程测量精度的因素有测距误差 m_D、垂直角观测误差 m_α、仪器高量测误差 m_i、目标高量测误差 m_v、大气折光误差 m_K。采用高精度的测距仪器和短距离测量，可大大减弱测距误差的影响；垂直角观测误差对高程中误差的影响较大，且与距离成正比的关系，观测时应采用高精度的测角仪器并采取有关措施提高观测精度；监测基准点一般采用强制对中设备，仪器高的量测误差相对较小，对非强制对中点位，可采用适当的方法提高量取精度；监测项目不同，监测点的标志有多种，应根据具体情况采用适当的方法减小目标高的量测误差；大气折光误差随地区、气候、季节、地面覆盖物、视线超出地面的高度等不同而发生变化，其影响与距离的平方成正比，其取值误差是影响三角高程精度的主要部分，但对小区域短边三角高程测量影响程度较小。

若采用标称精度0.5″、1mm+1ppm×D的全站仪观测一测回，取m_s = 1mm+1ppm×D，m_β = 1.0″，并设D=500m，α = ±3°，$m_i = m_v$ = ±1.0mm，m_K = ±0.2，根据式（2-13）可求得m_h = ±4.8mm。

假设监测点的观测高差中误差允许值为m_h = ±5.0mm，则当D≤500m时，都可以满足精度要求。

2.2.2 中间法及其精度

中间法是将仪器安置于已知高程点1和测点2之间，通过观测测站点到1、2两点的距离D_1和D_2、垂直角α_1和α_2、目标1、2的高度v_1和v_2，计算1、2两点之间的高差。中间法距离较短，若不考虑垂线偏差的影响，其计算公式为：

$$h = (D_2\tan\alpha_2 - D_1\tan\alpha_1) + \left(\frac{D_2^2 - D_1^2}{2R}\right) - \left(\frac{D_2^2}{2R}K_2 - \frac{D_1^2}{2R}K_1\right) - (v_2 - v_1) \tag{2-14}$$

若设$D_1 \approx D_2 = D_0$，$\Delta K = K_2 - K_1$，$m_{D_1} \approx m_{D_2} = m_{D_0}$，$m_{v_1} \approx m_{v_2} = m_v$，则有

$$h = D_0(\tan\alpha_2 - \tan\alpha_1) + \frac{{D_0}^2}{2R}\cdot\Delta K - v_2 + v_1 \tag{2-15}$$

$$m_h^2 = (\tan\alpha_2 - \tan\alpha_1)^2\cdot m_{D_0}^2 + {D_0}^2(\sec^4\alpha_2 + \sec^4\alpha_1)\frac{m_\alpha^2}{\rho^2} + \frac{{D_0}^4}{4R^2}\cdot m_{\Delta K}^2 + 2m_v^2 \tag{2-16}$$

由式（2-16）可以看出，大气折光对高差的影响不是K值取值误差的本身，而是体现在K值的差值ΔK上，虽然ΔK对三角高程精度的影响仍与距离的平方成正比，但由于视线大大缩短，在小区域选择良好的观测条件和观测时段可以极大地减小ΔK，ΔK对高差的影响甚至可忽略不计。这种方法对测站点的位置选择有较高的要求。

2.2.3 对向观测及其精度

若采用对向观测，根据式（2-12），设$D_1 \approx D_2 = D_0$，$\Delta K = K_2 - K_1$，计算高差的公式为：

$$h = \frac{1}{2}D\cdot(\tan\alpha_{12} - \tan\alpha_{21}) - \frac{\Delta K}{4R}\cdot D^2 + \frac{1}{2}(i_1 - i_2) + \frac{1}{2}(v_1 - v_2) \tag{2-17}$$

若设$m_{i_1} \approx m_{i_2} = m_i$，对向观测高差中误差可写为：

$$m_h^2 = \frac{1}{4}(\tan\alpha_{12} - \tan\alpha_{12})^2\cdot m_D^2 + \frac{D^2}{4}(\sec^4\alpha_{12} + \sec^4\alpha_{21})\cdot\frac{m_\alpha^2}{\rho^2} + \frac{D^4}{16R^2}\cdot m_{\Delta K}^2 + \frac{m_i^2 + m_v^2}{2} \tag{2-18}$$

采用对向观测时，K_1与K_2严格意义上虽不完全相同，但对高差的影响也不是K值取值误差的本身，而是体现在K值的差值ΔK上，在较短的时间内进行对向观测可以更好地

减小 ΔK 值，视线较短时 ΔK 值对高差的影响甚至可忽略不计。这种方法对监测点标志的选埋有较高的要求，作业难度也较大，一般的监测工程较少采用。

2.3　交会测量

交会法是利用 2 个或 3 个已知坐标的工作基点，测定位移标点的坐标变化，从而确定其变形情况的一种测量方法。该方法具有观测方便、测量费用低、不需要特殊仪器等优点，特别适用于人难以到达的变形体的监测工作，如：滑坡体、悬崖、坝坡、塔顶、烟囱等。该方法的主要缺点是测量的精度和可靠性较低，高精度的变形监测一般不采用此方法。该方法主要包括测角交会、测边交会和后方交会三种方法。

在进行交会法观测时，首先应设置工作基点。工作基点应尽量选在地质条件良好的基岩上，并尽可能离开承压区，且不受人为的碰撞或震动。工作基点应定期与基准点联测，校核其是否发生变动。工作基点上应设强制对中装置，以减小仪器对中误差的影响。

工作基点到位移监测点的边长不能相差太大，应大致相等，且与监测点大致同高，以免视线倾角过大，影响测量的精度。为减小大气折光的影响，交会边的视线应离地面或障碍物在 1.2m 以上，并应尽量避免视线贴近水面。在利用边长交会法时，还应避免周围强磁场的干扰影响。

2.3.1　测角交会法

如图 2-12 所示，A、B 为工作基点，其坐标为 (x_A, y_A)、(x_B, y_B)。两个水平角 α、β 是观测值，则监测点 P 的平面坐标为：

$$
\begin{aligned}
x_P &= \frac{x_A\cot\beta + x_B\cot\alpha + (y_B - y_A)}{\cot\alpha + \cot\beta} \\
y_P &= \frac{y_A\cot\beta + y_B\cot\alpha - (x_B - x_A)}{\cot\alpha + \cot\beta}
\end{aligned}
\tag{2-19}
$$

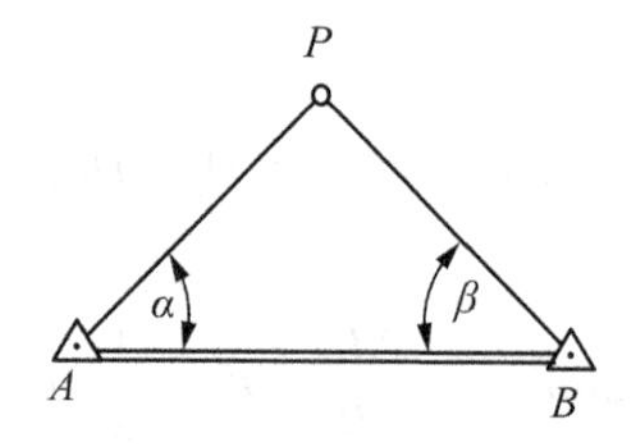

图 2-12　测角交会法

测角交会的测量中误差可按下式计算：

$$
m_p = \frac{m_\beta}{\rho}\sqrt{\frac{a^2 + b^2}{\sin^2\gamma}} \tag{2-20}
$$

式中，m_β 为测角中误差；γ 为交会角；a、b 为交会边长。

采用测角交会法时，交会角最好接近90°，若条件限制，也可设计在60°~120°。工作基点到测点的距离，一般不宜大于300m，当采用三方向交会时，可适当放宽要求。三方向交会时，其定位误差可简单地用二方向交会的 $\frac{1}{\sqrt{2}}$。

2.3.2 测边交会法

如图2-13所示，A、B 为已知点，其坐标分别为 (x_A, y_A)、(x_B, y_B)。水平距离 a、b 是观测值，根据 a、b 可求出点 P 的平面坐标。

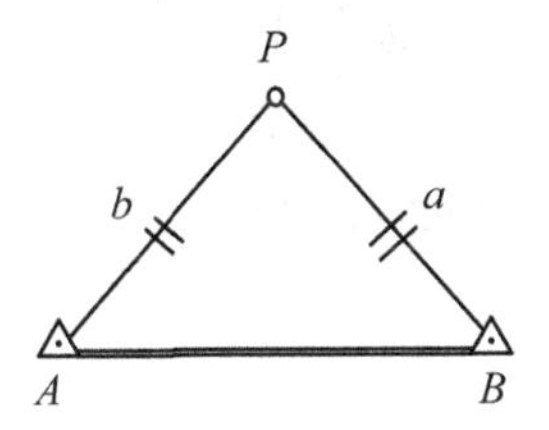

图2-13 测边交会法

根据 a、b 和已知点 A、B 之距 s_{AB}，可由余弦公式计算出：

$$\angle PAB = \arccos \frac{b^2 + s_{AB}^2 - a^2}{2bs_{AB}}$$

因此得：

$$\alpha_{AP} = \alpha_{AB} - \angle PAB$$

故有：

$$\left.\begin{aligned} x_P &= x_A + b\cos\alpha_{AP} \\ y_P &= y_A + b\sin\alpha_{AP} \end{aligned}\right\} \tag{2-21}$$

边长交会法测量的中误差计算公式如下：

$$m_p = \frac{1}{\sin\gamma}\sqrt{m_a^2 + m_b^2} \tag{2-22}$$

式中，m_a 和 m_b 是边长 a 和 b 的测量中误差；γ 为交会角。

由式（2-22）可知，γ 角等于90°时，m_P 值最小；m_a 和 m_b 越小，m_P 值也越小。因此，在使用该法时应注意下列几点：

（1）γ 角通常应保持在60°至120°之间；

（2）测距要仔细，以减小测边中误差 m_a 和 m_b；

（3）交会边长度 a 和 b 应力求相等，且一般不宜大于600m。

2.3.3 后方交会法

如图2-14所示，A、B、C 为已知点，其坐标为 (x_A, y_A)、(x_B, y_B)、(x_C, y_C)。在监测点 P 上对已知点 A、B、C 分别观测了两个水平角 α、β。由此可计算出监测点 P 的

平面坐标如下：

$$\left.\begin{aligned} x_P &= x_B + \Delta x_{BP} \\ y_P &= y_B + k \cdot \Delta x_{BP} \end{aligned}\right\} \tag{2-23}$$

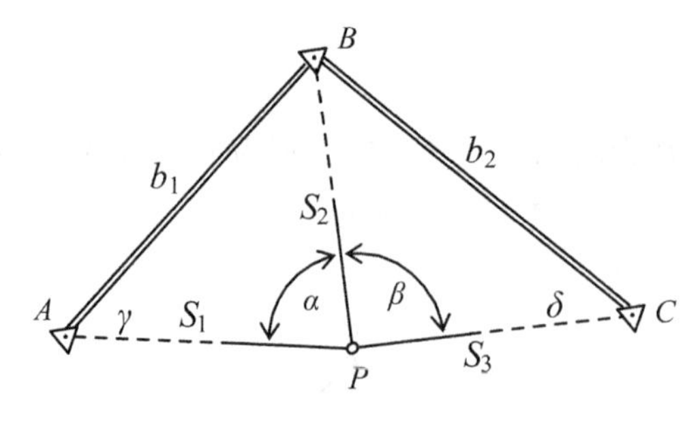

图 2-14　后方交会法

式中：

$$a = (x_A - x_B) + (y_A - y_B)\cot\alpha$$
$$b = (y_A - y_B) + (x_A - x_B)\cot\alpha$$
$$c = (x_C - x_B) + (y_C - y_B)\cot\beta$$
$$d = (y_C - y_B) + (x_C - x_B)\cot\beta$$
$$k = \frac{a + c}{b + d}$$
$$\Delta x_{BP} = \frac{a - bk}{1 + k^2}$$

在实际测量过程中，还应注意工作基点和监测点不能在同一个圆周上（危险圆），应至少离开危险圆周半径的20%。

后方交会测量的精度可用下式计算：

$$m_p = \frac{s_2 m}{\rho \cdot \sin(\gamma + \delta)}\left[\left(\frac{s_1}{b_1}\right)^2 + \left(\frac{s_3}{b_2}\right)^2\right] \tag{2-24}$$

2.4　导线测量

精密导线法是监测曲线形建筑物（如拱坝等）水平位移的重要方法。按照其观测原理的不同，又可分为精密边角导线法和精密弦矢导线法。弦矢导线法是根据导线边长变化和矢距变化的观测值来求得监测点的实际变形量；边角导线法则是根据导线边长变化和导线的转折角观测值来计算监测点的变形量。由于导线的两个端点之间不通视，无法进行方位角联测，故一般需设计倒垂线控制和校核端点的位移。

在水工建筑物的监测中，国外大多采用边角导线法，如苏联、葡萄牙的 Alfo Rabagao 坝、Cabril 坝，莫桑比克的 Cabra-Bassa 坝。国内的一些大型拱坝，如东江、龙羊峡、紧水滩、丹江口大坝等的弯曲段，也相继采用了精密导线法监测。

2.4.1 边角导线

边角导线的转折角测量是通过高精度经纬仪观测的，而边长大多采用特制因钢尺进行丈量，也可利用高精度的光电测距仪进行测距。观测前，应按规范的有关规定检查仪器，在洞室和廊道中观测时，应封闭通风口以保持空气平稳，观测的照明设备应采用冷光照明（或手电筒），以减少折光误差。观测时，需分别观测导线点标志的左、右测角各一个测回，并独立进行两次观测，取两次读数中值为该方向观测值。

边角导线的系长一般不宜大于 320m，边数不宜多于 20 条，同时要求相邻两导线边的长度不宜相差过大。边角导线测量计算原理如图 2-15 所示。

在图 2-15 中，左边折线为初次观测时各导线点的位置，右边折线代表第 K 次观测时各导线点的位置。

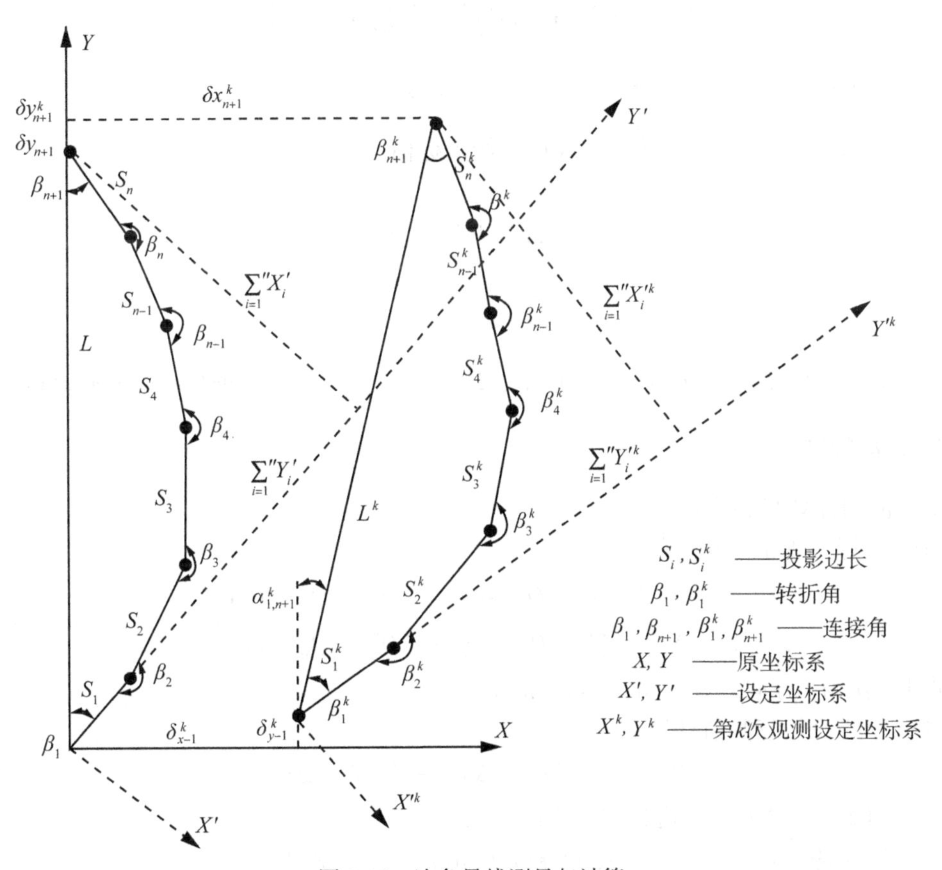

图 2-15 边角导线测量与计算

2.4.2 基准值计算

基准值的计算步骤如下：

（1）以 A 点为坐标原点，AB 连线为 Y 轴，建立 X-Y 坐标系。同时以 A 点为原点，以导线的第一边 S_1 为 Y' 轴，建立 $X'AY'$ 辅助坐标系。连线 L 和 S_1 的夹角为 β_1。

（2）导线边长基准值计算

$$S_i = b_i + \Delta b_i + \Delta b_t \tag{2-25}$$

式中，b_i 为两导线点的微型标志中心之间的长度值；Δb_i 为因瓦丝上的刻线与轴杆头上刻线的差值；Δb_t 为温度改正数。

（3）在 $X'AY'$ 辅助坐标系下，计算连接角 β_1 和 L。

$$\beta_1 = \arctan \frac{\sum_1^n S_i \cos\alpha'_i}{\sum_1^n S_i \sin\alpha'_i} \tag{2-26}$$

$$L = \sqrt{\left[\sum_1^n S_i \sin\alpha'_i\right]^2 + \left[\sum_1^n S_i \cos\alpha'_i\right]^2} \tag{2-27}$$

式中，方向角 $\alpha'_i = 90° + \sum_{i=2}^{1} [\beta_i - (i-1) \cdot 180°]$。

（4）在 X–Y 坐标系下，计算导线点初始坐标值 X_i、Y_i。

$$\left.\begin{aligned} X_i &= \sum_{i=1}^{i} S_i \sin(\alpha'_i - \beta_1) \\ Y_i &= \sum_{i=1}^{i} S_i \cos(\alpha'_i - \beta_1) \end{aligned}\right\} \tag{2-28}$$

导线的基准值要求独立测定 3 次以上，取平均值，以保证基准坐标具有较高的精度。

2.4.3　复测值计算

复测值的计算步骤为：

（1）计算、改正两端点的坐标：

$$\left.\begin{aligned} X_i^k &= X_i + (Q_{ti}^k - Q_{ti})\sin\mu + (Q_{\eta i}^k - Q_{\eta i})\cos\mu \\ Y_i^k &= Y_i + (Q_{ti}^k - Q_{ti})\cos\mu - (Q_{\eta i}^k - Q_{\eta i})\sin\mu \end{aligned}\right\} \tag{2-29}$$

式中，μ 为 t 方向之方位角，$i=1$，$n+1$。

（2）导线边长复测值计算：

$$S_i^k = b_i + (\Delta b_t^k - \Delta b_t) + (\Delta b_i^k - \Delta b_i) \tag{2-30}$$

式中，$(\Delta b_t^k - \Delta b_t)$ 为边长的温度改正数。

（3）用两端点新坐标反算边长 L^k 和方位角 $\alpha_{1,\ n+1}^k$，公式如下：

$$L^k = \sqrt{(X_{n+1}^k - X_1^k)^2 + (Y_{n+1}^k - Y_1^k)^2} \tag{2-31}$$

$$\alpha_{1,\ n+1}^k = \arcsin \frac{\delta y_{1,\ n+1}^k - \delta y_1^k}{L^k} = \arccos \frac{\delta x_{1,\ n+1}^k - \delta x_1^k}{L^k} \tag{2-32}$$

（4）以复测基点 A_k 点为原点，以导线的第一边 S_1^k 为 Y'^k 轴，建立 $X'^kAY'^k$ 复测坐标系，计算各边的坐标增量，然后进行边角网的平差计算。

（5）复测连接角值 β_1^k 的计算

$$\beta_1^k = \arctan \frac{\sum_1^n X_i^k}{\sum_1^n Y_i^k} = \arctan \frac{\sum_1^n S_i^k \cos\alpha_i'}{\sum_1^n S_i^k \sin\alpha_i'} \tag{2-33}$$

（6）在 X-Y 坐标系里根据改正后的 S_i^k、β_i^k 计算导线点坐标 X_i^k、Y_i^k。

（7）计算各点径向、切向两个位移值，得出各点的实际变形量，公式如下：

$$\alpha_i^k = \arcsin \frac{\delta y_i^k - \delta y_1^k}{L^k}$$

$$v_i = \arcsin \frac{S_i}{2R} + (\alpha_i^k - \alpha_{1,\ n+1}^k)$$

$$\delta x_i^k = X_i^k - X_i$$

$$\delta y_i^k = Y_i^k - Y_i$$

式中，R 为曲率半径（拱坝）。

$$\left.\begin{aligned} \text{径向：}\delta\eta_i^k &= \delta y_i^k \cos v_i - \delta x_i^k \sin v_i \\ \text{切向：}\delta\xi_i^k &= \delta y_i^k \sin v_i + \delta x_i^k \cos v_i \end{aligned}\right\} \tag{2-34}$$

精密边角导线的精度和效率主要受测角精度影响。在需要采用精密边角导线法时，为提高导线转折角观测精度，应采用冷光或手电照明，以保持气流平稳，并减弱温度梯度，以减小折光差。

2.4.4 弦矢导线

弦矢导线法是根据重复进行 K 次导线边长变化值 b_i^k 和矢距变化值 V_i^k 的观测来求得变形体的实际变形量 δ。弦矢导线法矢距测量系统是以弦线在矢距尺上的投影为基准，用测微仪测量出零点差和变化值。首测矢距时需测定两组数值：读取弦线在矢距因瓦尺上的垂直投影读数 $V_i(i = 1,\ 2,\ \cdots,\ n)$，以及微型标志中点（即导线点）与矢距尺零点之差值 δe_0。复测矢距时仅需读取弦线在矢距因瓦尺上的垂直投影读数 V_i^k。

弦矢导线的系长不宜大于400m，边数不宜大于25条，若矢距量测精度不能保证转折角的中误差小于1″时，导线长应适当缩短，边数应适当减少，若矢距量测精度较高，系长也可适当放长。因为此法的关键是提高三角形（矢高）的观测精度，一般需采用因钢杆尺、读数显微镜和调平装置等设备。

弦矢导线的布设原理见图2-16，观测与计算见图2-17。

2.4.5 基准值的计算

（1）计算矢距基准值 e_i，其公式如下：

$$e_i = V_i + \Delta e_t + \delta e_0 + \Delta e_0 \tag{2-35}$$

式中，Δe_0 为尺长改正数；Δe_t 为温度改正数。

（2）计算导线边长基准值 S_i，其公式如下：

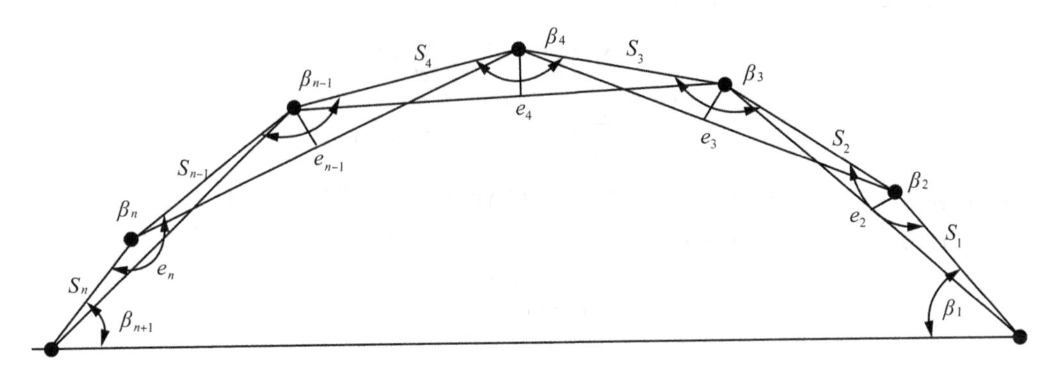

图 2-16　弦矢导线布设原理

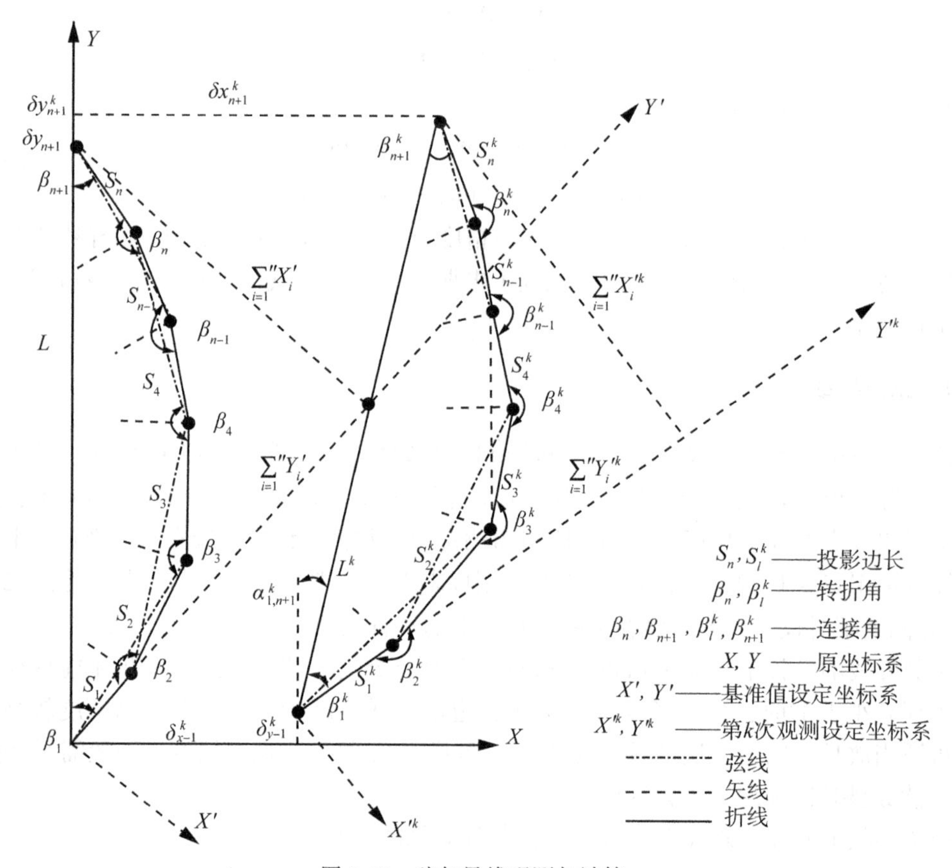

图 2-17　弦矢导线观测与计算

$$S_i = b_i + \Delta b_i + \Delta b_t \tag{2-36}$$

式中，Δb_t 为温度改正数。

（3）计算导线转折角基准值 $\beta_i (i = 2, 3, \cdots, n)$，其公式如下：

$$\beta_i = \arccos\left(\frac{e_i}{S_{i-1}}\right) + \arccos\left(\frac{e_i}{S_i}\right) \tag{2-37}$$

在求得导线转折角 β_i 后，即可按照边角导线基准值的计算式（2-27）、式（2-28）得到 $X\text{-}Y$ 坐标系的各导线点基准坐标 X_i、Y_i。

2.4.6 复测值的计算

复测值按以下步骤进行计算：

（1）按照边角导线的方法，建立 $X'^k A^k Y'^k$ 复测坐标系，按式（2-29）、式（2-30）计算改正后两端点的坐标和导线边长复测值 S_i^k。

（2）计算复测矢距 e_i^k：

$$e_i^k = e_i + (V_i^k - V_i) + (\Delta e_t^k - \Delta e_t) \tag{2-38}$$

（3）利用矢距计算复测导线转折角 β_i^k：

$$\beta_i^k = \arccos\frac{e_i^k}{S_{i-1}^k} + \arccos\frac{e_i^k}{S_i^k} \tag{2-39}$$

（4）按式（2-31）用两端点的新坐标反算边长 L^k，按式（2-32）计算方位角 $\alpha_{1,\ n+1}^k$。

（5）以复测基点 A^k 点为原点，以导线的第一边 S_1^k 为 Y'^k 轴，建立 $X'^k A^k Y'^k$ 复测坐标系，计算各边设定坐标增量，然后依据角度闭合法进行平差计算。

（6）按式（2-33）计算复测转折角 β_1^k。

（7）在 $X\text{-}Y$ 坐标系里根据改正后的 S_i^k、β_i^k 计算导线点坐标 X_i^k、Y_i^k。

（8）按式（2-34）计算各点径向、切向位移值，得出各点实际变形量（$\delta\eta_i^k$，$\delta\xi_i^k$）。

精密弦矢导线与精密边角导线相比，具有如下优点：

（1）复测简单、速度快、劳动强度小；

（2）精度高且稳定，不受折光等外界条件影响；

（3）便于采用遥测自动化，为实现计算位移值的全自动化奠定了良好的基础。

2.5 三角测量

三角测量是在地面上选定一系列点构成连续的三角形，采取测角方式推算各三角形顶点平面位置的方法。

在三角测量中作为测站，测定了水平位置的三角形顶点，称为三角点。由一系列相互连接的三角形所构成的网形称为三角网。利用在三角点上观测的角度值，从起始点和起始边出发，按边角关系可推算得各三角形顶点的平面坐标。

为了保证推算边长的精度，要求三角网中三角形的每个角度一般不小于30°，受地形限制或避免建造高标时，允许小至25°。为了保证三角网（点）具有足够的精度和密度，有关测量规范、规程对各等级三角网的边长、测角精度、起算元素精度、最弱边精度等项技术要求都作了具体规定。

三角测量的主要工作包括实地选点、埋石、水平角观测、测站平差、数据整理和验算、三角网平差等。

（1）实地选点。根据技术设计确定的布网方案并结合测区实际情况，在实地选定最适宜的点位。三角点点位应满足下列要求：

① 点位选在视野开阔、能反映变形体变形特征的地方，还须考虑埋石后能够长久保存，便于造标和观测；

② 点位离开公路、铁路和其他建筑物一定距离；

③ 为保证观测目标的成像质量和减少大气折光对观测角的影响，视线应旁离障碍物一定距离；

④ 所选点位构成的三角形的角度、边长、图形结构符合规范要求。

（2）埋石。为了保证观测精度，便于观测，三角点能够长期保存，各三角点均应埋设标石。标石是三角点点位的永久标志，根据测区的地质条件和三角网的等级，选定标石的类型。目前，在变形监测实际工程中，大多采用带有强制归心底盘的混凝土观测墩。

（3）水平角观测。水平角是推算监测点平面坐标的基本元素，其质量直接影响点位精度，是三角测量中的主要环节。三角点水平角用经纬仪观测。为确保观测成果质量，用于三角测量的经纬仪必须定期进行检验。三角网的水平角观测，一般采用方向观测法，当一个点上方向总数超过 6 个时，可考虑分两组观测，每组方向数大致相等，并包括两个共同方向，其中一个最好为共同零方向，以便增加检核和加强两组观测值间的联系。观测方向多于 3 个，在观测过程中某些方向目标暂时不清晰时，可先行放弃，待清晰时按分组观测的要求补测。

（4）测站平差。进行分组观测或联测两个高等方向时，为消除测站观测值间的矛盾所进行的平差，即求出测站各方向观测值的最或然值，并评定其观测精度。

① 完全方向组的测站平差。在一个测站上，用全圆方向观测法对所需观测方向以相同的测回数进行观测，所有测回观测结果的算术平均值就是每个观测方向的最或然值，即完全方向组的测站平差值。其中误差的计算公式为：

$$\begin{cases} \mu = \pm K \dfrac{\sum |\nu|}{n} \\ K = \dfrac{1.253}{\sqrt{m(m-1)}} \\ M = \pm \dfrac{\mu}{\sqrt{m}} \end{cases} \tag{2-40}$$

式中，μ 为一测回观测方向值的中误差；K 为系数；v 为测站的方向平差值与各测回观测值之差；n 为方向数；m 为测回数；M 为各方向平差值的中误差。

②等权分组观测时的两组测站平差。首先对各组本身进行测站平差，求出本组各方向平差值。设两组联测的共同方向为 i、j，第一组联测方向的方向值为 i'、j'，相应的平差改正数为 v'_i、v'_j；第二组联测方向的方向值为 i''、j''，相应的平差改正数为 v''_i、v''_j。按下式计算平差改正数：

$$
\begin{cases}
\nu_i' = +\dfrac{1}{4}w_{1,\ 2} \\
\nu_j' = -\dfrac{1}{4}w_{1,\ 2} \\
\nu_i'' = -\dfrac{1}{4}w_{1,\ 2} \\
\nu_j'' = +\dfrac{1}{4}w_{1,\ 2}
\end{cases}
\tag{2-41}
$$

式中，$w_{1,\ 2}=(j'-i')-(j''-i'')$，为两组观测联测角的差值（闭合差）。最后对两组观测值分别加以改正，再求出以其中一组或共同的零方向起算的各方向值，即为该站每个观测方向值的最或然值。

③ 联测高等级点方向的测站平差。在高等级点设站观测低等级点方向并联测两个高等级点方向时，为消除联测所得的高等级点方向观测值与已知高等级点方向值之间的差异，需进行平差。其平差方法是先对该组观测值进行测站平差，然后使低等级点方向的方向值强制附合在高等级点方向的方向值上。平差时，首先求联测角观测值与已知角值之差 w，然后将联测的方向各改正 $\frac{w}{2}$，第一个联测方向改正数为 $\frac{w}{2}$，第二个联测方向改正数为 $-\frac{w}{2}$，最后对观测方向加以改正，再求出以零方向起算的各方向值，即为该站各方向观测值的最或然值。

（5）数据整理和验算。外业观测结束后，应对观测数据进行全面的检查和整理。数据检查主要包括数据的完整性检查和数据精度检查。完整性检查是指按照技术设计对所有的观测项目是否进行了观测，并是否取得了有效数据进行检查；数据精度检查主要是指对外业观测数据是否符合规范规定的各项限差要求进行检查。对于某些类型的观测数据，应按照规范要求进行各项改正，如边长观测值的气象改正、常数改正等。外业数据经检查合格后，应整理成规定格式的数据文件，供后续的平差计算等使用。

（6）三角网平差。平差计算一般采用经鉴定的平差软件进行。在平差前，应编辑输入数据文件，并仔细检查其正确性。在首期观测平差时，应根据技术设计确定起算点及起算数据。平差结束后，应根据平差结果计算各监测点的位移量，分析位移特点和趋势，对于有突变的监测点应检查成果的可靠性，当确认位移异常时，应及时上报。

本章思考题

1. 沉降监测基准点有哪些类型？其埋设有什么要求？
2. 采用精密水准测量进行沉降监测有哪些特点？
3. 三角高程测量有哪些特点？其主要误差来源有哪些？如何消减其影响？
4. 交会法测量一般应用在什么场合？如何保证交会测量成果的可靠性？
5. 导线法变形监测有哪两种形式？其基准值如何取得？
6. 三角测量在整体上有哪些作业步骤？如何保证三角网基准的稳定和一致？

第3章　内部监测技术

内容及要求：本章主要介绍建（构）筑物内部监测的主要监测项目及监测技术。通过本章学习，要求掌握典型的内部监测项目，包括：内部位移监测、渗流监测、温度监测和应力/应变监测；了解各监测项目采用的监测技术；了解内部监测一般采用的自动化监测技术实施方案。

3.1　内部位移监测

3.1.1　概述

内部位移监测包括分层水平位移监测、分层沉降监测和界面位移及深层应变监测。

内部位移监测一般以监测断面的形式进行布置，监测断面应布置在最大横断面及其他特征断面上，如地质及地形复杂段、结构及施工薄弱段等。每个监测断面上可布设1~3条监测垂线，其中一条宜布设在轴线或中心线附近。监测垂线上测点的间距，应根据监测对象的高度、结构形式、材料特性及施工方法与质量等而定。一条监测垂线上的分层沉降测点，一般宜3~15个。最下一个测点应置于基础表面，以监测基础的沉降量。

分层水平位移监测的常用方法有测斜仪及引张线式位移计，有条件时，也可采用正、倒垂线进行监测。

分层沉降监测的主要方法有：电磁式沉降仪监测、干簧管式沉降仪监测、水管式沉降仪监测、横臂式沉降仪监测和深式测点组监测。

在水工建筑物中，有时还需要进行界面位移及深层应变监测。界面位移测点通常布设在坝体与岸坡连接处、组合坝形不同坝斜交界处及土坝与混凝土建筑物连接处，测定界面上两种介质相对的法向及切向位移。界面位移及深层应变可采用振弦式位移计及电位器式位移计进行监测。

3.1.2　分层水平位移监测（测斜）

1. 基本原理

测斜仪是监测分层水平位移的常用仪器。测斜仪按其工作原理有伺服加速度式、电阻应变片式、差动电容式、钢弦式等多种。常见的有伺服加速度式、电阻应变片式两种。其中，伺服加速度式精度较高，目前应用较多。测斜仪一般由测头、导向滚轮、连接电缆及测读设备等部分组成，其结构如图3-1所示。

其工作原理是利用重力摆锤始终保持铅直方向的特性，测得仪器中轴线与摆锤垂直线

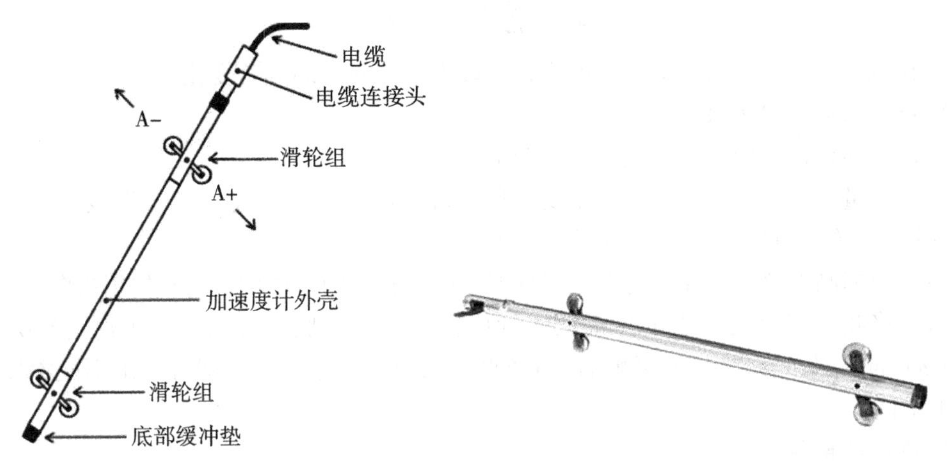

图 3-1 测斜仪构造示意图及实物

间的倾角，倾角的变化可由电信号转换得到，从而推算出测斜管的位移变化值，如图 3-2 所示。

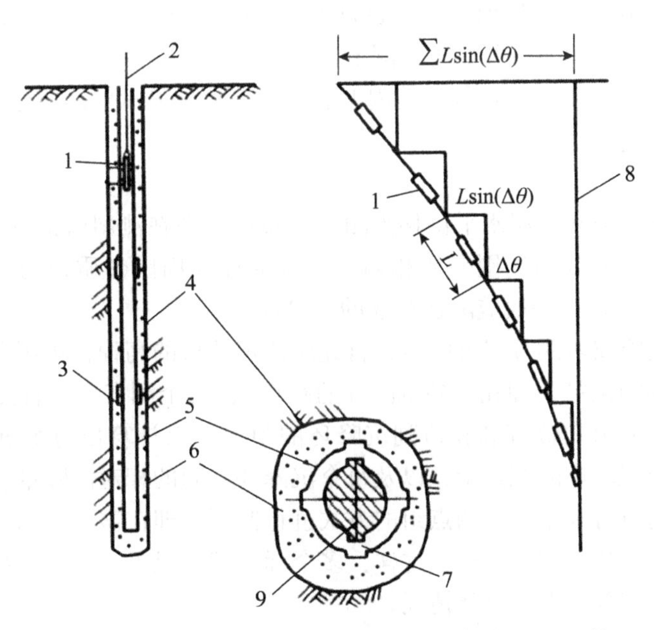

1—传感器；2—电缆；3—导管接头；4—钻孔；5—导管；
6—灌浆；7—导轮；8—管初始位置线；9—传感器

图 3-2 测斜仪工作原理示意图

当测斜管埋设得足够深时，则可认为管底是位移不动点，管口的水平位移值 Δ_n 即为各分段位移增量的总和。

$$\Delta_n = \sum_{i=1}^{n} L_i \sin(\Delta\theta_i) \tag{3-1}$$

式中，L_i 为各分段测读间距；$\Delta\theta_i$ 为各分段点上测斜管的倾角变化。

2. 测斜仪的使用方法

（1）测斜仪在使用前需按规定进行严格标定。

（2）测量时，将测斜仪与标有刻度（通常每 500mm 一个标记）的电缆线（信号传输线）连接，电缆线的另一端与测读设备连接。

（3）根据测斜仪测头导向轮上端向变形方向倾斜时的示值确认测斜的正指向。

（4）将测斜仪沿测斜管的导槽放入管中，直滑到管底，每隔一定距离（500mm 或 1000mm）向上拉线读数，测出测斜仪与竖直线之间的倾角变化，即可得出不同深度部位的水平位移。

3. 测斜的操作要点

（1）测斜管应竖向埋设，管内导槽位置应与量测位移的方向一致。

（2）测斜管管底应埋置在预计发生倾斜部位的深度之下。

（3）测斜管顶部高出基准面 150~200mm，顶部和底部用盖子封牢，并在埋入前灌满清水，以防污水、泥浆或砂浆从管接头处漏入。

（4）测斜管应在正式测读前 5 天安装完毕，并在 3~5 天内重复测量 3 次以上，判明测斜管已处于稳定状态后方可开始正式测量工作。

（5）测量时，必须保证测斜仪与管内温度基本一致，显示仪读数稳定再开始测量。

3.1.3　分层沉降监测

分层沉降监测一般和分层水平位移监测联合布设，即在测斜管的外部再加设沉降环，这时，要求测斜管的刚度与周围介质相当，且沉降环与周围介质密切结合，如图 3-3 所示。沉降管（或测斜管）一般应随建筑物的填筑埋设。

利用电磁式沉降仪监测分层沉降时，首先应测定孔口的高程，再用电磁式测头自下而上测定每个沉降环的位置（即孔口到沉降环的距离），每个测点应平行测定两次，读数差不得大于 2mm。利用孔口高程和孔口到沉降环的距离可以计算出每个沉降环的高程，从而可以计算出每个沉降环的沉降量，以及每个沉降环之间的相对沉降量。

分层沉降监测也可采用深式测点组的方式进行监测，即在需要监测的位置预埋测点标志，并将标志接伸到建筑物的表面，这样，多个标点就形成了一个标点组，每次监测各个标头高程，即可知道各测点的沉降情况。

水管式沉降仪也是用于测量建筑物内部沉降的一种常用测量仪器，该仪器由沉降测头、连通水管、排水管、通气管、保护管、观测台、充水排气设备（储水箱、压力水罐、稳压罐、空压机）等构成（见图 3-4），常用于土石坝、河堤等土工建筑物的沉降监测。

3.2　渗流监测

渗流监测是对建筑物及其地基内由渗流形成的浸润线、渗透压力、渗流量、渗水水质

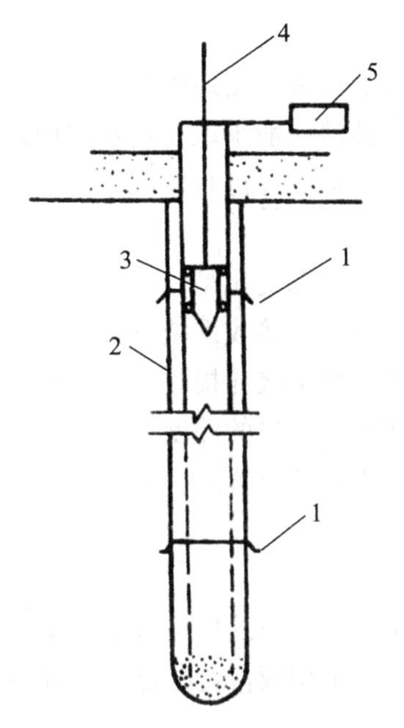

1—磁铁环；2—沉降管；3—探测头；4—钢尺；5—指示器

图 3-3 分层沉降监测

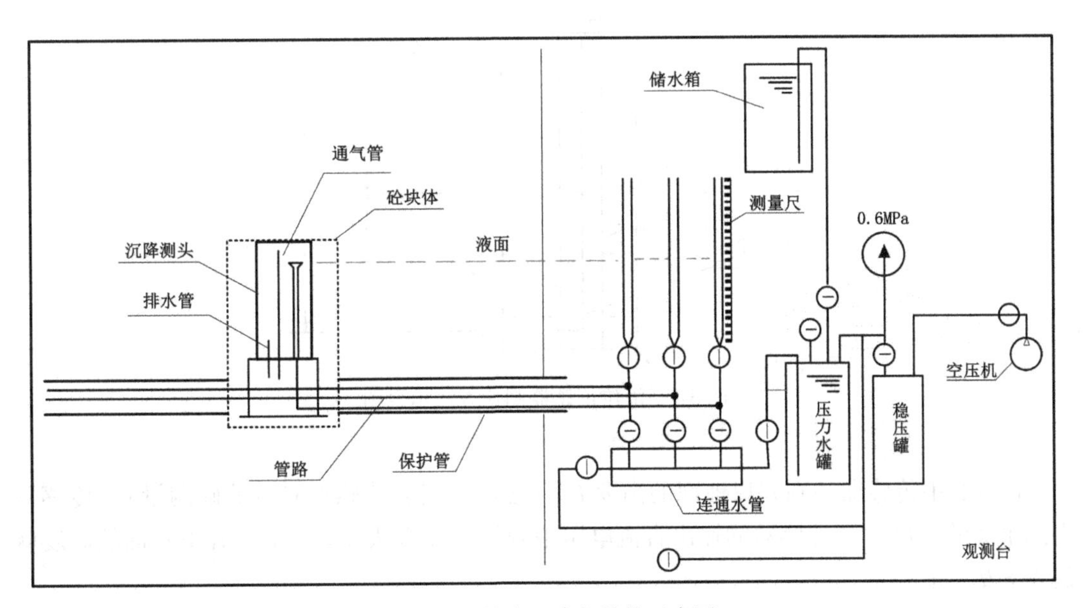

图 3-4 水管式沉降仪结构示意图

等的监测。渗流监测主要包括地下水位监测、渗透压力监测、渗流量监测，对于水工建筑物，还包括孔隙水压力监测和水质监测等。

3.2.1　地下水位监测

地下水位监测是水利、采矿、能源、交通以及高层建筑等工程中进行安全监测的主要项目之一。目前，国内地下水位监测一般采取在透水层埋设测压管，通过人工或利用水位传感器进行监测，也可通过专门的监测井进行监测。

1. 水位监测井

利用水位监测井监测地下水位动态变化是一种传统的测量方法，该系统主要由钻孔埋入地下的水位管和由测头、钢尺电缆、接收系统及绕线盘等部分组成，测头内部安装了水阻接触点，当触点接触到水面时，便会接通接收系统，蜂鸣器发出响声。此时，读取测量钢尺读数，即可获取地下水位相对于管口的深度，并可进一步转换成绝对水位。

水位监测井应设置在具有代表性的位置上，井位的布设以能全面反映工程环境地下水位分布面为准。

2. 压阻式液位传感器

压阻式液位传感器是利用半导体材料的压阻效应和集成电路制成的传感器，可以将液位的高度转化为电信号进行输出。采用液位传感器测量井口地面到井下水面高度的方法如图 3-5 所示。

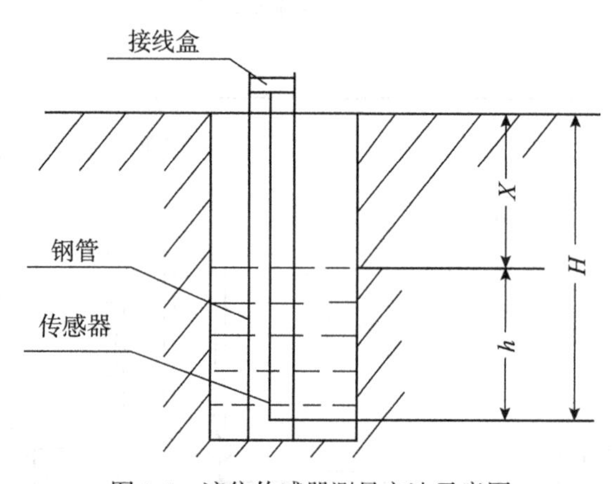

图 3-5　液位传感器测量方法示意图

图 3-5 中传感器头到井口地面的高度 H 为已知（安装传感器时应准确测量），传感器头到水面的高度 h 从传感器的输出直流电压中测得，那么从井口地面到井下水面的高度就是 $X = H - h$。

3. 感应式数字液位传感器

感应式数字液位传感器是一种用于液位测量的器件，是按照仿生物学的思路，应用仿神经网络设计思想设计而成的，采用神经网络电路的棒式传感器，内部布满了神经元电路板，外部由可塑性绝缘材料浇铸而成。利用机械方法定位感应装置感应液位变化，经机械编码处理，实现数字化分度（等精度测量的关键）、数字化采样、数字化传输的新型液位传感器，如图 3-6 所示。

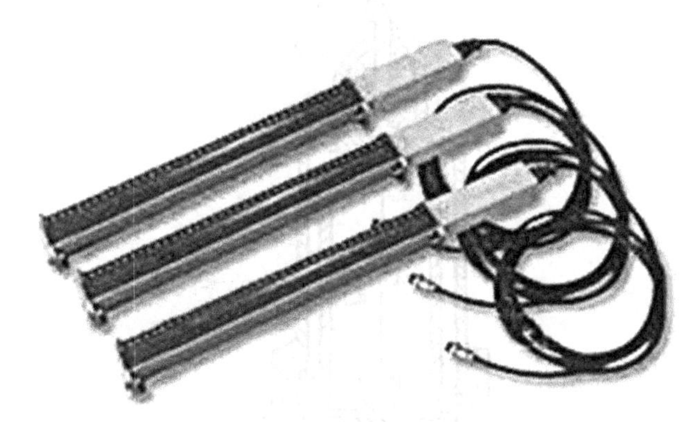

图 3-6 感应式数字液位传感器

感应式数字液位传感器具有测量精度高、稳定可靠、抗干扰等优点。通过与二次仪表（RTU）连接可组成液位自动测报系统，可用于有悬浮物，有杂质，含弱酸碱的污水、泥浆、水渠、河流，市政积水（立交桥下，低洼处）等环境。

3.2.2 渗透压力监测

渗透压力是指在上下游水位差的作用下，渗流作用于建筑物底面上的水压力。建筑于透水地基上的闸坝，挡水以后，水从上游河底进入地基，通过土壤或岩层的孔隙渗向下游，从下游河床溢出，由于水位差的作用，渗流对闸坝底面产生压力。

渗透压力监测是利用渗压计或者测压管监测渗流场内部孔隙水压力的工作。包括坝体渗透压力监测和坝基渗透压力监测。前者包括监测断面上的压力分布和浸润线位置的确定；后者包括坝基天然岩土层、人工防渗和排水设施等部位的渗透压力监测。

用于渗透压力监测的仪器称为渗压计，渗压计主要由测头、测读仪和连接电缆组成。渗压计种类较多，按传感元件不同，分为电阻片式、差动电阻式和钢弦式三种。按结构形式又可分为开口管式、封闭管式和气（液）压式。

3.2.3 孔隙水压力监测

孔隙水压力监测仅适用于饱和土及饱和度大于 95%的非饱和黏性土。均质土坝、土石坝土质防渗体、松软坝基等土体内应进行孔隙水压力的监测。国内外所使用的孔隙水压力计的种类较多，有振弦式、电阻片式、差动式、双管液压式、电感调频式及水管式，等等。现以振弦式孔隙水压力计为例，其构造和工作原理与土压力计相似（见图 3-7），只是多了一块透水石，土体中的土压力和孔隙水压力作用于接触面上，经过透水石后，只有孔隙水压力作用在变形膜上，膜片发生挠曲变形，引起钢弦张力的变化，从而根据钢弦频率的变化可测得孔隙水压力值。

孔隙水压力计可量测土体中任意位置的孔隙水压力大小，在基坑监测等许多领域有广

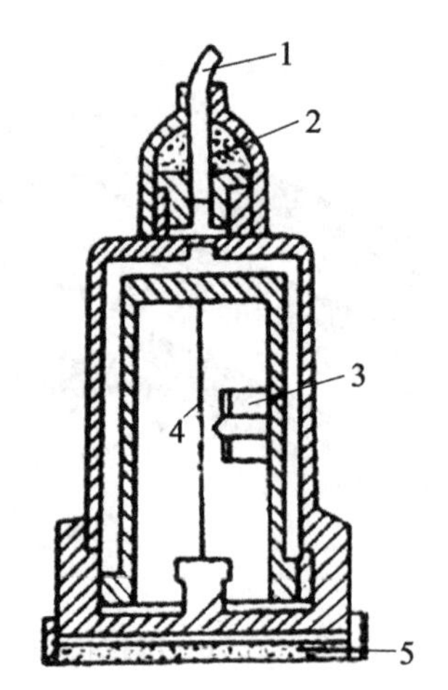

1—导线；2—防水材料；3—线圈；4—钢弦；5—透水石

图 3-7　孔隙水压力计的结构

泛的应用。

该仪器的使用方法如下：

（1）每个孔隙水压力传感器在埋设之前均应进行传感器的标定，以求得其标定系数 k 及零点压力下的频率值 f_0；即使出厂时已提供传感器的 k 和 f_0 值，亦应在埋设之前重新标定。

（2）根据传感器的埋设深度、孔隙水压力的变化幅度以及大气降水可能会对孔隙水压力造成的影响等因素，确定传感器的量程，以免造成孔隙水压力超出量程范围，或是量程选用过大，影响测量精度。

（3）安装传感器前，先在选定的位置钻孔至所需测量深度；再将用砂网、中砂裹好的传感器放到测点位置；然后向孔中注入中砂（作为传感器周围的过滤层），以高出传感器位置 0.2~0.5m 为宜；最后向孔中埋入黏土（一般为直径等于 1~2cm 的干燥黏土球，其塑性指数 IP 不得小于 17，最好采用膨润土），即可将孔封堵好。

（4）当在同一钻孔中埋设多个传感器时，则传感器的间距不得小于 1m，且一定要保证封孔质量，避免水压力的贯通；在地层的分界处亦应注意封孔质量，以免上下层水压力贯通。

3.2.4　渗流量观测

渗流量是直接反映渗流场动态的主要水力要素之一，进行渗流量观测对于判断渗流是否稳定，防渗和排水设施是否正常具有重要意义。渗流量观测是利用量水堰或渗压计组观测坝体或者坝基渗流量的工作。渗流量观测系统的布置，应根据工程的地质条件、渗漏水的出流和汇集条件以及所采用的测量方法等确定。对于大型工程应分区、分段进行测量，所有集水和量水设施均应避免客水干扰。渗漏水的温度观测以及用于透明度观测和化学分析水样的采集，均应在相对固定的渗流出口或堰口进行。

根据渗流量的大小和汇集条件，可选用如下几种方法进行观测：

（1）当流量小于 1L/s 时宜采用容积法；

（2）当流量在 1~30L/s 时宜采用量水堰法。

（3）当流量大于 300L/s 或受落差限制不能设置水堰时，应将渗漏水引入排水沟中，采用测流速法。

1. 容积法

容积法是将渗水引入具有一定容积的容器内，用秒表记录充水的起止时间，一般应不少于 10s，然后根据容器内的水量和记录的时间计算出渗流量。容积法一般适用于渗流量小于 1L/s 的情况。

2. 量水堰法

量水堰的结构有三角堰、梯形堰和矩形堰三种。目前，量水堰一般选用三角堰，三角堰缺口为等腰三角形，底角为直角，堰口下游边缘呈 45°。矩形堰堰板应严格保持堰口水平，水舌两侧的堰墙上应留通气孔。量水堰的结构如图 3-8 和图 3-9 所示。

量水堰的设置和安装应符合以下要求：

（1）量水堰应设在排水沟直线段的堰槽段。该段应采用矩形断面，两侧墙应平行和铅直。槽底和侧墙应加砌护，不漏水，不受其他干扰。

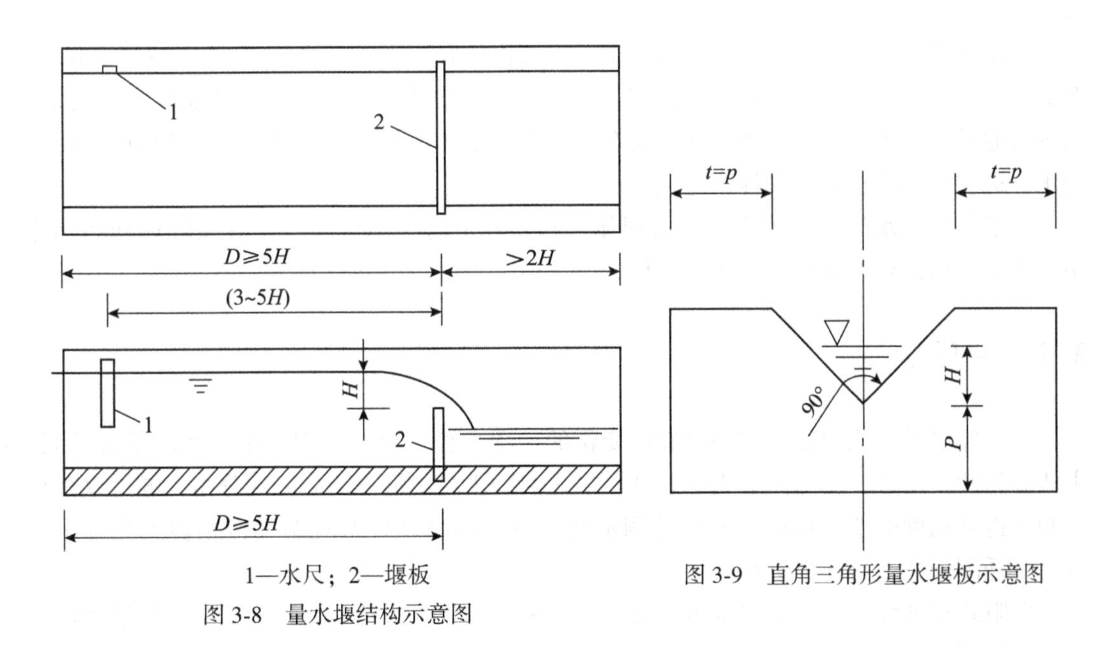

1—水尺；2—堰板

图 3-8 量水堰结构示意图

图 3-9 直角三角形量水堰板示意图

（2）堰板应与堰槽两侧墙和来水流向垂直。堰板应平正和水平，高度应大于 5 倍的堰上水头。

（3）堰口水流形态必须为自由式。

（4）测读堰上水头的水尺或测针，应设在堰口上游 3~5 倍堰上水头处。尺身应铅直，其零点高程与堰口高程之差不得大于1mm。水尺刻度分辨率应为1mm；测针刻度分辨率应为0.1mm。必要时可在水尺或测针上游设栏栅稳流。

（5）量水堰安装完毕，应详细填写考证表，存档备查。

用量水堰监测渗流量时，水尺的水位读数应精确至1mm，测针的水位读数应精确至0.1mm。堰上水头两次观测值之差不得大于1mm。在监测渗流量的同时，必须测记相应渗漏水的温度、透明度和气温。温度须精确到0.1℃。透明度观测的两次测值之差不得大于1cm。当为浑水时，应测出相应的含沙量。

3. 测流速法

测流速法的流速测量，可采用流速仪法或浮标法，两次流量测值之差不得大于均值的10%。

测流速法监测渗流量的测速沟槽应符合以下要求：

（1）长度不小于15m的直线段；

（2）断面一致，并保持一定纵坡；

（3）不受其他水干扰。

3.2.5　水质监测

水质监测可结合渗流量的监测进行，包括渗漏水的温度、透明度监测和化学成分分析。

透明度监测一般用透明度管进行。透明度管由直径3cm、高35cm的平底玻璃管制成，在管壁上标有刻度。在进行监测时，用一块印有5号字体的字母板置于管底以下4cm处，从管口通过检测水样观看，看清字母时管中水深数值即为透明度。当透明度为30cm时为清水，透明度越小，说明含沙量越大。

为了解渗透水的化学性质及其对坝体、基岩和下游排水设施有无溶蚀破坏和堵塞作用，必要时可进行渗流水质的化验分析。

3.3　温度监测

温度监测是量测混凝土结构内温度变化的一项工作，也是大坝安全监测的重要项目。主要分为两个内容，一是混凝土的温度，二是混凝土温度沿不同方向的分布，通过这两项监测可得到温度的变化规律。温度监测常在混凝土内部埋设常规温度传感器或光纤来获得，光纤测温技术将在第7章介绍。

电阻式温度计是常见的温度传感器，内部采用电阻作为感温元件，根据电阻值随温度而变化的规律测量温差。铜电阻温度计结构简单、成果直观，是常用的电阻式温度计，如图3-10所示，铜电阻温度计主要由三部分组成：电阻线圈、外壳及电缆，利用金属导体随温度变化而改变电阻的特性，外壳用铜套管，内部感温部分用直径为0.1mm的高强度漆包线卷于内部铜管上制成。观测时为消除电缆电阻的影响，采用三芯或四芯电缆，需以电桥进行观测。

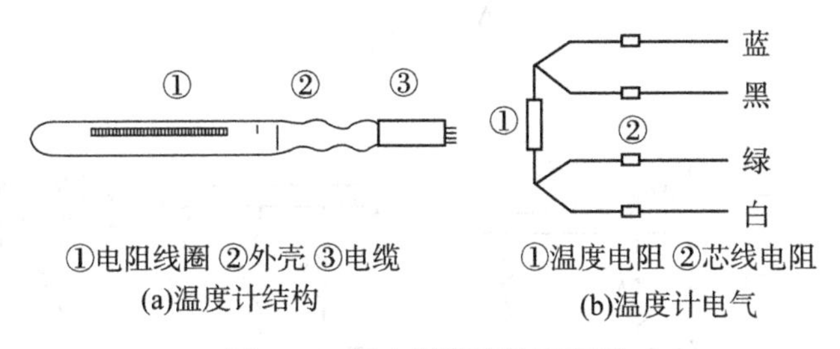

图 3-10 铜电阻温度计原理图

3.4 应力监测

应力监测是指借助于监测仪器获取结构体内部应力大小的工作。在所考察的截面某一点单位面积上的内力称为应力，应力是反映物体一点处受力程度的力学量，同截面垂直的称为正应力或法向应力，同截面相切的称为剪应力或切应力。物体由于外因（受力、温度变化等）而变形时，在物体内各部分之间产生相互作用的内力，以抵抗这种外因的作用，并力图使物体从变形后的位置恢复到变形前的位置。

应力会随着外力的增加而增长，对于某一种材料，应力的增长是有限度的，超过这一限度，材料就要破坏。对某种材料来说，应力可能达到的这个限度称为该种材料的极限应力。极限应力值要通过材料的力学试验来测定。将测定的极限应力作适当降低，规定出材料能安全工作的应力最大值，这就是许用应力。在使用时，材料内部应力应低于极限应力，否则材料将受到破坏。

3.4.1 应力传感器工作原理

在土木工程中，所需测量的物理量大多数为非电量，如位移、压力、应力、应变等。为使非电量能用电测方法来测定和记录，必须设法将它们转换为电量，这种将被测物理量直接转换为相应的容易检测、传输或处理的信号的元件称为传感器，也称换能器、变换器或探头。

传感器一般可按被测量的物理量、变换原理和能量转换方式分类，按变换原理分类如：电阻式、电容式、差动变压器式、光电式等，这种分类易于从原理上识别传感器的变换特性，对每一类传感器应配用的测量电路也基本相同。按被测量的物理量分类如：位移传感器、压力传感器、速度传感器等。

应力计和应变计是土木工程测试中常用的两类传感器，其主要区别是测试敏感元件与被测物体的相对刚度的差异，具体说明如下。

图 3-11 所示的系统，由两根相同的弹簧将一块无重量的平板与地面相连接所组成，弹簧系数均为 k，长度为 l_0，设有力 P 作用在板上，将弹簧压缩至 l_1，如图 3-11（b）所示，则变形量 Δu_1 为

$$\Delta u_1 = \frac{P}{2k} \tag{3-2}$$

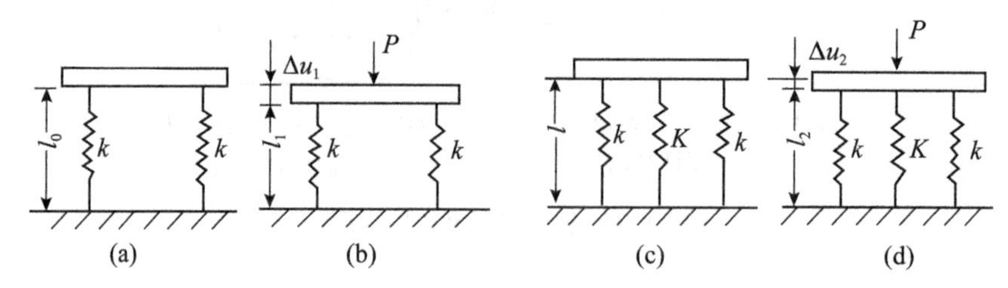

（a）初始状态；（b）受力 P 作用后；（c）初始状态下放置测试元件；
（d）放置测试元件后受力 P 的作用

图 3-11　应力计和应变计工作原理

若要用一个测量元件来测量未知力 P 和压缩变形 Δu_1，在两根弹簧之间放入弹簧系数为 K 的元件弹簧，则其变形和压力为

$$\Delta u_2 = \frac{P}{2k + K} \tag{3-3}$$

$$P_2 = K\Delta u_2 \tag{3-4}$$

式中，P_2 和 Δu_2 分别为元件弹簧所受的力和位移。

将式（3-2）代入式（3-3），可得

$$\Delta u_2 = \frac{1}{1 + \frac{K}{2k}} \Delta u_1 \tag{3-5}$$

式（3-5）中，若 $K \ll k$，则 $\Delta u_1 = \Delta u_2$，说明弹簧元件加进前后，系统的变形几乎不变，弹簧元件的变形能反映系统的变形，因而可看作一个测长计，把它测出来的值乘以一个标定常数，可以指示应变值，所以它是一个应变计。

将式（3-3）代入式（3-4），有

$$P_2 = P \frac{1}{1 + \frac{2k}{K}} \tag{3-6}$$

式（3-6）中，若 k 远小于 K，则 $P_2 = P$，说明弹簧元件加进前后，系统的受力与弹簧元件的受力几乎一致，弹簧元件的受力能反映系统的受力，因而可看作一个测力计，把它测出来的值乘以一个标定常数，可以指示应力值，所以它是一个应力计。

在式（3-5）和式（3-6）中，若 $K \approx 2k$，即弹簧元件与原系统的刚度相近，加入弹簧元件后，系统的受力和变形都有很大的变化，则既不能做应力计，也不能做应变计。

上述结果，也很容易用直观的力学知识来解释，如果弹簧元件比系统刚硬很多，则力 P 的绝大部分就是由元件来承担，因此，元件弹簧所受的压力与力 P 近乎相等，在这种情况下，该弹簧元件适合做应力计。另一方面，如果弹簧元件比系统柔软很多，它将顺着系统的变形而变形，对变形的阻抗作用很小，因此，元件弹簧的变形与系统的变形近乎相

等，在这种情况下，该弹簧元件适合于做应变计。

3.4.2 监测方法

根据不同的监测项目，应力监测的内容不一样。应力应变的监测分为施工期监测和运营期监测。应力应变监测在施工期有两个重要作用：①通过应力应变监测，了解建筑物应力的实际分布，寻求最大应力（拉、压应力和剪应力）的位置、大小和方向，真正掌握建筑物的实际强度安全程度。②利用应力应变的观测成果，可以改进设计，验证新的设计方法和建筑物的设计形态。

为了获得观测数据，必须在事先选择好的观测截面上的测点处埋设应变计组和无应力计。应变计组主要监测混凝土在平面方向上的应力状态。应变计组的各向应变计的测值反映的是测点的各向应变。无应力计是用来测量除外力以外的由于混凝土物理、化学因素及温度、湿度变化引起的变形。这部分非应力变形也就是自由体积变形。

埋设应变计组时，先将支座固定于埋设仪器处的预埋钢筋上，然后插上支杆并准确校正支杆方向，再将应变计装于支杆上，五支仪器的方位误差不超过 ±1°，方向布置在观测断面上，但至少有一个方向与观测断面垂直。仪器周围填筑混凝土时，一定要剔除大于8cm 的大骨料，防止大骨料造成混凝土不均匀，影响观测精度。最后用人工方法振捣仪器周围的混凝土，使混凝土慢慢围住并逐渐覆盖仪器，这样可以有效地保护仪器和电缆不被巨大的外力破坏。

由于应变计本身具有一定的刚度，在混凝土尚未硬化前，应变计不能完全反映出混凝土的变形。一般应变计在埋设后 12 小时，才能达到平衡状态。因此，必须在埋设后每 4 小时对应变计组和无应力计测一次数据，持续一天。这样，一方面可以检查仪器是否正常工作，另一方面可以通过数据的变化观察混凝土的应变情况。

3.5 工程实例

3.5.1 土石坝工程概况

土石坝工程运行年限都较长，原则上安全监测工作应贯穿整个施工期和运行期。根据我国目前的实际情况，一般认为监测仪器设备可靠的运行时间应至少为 10 年，并尽可能延长使用年限。

土石坝安全监测工作按监测方法可分为巡视检查和仪器监测；按仪器埋设安装的位置和工作位置，又分为外部监测和内部监测。内部监测有位移监测、渗透压力、土压力、浸润线位置、绕坝渗流等。

对同一个工程，各种监测项目在能满足技术要求的条件下，尽可能地选用由同一原理制造的仪器设备。仪器的最大量程应满足工程项目的实际需要，并有一定的富余量，一般约有 30%的富余量。

西霞院反调节水库是小浪底水利枢纽的配套工程，位于黄河中游距小浪底水利枢纽约

16km 处。主要建筑物由挡水土石坝坝段及河床式电站、排沙洞、泄洪闸和引水闸等混凝土建筑物坝段组成。

3.5.2　土石坝内部监测项目

西霞院反调节水库土石坝坝段的内部监测设置了下列监测项目：

（1）坝体渗流监测；

（2）混凝土坝段和土坝坝段接合部的接缝监测；

（3）土工膜应变监测。

1. 坝体渗流监测

坝体渗流监测设有 3 个主监测断面和 4 个次监测断面。

在每个主监测断面上，坝基混凝土防渗墙上游侧坝基处设有 1 支渗压计，混凝土防渗墙下游侧坝基处设有 2 支渗压计，用于监测防渗墙的防渗效果；为监测土工膜的防渗效果和工作情况，在大坝 126.50m 和 131.00m 高程土工膜下面分别布设 1 支渗压计；为监测坝基渗流情况，在坝轴线上游 20.50m、坝轴线以及下游坝坡压坡处的坝基分别布设 1 支渗压计；为监测坝体和坝基渗流情况，在坝轴线 128.00m 高程布置一支渗压计，以监测坝体孔隙水压力消散情况和稳定渗流后的坝体浸润线分布情况，每个断面共布设渗压计 9 支。

在次监测断面上，坝基混凝土防渗墙上游侧坝基处设有 1 支渗压计，混凝土防渗墙下游侧坝基处设有 1 支渗压计，用于监测防渗墙的防渗效果；为监测土工膜的防渗效果和工作情况，在大坝 126.50m 和 131.00m 高程土工膜下面分别布设 1 支渗压计；为监测坝基渗流情况，在坝轴线上游 20.50m、坝轴线以及下游坝坡压坡处的坝基分别布设 1 支渗压计；为监测坝体和坝基渗流情况，在坝轴线 128.00m 高程布置一支渗压计，以监测坝体孔隙水压力消散情况和稳定渗流后的坝体浸润线分布情况，每个断面共布设渗压计 8 支。

2. 混凝土坝段和土坝坝段接合部的接缝监测

为监测混凝土坝段和土坝坝段接合处接缝的变形情况，在其左右两侧的接合部分别埋设 3 支界面变位计。

3. 土工膜应变监测

为对大坝土工膜防渗材料因施工加载受力后产生的应变参数进行监测，在 5 个断面进行观测，每个断面分别布设 8 支横向和 4 支纵向土工膜应变计，用于监测土工膜受力后的应变。

3.5.3　土石坝内部监测结果示例

1. 坝体渗流监测示例

左岸土石坝坝段基础防渗墙 15#槽下游 108m 高程处渗压计埋设后即开始观测记录，观测数据在安装后两周内每天观测 1 次，之后每周观测 1 次，观测结果示例如表 3-1 所示，渗压计的观测时间与温度、频率模数过程线如图 3-12 所示，渗压计的观测时间与温度、地下水位过程线如图 3-13 所示。可以看出，该坝段的温度变化平缓，孔隙水压力水头变化幅度不太大，幅度在 0.5m 范围内，观测精度较高。

表 3-1 **渗压计观测记录、计算表**

设计编号 P2-01 厂家编号 03-25869 型号量程 GK4500S-700kPa

埋设部位 左岸土石坝段基础防渗墙 15#槽下游 埋设时间 2004/9/1 10：00

计算参数 基准值 8825.6Hz^2×10^{-3} 测点高程 108.00m

温度补偿系数 0.09125kPa/℃ 灵敏度系数 0.1651kPa/Hz^2×10^{-3}

观测时间（年月日时）	周期 T（μs）	频率模数（Hz^2×10^{-3}）	温度（℃）	孔隙水压力（kPa）	孔隙水压力水头（m）	备注
2004/9/1 10：00	336.59	8825.6	28.5	0.000	108.00	安装前
2004/9/1 10：50	345.63	8372.2	23.2	74.373	115.58	安装后
2004/9/1 11：06	345.62	8372.4	23.2	74.340	115.58	
2004/9/1 11：20	345.62	8372.2	22.7	74.327	115.58	
2004/9/2 9：00	345.66	8370.4	21.6	74.524	115.60	
2004/9/3 8：30	345.67	8369.4	20.9	74.625	115.61	
2004/9/4 9：30	345.65	8370.6	20.7	74.409	115.59	
2004/9/5 8：00	345.63	8371.8	20.4	74.183	115.56	
2004/9/6 9：30	345.63	8371.7	20.4	74.200	115.57	
2004/9/7 9：00	345.62	8371.7	20.2	74.182	115.56	
2004/9/8 8：00	345.65	8370.9	20.1	74.304	115.58	
2004/9/9 8：30	345.66	8370.0	20.1	74.453	115.59	
2004/9/10 9：30	345.66	8368.9	20.0	74.626	115.61	
2004/9/11 9：30	345.67	8369.2	20.0	74.576	115.60	
2004/9/12 9：00	345.67	8369.5	20.0	74.526	115.60	
2004/9/13 8：30	345.70	8368.5	19.9	74.682	115.62	
2004/9/14 9：30	345.69	8368.8	19.9	74.633	115.61	
2004/9/18 9：00	345.70	8368.1	19.6	74.721	115.62	
2004/10/8 9：00	345.65	8369.4	19.4	74.488	115.60	
2004/10/11 9：00	345.80	8367.3	19.3	74.826	115.63	
2004/10/14 10：05	345.70	8361.9	19.2	75.708	115.72	
2004/10/21 15：30	345.73	8366.0	19.1	75.022	115.65	
2004/10/28 8：30	345.80	8367.2	19.1	74.824	115.63	
2004/11/4 8：30	345.64	8370.2	19.1	74.329	115.58	
2004/11/11 8：45	345.80	8366.2	19	74.980	115.65	
2004/11/18 9：00	345.73	8367.4	18.9	74.773	115.62	
2004/11/25 15：00	345.86	8359.8	18.8	76.018	115.75	
2004/12/3 8：50	345.71	8366.6	18.7	74.887	115.64	

续表

观测时间（年月日时）	周期 T（μs）	频率模数（$Hz^2\times10^{-3}$）	温度（℃）	孔隙水压力（kPa）	孔隙水压力水头（m）	备注
2004/12/9 8：50	345. 64	8369. 7	18. 8	74. 384	115. 58	
2004/12/16 8：40	345. 76	8365. 4	18. 6	75. 076	115. 66	
……	……	……	……	……	……	
2007/3/7 9：00	345. 73	8379. 9	16. 9	72. 527	115. 40	

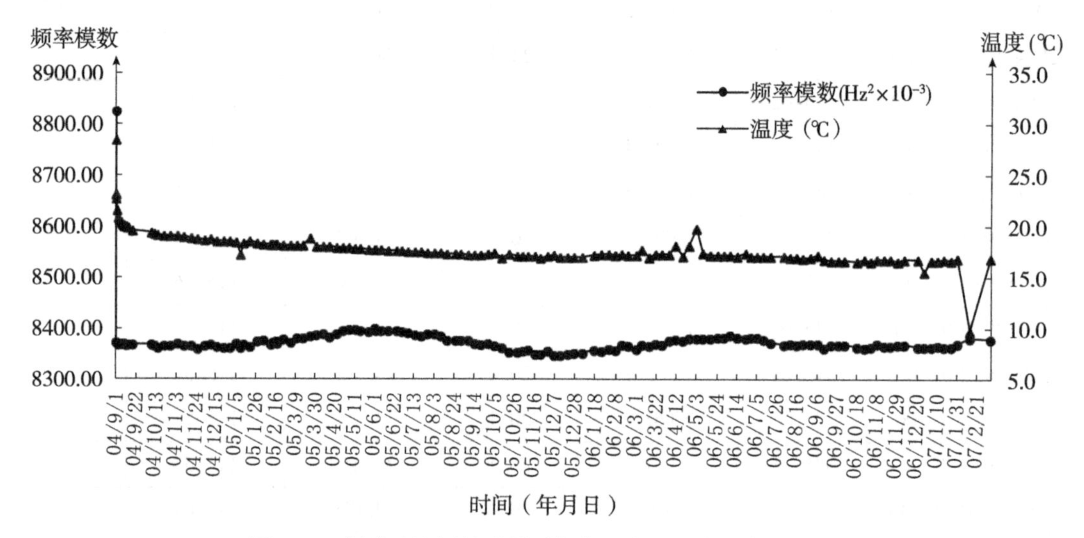

图 3-12　振弦式渗压计观测时间与温度、频率模数过程线

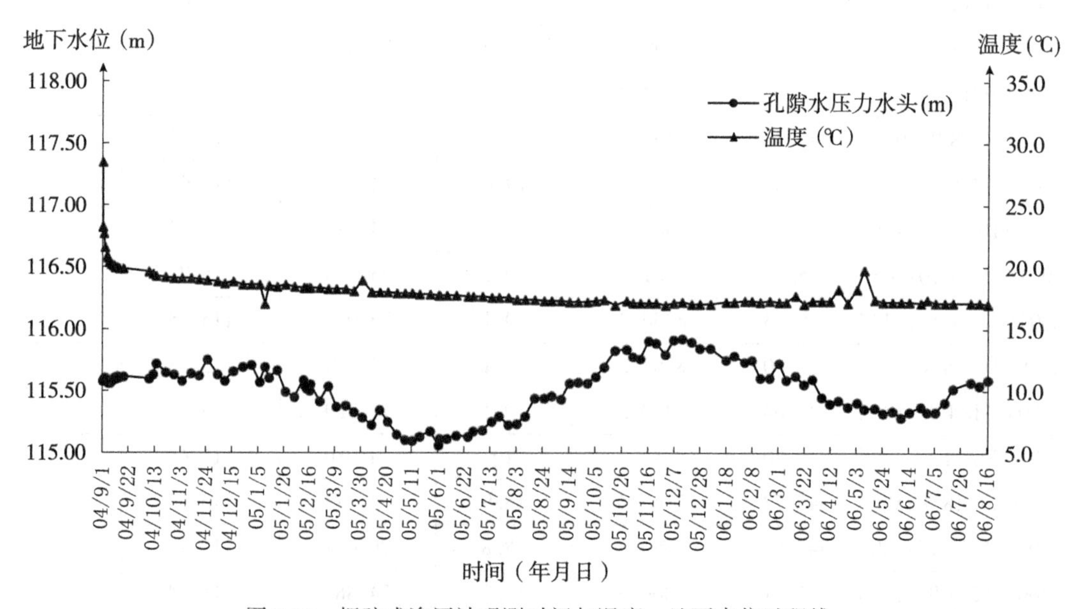

图 3-13　振弦式渗压计观测时间与温度、地下水位过程线

2. 界面变位计观测结果示例

混凝土坝段和土坝坝段土石接合部的界面变位计安装埋设完毕即开始观测，观测数据在安装后两周内基本上每天观测1次，之后一周观测1次。观测示例如表3-2所示，观测时间与温度、频率模数过程线及观测时间与变形量、温度过程线如图3-14和图3-15所示。可以看出，测点的变形量在前10个月变化平缓，形变量最大4mm，后期逐渐增大，最大形变量7.4mm，但总体上形变量不大，说明混凝土坝段和土石坝段的相对变形量还不太大。

表3-2 **界面变位计观测记录、计算表**

设计编号 JI3-06 厂家编号 04-1034 型号量程 GK4430-1-150mm

埋设部位 土石坝与右门库右侧接合部 埋设时间 2005/12/14 15：06

计算参数 基准值 3027.9$Hz^2 \times 10^{-3}$ 测点高程 129.59 m

温度补偿系数 0.015976kPa/℃ 灵敏度系数 0.03097mm/$Hz^2 \times 10^{-3}$

观测时间（年月日时）	周期 T（μs）	频率模数（$Hz^2 \times 10^{-3}$）	温度（℃）	位移量（mm）	备注
2005/12/25 14：20	595.35	2821.4	20.3	0.000	安装前
2005/12/25 14：40	576.06	3013.2	19.6	5.940	预拉后
2005/12/25 15：10	575.8	3016.0	13.9		安装后
2005/12/25 16：30	575.59	3018.4	12.2		回填中
2005/12/26 11：30	575.39	3020.5	10.4		回填后
2005/12/27 14：00	574.70	3027.9	9.0	0.000	安装回填1m
2005/12/28 10：00	575.40	3026.8	9.3	-0.034	
2005/12/29 9：10	574.77	3035.8	6.2	0.245	
2005/12/30 9：30	572.35	3052.5	8.5	0.762	
2005/12/31 14：00	571.20	3064.7	8.5	1.140	
2006/1/1 14：00	571.04	3066.4	8.5	1.192	
2006/1/2 9：00	570.60	3071.4	8.5	1.347	
2006/1/3 10：00	570.24	3075.6	8.5	1.477	
2006/1/4 14：30	569.85	3079.5	8.5	1.598	
2006/1/5 9：00	569.57	3082.5	8.5	1.691	
2006/1/6 10：00	568.82	3090.6	8.5	1.942	
2006/1/7 14：30	568.20	3097.2	8.5	2.146	
2006/1/8 9：00	568.09	3098.6	8.6	2.190	
2006/1/10 8：30		3113.2	8.3	2.642	
……	……	……	……	……	……
2007/3/5 9：00		3267.2	13.0	7.411	2007/3/5 9：00

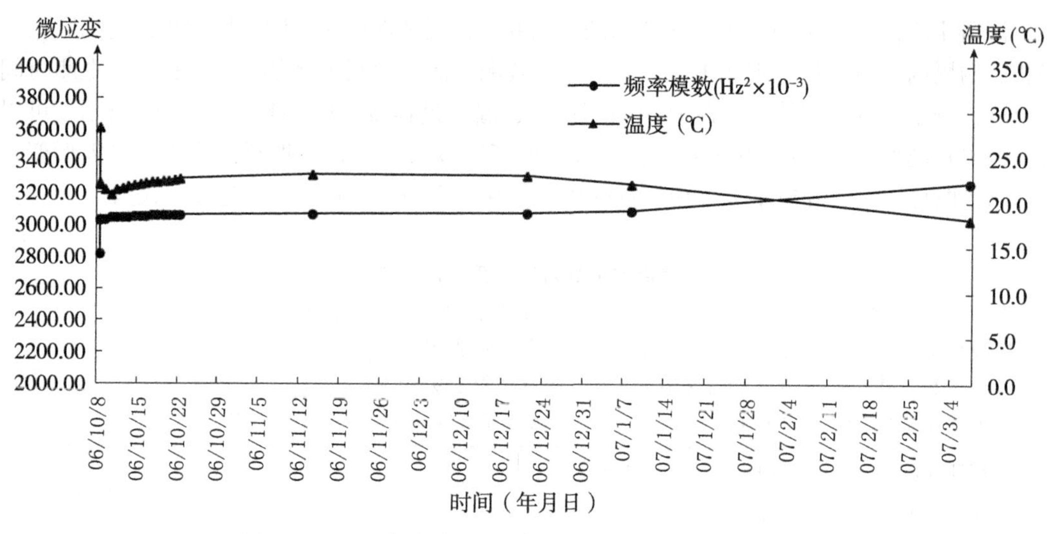

图 3-14　界面变位计观测时间与温度、频率模数过程线

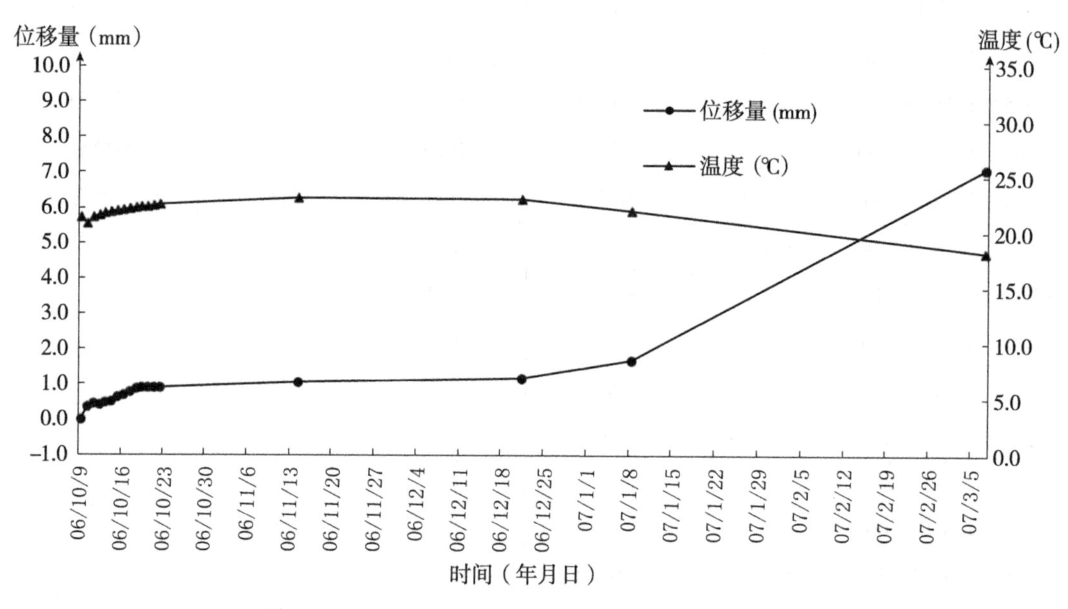

图 3-15　界面变位计观测时间与变形量、温度过程线

3. 土工膜应变监测

通过土工膜应变计对大坝土工膜防渗材料因施工加载受力后产生的应变参数进行监测，埋入后前两周内每天观测 1 次，以后每周观测 1 次。观测结果如表 3-3 所示，观测时间与温度、位移过程线及观测时间与温度、应变量过程线分别如图 3-16 和图 3-17 所示。

表 3-3　　**土工膜应变计观测记录、计算表**

设计编号 GS3-01　　厂家编号 645015　　型号量程 JML-6105TR-50mm

埋设部位土石坝左岸坝段　　埋设时间 2005/11/6 8：30

计算参数　基准值 2521. 3Hz²×10⁻³　　修正系数 0. 9609

温度补偿系数 1. 8με/℃　　灵敏度系数 3. 304με/Hz²×10⁻³

观测时间（年月日时）	位移（mm）	差值（mm）	温度（℃）	应变量（με）	备注
2006/5/18 15：00	0. 00	0. 0	33. 3		安装前
2006/5/18 16：30	10. 07	0. 0	30. 2		安装后
2006/5/19 8：30	10. 33	0. 3	19. 0		埋入前
2006/5/20 6：30	10. 11	0. 0	21. 5	0	埋入后
2006/5/21 8：00	10. 07	0. 0	20. 5	0. 53	
2006/5/22 16：30	10. 06	0. 0	20. 0	3. 08	
2006/5/23 16：30	8. 88	-1. 19	33. 0	5. 43	
2006/5/24 16：30	9. 42	-0. 65	26. 0	7. 32	
2006/5/25 16：30	9. 83	-0. 23	21. 0	9. 47	
2006/5/26 16：30	9. 75	-0. 32	22. 0	10. 93	
2006/5/27 16：30	10. 49	0. 46	19. 0	12. 03	
2006/5/28 16：30	10. 01	-0. 06	19. 0	13. 79	
2006/5/29 16：30	9. 84	-0. 23	21. 0	16. 34	
2006/5/30 16：30	9. 68	-0. 39	23. 0	17. 63	
2006/5/31 16：30	9. 56	-0. 51	25. 0	19. 00	
2006/6/7 8：30	9. 72	-0. 35	24. 5	24. 09	
2006/6/14 9：00	9. 87	-0. 20	22. 0	26. 66	
2006/6/23 8：30	9. 79	-0. 28	23. 0	33. 49	
2006/6/28 8：30	9. 29	-0. 78	29. 5	31. 36	
2006/7/5 8：30	9. 77	-0. 30	27. 0	32. 37	
2006/7/12 9：00	9. 37	-0. 70	31. 0	33. 47	
2006/7/19 8：30	9. 27	-0. 80	32. 5	33. 50	
2006/7/26 9：00	9. 59	-0. 48	28. 5	33. 91	
2006/8/2 9：00	9. 45	-0. 62	29. 5	33. 54	
2006/8/9 16：00	9. 22	-0. 85	32. 5	33. 64	
2006/8/17 17：30	9. 24	-0. 83	32. 0	33. 75	
2006/8/22 16：00	9. 67	-0. 40	26. 5	33. 28	

续表

观测时间 （年月日时）	位移 （mm）	差值 （mm）	温度（℃）	应变量（με）	备注
2006/8/30 9：00	9.75	−0.32	25.5	31.77	
2006/9/6 9：00	9.89	−0.18	23.0	32.05	
……	……	……	……	……	……
2007/3/7 9：00	10.7	0.63	8.0	18.73	

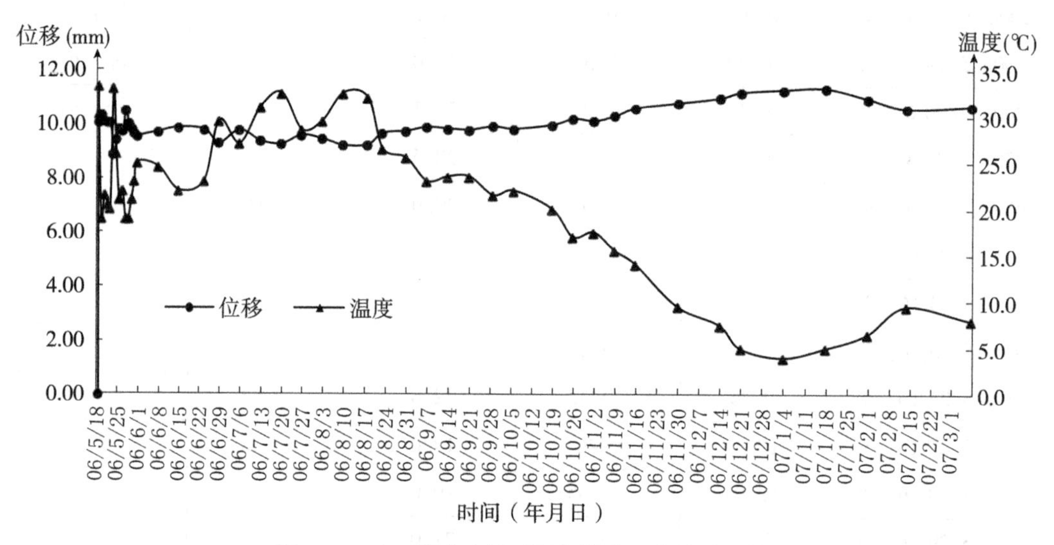

图 3-16　土工膜应变计时间与温度、位移过程线

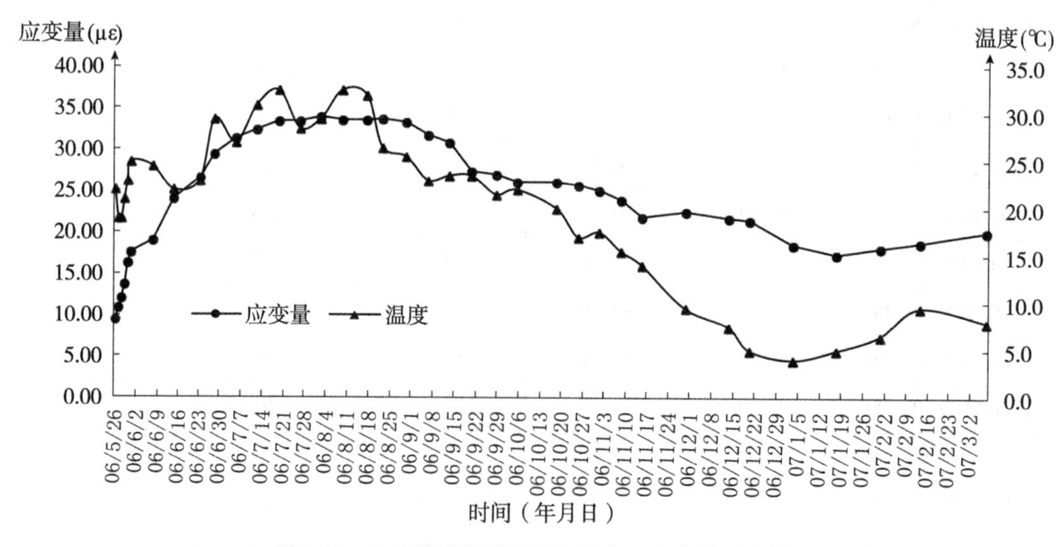

图 3-17　土工膜应变计时间与温度、应变量过程线

本章思考题

1. 建筑物的内部监测主要包括哪些内容?
2. 内部位移监测包括哪些观测内容?
3. 分层沉降监测主要有哪些方法?
4. 测斜仪主要由哪些部件构成?
5. 简述测斜仪的使用方法。
6. 地下水位监测的主要方法有哪些?
7. 什么是渗透压力?
8. 渗压计有哪些类型?
9. 渗流量观测有哪些方法?
10. 量水堰的设置和安装应符合哪些要求?
11. 什么是应力?
12. 应力监测在施工期的作用是什么?

第 4 章　GNSS 监测技术

内容及要求：本章主要介绍 GNSS 监测技术的基本原理与方法。通过本章学习，要求了解 GNSS 尤其是我国北斗卫星导航系统（BDS）的发展，学习运用 GNSS 开展变形监测的单点定位、差分定位和网平差方法，掌握 GNSS 变形监测的流程和数据处理方法，了解 GNSS 监测技术在矿区地表沉陷变形中的应用。

4.1　概述

全球导航卫星系统（Global Navigation Satellite System，GNSS）是指利用卫星对地面上的用户进行定位、导航及授时等的所有导航卫星系统总称。目前，世界上主要的全球性、区域性及相关增强系统有：美国的 GPS（Global Positioning System）、俄罗斯的 GLONASS（Globalnaya Navigatsionnaya Sputnikovaya Sistema）、中国的北斗卫星导航系统（Beidou Navigation Satellite System，BDS）、欧洲的 Galileo 系统、日本的准天顶卫星导航系统（Quasi-zenith Satellite System，QZSS）及印度的 NAVIC 系统（Navigation with Indian Constellation）。GNSS 技术具有高精度、全天候、自动化、实时、连续、无需通视条件等优点，在大地测量学及其相关学科领域，如地球动力学、海洋大地测量、资源勘探、航空与卫星遥感、工程变形监测及精密时间传递等方面得到了广泛应用。

近年来，GNSS 技术已经广泛应用于各种测量工程中，如：大地测量、工程测量和地壳形变监测等。由于 GNSS 技术可以实现高精度的位置获取，因此在变形监测领域的应用也越来越广泛。本章介绍了目前 GNSS 常用的定位系统，详细阐述了北斗卫星导航系统（BDS）的发展以及 GNSS 不同的定位技术和方法，重点讲述了通过 GNSS 进行变形监测的方法和模型，通过矿山区域沉降变形的例子对 GNSS 技术的运用进行实例说明。矿山区域沉降现代化监测技术是在卫星导航和定位技术的基础上演化而来的。矿山区域沉降是由于地下矿物的开采而引起的地表沉陷变形现象，此现象是一个与多种因素相关的十分复杂的四维问题，从数学角度来看是与空间和时间相关的连续函数。矿山区域沉降现代化监测技术的关键因素之一就是提高沉降监测的时空分辨率，为了达到这个目的，根据 GNSS-RTK 的技术特点并结合一般实际情况，采用切实可行的矿山区域沉降的快速监测及矿山 DEM 快速更新技术。

4.1.1　GPS

1973 年 12 月，美国国防部批准海陆空三军联合研制新的卫星导航系统——导航卫星测时测距/全球定位系统（Navigation Satellite Timing and Ranging/Global Positioning System,

NAVSTAR/GPS)，简称 GPS。该系统是以卫星为基础的无线电导航系统，具有全能性（陆地、海洋、航空和航天）、全球性、全天候、连续性和实时性的导航、定位和定时的功能，可以向全球用户提供连续、实时、高精度的空间位置、三维速度和时间信息。

整个 GPS 发展计划分三个阶段实施：方案论证阶段（1974—1978 年）、系统论证阶段（1979—1987 年）、生产实验阶段（1988—1993 年）。该计划投资超过 200 亿美元，整个系统分为卫星星座、地面控制和监测站、用户接收设备三大部分。1993 年 7 月，进入轨道可正常工作的 Block I 试验卫星和 Block II、Block IIA 型工作卫星的数量已达 24 颗，系统已具备了全球连续导航定位能力，GPS 在此基础上逐渐完善。1995 年 4 月 GPS 宣布具备完全作战能力。1997 年，美国开始发射 GPS Block IIR 卫星。2000 年 5 月 1 日美国取消了对 GPS 卫星民用信道的 SA 政策，民用 GPS 的定位精度达到平均 6.2m 的实用化水平，从而掀起 GPS 产业的应用热潮。自 2005 年开始，美国不断推进 GPS 现代化，扩展二代改进型 GPS 卫星的军事用途。美国于 2018 年推出第三代卫星导航定位系统，配备更高性能的 GPS III 卫星，彻底实现军码和民码的分离，第三代 GPS 卫星将提供高达 0.63m 的定位精度。

GPS 由三部分组成：空间端（GPS 卫星星座）、地面控制端（地面监控系统）及用户端（GPS 信号接收机）。GPS 的空间部分由一个向用户发射无线电信号的卫星星座组成。美国计划发射 24 颗 GPS 卫星，由 21 颗工作卫星和 3 颗在轨备用卫星组成，记作（21+3）GPS 星座，确保能够在 95%的时间内维持 GPS 定位服务。支持整个 GPS 正常运行的地面设施称为地面监控部分，包括 1 个主控站，1 个备用主控站，11 个注入站，15 个监测站以及通信和辅助系统。GPS 接收机是指能接收、处理、量测 GPS 卫星信号以进行导航、定位、定轨、授时等多项工作的仪器设备。GPS 接收机的主要任务是：能够捕捉到按一定卫星截止高度角所选择的待测卫星的信号，并跟踪这些卫星的运行，对所接收到的 GPS 信号进行变换、放大和处理，以便测量出 GPS 信号从卫星到接收机天线的传播时间，解译出 GPS 卫星所发送的导航电文，实时地计算出测站的三维位置，甚至是三维速度和时间。

4.1.2 BDS

北斗卫星导航系统是我国正在实施的自主研发、独立运行的卫星导航系统，其目标是在全球范围内全天候、全天时地为各类用户提供高精度、高可靠的定位、导航、授时服务，并兼具短报文通信能力。

北斗卫星导航系统建设在根据“质量、安全、应用、效益”的总要求和坚持“自主、开放、兼容、渐进”的发展原则下，按照国家制定的“三步走”发展战略稳步推进，总体发展遵循“先区域、后全球”的思路：

第一步，推动北斗卫星导航试验系统建设。中国于 1994 年正式启动建设北斗卫星导航试验系统；2000 年发射 2 颗北斗导航试验卫星，标志试验系统初步建成；2003 年发射第 3 颗北斗导航试验卫星，从而进一步增强了北斗卫星导航试验系统性能。

第二步，提供北斗卫星导航系统区域服务。在北斗卫星导航试验系统的基础上，2004 年启动北斗卫星导航系统工程建设，并于 2007 年 4 月 14 日成功发射第一颗中圆地球轨道组网卫星，标志着我国自主研制的北斗卫星导航系统迎来新的发展阶段。至 2012 年底已部署完成了由 5 颗 GEO 卫星、5 颗倾斜地球同步轨道（Inclined Geosynchronous Satellite Orbit，IGSO）卫星（2 颗在轨备份）和 4 颗中地球轨道（Medium Earth Orbit，MEO）卫星组成的区域星座，初步具备了区域服务能力。

第三步，2020 年左右北斗卫星导航系统全面建成，并具备全球服务能力。北斗卫星导航系统除了保留实验系统的有源定位、双向授时和短报文通信等服务功能，在此基础上于 2011 年 12 月 27 日起又增加了向我国及周边区域提供无源定位、导航和授时等运行服务，并从 2012 年 12 月 27 日开始正式提供区域服务。我国首颗用于全球组网的新一代北斗导航卫星于 2015 年 3 月 30 日正式发射升空，标志着北斗卫星导航系统由区域运行向全球拓展；2016 年 2 月 1 日，新一代北斗导航卫星的第五颗卫星也顺利入轨，它将与先期发射的 4 颗新一代北斗导航卫星共同展开新型导航信号体制、星间链路和新型原子钟等国产自主可控设备试验的工作。2018 年 11 月 27 日，北斗全球系统基本系统建设完成，开始为“一带一路”共建国家提供全球初始服务能力，北斗系统迈入全球时代。至 2019 年底已完成 24 颗 MEO 卫星、3 颗 IGSO 卫星和 1 颗 GEO 卫星星座部署，实现了北斗全球系统核心星座的部署完成，北斗系统已具备全球服务能力。

4.1.3　GLONASS

GLONASS 是由苏联开发的、现为俄罗斯继承拥有的卫星导航系统，是继 GPS 后第二个具备完全运营服务能力的卫星导航定位系统，此系统由俄罗斯联邦国防部科学信息中心操作运行。旨在为海上、陆地、空间和其他各种类型用户，在全球或近地空间的任何地点提供全天候的三维定位、测速和授时服务。

GLONASS 的起步晚于 GPS，第一颗 GLONASS 卫星于 1982 年 10 月 12 日由苏联发射进入轨道，到 1996 年，13 年的时间内历经周折，虽然遭遇了苏联的解体，由俄罗斯接替部署，但始终没有终止或间断 GLONASS 卫星的发射。1995 年初只有 16 颗 GLONASS 卫星在轨工作，1995 年进行了三次成功发射，将 9 颗卫星送入轨道，完成了 24 颗工作卫星加 1 颗备用卫星的布局。经过数据加载、调整和检验，于 1996 年 1 月 18 日，整个系统正式运行。截至 2015 年，GLONASS 在轨运行的卫星已达 30 颗。

4.2　GNSS 定位基本原理

4.2.1　GNSS 单点定位

GPS 卫星发射的信号由载波、测距码和导航电文三个部分组成。测距码是用以测定从卫星至地面测站间距离（简称卫地距）的一种二进制码序列。利用测距码可以测定卫地间距离，其基本原理如下：设卫星钟和接收机钟均与标准的 GPS 时间保持严格同步，在某一时刻 t，卫星发出某一结构的测距码，与此同时接收机复制出结构完全相同的测距码（以下简称复制码）。由卫星所产生的测距码经时间 Δt 的传播后被接收机所接收。同时接收机所复制的复制码则由时间延迟器延迟一定时间 τ 使之与测距码对齐。此时复制码的延

迟时间 τ 就等于卫星信号的传播时间 Δt，将其乘以真空中的光速 c 后即可得卫地间的距离 ρ：

$$\rho = \tau \cdot c = \Delta t \cdot c \tag{4-1}$$

由于卫星钟和接收机钟实际上均不可避免地存在误差，故用上述方法求得的距离 ρ 将受到这两台钟不同步的误差影响；此外，卫星信号还需穿过电离层和对流层后才能到达地面测站，在电离层和对流层中信号的传播速度 $V \neq c$，所以据式（4-1）求得的距离 ρ 并不等于卫星至地面测站的真正距离，我们将其称为伪距。

在伪距测量中，直接测量的是信号到达接收机的时刻 t_R（由接收机钟量测）与信号离开卫星的时刻 t^S（由卫星钟量测）之差（$t_R - t^S$），此差值与真空中的光速 c 的乘积即为伪距观测值 $\tilde{\rho}$，即

$$\tilde{\rho} = c(t_R - t^S) \tag{4-2}$$

当卫星钟与接收机钟严格同步时，（$t_R - t^S$）即为卫星信号的传播时间。但实际上卫星钟和接收机钟都是有误差的，它们之间无法保持严格的同步。现设卫星钟与标准 GPS 时间有 V_{t^S} 的误差，接收机钟与标准 GPS 时间有 V_{t_R} 的误差，则经过卫星钟差和接收机钟差改正后卫星与 GPS 接收机的几何距离 ρ' 为

$$\rho' = c[(t_R - V_{t_R}) - (t^S - V_{t^S})] \tag{4-3}$$

式中，$(t_R - V_{t_R}) - (t^S - V_{t^S})$ 为信号的真正传播时间，但它与真空中的光速 c 的乘积仍不等于卫星与接收机间的真正距离。因为信号在穿过电离层和对流层时并不是以光速 c 在传播，所以必须要加上电离层延迟改正 T_{ion} 以及对流层延迟改正 T_{trop} 后，得到的伪距观测方程为

$$\tilde{\rho} = \rho + T_{\text{ion}} + T_{\text{trop}} + cV_{t_R} - cV_{t^S} \tag{4-4}$$

设卫星在观测瞬间在空间的位置为（X_0，Y_0，Z_0），接收机在观测瞬间在空间的位置为（X，Y，Z），则卫星至接收机的几何距离 ρ 为

$$\rho = \sqrt{(X_0 - X)^2 + (Y_0 - Y)^2 + (Z_0 - Z)^2} \tag{4-5}$$

将式（4-5）代入式（4-4）中同时考虑测量噪声为 ε，则伪距方程可写为

$$\tilde{\rho} = \sqrt{(X_0 - X)^2 + (Y_0 - Y)^2 + (Z_0 - Z)^2} + T_{\text{ion}} + T_{\text{trop}} + cV_{t_R} - cV_{t^S} + \varepsilon \tag{4-6}$$

式（4-6）即为伪距测量的观测方程。

接收机同每一颗观测卫星之间都可以列出一个式（4-6）的伪距观测方程。所以，当接收机同时观测 i 颗卫星时可以列出 i 个伪距观测方程，当观测卫星数 i 满足一定条件时（$i \geqslant 4$）可以求解出接收机的位置。

4.2.2 GNSS 差分定位

在载波测量中，多余参数的数量往往非常多，使得数据处理的工作量十分庞大，对计算机及作业人员的素质也会提出较高的要求。此外，未知参数过多使得解的稳定性减弱。而通过观测值相减即求差法可消除多余观测数，从而大大降低了工作量。

如图 4-1 所示，假设在一个差分系统中，有两个相距不远的测站接收机 1 和 2 同时接

收到两颗 GPS 卫星，编号为 j 和 k，并且获得了同一时刻的载波相位测量值，在接下来的内容中，将讨论如何将这些测量值组合成单差载波相位观测值、双差载波相位观测值和三差载波相位观测值。

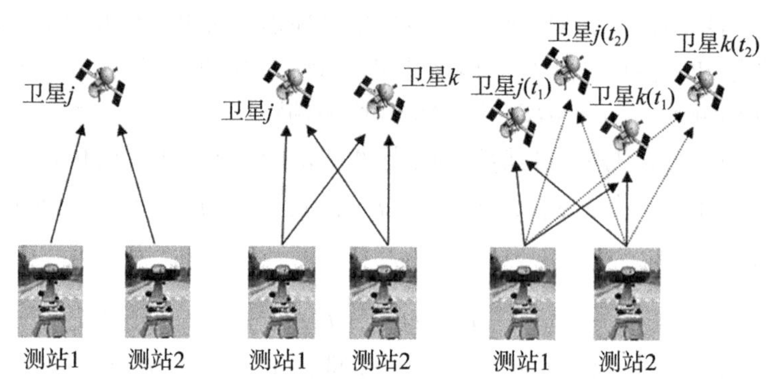

图 4-1　单差、双差和三差示意图

简单地说，接收机间单差（Single-Difference，SD）通常指接收机之间（测站间）对同一颗卫星测量值的一次求差；双差（Double-Difference，DD）是指对两颗不同卫星的单差之间再次差分，即在站间和星间各求一次差分；三差（Triple-Difference，SD）是指在接收机、卫星和历元间求三次差。

在实际工作中，进一步在卫星间求双差往往采用下列方式进行：选择视场中可观测时间较长、高度角又较大的一颗卫星作为基准星，然后将其余各卫星的单差观测方程分别与基准星的单差观测方程相减，组成双差观测方程。在每个观测历元中，双差观测方程的数量均比单差观测方程数少一个，但与此同时，该历元接收机相对钟误差也被消去。

在进行一般的 GPS 测量时（如布设城市控制网和工程测量等），由于边长较短，精度要求也不是特别高，因而在观测方程中通常只需引入基线向量、整周模糊度、接收机钟差和卫星钟差等参数即可。采用双差观测值进行单基线解算时，未知参数一般只有 10 个左右（基线向量 3 个分量及 4～8 个整周模糊度参数），多基线解算时也只有数十个未知参数，用一般的计算机就可胜任数据处理工作。因而各接收机厂家所提供的数据处理软件中广泛采用了双差观测值。

4.2.3　GNSS 网平差方法

将网平差分为以下三种方法：

（1）无约束平差，仅将网中某一点坐标固定，一般包含以下几个目的。首先是确定 GNSS 网位置基准。其次，对基线闭合环路闭合差中是否含有粗差进行探测。最后依据平差结果可对 GNSS 网的可靠性和内部符合精度进行评价；能够通过解算获得大地高程。同时也为后期 GNSS 网坐标转换等工作奠定基础。

（2）将地方或国家坐标系下某些点边长、坐标和方位角视作约束条件，平差计算与考虑地面网与 GNSS 网之间转换参数同步进行。

（3）联合平差，不仅需要对 GNSS 基线向量观测值与约束数据进行平差计算，而且还需对地面常规测量值如方向、高差和边长数据一起进行联合平差计算。

GNSS 网无约束平差通常包括条件平差、序贯平差、间接平差和卡尔曼滤波等一些方法，在实践过程中因为间接平差便于编程计算，所以经常被使用。当下经典自由网平差和非经典自由网平差采用较为普遍，也即所谓的秩亏自由网平差。经典自由网平差是仅对必要的起算数据进行平差的一种方法。对于 GNSS 网而言，如果只有一个起始点，那么此 GNSS 网的位置基准由该起始点及其坐标值所确定。而非经典自由网平差则没有必要起算数据，此时网的位置基准由点坐标近似值平均值进行确定。

GNSS 网平差结束后我们可以通过计算平差后的中误差、网平差后所得结果是否可靠并检验平差前的诸多假设是否合理以及是否需要修正来衡量网的质量，这些通常又被称为网平差的精确度、可靠性和置信度。若 GNSS 网平差后的结果在此三个方面均达到相应标准，则可认为该 GNSS 网是合格的。

4.2.4 网平差精确度评价

评价 GNSS 网的精确度主要有以下三种方法：验后单位权中误差、基线向量中误差以及点位中误差。对应的具体计算公式如下：

1）验后单位权中误差

$$\sigma_0 = \pm\sqrt{\frac{V^{\mathrm{T}}PV}{3m - 3n + 3}} \tag{4-7}$$

式中，V 为基线改正数向量；P 为基线向量权阵；m 为网中独立基线向量数；n 为网中 GNSS 总点数。

2）基线向量中误差

设坐标差分量的协因数阵为

$$\begin{bmatrix} Q_{\Delta X\Delta X} & Q_{\Delta X\Delta Y} & Q_{\Delta X\Delta Z} \\ Q_{\Delta Y\Delta X} & Q_{\Delta Y\Delta Y} & Q_{\Delta Y\Delta Z} \\ Q_{\Delta Z\Delta X} & Q_{\Delta Z\Delta Y} & Q_{\Delta Z\Delta Z} \end{bmatrix} \tag{4-8}$$

顾及 $Q_{\Delta XY} = Q$，$Q_{\Delta XZ} = Q_{\Delta ZX}$，$Q_{\Delta YZ} = Q_{\Delta ZY}$，则该基线向量的协因数为

$$Q_S = \frac{1}{S^2}(\Delta X^2 Q_{\Delta X\Delta Y} + \Delta Y^2 Q_{\Delta Y\Delta X} + \Delta Z^2 Q_{\Delta Z\Delta Y} + 2\Delta X\Delta Y Q_{\Delta X\Delta Y} + 2\Delta X\Delta Z Q_{\Delta X\Delta Z} + 2\Delta Y\Delta Z Q_{\Delta Y\Delta Z}) \tag{4-9}$$

式中，ΔX，ΔY，ΔZ 为 GNSS 网中基线向量分量的平差值。则该基线向量的中误差为

$$m_s = \hat{\sigma}\sqrt{Q_S} \tag{4-10}$$

3）点位中误差

$$M = \hat{\sigma}_0\sqrt{Q_{XX} + Q_{YY} + Q_{ZZ}} \tag{4-11}$$

其中，Q_{XX}，Q_{YY}，Q_{ZZ} 为 GNSS 点的协因数阵主对角线元素。

4.3　GNSS 变形监测方法

4.3.1　GNSS 沉降变形监测方法与流程

一般而言，地表沉降的变形监测以固定的时间间隔进行多次重复性水准测量，进一步计算得到可用于指导矿山实际生产的开采沉陷参数。但在地形起伏明显且监测区域较大的情况下，所需的水准测量工作十分费时费力，所以能够提供更高分辨率、更快捷的测量技术手段就显得尤为重要。而 RTK 技术的蓬勃发展使得快速监测矿山区域的沉降变形变得不再困难。图 4-2 给出了以 RTK 技术为基础的矿山区域沉降变形快速监测的技术路线。为了掌握地形的实际情况，需要进行实地勘察，接着结合实际状况制定观测方案并埋设标石；随后的 GNSS 静态定位和常规水准测量工作按照设计方案进行，从高程联测结果解算得到 GNSS 观测点的高程异常值；据各观测点的高程异常值结合高程数学转换模型用于拟合并完善测区的大地水准面；测区内沉降控制点的平面坐标和大地高使用 CORS 技术进行采集，然后将各控制点的平面坐标代入选出最优的 GNSS 高程转换模型中，据此求得各点的高程异常值；各观测站的正常高利用以上的高程异常值和 GNSS 大地高就可以解算出来；最后随时间序列变化的沉降变形值是由多期 RTK 的测量值得到的，以此为基础可以分析沉降变形的时变分布特征。研究动态变形的多尺度特征及周期性可采用小波变换理论、时频分析等方法，为进一步理解矿区沉降变形本质及灾害预警提供依据。

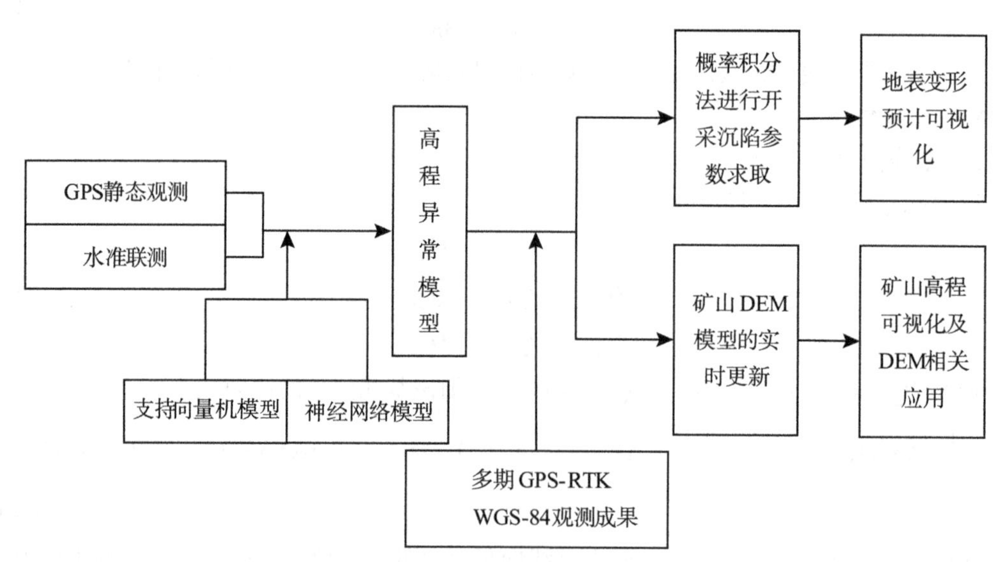

图 4-2　基于 GNSS 高程基准的开采沉陷监测及应用

4.3.2　GNSS 沉降变形监测理论及模型

GNSS 测量得到的是以 WGS-84 椭球面为高程基准的大地高 H。以大地水准面（似大地水准面）为高程基准的正高（正常高）在工程中经常使用。

$$H=H_g+N=H_r+\xi \tag{4-12}$$

上式表明了三者之间的近似量化关系。式中：H 为大地高，H_g 为正高，H_r 为正常高，N 为大地水准面差距，ξ 为高程异常值。严格来说，上式应加入垂线偏差（过某点的椭球面法线与铅垂线之间的差异）的影响。由图 4-3 可知，当存在垂线偏差 u 时：

$$H=H_g\cos u+N \tag{4-13}$$

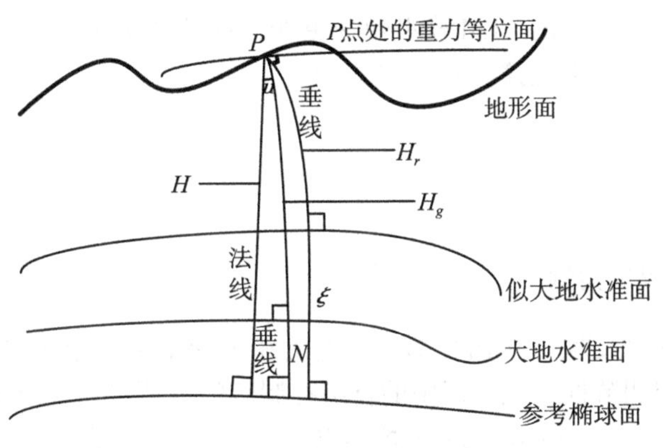

图 4-3 大地高、正高和正常高

则由垂线偏差引起的高程转换误差为：

$$\Delta H=H_g-H_g\cos u \tag{4-14}$$

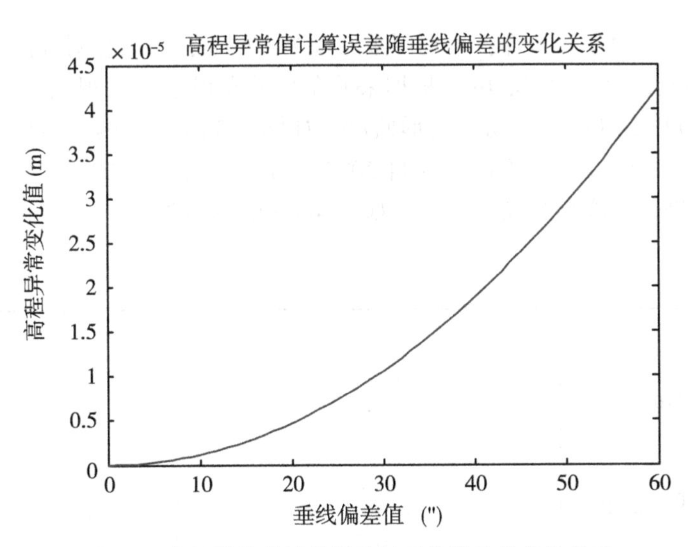

图 4-4 高程异常值计算误差随垂线偏差的变化关系

我国矿区的正常高一般低于 1000m，而垂线偏差 u 一般小于 1′，此时垂线偏差引起的大地高与正常高之间的转换误差 Δh 的值约为 0.042mm，故对矿山沉降监测而言，转换误差可忽略不计。通过多期观测同一控制点正常高的变化获得的信息用于矿山沉降灾害预报预警。故在转换误差 Δh 值很小时，可使用 GNSS 测得的大地高的变化量来取代传统水准沉降监测，因此矿山区域沉降监测的作业效率也可大大提升。

在 GNSS 沉降监测的首期观测中，通过静态 GNSS 观测与水准观测净化区域似大地水准面，进而建立精确的矿区高程异常模型并提供精确的沉降监测基准，则可把矿山区域内任意点的 GNSS 大地高与水准高进行精确转换。只要完成上述转换，便可使用 GNSS 水准观测方法进行矿山区域的沉降监测。与此类似，只要观测区域内首期的沉降信息及 DEM 信息已经得到，便可将矿区的 DEM 模型快速更新，这种技术手段将为矿山沉降变形的预警及其他应用提供测绘技术支撑。

4.4 工程实例

4.4.1 内蒙古矿区应用实例

本节实例采用的是文献《矿山变形灾害监测相关理论及模型研究》（王建鹏，2010）中内蒙古某矿区的实测数据。此矿区中的首级控制网的观测设备是 Ashtech GNSS 接收机，Ashtech 仪器数量为 4 台，此网的 GNSS 控制点个数为 20 个，采用静态测量的观测方式对首级控制网进行观测。因为需要 GNSS 静态测量和水准测量进行联合测量，所以还需对这些 GNSS 控制点进行水准测量。因为要对矿区进行沉降变形监测，所以在矿区内布设了上百个监测点对矿区变化进行监测。依据矿区的 GNSS 控制点建立了该矿区的大地水准面模型，后期每隔一个月时间用 CORS 进行一次观测，为此获取更多的观测数据，分析矿区的沉降变化。

该矿区主要可采煤层 6 号煤，平均可采厚度为 20.1m，煤层相对标高差为 300m 左右，采用 300m 长臂分层开采，每层 4m。根据采矿条件共布设了六条观测线，对 1103 工作面和 1101 工作面的开采过程进行动态变形监测，如图 4-5 所示（两条走向方向，四条倾向方向）。试验中采用了 1103 工作面上（自 2008 年 8 月 2 日到 2009 年 7 月 3 日）CORS 观测的大地高直接进行沉降分析及可视化。如表 4-1 和图 4-6 所示。

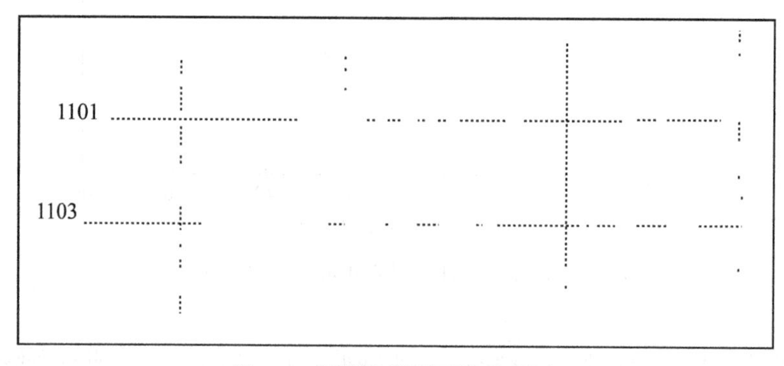

图 4-5　沉降监测观测线分布图

表 4-1 **1103 工作面 GNSS-CORS 沉陷观测成果**

点名	2008.8.7	2008.9.22	2008.12.3	2009.2.18	2009.3.21	2009.5.4	2009.5.25	2009.7.3
gs19	1200.3479	1200.3379	1200.3479	1200.3659	1200.3459	1200.3479	1200.3759	1200.3629
103	1176.1	1176.09	1176.1	1176.1	1176.084	1176.083	1176.099	1176.08
104	1176.9332	1176.97	1176.9332	1176.9332	1176.934	1176.972	1176.951	1176.975
105	1179.1546	1179.162	1179.15467	1179.1546	1179.165	1179.168	1179.161	1179.1546
106	1183.919	1183.902	1183.919	1183.919	1183.924	1183.906	1183.916	1183.93
107	1187.1686	1187.143	1187.16864	1187.2016	1187.16	1187.157	1187.171	1187.178
108	1188.6208	1188.603	1188.6208	1188.6468	1188.615	1188.62	1188.623	1188.632
109	1188.279	1188.279	1188.279	1188.293	1188.289	1188.285	1188.297	1188.319
110	1184.513	1184.513	1184.513	1184.531	1184.522	1184.523	1184.536	1184.543
111	1178.827	1178.827	1178.827	1178.827	1178.843	1178.837	1178.843	1178.845
112	1184.001	1184.001	1184.001	1184.021	1184.008	1184.01	1184.014	1184.01
gs16	1191.249	1191.241	1191.249	1191.261	1191.238	1191.261	1191.248	1191.252
113	1186.981	1186.981	1186.981	1187.001	1186.974	1186.984	1186.981	1186.992
114	1183.98	1183.98	1183.98	1183.98	1183.981	1183.983	1183.98	1184.003
115	1182.762	1182.762	1182.762	1182.771	1182.753	1182.761	1182.753	1182.772
116	1171.993	1171.993	1171.993	1172	1171.979	1171.986	1171.984	1171.997
117	1164.618	1164.618	1164.618	1164.609	1164.618	1164.618	1164.618	1164.618
118	1164.153	1164.144	1164.153	1164.153	1164.153	1164.121	1164.153	1164.139
119	1169.245	1169.245	1169.245	1169.245	1169.291	1169.242	1169.245	1169.223
120	1176.567	1176.567	1176.567	1176.567	1176.565	1176.567	1176.567	1176.325
gs14	1184.2118	1184.2149	1184.2118	1184.2128	1184.2149	1183.6499	1183.4389	1183.3579
121	1187.215	1187.212	1187.215	1187.227	1187.212	1185.951	1185.679	1185.55
122	1189.02	1189.015	1189.02	1189.037	1189.022	1187.182	1186.956	1186.724
123	1190.798	1190.798	1190.798	1190.814	1190.795	1188.421	1188.163	1188.185
124	1193.784	1193.78	1193.784	1193.806	1193.788	1190.852	1190.812	1190.798
125	1197.249	1197.237	1197.249	1197.268	1197.238	1194.317	1194.287	1194.228
126	1198.854	1198.854	1198.854	1198.859	1198.851	1195.917	1195.887	1195.844

续表

点名	2008. 8. 7	2008. 9. 22	2008. 12. 3	2009. 2. 18	2009. 3. 21	2009. 5. 4	2009. 5. 25	2009. 7. 3
127	1199. 889	1199. 889	1199. 889	1199. 899	1199. 889	1196. 921	1196. 911	1196. 901
128	1199. 076	1199. 076	1199. 076	1199. 076	1199. 076	1196. 252	1196. 172	1196. 152
129	1194. 455	1194. 455	1194. 455	1194. 482	1194. 451	1191. 815	1191. 806	1191. 8
130	1192. 324	1192. 319	1192. 324	1192. 329	1192. 3	1189. 73	1189. 731	1189. 726
gs13	1190. 183	1190. 1839	1190. 194	1190. 197	1190. 1539	1187. 5659	1187. 5459	1187. 5399
131	1187. 229	1187. 229	1187. 246	1187. 242	1187. 203	1184. 658	1184. 648	1184. 646
132	1182. 485	1182. 48	1182. 5	1182. 493	1182. 443	1179. 941	1179. 937	1179. 933
133	1168. 581	1168. 571	1168. 589	1168. 578	1168. 366	1166. 076	1166. 07	1166. 075
134	1157. 403	1157. 407	1157. 403	1157. 403	1156. 651	1155. 043	1155. 047	1155. 037
135	1164. 961	1164. 961	1164. 976	1164. 973	1163. 275	1162. 554	1162. 566	1162. 58
136	1155. 811	1155. 805	1155. 835	1155. 813	1153. 535	1153. 301	1153. 295	1153. 294
137	1152. 065	1152. 065	1152. 077	1152. 066	1149. 851	1149. 659	1149. 64	1149. 54
138	1148. 661	1148. 66	1148. 684	1148. 664	1146. 478	1146. 301	1146. 293	1146. 309
139	1124. 397	1124. 397	1124. 397	1124. 397	1122. 316	1122. 157	1122. 087	1122. 067
140	1127. 132	1127. 132	1127. 138	1127. 125	1125. 005	1124. 927	1124. 909	1124. 917
141	1126. 2466	1126. 235	1126. 2296	1123. 9576	1123. 795	1123. 795	1123. 795	1123. 802
142	1136. 3064	1136. 295	1136. 3124	1133. 7834	1133. 73	1133. 73	1133. 72	1133. 724
gs10	1153. 4103	1153. 404	1153. 4093	1151. 0163	1150. 896	1150. 896	1150. 89	1150. 899
143	1155. 3812	1155. 37	1155. 386	1153. 0582	1152. 91	1152. 91	1152. 905	1152. 904
144	1155. 6921	1155. 685	1155. 6979	1153. 4351	1153. 309	1153. 309	1153. 304	1153. 303
145	1156. 1689	1156. 164	1156. 1249	1153. 7939	1153. 684	1153. 684	1153. 686	1153. 668
146	1156. 8843	1156. 877	1156. 637	1154. 3104	1154. 173	1154. 173	1154. 153	1154. 167
147	1158. 4427	1158. 433	1157. 517	1155. 9067	1155. 876	1155. 876	1155. 856	1155. 87
148	1160. 2351	1160. 225	1158. 436	1157. 5081	1157. 433	1157. 433	1157. 383	1157. 397
149	1164. 362	1164. 345	1162. 185	1161. 874	1161. 647	1161. 647	1161. 645	1161. 631
150	1166. 8834	1166. 871	1164. 761	1164. 4634	1164. 403	1164. 403	1164. 403	1164. 397
151	1168. 3883	1168. 385	1166. 267	1166. 0203	1165. 996	1165. 996	1165. 991	1165. 99
152	1170. 1642	1170. 154	1167. 669	1167. 5192	1167. 378	1167. 378	1167. 349	1167. 342
gs09	1169. 7785	1169. 778	1166. 989	1166. 9375	1166. 934	1166. 934	1166. 925	1166. 929
153	1171. 7525	1171. 758	1169. 1551	1168. 9645	1168. 97	1168. 97	1168. 963	1168. 954

续表

点名	2008. 8. 7	2008. 9. 22	2008. 12. 3	2009. 2. 18	2009. 3. 21	2009. 5. 4	2009. 5. 25	2009. 7. 3
154	1173. 8114	1173. 815	1171. 138	1171. 1154	1171. 097	1171. 077	1171. 075	1171. 052
155	1176. 7244	1176. 717	1174. 336	1174. 3354	1174. 326	1174. 326	1174. 312	1174. 339
156	1177. 7223	1177. 704	1176. 095	1176. 1013	1176. 073	1176. 0829	1176. 083	1176. 083
157	1181. 9373	1181. 92	1181. 613	1181. 6193	1181. 6193	1181. 6193	1181. 581	1181. 591
158	1189. 4782	1189. 462	1189. 403	1189. 4152	1189. 4152	1189. 4152	1189. 396	1189. 382
gs08	1188. 8687	1188. 864	1188. 814	1188. 8187	1188. 8099	1188. 81	1188. 81	1188. 812

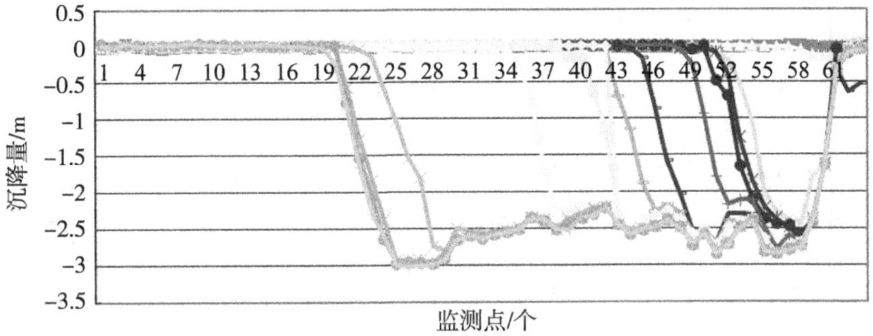

图 4-6 1103 工作面沉降观测曲线

4. 4. 2 地表变形预计可视化

对 1103-1 的工作面上方的观测数据进行处理，预计出该工作面地表变形移动的参数，再根据观测的开采沉陷数据绘出沉降、水平变形、倾斜和曲率的等值线图（图 4-7～图 4-10），并根据数据对开采地表变形影响进行评估。

4. 4. 3 矿山 DEM 快速更新

根据观测的 CORS 数据对各个时期各点的高程进行拟合，再用此拟合数据联合初始的矿区 DEM 数据和此矿区的似大地水准面模型，实现 DEM 模型的更新，成为实时 DEM。DEM 在指导矿区的生产管理、环境保护和土地复垦等工作中体现出重要影响，从而成为数字矿山的数据基础，所以工作的重点是保证矿区 DEM 的准确性和现势趋势。利用观测数据对矿区第一、第三期 DEM 进行建模（如图 4-11、图 4-12 所示）。建成矿区的数字高程模型后，利用数字高程模型绘制沉降和水平位移等的等值线图、剖面图和 3D 表面图等，利用这些图进行煤矿坡向、坡度、沉陷体积和由于地表变形而引起的地表积水面积等的分析，为矿山“三下开采”、矿区土地复垦、居民搬迁、农田保护和环境治理及矿区灾害预警预报和灾后处理工作提供科学依据。

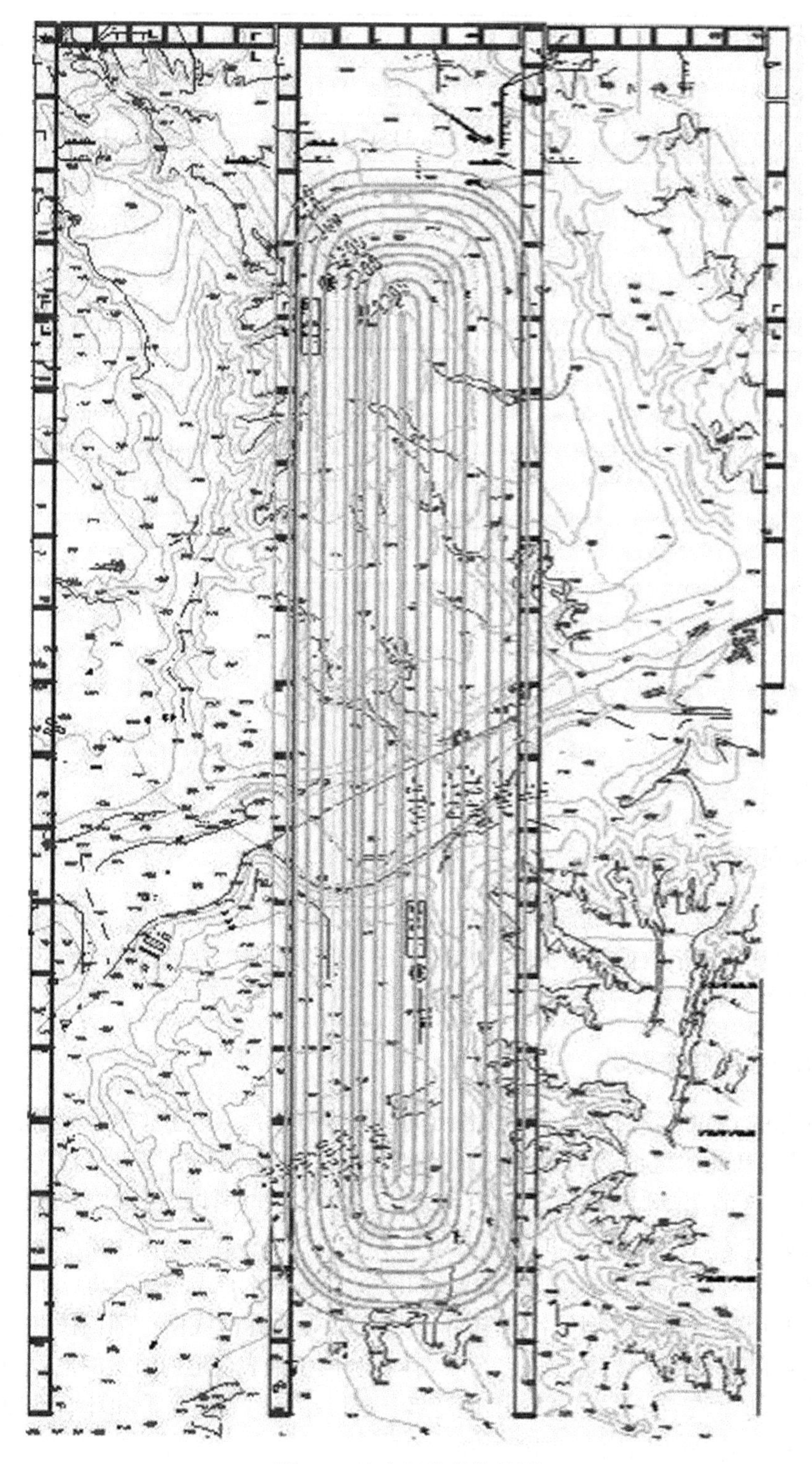

图 4-7　地表沉降等值线图

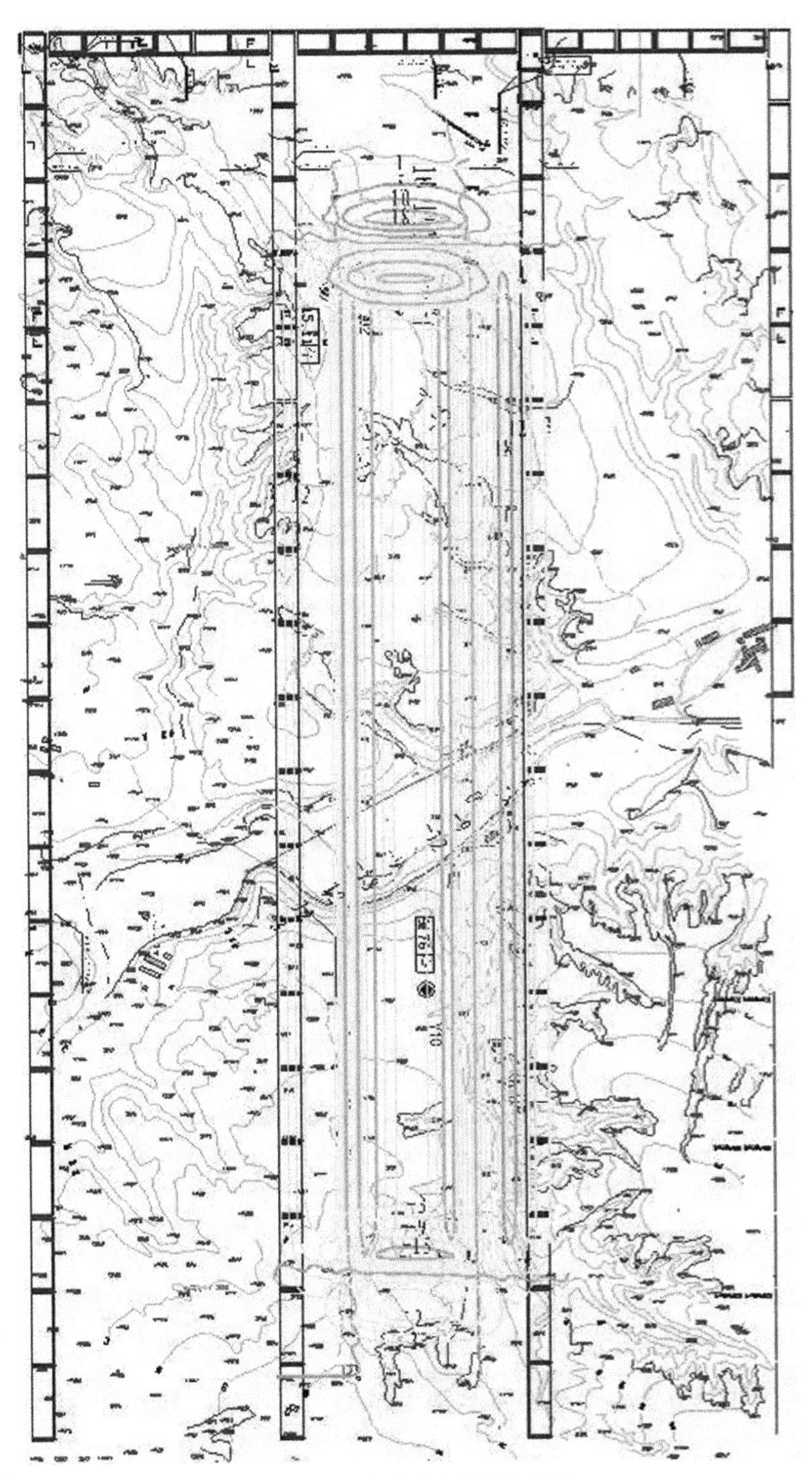

图 4-8　地表水平变形等值线图

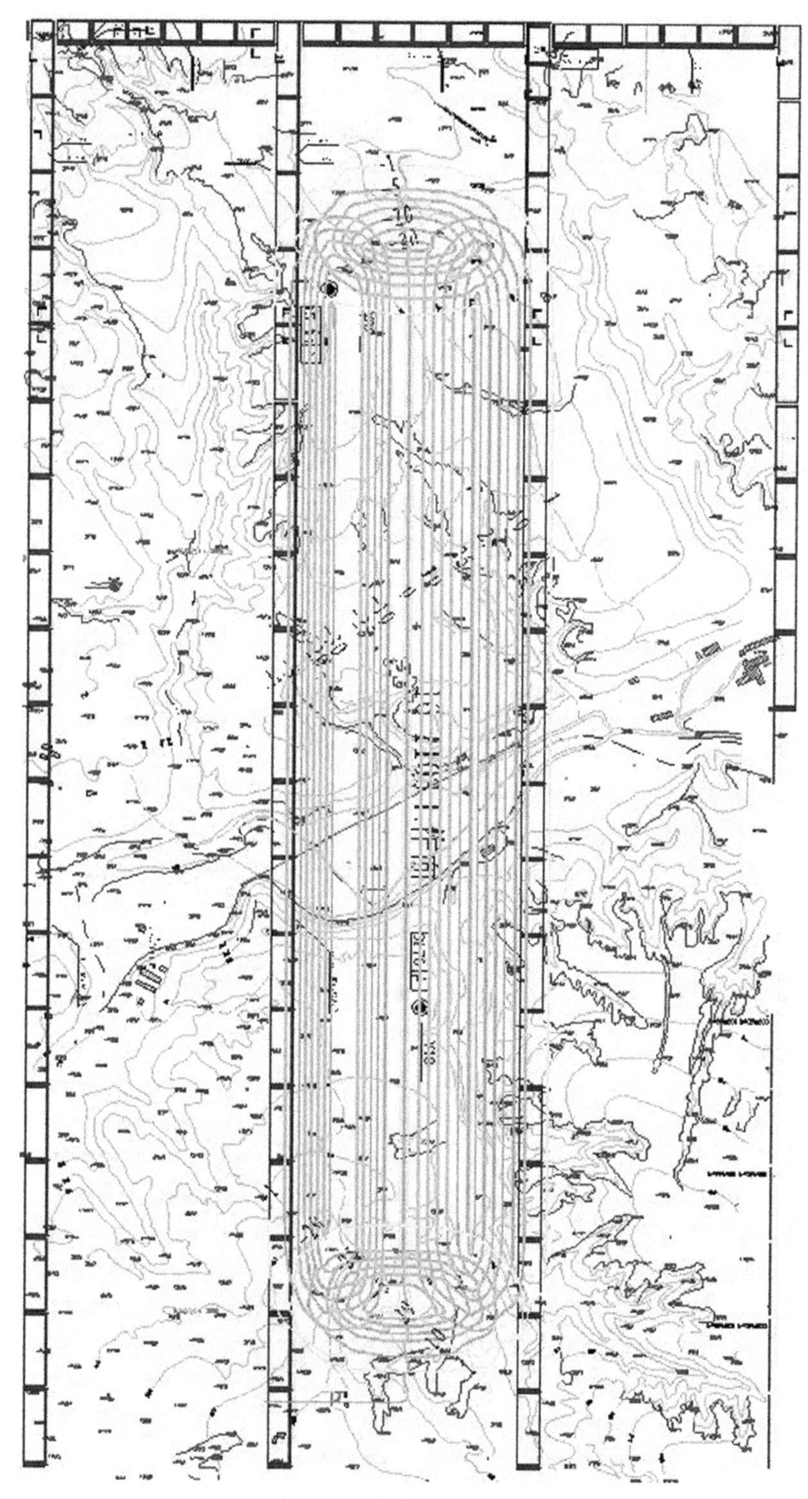

图 4-9　地表倾斜等值线图

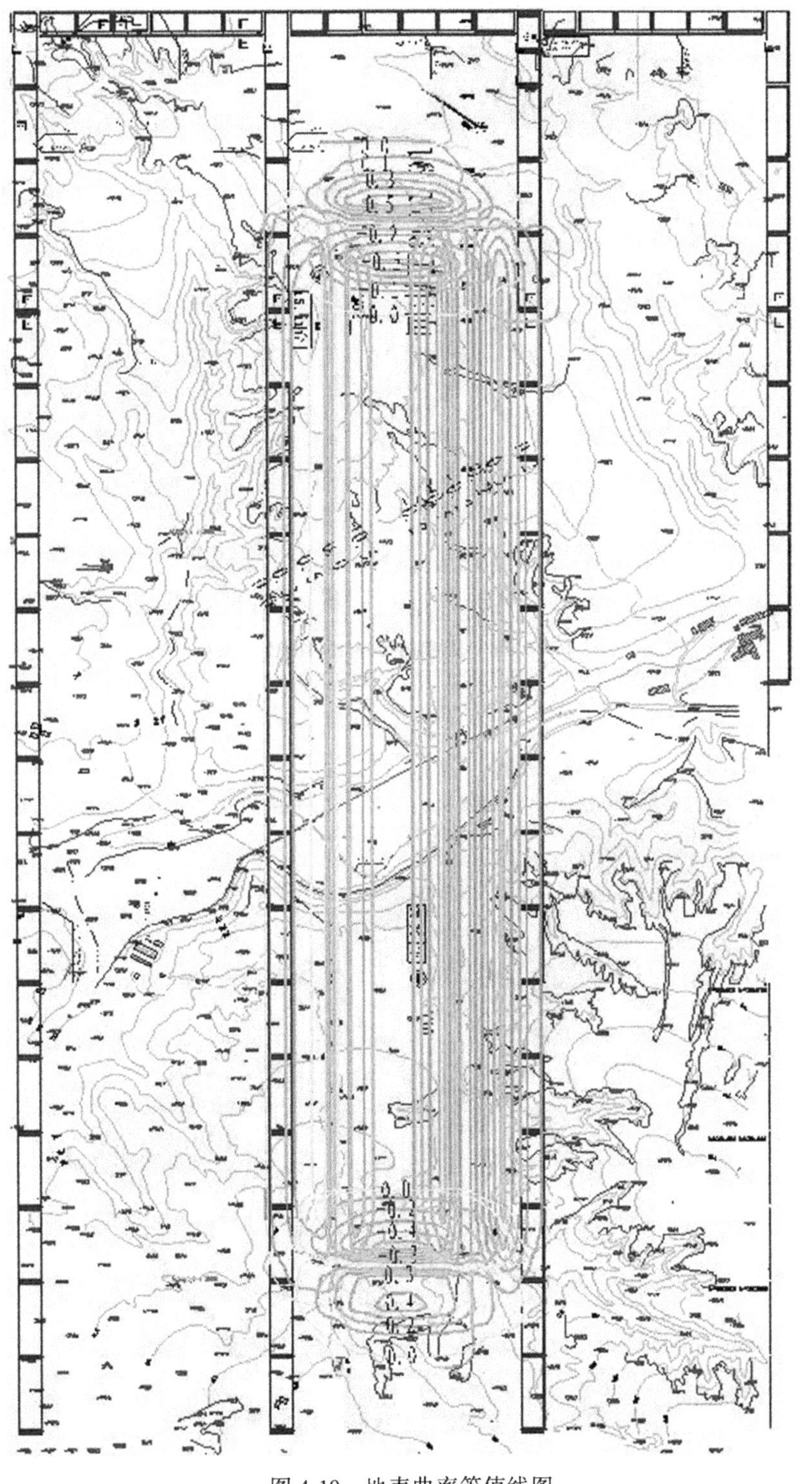

图 4-10　地表曲率等值线图

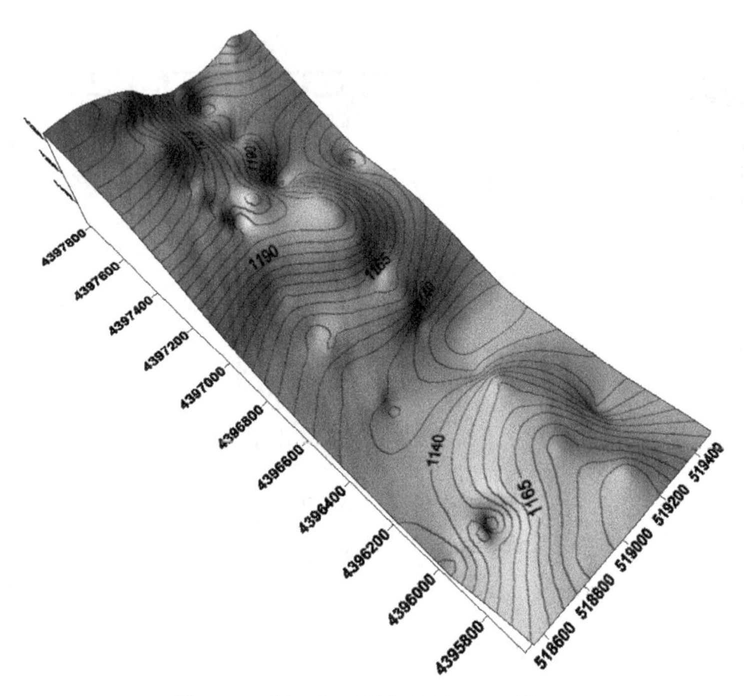

图 4-11　第一期观测数据的 DEM 模型

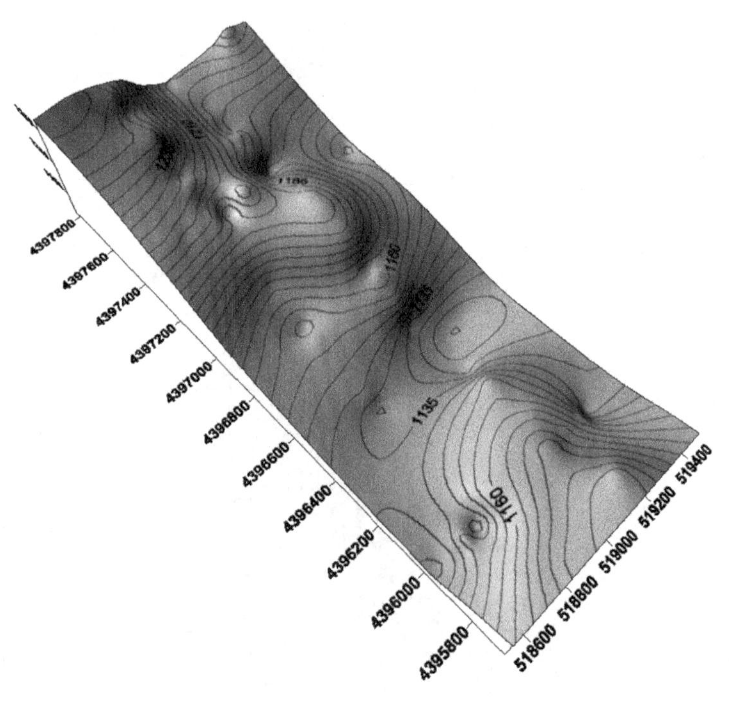

图 4-12　第三期观测数据的 DEM 模型

本章思考题

1. 与传统观测方法相比，GNSS 在变形监测应用中有什么优势？
2. GNSS 网平差可分为哪几类？
3. GNSS 网无约束平差有哪些常用方法？
4. GNSS 网的精确度可通过哪些误差分析方法进行评价？
5. 简述 GNSS 变形监测的方法与流程。
6. 简述大地高、正高和正常高之间的关系。
7. GNSS 测量的高程值属于哪一种高程系统，其对应的基准面是什么？
8. 由垂线偏差引起的高程转换误差如何计算？为什么矿区可以忽略这一误差？
9. 如何实现任意点的 GNSS 大地高与水准高的精确转换？
10. 如何建立矿区实时 DEM 模型？
11. 矿区 DEM 模型有哪些应用？

第5章 InSAR监测技术

内容及要求：本章主要介绍InSAR监测技术的基本原理与方法。通过本章学习，要求了解SAR和InSAR技术发展，了解InSAR地表高程测量、DInSAR形变监测、时序InSAR形变监测的基本原理，掌握InSAR、DInSAR、SBAS-InSAR数据处理方法，了解InSAR监测技术在地表形变监测中的应用。

5.1 概述

合成孔径雷达干涉（Interferometric Synthetic Aperture Radar，InSAR）是20世纪50年代末发展起来的微波遥感技术。从字面上讲，InSAR是多重合成词的缩写。首先，雷达（radar）表示无线电探测与测距（radio detection ranging）技术；SAR（synthetic aperture radar）是在雷达技术的基础上，综合利用合成孔径、脉冲压缩、数据处理等手段发展而来的高分辨率微波成像技术；InSAR则是基于SAR获取的地表目标回波相位（主要表示雷达距目标的距离），并融合电磁波干涉处理（interferometric）理论发展而来的全新微波遥感技术（刘国祥等，2019）。

InSAR是主动方式成像，即雷达天线主动发射电磁波并主动接收目标回波。相对于光学遥感（依赖于太阳光）等被动遥感，InSAR可实现昼夜工作，具有全天时的优点。此外，SAR利用微波成像，其波长（1～1000 mm）比可见光（$0.39\times10^{-3}\sim0.76\times10^{-3}$mm）和红外线（$0.76\times10^{-3}\sim1000\times10^{-3}$mm）长。因此，相对于可见光和红外遥感，SAR能够穿透云层、浓烟、薄雾等，具有全天候的特点。相对于传统点状观测的大地测量技术（比如水准仪、全站仪、GNSS等），InSAR具有覆盖范围大、空间分辨率高和非接触等优势。鉴于此，InSAR技术已被广泛应用于农林监测、地形测绘、地质灾害监测、地质调查、海洋调查以及国防建设等诸多领域（李平湘等，2006）。本章将以星载SAR为例，简介SAR和InSAR技术的发展历史、基本原理和数据处理流程，并展示部分InSAR形变监测实例。

5.1.1 真实孔径雷达

无线电探测和测距测试最早可追溯到1886年的赫兹实验，该实验利用无线电微波对不同物体进行反射，揭示了其对距离的敏感性（Hanssen，2001）。19世纪初期，第一个用于舰船目标探测的雷达研制成功。早期雷达通常在阴极射线管上显示目标，并不能成像显示。20世纪50年代，侧视雷达（Side Looking Radar，SLR）成像系统的成功面世使得雷达可用图像形式捕捉目标。最初的侧视雷达主要用于军事侦察和目标识别，直到20世纪60年代，第一批高分辨率SLR影像成功解密，SLR系统及雷达影像才开始民用。

传统的侧视雷达（称为“真实孔径雷达”）通常将雷达天线安装于飞行平台上（比如飞机），并随着平台一起飞行。其中，天线的飞行（或航迹）方向称为方位向，而垂直于天线飞行方向（与雷达波发射方向一致）称为距离向（也称斜距向）。如图5-1所示，雷达天线以一定的入射角（比如图中θ）向地面目标发射微波波束，并接收来自地表分辨单元的回波信号成像。借助于平台移动，真实孔径雷达重复上述成像过程即可获得沿着距离向和方位向的二维雷达图像。图中，D表示天线孔径，R表示地面目标到雷达的距离，ρ_a和ρ_r表示雷达影像在距离向和方位向的空间分辨率，其可表示为（Curlander，McDonough，1991）：

$$\rho_r = \frac{c \cdot \tau_0}{2} \tag{5-1}$$

$$\rho_a = \frac{\lambda}{D} \cdot R \tag{5-2}$$

式中，c为光速，τ_0为雷达脉冲宽度，λ为雷达波长。

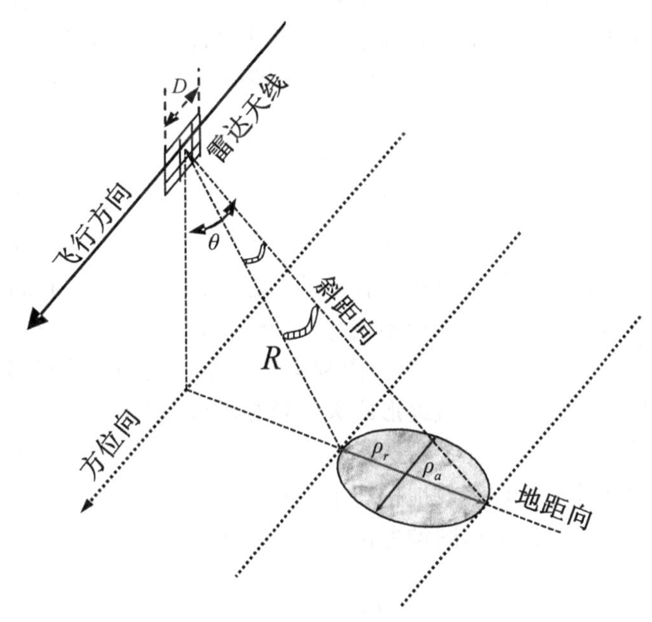

图5-1　真实孔径雷达的成像几何示意图

从公式（5-1）中可以看出，真实孔径雷达的距离向分辨率与脉冲宽度成正比。因此，若想提高距离向分辨率则需减小雷达脉冲宽度。然而，减小脉冲宽度会降低雷达信号的发射强度，缩短雷达作用距离。受限于此，真实孔径雷达图像在距离向的分辨率通常较差。以欧洲资源卫星（ERS-1）参数为例，其雷达脉冲宽度为0.1ms，则真实孔径雷达的距离向分辨率约为25 km。该分辨率对于实际应用显然太粗糙。此外，从公式（5-2）中可以看出，真实孔径雷达方位向分辨率与目标到雷达的距离R和雷达波长λ成正比，但与天

线孔径 D 成反比。因此，在飞行轨道和雷达波长确定的前提下，增大雷达天线孔径是改善方位向分辨率的唯一途径。然而，由于实际中不可能无限制地增大天线孔径，因此真实孔径雷达的方位向分辨率也不高。仍以 ERS-1 卫星参数为例，其波长约 5.6 cm，天线孔径为 10 m，雷达距目标点的斜距为 850 km，则此时的真实孔径雷达方位向分辨率约为 4.8 km。显然，这样的方位向分辨率也很难满足实际需求。

5.1.2　SAR 技术概述

SAR 是基于真实孔径雷达发展而来的现代高分辨率侧视成像雷达技术。该技术仍基于较短天线的真实孔径雷达，但通过综合使用合成孔径、脉冲压缩、数据处理等手段实现方位向和距离向的高分辨率成像，从而克服真实孔径雷达空间分辨率较差的局限。

20 世纪 50 年代脉冲压缩技术理论被提出，其主要目的是解决真实孔径雷达脉冲宽度减小（改善距离向分辨率）与发射强度降低之间的矛盾。但受当时硬件条件件的限制，该理论初期发展较为缓慢。20 世纪 70 年代，大规模集成电路的出现推动了数字脉冲压缩技术的迅速发展，并被广泛应用于雷达影像距离向分辨率改善。该理论的核心思想是采用大时宽、大带宽的线性调频信号成像，其优势在于大时宽信号提高了雷达的发射强度，保证了雷达脉冲的作用距离，而接收的大带宽信号在利用脉冲压缩处理后可将其宽度变窄，提高距离向分辨率。经过脉冲压缩处理后，雷达影像距离向分辨率 ρ_r' 可表示为：

$$\rho_r' = \frac{c}{2B_w} \tag{5-3}$$

式中，B_w 表示雷达信号的带宽。仍以 ERS-1 卫星参数为例，其典型脉冲带宽约为 15.5 MHz，经过脉冲压缩处理后，其距离向分辨率从真实孔径雷达的 25 km 提升到了约 10 m。

为了解决真实孔径雷达方位向分辨率较差的问题，1951 年，Carl Wiley 首先根据多普勒频移原理，提出了合成孔径雷达的初始概念，即综合利用相干雷达和多普勒波束锐化方法改善雷达影像方位向分辨率。1953 年，伊利诺伊大学首次通过实验验证了该概念。此后，该概念被广泛研究和完善，并最终形成大家熟知的合成孔径雷达（SAR）技术。SAR 技术的核心思想是使小孔径真实孔径雷达相对于目标运动（一般为匀速直线），并对其多次成像，通过对各回波叠加处理等效地构建了大孔径雷达，从而改善了雷达图像方位向分辨率。经过合成孔径处理后，雷达图像方位向分辨率 ρ_a' 表示为：

$$\rho_a' = \frac{D}{2} \tag{5-4}$$

式中，D 表示天线孔径。以 ERS-1 卫星参数为例，通过合成孔径处理后，雷达的方位向分辨率从真实孔径的 4.8 km 提高到合成孔径雷达的 5 m。

得益于 SAR 全天候、全天时、高分辨率的成像能力，该技术在出现初期即被广泛应用于极地冰川、土地利用、地质调查、考古等领域。事实上，SAR 图像通常以单视（single-look）复数形式记录目标回波信号，据此可获得地面目标分辨单元内散射体的后向散射强度（用振幅表示）以及雷达到目标的距离（用相位表示）。然而，初期的应用基本仅用了 SAR 影像的强度信息，而未充分利用相位信息。

5.1.3 InSAR 技术发展概述

1969 年，Rodgers 和 Ingalls 最早使用天文电磁波干涉对金星表面进行观测（Rodgers，Ingalls，1969），并分离了来自金星南北半球的雷达模糊回波。该探索虽然只是利用真实孔径雷达，而非合成孔径雷达，但其首次将雷达技术与电磁波干涉技术融合，促进了 InSAR 理论的诞生。1974 年，Graham 提出了利用 InSAR 技术重构地球表面地形的构想和理论，并成功制作了第一台用于三维地形测量的机载 SAR 系统。该系统能够满足 1∶25 万地形图精度要求的高程数据（Graham，1974）。在此之后，大量学者展开了 InSAR 地表三维地形重构的探索和研究，极大地促进了该技术的发展和应用（Rosen，et al，2000）。

比较有代表性的是 2000 年美国航空航天局实施的航天飞机雷达地形测量任务（Shuttle Radar Topography Mission，SRTM）（Farr，et al，2007）。该任务利用航天飞机搭载 C 和 X 波段 SAR 传感器，耗时 11 天获取了地球约 80%陆地面积的 SAR 影像。之后，利用 InSAR 技术处理该数据集获得了覆盖地区（60°N 到 56°S）空间分辨率约 30 m，垂直和水平精度分别约 16 m 和 20 m 的高分辨率数字高程模型（Digital Elevation Model，DEM）。

随着对 InSAR 技术研究的不断深入，合成孔径雷达差分干涉（Differential InSAR，DInSAR）的概念和方法诞生。1989 年，Gabriel 等首次提出了 DInSAR 技术的概念、原理和数据处理方法，并利用 SEASAT 卫星 SAR 影像进行差分干涉处理，获取了美国因皮里尔河谷间隔 12 天的地表高程变化，论证了 DInSAR 具有地表微小形变监测能力。该技术的核心思想是利用两景配准 SAR 影像生成 InSAR 干涉相位，通过去除（差分）干涉相位中的地形相位贡献，分离 SAR 影像重返期间内的地表微小变化。1993 年，Massonnet 等首次利用 DInSAR 监测了 1992 年美国加利福尼亚 Lander 地震导致的同震形变场，并与 GPS 监测结果对比验证了 DInSAR 形变的可靠性。此后，该技术被广泛关注和研究，并成功应用于地震、火山、地下开采、山体滑坡、冰川漂移等导致的地表形变监测。

然而，DInSAR 技术仅能获取两次成像期间的地表形变，而非时序形变过程。此外，DInSAR 技术易受失相干、轨道误差、相位噪声、配准误差等误差源影响，降低了监测结果精度。为了克服该局限，时序 InSAR（Time-Series InSAR，TS-InSAR）技术应运而生。2000 年，Ferretti 等以 SAR 影像集（>2 景）为基础，以 SAR 影像序列中散射特性稳定点目标为对象，通过数学建模、参数解算、时空滤波等方式实现了地表时序形估计和 DInSAR 误差抑制。在此之后，其他 TS-InSAR 方法被陆续提出，并成功应用于地下水抽取、地震、火山喷发、滑坡等时序地表形变监测（Osmanoğlu，et al，2016）。

5.1.4 SAR 卫星发展概述

最初的 SAR 系统主要利用机载平台测试。1978 年美国国家航空航天局喷气推进实验室发射了第一颗搭载 L 波段的 SAR 传感器卫星 SEASAT。虽然该卫星仅在轨运行 105 天，但却标志着合成孔径雷达进入了太空对地观测时代。1987 年，苏联成功发射了 Cosmo-1870 雷达，并用于雷达遥感演示与验证。1991 年，欧洲空间局发射了搭载 C 波段 SAR 传感器的欧洲资源卫星 ERS-1，并于 1995 年发射了其姊妹星 ERS-2（其飞行轨道基本相同，重返时间相差 1 天)。该卫星星座具有影像空间分辨率高（干涉模式约 20 m)、覆盖幅宽大（约 100 km)、在轨时间长（分别为 9 年和 16 年）等特点，极大推动了星载 SAR 和 InSAR 技术的发展与应用。在此之后，美国、日本、加拿大、意大利、德国、欧洲空间局、中国、印度、阿根廷等国家或机构均开展了 SAR 系统的研发与发射，且总体趋势均朝多平台、多极化、多波段、多观测模式、高时空分辨率方向发展。目前，已发射的主要民用星载 SAR 传感器及其主要参数如表 5-1 所示。截至目前，民用 SAR 卫星影像的最高分辨率可达到 0. 25 m，其最高时间分辨率可达 1 天。

表 5-1　**星载 SAR 传感器综述及其主要参数**

传感器	在轨时间	波段（极化方式）	简述	隶属机构/国家
SEASAT	1978 年	L 波段（HH）	第 1 颗民用 SAR 卫星	NASA/JPL 美国
ERS-1/2	1991—2000 年 1995—2011 年	C 波段（VV）	欧洲遥感卫星（欧洲第 1 颗 SAR 卫星）	欧洲空间局
J-ERS-1	1992—1998 年	L 波段（HH）	日本地球资源卫星（日本第 1 颗 SAR 卫星）	JAXA 日本
SIR-C/X-SAR	1994 年 4 月—1994 年 10 月	L、C 波段（全极化） X 波段（VV）	星载多频率 SAR 系统的首次实现	NASA/JPL 美国 DLR 德国 ASI 意大利
RadarSAT-1	1995 年至今	C 波段（HH）	加拿大第 1 颗 SAR 卫星，扫描模式下幅宽达到 500 km	CSA 加拿大
ENVISAT/ASAR	2002—2012 年	C 波段（双极化）	幅宽达到 400 km	欧洲空间局
ALOS-PALSAR	2006—2011 年	L 波段（全极化）	先进陆地观测卫星，幅宽达到 360 km	JXAX 日本
TerraSARX TenDEM-X	2007 年至今 2010 年至今	X 波段（全极化）	首个星载双基雷达卫星系统，最高分辨率达到了 0. 25 m，2014 年底提供全球 DEM 数据	DLR/Astrium 德国
RadarSAT-2	2007 年至今	C 波段（全极化）	分辨率（方位向×距离向）可达 1 m×3 m，幅宽可达 500 km	CSA 加拿大
COSMO-SkyMed-1/4	2007—2010 年至今	X 波段（双极化）	星座由 4 颗卫星组成，分辨率达到了 1 m，时间分辨率达到了 1 天	ASI/MiD 意大利

续表

传感器	在轨时间	波段（极化方式）	简述	隶属机构/国家
RISAT-1	2012 年至今	C 波段（全极化）	RISAT-1a 卫星的延续并于 2016 年发射	ISRO 印度
HJ-1C	2012 年至今	S 波段（VV）	星座由 4 颗卫星组成，第 1 颗于 2012 年发射	CRESDA/CAST/NRSCC 中国
Kompsat-5	2013 年至今	X 波段（双极化）	韩国多用途卫星 5 号，分辨率可达 1 m	KARI 韩国
ALOS-2	2014 年至今	L 波段（全极化）	分辨率（方位向×距离向）可达 1 m×3 m，幅宽可达 490 km	JAXA 日本
Sentinel-1A/1B	2014 年至今	C 波段（双极化）	组成双星卫星星座，幅宽达到 400 km	ESA 欧洲
PAZ	2018 年至今	X 波段（全极化）	计划与 TerraSAR-X/TanDEM -X 双星组成卫星星座	CDTI 西班牙
SAOCOM-1/2	2018 年至今	L 波段（全极化）	组成双星卫星星座，全极化模式	CONAE 阿根廷
RadarSAT 星座 1/2/3	2019 年至今	C 波段（全极化）	组成三星卫星星座，幅宽达到 500 km	CSA 加拿大

5.2 基本原理

5.2.1 InSAR 基本原理

作为一种主动式微波成像技术，合成孔径雷达干涉测量（InSAR）通过对同一地区观测的两幅 SAR 单视复数影像进行干涉处理，从而获取地表高程信息和形变信息（Rosen, et al, 2000）。地面目标的 SAR 回波信号包含了反映目标的后向散射强度（振幅 A）信息以及雷达距目标的斜距信息（相位 φ）。通常情况下，两个分量可通过复数形式 μ 表示：

$$\mu = a + bi = A \cdot e^{i\varphi} \tag{5-5}$$

式中，a 和 b 分别表示复数的实部和虚部，i 为复数单位（$i^2 = -1$），$A = \sqrt{a^2 + b^2}$。

依据相干模型理论（Zebker, Villasenor, 1992），地面目标 SAR 回波信号中相位部分主要与雷达到目标的距离 R 和地面目标的散射特性有关，即：

$$\varphi = -\frac{4\pi}{\lambda}R + \varphi_{\text{target}} \tag{5-6}$$

式中，λ 为波长，φ_{target} 为地面目标散射特性相位。以星载重复轨道 InSAR 观测为例，如图 5-2 所示，S_1 和 S_2 分别表示 SAR 传感器两次重访时的位置，其中，S_1 和 S_2 位置获取的 SAR 影像分别称为主影像和从影像；B 为两次重返的空间距离（称为“空间基线”），其平行于视线方向的投影分量称为平行基线，而垂直于视线方向的分量则称为垂直基线，并分别用 $B_{\parallel}$ 和 $B_{\perp}$ 表示；α 为基线倾角，θ 为主影像入射角，H 为卫星飞行高度，R_1 和 R_2 分别为主、从影像获取时雷达到目标的斜距。两次成像时的回波相位 φ_1 和 φ_2 可分别表示为：

$$\begin{cases}\varphi_1 = -\dfrac{4\pi}{\lambda}R_1 + \varphi_{\text{target1}} \\ \varphi_2 = -\dfrac{4\pi}{\lambda}R_2 + \varphi_{\text{target2}}\end{cases} \tag{5-7}$$

两次重返时雷达回波相位的差异值称为干涉相位 φ_{inf}，即：

$$\varphi_{\text{inf}} = \varphi_1 - \varphi_2 = -\frac{4\pi}{\lambda}(R_1 - R_2) + (\varphi_{\text{target1}} - \varphi_{\text{target2}}) \tag{5-8}$$

假定两次成像时目标散射特性相位 φ_{target} 不变，则干涉相位 φ_{inf} 仅由两次观测时斜距向的路程差 ΔR（即 $R_1 - R_2$）贡献，即：

$$\varphi_{\text{inf}} = -\frac{4\pi}{\lambda}(R_1 - R_2) = -\frac{4\pi}{\lambda}\Delta R \tag{5-9}$$

通常情况下，干涉相位（φ_{inf}）主要包含平地相位（φ_{flat}）、地形相位（φ_{topo}）、轨道残差相位（φ_{orbit}）、大气延迟相位（φ_{atm}）、形变相位（φ_{def}）和噪声相位（φ_{noise}）六大部分（Ferretti，et al，2001），即：

$$\varphi_{\text{inf}} = \varphi_{\text{topo}} + \varphi_{\text{flat}} + \varphi_{\text{orbit}} + \varphi_{\text{atm}} + \varphi_{\text{def}} + \varphi_{\text{noise}} \tag{5-10}$$

公式（5-10）中包含了多种相位贡献，通过削弱或去除不感兴趣的相位贡献（比如噪声相位），即可实现感兴趣相位（比如地形或形变）的分离。这就是 InSAR 应用的核心思想。

5.2.2　InSAR 地表高程测量基本原理

前已述及，InSAR 地表高程测量（简称“测高”）是该技术的一项重要应用。假设 SAR 影像获取期间地表形变非常小（即 $\varphi_{\text{def}} \approx 0$），且轨道残差相位 φ_{orbit}、大气延迟相位 φ_{atm} 和噪声相位 φ_{noise} 可被忽略或去除。根据公式（5-10）则有：

$$\varphi_{\text{inf}} = \varphi_{\text{flat}} + \varphi_{\text{topo}} \tag{5-11}$$

为了便于理解，本节仍从几何关系出发介绍 InSAR 地表高程重构的基本原理。

根据图 5-2 和空间基线的定义，SAR 影像的垂直基线 $B_{\perp}$ 和平行基线 $B_{\parallel}$ 可表示为：

$$\begin{cases}B_{\perp} = B\cos(\theta_0 + \Delta\theta - \alpha) \\ B_{\parallel} = B\sin(\theta_0 + \Delta\theta - \alpha)\end{cases} \tag{5-12}$$

式中，θ_0 表示雷达到 P_0 点的入射角，其中，P_0 点表示地面目标 P 点在参考椭球面上的等斜距投影点；$\Delta\theta$ 表示地表地形起伏导致的 SAR 入射角差。对于星载合成孔径雷达而言，其距地面目标的斜距 R（几百千米）通常远大于 SAR 影像的空间基线 B（几十米到数千米）。换句话说，两次重返的斜距差 ΔR 可近似等于平行基线 $B_{\parallel}$，因此，公式（5-9）可

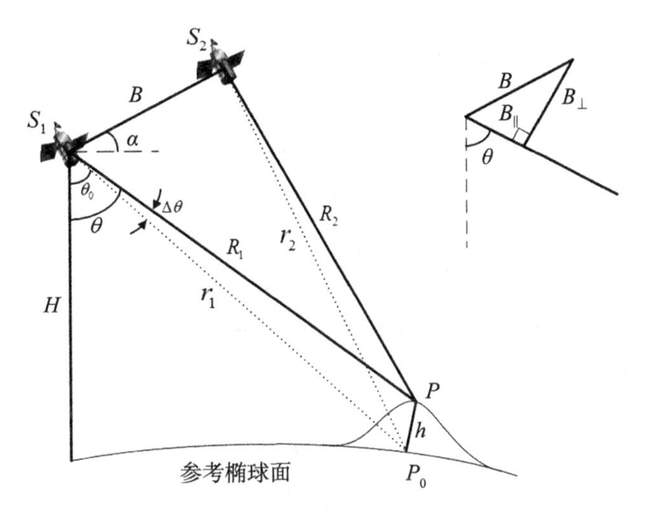

图 5-2 InSAR 几何原理图

转换为：

$$\begin{aligned}\varphi_{\text{inf}} &= -\frac{4\pi}{\lambda}\Delta R = -\frac{4\pi}{\lambda}B_{\parallel} = -\frac{4\pi}{\lambda}B\sin(\theta_0 + \Delta\theta - \alpha) \\ &= -\frac{4\pi}{\lambda}B\sin(\theta_0 - \alpha)\cos\Delta\theta - \frac{4\pi}{\lambda}B\cos(\theta_0 - \alpha)\sin\Delta\theta\end{aligned} \tag{5-13}$$

此外，星载 SAR 的斜距和飞行高度也远大于地面目标的大地高（最大几千米），所以 $\Delta\theta$ 通常很小，则 $\cos\Delta\theta \approx 1$， $\sin\Delta\theta \approx \Delta\theta$。据此，公式（5-13）可简化为：

$$\varphi_{\text{inf}} = -\frac{4\pi}{\lambda}B\sin(\theta_0 - \alpha) - \frac{4\pi}{\lambda}B\cos(\theta_0 - \alpha)\Delta\theta \tag{5-14}$$

根据图 5-2 的几何关系，公式（5-14）右侧第一项中 $B\sin(\theta_0 - \alpha)$ 为雷达两次观测 P_0点的平行基线，而结合上述分析可知，雷达两次观测 P_0点的斜距差（即 $r_1 - r_2$）近似等于该平行基线。也就是说，公式（5-14）中右侧第一项为参考椭球面引起的雷达重访斜距差相位，即：

$$\varphi_{\text{flat}} = -\frac{4\pi}{\lambda}(r_1 - r_2) = -\frac{4\pi}{\lambda}B\sin(\theta_0 - \alpha) \tag{5-15}$$

式中，r_1 和 r_2 分别表示雷达两次重返位置到 P_0点的斜距。需要指出的是，受摄动力的影响，雷达卫星重返位置一般不会完全重合（即空间基线通常不等于 0）。所以，即便所有目标点均位于参考椭球面（即平地，此时 $\Delta\theta = 0$），φ_{flat} 仍然存在于 InSAR 干涉相位 φ_{inf} 中。该现象称为“平地效应”，φ_{flat} 也被称为“平地相位”。

此外，上述几何关系分析并未考虑轨道残差、大气延迟、噪声和地表形变的影响。换句话说，此时的干涉相位主要由平地效应和地形起伏贡献，即公式（5-11）。因此，联合公式（5-11）、公式（5-14）和公式（5-15），地形相位 φ_{topo} 可表示为：

$$\varphi_{\text{topo}} = -\frac{4\pi B}{\lambda}\cos(\theta - \alpha)\Delta\theta \tag{5-16}$$

考虑到地球曲率在小范围内较小，根据图 5-2 的几何关系可知：

$$\begin{cases} \cos\theta_0 = \dfrac{H}{R_1} \\ \cos\theta = \cos(\theta_0 + \Delta\theta) = \dfrac{H - h}{R_1} \end{cases} \tag{5-17}$$

考虑到 $\Delta\theta$ 较小，因此基于公式（5-17）可推导出：

$$\Delta\theta = \frac{h}{R_1 \sin\theta_0} \approx \frac{h}{R_1 \sin\theta} \tag{5-18}$$

将式（5-18）代入式（5-16）中，并考虑到公式（5-12）即可得到地形相位分量 φ_{topo} 和目标大地高 h 的数学表达式：

$$\begin{cases} \varphi_{topo} = -\dfrac{4\pi B_{\perp} h}{\lambda R_1 \sin\theta} \\ h = -\dfrac{\varphi_{topo} \lambda R_1 \sin\theta}{4\pi B_{\perp}} \end{cases} \tag{5-19}$$

从公式（5-19）中可以看出，地表目标的大地高 h 正比于地形相位 φ_{topo}，其比例系数为 $-\dfrac{\lambda R_1 \sin\theta}{4\pi B_{\perp}}$。以 ERS-1 卫星轨道参数为例（$\lambda = 0.056$m，$R_1 \approx 850$ km，$\theta \approx 23°$，$B_{\perp}$ 取 250 m），该比例系数约为 5.9。也就是说，地形相位 0.2π 的误差就会导致约 3.7m 的高程误差。目前，常见的地形相位误差抑制方法有：①减少干涉相位的误差，比如，通过“一发双收”模式（如 TanDEM-X 卫星）可减少 InSAR 时间失相干（等效于降低干涉相位噪声），且干涉相位中的大气延迟贡献非常小（基本可通过 InSAR 干涉过程去除）；②通过增大垂直基线 $B_{\perp}$，从而减小比例系数，进而抑制误差传播。该方式以增加 InSAR 空间失相干为代价（等效于增大干涉相位噪声）（Zebker，Villasenor，1992），因而不能通过无限制地增大空间基线来提高 InSAR 高程精度。

此外，从上述的推导中可以发现，InSAR 测地表形变有几个前提条件：①SAR 影像获取时间段内地表形变小到可以忽略，否则容易导致形变和高程相位混叠，降低高程结果精度；②InSAR 干涉相位中的大气延迟、轨道相位、噪声等需被去除或小到可以忽略；③需选择合适的空间基线长度，过长的空间基线容易导致 InSAR 干涉相位失相干（噪声完全主导干涉相位）；而较短的空间基线导致干涉相位对地形起伏不敏感，降低高程估计结果的精度。

5.2.3　DInSAR 形变监测基本原理

InSAR 测高的一个重要前提是 SAR 影像在获取时间内，地表形变很小且可被忽略。然而，倘若该时间段内地面目标从 P 点移动到 P' 点（如图 5-3 所示），并产生了 Δr 的变形，则在大气延迟相位、轨道残差相位以及噪声相位小到可被忽略或被去除的前提下，InSAR 干涉相位可表示为：

$$\varphi_{inf} = -\frac{4\pi}{\lambda}(R_1 - R'_2) \tag{5-20}$$

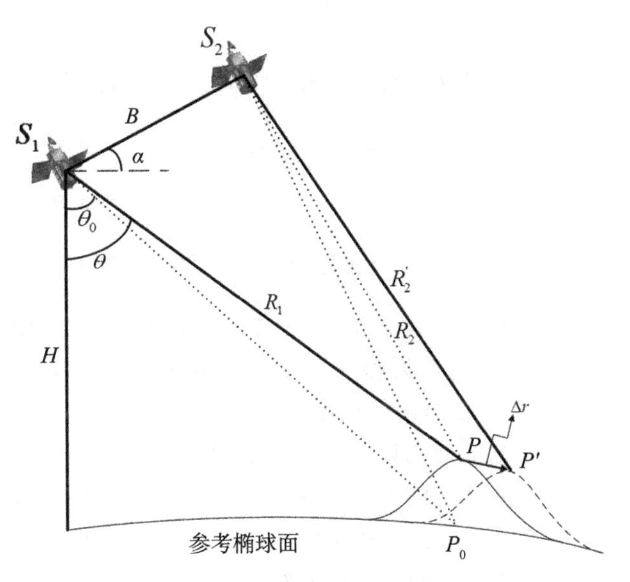

图 5-3 DInSAR 几何原理图

考虑到 $R'_2 = R_2 + \Delta r$，则公式（5-20）可转换为：

$$\varphi_{\text{inf}} = -\frac{4\pi}{\lambda}\Delta R + \frac{4\pi}{\lambda}\Delta r \tag{5-21}$$

公式（5-21）中右侧第一项与公式（5-13）的右侧项完全相同，即包含平地相位和地形相位，而右侧第二项则表示地表目标移动导致的形变相位 φ_{def}，即：

$$\varphi_{\text{inf}} = \varphi_{\text{flat}} + \varphi_{\text{topo}} + \varphi_{\text{def}} \tag{5-22}$$

其中，

$$\varphi_{\text{def}} = \frac{4\pi}{\lambda}\Delta r \tag{5-23}$$

从公式（5-22）中可以看出，若想分离出干涉相位中的形变相位 φ_{def}，则需要去除平地相位 φ_{flat} 和地形相位 φ_{topo}。如前所述，平地相位可基于 SAR 影像的平行基线计算并去除（公式（5-15）），地形相位则可利用公式（5-19）模拟并去除（即差分）。根据去除地形相位的方式不同，DInSAR 技术可分为“二轨法”“三轨法”和“四轨法”。其中，“二轨法”仅用两景配准的 SAR 影像生成一幅干涉图，并利用外部数字高程模型（比如 SRTM DEM）提供的目标大地高去除干涉图中的地形相位。“三轨法”和“四轨法”的核心思想是利用三景或四景配准 SAR 影像生成两幅干涉图，其中一幅干涉图的获取时间在形变事件发生前，通过 InSAR 处理该干涉图即可获得地表大地高程信息，并以此去除另一幅干涉图中的地形相位，达到形变相位分离的目的。与“二轨法”相比，“三轨法”和“四轨法”无需外部 DEM 数据，且数据配准相对容易（成像几何相似），但两种方法需要更多的 SAR 影像，且两次 InSAR 处理过程可能引入额外误差，降低形变相位的精度，特别对于相干性不高的地区。“二轨法”虽然需要外部 DEM，但鉴于目前已有多种公开的全球或近全球覆盖的数字高程模型产品（比如 SRTM DEM 和 ASTER GDEM），因此，目前“二轨法”是最为常用的 DInSAR 方法。

一旦形变相位 φ_{def} 从干涉相位中成功分离，则地表变形可由下式估计：

$$\Delta r = \frac{\lambda}{4\pi}\varphi_{\text{def}} \tag{5-24}$$

从公式（5-24）中可以看出，地表形变 Δr 正比于分离的形变相位 φ_{def}，其比例系数为 $\frac{\lambda}{4\pi}$。以 ERS-1 卫星波长（0.056 m）为例，其比例系数约为 4.5×10^{-3}，远小于前述的 InSAR 测高比例系数（比如 5.9）。也就是说，0.2π 的形变相位观测误差导致的形变误差约为 2.8 mm，远小于其导致的地形误差（比如前述的 3.7 m）。得益于较小误差传播系数，在高相干地区，DInSAR 形变监测的精度可达到厘米级，甚至毫米级。

需要指出的是，上述理论推导均以 InSAR 干涉相位中噪声相位、大气延迟相位、轨道残差相位很小或可被彻底去除为前提。在实际中，虽然也有很多方法（比如滤波）可用于去除非形变相位贡献，但无疑会存在相位残留，从而降低形变相位结果精度。此外，由于 DInSAR 技术仅从覆盖形变事件的 InSAR 干涉相位中估计地表形变，因此其结果仅为两景 SAR 影像期间的瞬态形变，而非时序形变过程。

5.2.4 时序 InSAR（TS-InSAR）形变监测基本原理

为了克服 DInSAR 的上述局限，研究者开始以多幅 SAR 影像集（>2）相位信息为基础，探求长时间序列下的形变重构和误差抑制，从而发展出时序 InSAR 方法（time-series InSAR，TS-InSAR）。该方法的核心思想是以覆盖同一地区雷达成像几何具有微小差异的 SAR 影像集为基础，利用统计分析等方法选取地物散射特性稳定的目标点作为对象，以形变速率建模为手段，实现地表形变时间序列估计。目前，TS-InSAR 方法很多，其大致可分为两类：①永久散射体 InSAR（persistent scatterer InSAR，PS-InSAR）技术；②小基线 InSAR 技术（small baseline subset InSAR，SBAS-InSAR）（Osmanoğlu，et al，2016）。

两类方法最直观的区别是：PS-InSAR 不对 SAR 影像集的时间基线（即时间间隔）与空间基线施加任何约束，即挑选其中的一景 SAR 影像为主影像，其他所有 SAR 影像均与之干涉生成 InSAR 干涉图。换句话说，PS-InSAR 属于单一主影像时序 InSAR 技术。与 PS-InSAR 不同，SBAS-InSAR 首先将所有 SAR 影像任意两两自由组合，并计算其对应的时间和空间基线。之后，设定合适的时空基线阈值，并将大于阈值的干涉组合剔除，从而形成小基线 InSAR 集。也就是说，SBAS-InSAR 属于多主影像时序 InSAR 技术。

在实际应用中，基于单一主影像的 PS-InSAR 由于不设置时空基线约束，因此，时间和/或空间基线较大的 InSAR 干涉图可能存在严重的相位失相干，从而减少永久散射体（其后向散射特性和相位需在整个时间段内保持稳定）数量，增加非线性形变、噪声、大气相位的分离难度。目前，该方法通常应用于地面永久散射体较为密集的地区（比如城市）。SBAS-InSAR 由于限制了干涉组合的时空基线阈值，因而一定程度上可以克服 PS-InSAR 技术因时空基线较大导致的局限。目前，该方法更多地应用于永久散射体密度不高的地区。

本节以 2002 年 Berardino 等提出的多主影像 SBAS-InSAR 方法为例介绍其估计地表时序形变的基本原理。假设覆盖同一地区且雷达成像几何具有微小差异的 SAR 影像数量为 $N+1$ 景，其获取时间按照先后顺序表示为 $t=[t_0, \ t_1, \ \cdots, \ t_N]$。将 $N+1$ 景 SAR 影像任意两两组合，并计算其时空基线。然后，设定合适的时空基线阈值剔除干涉组合中长时空基线的干涉组合，从而形成小基线集（其数量为 M）。之后，利用 DInSAR 处理所有小基线集即可获得 M 幅参考时间不一致的解缠形变相位图。

为了减少失相干噪声的影响，SBAS-InSAR 通过选取待监测区域相干性较高的像素（简称"高相干点"）作为对象，并以上述 M 幅形变相位图为基础数据重构高相干点的时序形变。对于任意高相干点（其像素坐标为 $(x, \ r)$），均有 N 个未知数，即 SAR 影像获取时刻的时序形变相位 $\varphi(x, \ r)$（相对于最早时刻，即 $\varphi(t_0, \ x, \ r)\equiv 0$）：

$$\varphi(x, \ r)=[\varphi(t_1, \ x, \ r), \ \cdots, \ \varphi(t_N, \ x, \ r)]^{\mathrm{T}} \tag{5-25}$$

和 M 个形变相位 $\delta\varphi$

$$\delta\varphi=[\delta\varphi_1(x, \ r), \ \cdots, \ \delta\varphi_M(x, \ r)]^{\mathrm{T}} \tag{5-26}$$

令 M 个小基线 InSAR 集的主影像和从影像观测时间分别为 $\mathbf{IM}=[\mathrm{IM}_1, \ \cdots, \ \mathrm{IM}_M]$ 和 $\mathbf{IN}=[\mathrm{IN}_1, \ \cdots, \ \mathrm{IN}_M]$，且主影像获取时间晚于从影像，则高相干点 $(x, \ r)$ 在第 k 幅形变相位图中的相位观测方程可表示为：

$$\delta\varphi_k=\varphi(t_{\mathrm{IM}_k})-\varphi(t_{\mathrm{IN}_k}), \quad k=1, \ \cdots, \ M \tag{5-27}$$

将公式（5-27）转换为方程组形式可得：

$$\boldsymbol{A}\cdot\varphi=\delta\varphi \tag{5-28}$$

其中，$\boldsymbol{A}$ 为 $M\times N$ 的系数矩阵，其元素组成主要取决于小基线集的时间网型，即：$\begin{cases}\boldsymbol{A}(k, \ \mathrm{IM}_k)=1; \\ \boldsymbol{A}(k, \ \mathrm{IN}_k)=-1; \\ 0 \quad 其他。\end{cases}$ 若 $M\geqslant N$，且小基线 InSAR 集完整地覆盖了整个时序过程，则可利用最小二乘（一个小基线集）或奇异值分解（多个小基线集）估计时序形变相位（Berardino, et al, 2002）：

$$\begin{cases}\hat{\varphi}=(\boldsymbol{A}^T\boldsymbol{A})^{-1}\cdot\boldsymbol{A}^{\mathrm{T}}\cdot\delta\varphi, & 单个小基线集 \\ \hat{\varphi}=\boldsymbol{V}\cdot\boldsymbol{S}^{-1}\cdot\boldsymbol{U}^{\mathrm{T}}\cdot\delta\varphi, & 多个小基线集\end{cases} \tag{5-29}$$

式中，$\boldsymbol{U}$ 和 $\boldsymbol{V}$ 分别代表奇异值分解中的 $M\times M$ 维和 $N\times M$ 维的正交矩阵；$\boldsymbol{S}$ 为 $M\times M$ 维的对角矩阵。

需要指出的是，利用公式（5-29）求解的结果是基于时序形变相位残差二范最小约束，而该约束会导致求解的累积时序形变相位在时间上出现较大跳跃，与实际情况不符，且不具有物理意义（Berardino, et al, 2002）。为了克服该问题，将公式（5-28）中的未知数替换成两个时间相邻 SAR 影像期间的平均相位速率 $\boldsymbol{v}=[v_1, \ v_2, \ \cdots, \ v_N]^{\mathrm{T}}$，其中，

$$v_k=\frac{\varphi_k-\varphi_{k-1}}{t_k-t_{k-1}}, \quad k=1, \ 2, \ \cdots, \ N \tag{5-30}$$

由此，第 k 幅干涉相位 $\delta\varphi_k$ 可以表示为：

$$\sum_{k=\mathrm{IN}_k+1}^{\mathrm{IM}_k}(t_k - t_{k-1})v_k = \delta\varphi_k, \quad k = 1, \cdots, M \tag{5-31}$$

公式（5-31）写成矩阵形式为：

$$\boldsymbol{Bv} = \delta\varphi \tag{5-32}$$

同样地，利用最小二乘或奇异值分解方法即可求解时间相邻 SAR 影像期间的地表形变速率相位。最后通过速率在各个时间段内的积分即可得到 SAR 影像获取时刻的地表时序形变量。

上述求解过程的优点是可以直接求解非线性时序变形，但较多的待估参数及其积分求取时序形变的方式容易造成误差累计。在实际应用中，倘若地表时序形变非线性程度不是很高，则可通过叠加时序形变线性分量 $\varphi_{\mathrm{linear}}$ 和非线性分量 $\varphi_{\mathrm{nonlinear}}$ 的方式提高结果的稳健性，即：

$$\varphi(t_k, x, r) = \varphi_{\mathrm{linear}}(t_k, x, r) + \varphi_{\mathrm{nonlinear}}(t_k, x, r) \tag{5-33}$$

式中，$\varphi_{\mathrm{linear}}(t_k, x, r) = \bar{v}(x, r)(t_k - t_0)$，$\bar{v}(x, r)$ 表示高相干点 (x, r) 在整个时序过程中的平均形变速率。

令 $\Delta h(x, r)$ 表示该高相干点的地形残差，则其在第 k 幅解缠相位图中的地形残差相位 $\Delta\varphi_{\mathrm{topo}}^{k}$ 可表示为：

$$\Delta\varphi_{\mathrm{topo}}^{k}(x, r) = -\frac{4\pi B_{\perp}^{k}\ \Delta h(x, r)}{\lambda R_1 \sin\theta} \tag{5-34}$$

为了便于求解，该方法首先忽略非线性形变分量 $\varphi_{\mathrm{nonlinear}}$，则：

$$\delta\varphi_k(x, r) = \bar{v}(t_{\mathrm{IM}_k} - t_{\mathrm{IN}_k}) - \frac{4\pi B_{\perp}^{k}\ \Delta h(x, r)}{\lambda R_1 \sin\theta}, \quad k = 1, \cdots, M \tag{5-35}$$

式中，$\delta\varphi_k(x, r)$ 表示第 k 幅干涉图在高相干点 (x, r) 处的干涉相位。公式（5-35）写成矩阵形式为：

$$\boldsymbol{CX} = \delta\varphi \tag{5-36}$$

式中，$\boldsymbol{C} = \begin{bmatrix} (t_{\mathrm{IM}_1} - t_{\mathrm{IN}_1}) & -\dfrac{4\pi B_{\perp}^{1}}{\lambda R_1 \sin\theta} \\ \vdots & \vdots \\ (t_{\mathrm{IM}_M} - t_{\mathrm{IN}_M}) & -\dfrac{4\pi B_{\perp}^{M}}{\lambda R_1 \sin\theta} \end{bmatrix}$，$\boldsymbol{X} = \begin{bmatrix} \bar{v} \\ \Delta h \end{bmatrix}$。

利用最小二乘法求解方程组（5-36）获得未知数的估计值 $\hat{\boldsymbol{X}} = [\hat{v} \quad \Delta\hat{h}]^{\mathrm{T}}$，即计算时序形变的线性分量 $\varphi_{\mathrm{linear}}$。然后，将估计值代入公式（5-36）并计算残余相位，即 $\delta\varphi_{\mathrm{res}} = \delta\varphi - \boldsymbol{C}\hat{\boldsymbol{X}}$。此时的残余相位主要由非线性形变相位、大气延迟相位和噪声相位组成。假定大气延迟相位在时间域不相关，但在空间域相关，因此可通过对残余相位进行空间域低通滤波和时间域高通滤波削弱大气延迟相位和噪声相位（Ferretti, et al, 2000）。之后，将滤波后的残余相位作为新的观测值，并基于公式（5-32）估计 SAR 影像获取时刻时序形变的非线性分量 $\varphi_{\mathrm{nonlinear}}$。最后，通过累加高相干点的线性和非线性形变分量即可获得地表在 SAR 获取时刻的时序形变。

5.3 数据处理

5.3.1 InSAR 数据处理

如图 5-4 所示，InSAR 数据处理流程主要包括：影像配准、干涉图生成、平地效应去除、干涉图滤波、相位解缠、轨道残差相位矫正（可选）、大气延迟相位矫正（可选）以及数字高程模型（DEM）生成（可选）（Bamler，Hartl，1998）。以下将简介各处理步骤。

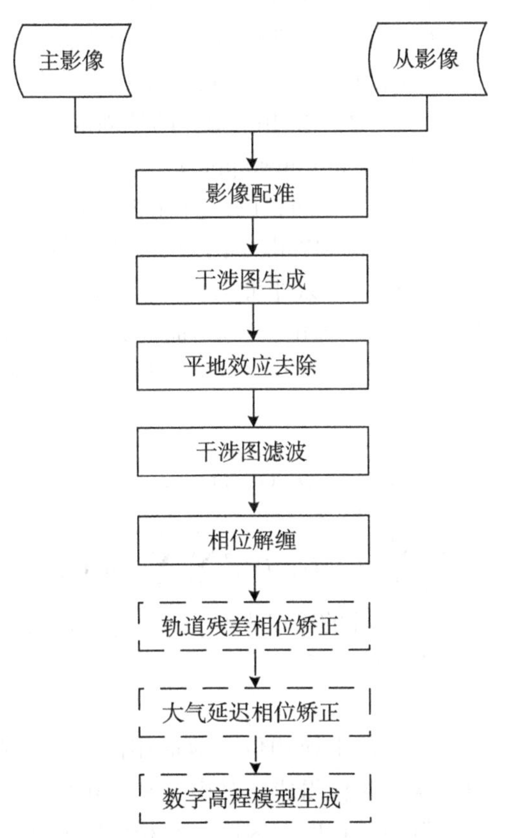

图 5-4 InSAR 数据处理基本流程（虚线框表示可选步骤）

1. SAR 影像配准

目前，星载合成孔径雷达大多采用单天线重复轨道的工作方式。受摄动力的影响，两次重返轨道不能完全重合，导致地面同一目标的两次成像像素位置不一致，需要进行配准。SAR 影像配准是 InSAR 处理的关键步骤，若配准精度较差（通常小于 1/10 个像素，Sentinel-1 TOPS 模式数据方位向需小于 1/1000 像素），则势必会降低后续干涉图的质量，甚至无法生成有效的干涉图。现有的配准算法较多，大致可分为三类：基于振幅信息配准、基于干涉条纹配准和基于干涉条纹图谱配准（李平湘等，2006）。

以统计相关配准算法（属于“基于振幅信息配准”）为例。该算法首先利用轨道参数等信息确定两景 SAR 影像在距离向和方位向的初始偏移量（简称“粗配准”）。然后，设定合适的匹配窗口和搜索窗口，通过最大互相干系数搜索、SAR 影像内插（比如三点内插或 sinc 内插）等方法得到亚像元级精度的配准量。最后，利用多项式曲面拟合等方法确定两景 SAR 影像之间的坐标映射关系，并将从影像重采样到主影像坐标系，实现两景 SAR 影像的配准。

2. 干涉图生成

通过差分主、从 SAR 影像同名像素的观测相位可生成 InSAR 干涉图（即公式（5-8））。在实际处理中，为了提高效率，首先将同名像素的复数回波信号共轭相乘，并计算干涉相位 $\varphi'_{\text{inf}} \in [-\pi, \pi)$（刘国祥等，2019）。通过逐像素处理，即可获得 InSAR 干涉图。需要说明的是，此时的干涉相位 φ'_{inf} 仅为真实相位的主值，其值域区间为 $[-\pi, \pi)$。也就是说，干涉相位 φ'_{inf} 丢失了真实相位 φ_{inf} 的整周部分，即 $\varphi_{\text{inf}} = \varphi'_{\text{inf}} + 2k\pi$，$k$ 表示整周数，需对其进行相位解缠（phase unwrapping）恢复整周数。

由于各像素回波信号的噪声水平不同，因此其干涉相位质量（误差）也不相同。现有的干涉质量定量评价方法很多，本节以最为常用的相干系数法为例简介其评价过程。该方法通过值域为［0，1］区间的相干系数评价主、从影像同名像素的回波相位相似度，其中“0”表示两者完全不相干（即“失相干”），而“1”则表示两者完全一致。通常来讲，相干系数越高，干涉相位的质量就越好，反之亦然。其中，相干系数 γ 的计算公式可表示为：

$$\gamma = \frac{\sum_{i=1}^{N}\sum_{j=1}^{M} |\mu_m(i, j)| |\mu_s(i, j)|}{\sqrt{\sum_{i=1}^{N}\sum_{j=1}^{M} |\mu_m(i, j)|^2 \sum_{i=1}^{N}\sum_{j=1}^{M} |\mu_s(i, j)|^2}} \tag{5-37}$$

式中，M 和 N 表示用于相干系数估计的窗口大小，μ_m 和 μ_s 分别表示主、从影像同名像素点的复数值，$|\cdot|$ 表示复数的绝对值。

3. 平地效应去除

步骤 1 中获得的干涉相位主要由平地相位、地形相位、形变相位（如果存在）、大气延迟相位、轨道残差相位以及噪声相位组成。其中，平地相位 φ_{flat} 的存在可能导致干涉图条纹非常密集，增加后续相位解缠的难度。因此，在相位解缠前需去除干涉相位中的平地相位（即平地效应去除）。

以目前常用的“基于精密轨道参数的平地效应去除”方法为例。根据公式（5-15），除雷达波长（常数）外，平地相位与地面目标点在参考椭球面的等斜距投影点到雷达两次成像位置的斜距差（即 $r_1 - r_2$）有关。因此，该方法首先选取参考椭球面，并根据精密卫星轨道参数和雷达成像参数（比如斜距采样率、脉冲重复频率等）计算出各像素目标在参考椭球面上的等斜距投影点。然后，计算各投影点与雷达两次成像位置的斜距差，以此模拟并去除干涉相位中的平地相位。上述过程为逐像素进行，理论计算量较大。鉴于卫星在成像时间段内飞行相对较为平稳，基线变化小，因此，在实际处理中，可计算 SAR

图像中部分离散点的平地相位，并通过多项式拟合求取并去除整幅干涉图的平地相位（李平湘等，2006）。

4. 干涉图滤波

InSAR 干涉相位中的噪声相位 φ_{noise} 主要由热噪声、多普勒失相干、空间失相干、时间失相干以及配准误差等因素所致。大量的噪声相位在干涉图中主要表现为干涉相位不连续、相位空间模式不清晰、周期性不明确等，从而增加干涉图解译和相位解缠的难度。现有的滤波方法根据数据处理步骤不同可大致分为前置滤波和后置滤波（舒宁，2003），其中前置滤波（比如方位向和斜距向带通滤波、多视滤波）主要用于抑制系统热噪声、多普勒失相干、空间失相干等造成的噪声相位分量。而后置滤波（比如空间域滤波、频率域滤波）主要用于抑制时间失相干等造成的噪声分量（刘国祥等，2019）。

5. 相位解缠

共轭相乘获得的干涉相位仅为真实相位的主值部分，而丢失了整周部分（即 $2k\pi$）。估计干涉相位整周部分的过程称为“相位解缠”。目前，相位解缠算法很多，比如基于路径跟踪算法、基于最小范数算法、基于网络流算法等（廖明生，林珲，2003）。每种算法的基本原理和解缠策略可能具有较大差异。比如，基于路径跟踪算法通过选取合适的追踪路径，并以此指导相邻像元的相位积分，从而实现相位解缠。该算法在干涉图质量较高时能够获得比较精确的结果，但当干涉质量不高时，可能发生解缠误差累积，导致结果偏离真实情况，甚至错误。基于网络流算法则将相位解缠转换为计算最小成本的网络流问题。与此同时，该算法还采用了缠绕相位偏导数与解缠相位偏导数之差最小化来抑制低质量干涉相位误差的传递，从而获得解缠相位的全局最优解，克服了基于路径跟踪算法对于低质量干涉图解缠时出现的误差累积问题。

6. 轨道残差相位矫正（可选）

轨道残差相位 φ_{orbit} 是由于 SAR 卫星轨道参数误差导致的相位贡献。若卫星轨道数据比较精确（比如误差小于 1 mm），则轨道残差相位 φ_{orbit} 通常很小，且可被忽略（无须矫正）。反之，则须矫正轨道残差相位。鉴于轨道残差相位在干涉图中呈趋势性，因此，通常可利用多项式曲面拟合进行去除。

7. 大气延迟相位矫正（可选）

雷达卫星两次重返时电离层和对流层变化会造成电磁波穿透路径“弯曲”（相对于真空环境），该现象称为“大气延迟”，其导致的干涉相位称为“大气延迟相位”（即 φ_{atm}）。倘若雷达成像时，电磁波穿透路径上的电离层和对流层几乎完全一致（比如 TanDEM-X“一发双收”模式），则此时的大气延迟相位非常小，且可被忽略（无须矫正），反之，则须进行大气延迟相位矫正。目前，大气延迟相位矫正方法很多，其中，对于电离层变化导致的延迟相位分量可通过外部电子总量观测数据或不同频率的干涉相位差（比如多孔径雷达干涉方式）来削弱；而对流层变化导致的大气延迟相位分量可通过外部水汽数据或 InSAR 对流层延迟相位空间统计特性削弱（Li，et al，2019）。

8. 数字高程模型生成（可选）

经过上述处理后，解缠相位仅含有形变相位 φ_{def}、地形相位 φ_{topo} 以及残差相位（即上述各相位分量未能彻底去除部分）。倘若主、从 SAR 影像获取期间，地表形变很小且可忽略（即 $\varphi_{def}\approx 0$），则可利用公式（5-19）逐像素计算各点的高程值，从而获得地面的数字高程模型（DEM）。最后，通过地理编码将像素坐标系下的 DEM 转换到大地坐标系。

需要指出的是，受 SAR 斜视成像的限制，地形起伏较大的地区在 SAR 影像上会出现阴影，而阴影区由于没有回波信号，导致该区域的 DEM 无法根据解缠相位估计。此外，为了抑制较大相位误差的影响，在相位解缠过程中通常会设定一定的干涉质量阈值（比如相干性大于 0.3），并对低于设定阈值的像素掩膜（即不参与相位解缠）。因此，掩膜区域的 DEM 也无法根据解缠相位估计。目前，融合升轨和降轨 InSAR 干涉图生成 DEM 是解决该问题的一种有效途径。

5.3.2　DInSAR 数据处理

根据 DInSAR 基本原理可知，该技术主要通过去除（差分）InSAR 干涉相位中的地形相位贡献，以此分离卫星两次重返期间地表的变形量。以本节“二轨法”DInSAR 技术为例（如图 5-5 所示），其主要数据处理步骤包括：InSAR 干涉图、平地效应去除、地形相位模拟、地形相位差分（或“差分干涉图”生成）、差分干涉图滤波、相位解缠以及地表形变计算。需要指出的是，如果差分干涉图中存在明显的轨道残差相位和大气延迟相位，则需利用上述方法去除或削弱。

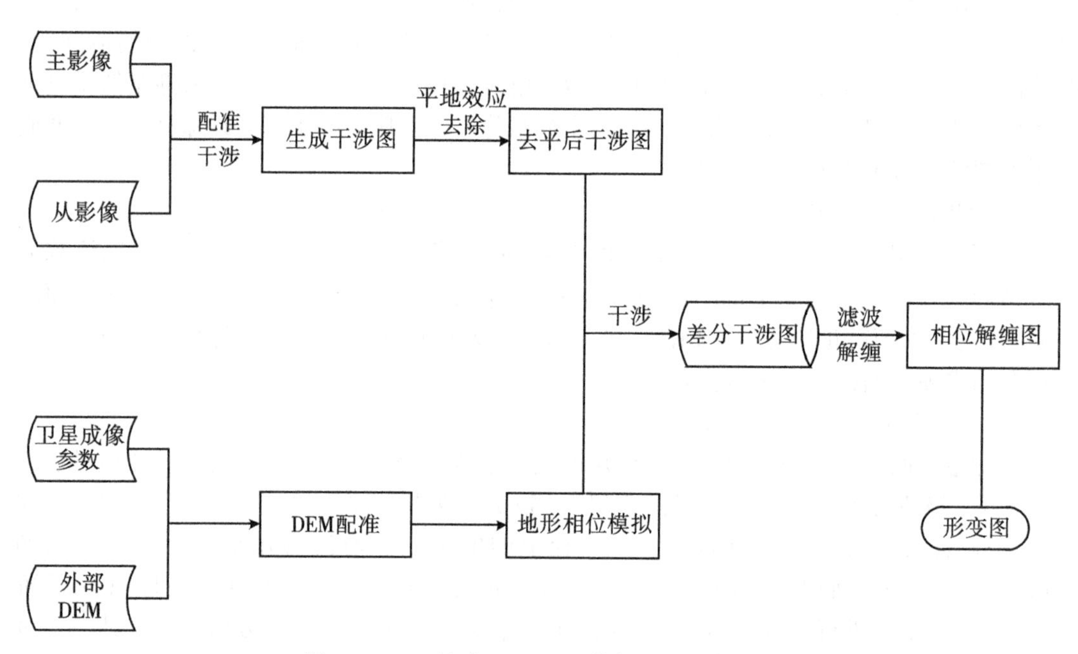

图 5-5　“二轨法”DInSAR 数据处理基本流程

1. 干涉图生成与平地效应去除

与上述 InSAR 数据处理流程完全相同。

2. 地形相位模拟

“二轨法”DInSAR 通过外部 DEM 数据去除 InSAR 干涉相位中的地形相位。首先，根据SAR影像精密轨道参数和成像参数确定与SAR影像覆盖范围相同的DEM，并据此模拟与主影像成像几何相同的SAR强度图。之后，根据卫星精密轨道参数，利用“基于振幅信息配准方法”实现模拟SAR强度图与SAR主影像之间的亚像元级配准，并基于该配准结果将DEM重采样到主影像坐标系。最后，根据两景SAR影像的基线、雷达波长以及重采样后的DEM模拟地形相位图（即使用公式（5-19））。

3. 差分干涉图生成

将上述模拟的地形相位从去平地效应后的干涉图中减去（差分），即可生成去除地形相位后的差分干涉图。

4. 差分干涉图滤波和相位解缠

与上述InSAR流程与方法完全相同。

5. 形变图生成

在获得地表形变相位后，即可利用公式（5-23）生成地表沿着视线向的形变图。最后，通过地理编码将雷达坐标系下的形变图转换到大地坐标系。

5.3.3 SBAS-InSAR数据处理

本节以经典的SBAS-InSAR技术为例（如图5-6所示），其主要数据处理流程包括：小基线集生成、DInSAR处理、高相干点选取、形变速率建模与估计以及非线性形变速率重构。

1. 小基线集生成

首先，选取SAR影像集中的一景作为主影像，并将其余SAR影像与之配准。然后，将任意两景SAR影像自由组合并计算其时空基线，通过设定合适的时空基线阈值挑选出时空基线小于设定阈值的干涉组合，形成“小基线集”。

2. DInSAR处理

利用“二轨法”DInSAR技术分别处理各小基线干涉组合，获得小基线InSAR形变图集。

3. 高相干点选取

高相干点是SAR影像序列中后向散射稳定、失相干小的像素点。通过选取高相干点作为对象重建地表时序形变可减少InSAR噪声相位的影响。目前，高相干点选取方法较多，比如振幅离差法、信噪比法、相干系数法等。以相干系数法为例，该方法基于小基线InSAR集的相干图，通过设定最小相干性阈值或平均相干性阈值选取高相干点。

4. 形变速率建模与估计

以“线性和非线性形变累加”的时序建模方式为例。首先，建立线性形变速率和高程误差与小基线InSAR形变观测相位之间的线性函数模型（即公式（5-6））。之后，利用最小二乘或奇异值分解方法（取决于小基线集的个数）求解线性形变速率和高程误差，并据此估计地表时序形变的线性分量。

5. 非线性形变速率重构

将线性形变相位和高程残差相位从小基线InSAR形变观测相位中去除，从而获得残余相位。然后，对残余相位进行空间域的低通滤波和时间域的高通滤波，以此削弱大气延迟相位和噪声相位。之后，建立时间相邻 SAR 影像期间的非线性形变速率与滤波后的残余相位之间的观测方程组，并利用最小二乘或奇异值分解方法求解非线性形变速率和非线性形变分量。最后，将估计的非线性与线性形变分量叠加即可获得地表在 SAR 影像获取时刻的时序形变。

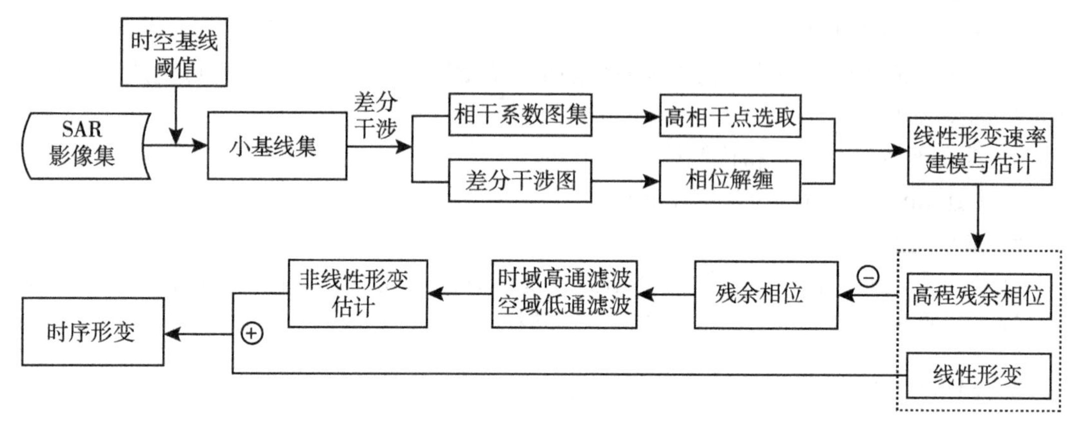

图 5-6　SBAS-InSAR 数据处理基本流程

5.4　案例展示

5.4.1　2008 年汶川地震形变估计①

2008 年 5 月 12 日发生的四川省汶川县 $M_w7.9$ 级地震是该地区有记录以来受灾最为严重的一次。该地震对四川盆地西北缘地区（如映秀、北川、南坝等）造成了严重的破坏，死亡人数高达数万人。汶川地震还造成了龙门山逆冲推覆断裂带破裂，该断裂带南起四川泸定，向北延伸至陕西勉县一带，构成青藏高原东缘与四川盆地的分界线，具有十分复杂的地质结构和演化历史。因此，地表形变监测对于揭示汶川地震的破坏程度、破裂特征和发震机理等具有重要意义。然而，鉴于该地震波及范围广、影响区域植被茂密且地形起伏大，因此，利用传统大地测量学很难获得地表高空间分辨率形变场。此外，地震发生后，该地区天气主要以多云多雨为主，导致光学遥感等低穿透手段难以获取地表形变情况。

鉴于 InSAR 全天候、全天时的优势，该技术可在此次形变监测中发挥重要作用。为了尽可能完整地监测此次地震导致的同震形变（面积约 400 km×400 km），Feng 等（Feng，et al，2017）首先收集了三类覆盖该地震形变事件的 SAR 数据，即 Envisat ASAR 传感器干涉模式获取的降轨 SAR 影像集（Track 18 和 290）、ALOS-1 PALSAR 传感器

① 本案例出自文献《利用波形匹配滤波方法研究汶川地震前后微震时空演化与断裂带成像》，中国地震局地质研究所，2019 年版。

FBS/FBD 模式获取的升轨 SAR 数据集（Path 471～476）以及 ScanSAR 模式获取的降轨 SAR 影像集。

之后，利用“二轨法”DInSAR 技术分别处理各轨道 SAR 数据生成地震形变场。其主要数据处理步骤如下：①利用轨道参数粗配准 SAR 影像，并利用基于振幅信息的配准算法实现亚像素精度的影像配准；②通过共轭相乘生成干涉图，其中，选取公共带通滤波和多视（三类数据在距离向和方位向的多视分别设置为 4×20，6×16 和 3×16）作为干涉相位的前置滤波，选用改进的 Goldstein 滤波作为后置滤波；③利用 SRTM DEM 数据差分干涉图中的地形相位，并采用最小费用流算法解缠干涉图；④为了提高同震形变场精度，选用了二次多项式曲面拟合去除长波段轨道残差相位，并利用外部 DEM 拟合去除与地形相关的大气延迟相位；⑤通过地理编码和拼接处理实现 2008 年汶川地震同震形变 InSAR 监测。其结果如图 5-7 和图 5-8 所示，为了便于显示，对图中结果进行了缠绕，即每个颜色变化周期表示 11. 8 cm 的视线向形变。

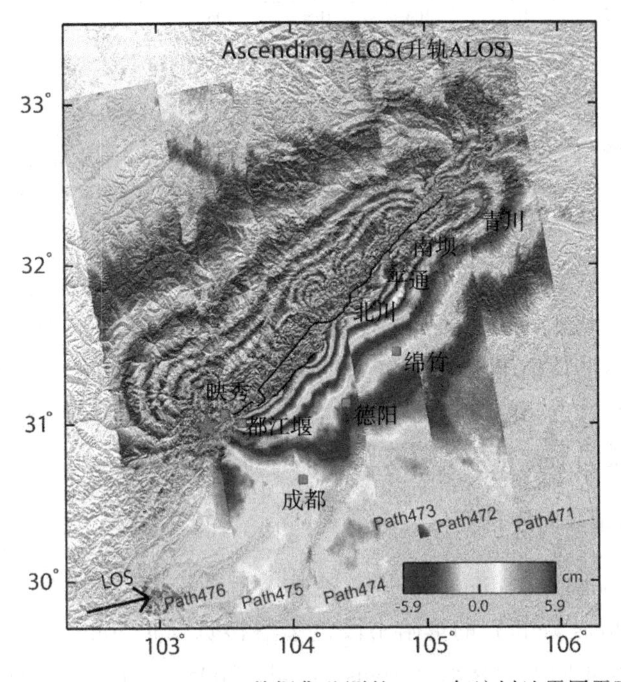

图 5-7　升轨 ALOS-1 PALSAR 数据集监测的 2008 年汶川地震同震形变场

从图中可以看出，除 2008 年汶川地震近场区域外（出现了严重的失相干），其他地区的形变空间模式可以清晰地从 DInSAR 形变图中展示。上述 InSAR 形变场有助于 2008 年汶川地震破裂特征分析、震源参数反演以及发震机理解译等（Feng，et al，2010；Shen，et al，2009）。然而，通过对比 InSAR 同震形变监测结果发现：ALOS-1 升轨数据获取的最大视线向形变约为−120 cm（上盘）和 80 cm（下盘）（图 5-7），而 ALOS-1 降轨数据获取的最大视线向形变约为 80 cm（上盘）和−50 cm（下盘）（图 5-8（a））。除最大形变量

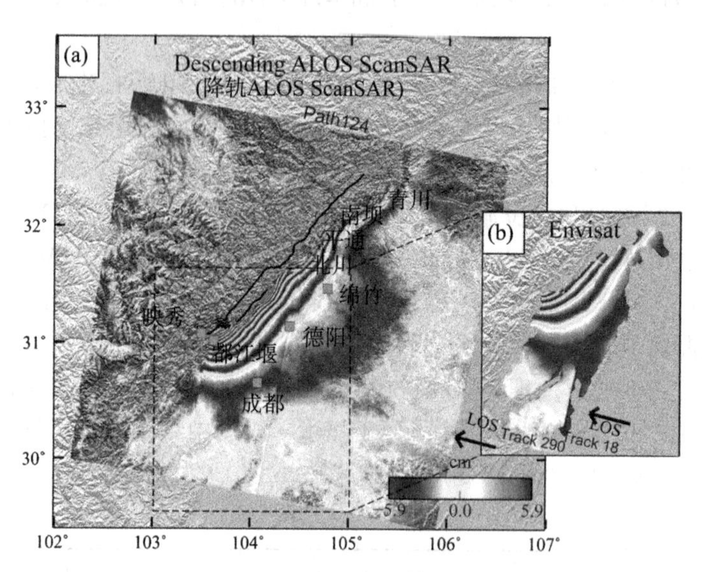

图 5-8　（a）ALOS ScanSAR 降轨和（b）Envisat ASAR 降轨数据获取的同震形变图

级的差异外，两种数据监测的形变场空间模式也不同。导致该现象的主要原因是两种数据的观测几何不同（相当于从不同位置看同一物体出现的差异），这也是 InSAR 技术的主要局限之一（仅能测一维视线向形变）。相对于 ALOS-1 PALSAR（波长约 23.6 cm），Envisat ASAR（波长约 5.6 cm）只能在发震断层下盘获得清晰的同震形变信号（图 5-8（b）），而其他地区大多出现了严重的干涉相位失相干。导致该现象的原因主要是由于 Envisat ASAR 的雷达波长小于 ALOS-1 PALSAR，因此其可监测的形变梯度理论上弱于后者（Jiang，et al，2011）。此外，长波长的 ALOS-1 PALSAR 拥有更强的穿透性，因此，其抵御时间失相干的能力通常也强于短波长的 Envisat ASAR。

5.4.2　美国南加州地表时序形变估计

美国南加州（southern California）是一个构造运动较为活跃的区域。其中，圣安德烈亚斯断层（San Andreas Fault）的莫哈韦段位于洛杉矶以北 50km 处，太平洋板块相对于北美板块沿着该断层走向方向移动（Argus，et al，2005）。并且，还有一些相对较小的断层位于洛杉矶和圣加布里埃尔山脉之间，如 Sierra Madre 断层、Cucamonga 断层、Hollywood 断层和 Raymon 断层。在过去的几十年里，南加州地区发生了几次大地震，包括 1992 年的 Landers 地震、1994 年的 Northridge 地震和 1999 年的 Hector Mine 地震。同时，该区域的人为活动也导致了区域性的地表形变现象。例如，位于 Newport-Inglewood 断层和 Whittier 断层之间的圣安娜盆地受地下水抽取影响，呈现出季节性沉降和抬升现象。局部地区由于油气开采也呈现出了持续性地表沉降现象。南加州地区地表植被覆盖稀疏，长时间跨度的 SAR 数据也可保持较好的相干性。同时，该区域具有较丰富的 GNSS 观测数据，可用于 SAR 数据的误差矫正及精度验证。因此，本节以南加州地区为对象展示地表形变

SBAS-InSAR 监测能力。

为此，收集了 2015 年 5 月至 2018 年 4 月 C 波段降轨 Sentinel-1 卫星 SAR 数据 69 景，并将其余所有 SAR 影像与 2017 年 6 月 8 日获取的 SAR 影像配准。设定时空基线阈值分别为 100 天和 200m，获得了 403 个小基线干涉组合。之后，利用“二轨法”DInSAR 技术处理所有干涉组合。其中，选用了公共带通滤波和 6∶2（距离向∶方位向）的多视处理作为前置滤波手段抑制噪声相位，并使用了改进 Goldstein 滤波器作为后置滤波进一步削弱相位噪声。之后，利用 30m 分辨率的 SRTM DEM 数据去除干涉图中的地形相位，并采用最小费用流方法解缠滤波后的差分干涉图，解缠参考点选择为 ELSC GNSS 站点（如彩图 5-9（a）红色方块所示）。最后，利用研究区域 20 个 GNSS 站点观测资料进行二次多项式拟合削弱干涉图中的长波误差相位（如轨道误差、大气延迟长波部分等）。

为了获取地表时序形变，首先基于相干系数法选出该地区高相干点，建立小基线形变相位观测值与地表线性形变速率和高程残差的观测模型（即公式（5-35）），并利用最小二乘法求解该模型。之后，扣除小基线形变相位观测值中的线性形变和高程残差相位后，即对残余相位进行时域高通滤波和空域低通滤波，并求解非线性形变部分。最后，通过叠加线性和非线性形变获得了南加州地区地表在 SAR 影像获取时刻的时序形变。

彩图 5-9（a）展示了该方法获得的南加州地区雷达视线向平均形变速率图，其中，红色方块表示解缠 GNSS 参考点 ELSC 的位置，黑色三角形表示用来验证 SBAS-InSAR 结果精度的 8 个 GNSS 站点位置。速率正值表示地表向靠近雷达视线方向运动，反之，负值代表地表向远离雷达视线方向运动。该结果直观地展示了该地区 2015 年 5 月至 2018 年 4 月期间地表全局和局部的变形模式。具体地，圣安娜盆地的形变较为明显，最大形变速率可达 2cm/a。该盆地包含该区域主要的含水层，所以推断此处的形变很有可能是人类活动引起的（如地下水的抽取与回灌）。另外，某些局部区域也呈现出了较为明显的形变信号，结合相关研究推测这些区域的形变信号与人类活动（如油气开采）密切相关。为了进一步验证 SBAS-InSAR 形变监测结果的可靠性，随机选取了 8 个 GNSS 站点，并将其监测的三维形变结果投影到 InSAR 视线方向。彩图 5-9（b）显示了 8 个站点处 GNSS 实测的视线向形变（蓝色实心圆点）与 SBAS-InSAR 时序形变监测结果（品红色三角形）的对比。该结果显示，两者具有较高的一致性，其均方根误差基本在 3～5 mm/a，说明 SBAS-InSAR 获取的该地区时序地表形变结果是可靠的。

本章思考题

1. 简述 InSAR 技术发展历史。
2. 简述当前 SAR 卫星系统及其发展趋势。
3. InSAR 测高的基本原理是什么？
4. DInSAR 形变监测的基本步骤是什么？
5. 相对于 DInSAR 技术，时序 InSAR 技术的优势有哪些？
6. 常用的时序 InSAR 形变监测方法有哪些？

7. 简述 SBAS-InSAR 的数据处理基本流程。
8. 除本章提及的高程和形变监测以外，InSAR 技术还有哪些潜在的应用？
9. 展望 InSAR 技术未来可能的发展趋势。

第6章　三维激光扫描监测技术

内容及要求：本章主要以地面三维激光扫描仪用于变形监测为例，介绍其测量原理和监测方法。通过本章学习，要求了解三维激光扫描原理和典型仪器，掌握点云数据获取、预处理和变形量提取方法，并结合工程实例了解三维激光扫描技术在边坡变形监测中的应用。

6.1　概述

三维激光扫描测量技术是一种从复杂实景或实体中重建出目标全景三维数据及模型的技术，又称为实景复制技术。激光扫描测量技术突破了传统的单点测量方式，是一种高效率、高密度、高精度的三维空间信息获取方式，是数字化时代刻画复杂现实世界最为直接和重要的三维地理空间数据获取手段，广泛应用于地形测绘、城市建模、变形监测、工业测量、文物保护、逆向工程及虚拟现实等领域（翟翊，2016）。

6.1.1　三维激光扫描变形测量技术

变形监测技术按照采样密度可以分为两类：点式监测（GNSS，伸长仪，全站仪，激光测距仪）和面式监测（摄影测量，InSAR，三维激光扫描测量）。点式监测技术能够获得较高精度的测量数据，但是只能获取少量变形点信息，不能掌握变形体的全局信息，局限性日渐明显。面式监测技术中，摄影测量与InSAR的便捷性不如三维激光扫描测量，近年来，三维激光扫描技术越来越多地应用于变形监测领域，以降低或减少变形灾害带来的风险和损失。作为一种新兴的监测技术，三维激光扫描技术采用非接触测量方式获取变形体表面点云数据，具有以下优点（张国龙，2018）：

（1）采集速度快。每秒可以采集上万点甚至几十万点，大大缩短了外业数据采集的时间。

（2）非接触测量。扫描时不需要直接接触观测对象，对于不便接触的、危险的以及难以到达的变形测量区域可实现非接触测量，有效提高了外业数据采集的便捷性和安全性。

（3）点云密度高。可根据需求设置扫描分辨率，从而获取较高空间分辨率的点云数据，能全面记录变形体的信息，并能进行整体变形分析。

（4）全数字测量。直接获取变形体点位三维坐标信息和颜色、回光反射强度等属性信息，便于后续的变形分析。

但是，三维激光扫描技术用于变形测量也还存在一些问题：扫描点位精度不如全站仪和GNSS测量技术；相应的变形分析理论与方法需要进一步研究和完善；变形分析结果受三维模型重建精度制约。

总结前文述及的监测技术及三维激光扫描监测技术的特点，列于表 6-1 中。

表 6-1　**几种变形监测技术特点对比**

特性	测量技术				
	全站仪技术	GNSS 技术	摄影测量技术	InSAR 技术	三维激光扫描技术
原始数据	单点坐标	单点坐标	像片	雷达影像	点云
测量精度	高	高	较高	较高	较高
环境要求	高、有地形及气候要求	高、无遮挡	适当的光线、温度	无	高、有地形及气候要求
自动化程度	低	高	一般	高	高
适用范围	较小	较大	较小	大	较小

6.1.2　三维激光扫描原理

三维激光扫描原理是学习三维激光扫描监测技术的基础，本节分别从测距、测角、扫描和测量值获取四个方面进行介绍。

1. 测距原理

地面三维激光扫描仪采用的测距原理主要有三种：三角法测距、脉冲法测距和相位法测距。这三种测距方法都属于间接测距，其中，三角法测距和相位法测距类的扫描仪测程较短，较少用于变形测量，以下主要介绍脉冲法测距原理（王力，2010）。

脉冲激光测距利用激光器对目标发射很窄的脉冲信号，通过脉冲到达目标并由目标返回到接收机的时间计算出目标距离。设目标距离为 L，激光往返时间为 Δt，激光在真空中的传播速度为 c，则有

$$L = \frac{c\Delta t}{2n} \tag{6-1}$$

光速测定精度依赖于大气折射率 n 的测定精度，n 的测定精度能达到 10^{-6}，对测距影响较小，因此测距精度主要取决于 Δt 的测定精度。测距部分记录激光发射时刻 t_1 和返回时刻 t_2，则 $\Delta t = t_2 - t_1$。影响 Δt 测定的因素很多，如激光脉冲宽度、时点判别电路的设计、电路延迟等。

脉冲法的测量精度很大程度上取决于时点判别电路的设计，由于激光脉冲在空间传输过程中的衰减和畸变，导致接收到的脉冲与发射脉冲在幅度和形状上都发生了很大的变化，很难正确确定激光脉冲回波信号的到达时刻，由此引起的测量误差为漂移误差；另外，由输入噪声引起的时间波动也给测量带来了误差。

2. 测角原理

激光测距传感器在电机带动下可以在水平和竖直方向转动，当测距传感器空间位姿变

化时，在目标表面的激光点随之移动，即目标上被测点的位置发生变化，通过并联机构的连续有规律运动，可以测得整个目标表面点的信息，记录每一点的距离以及驱动电机的水平旋转角 α 和垂直旋转角 β。

与全站仪等仪器的测角原理不同，激光扫描仪采用等分步进技术测角。如图 6-1 所示，激光扫描仪通过把角度高精度等分，得到一个小角度 $\Delta\theta$，电机带动测距传感器每次步进 $\Delta\theta$，测角装置记录每条激光步进的次数 n，就可得到旋转角度为 $n\Delta\theta$。

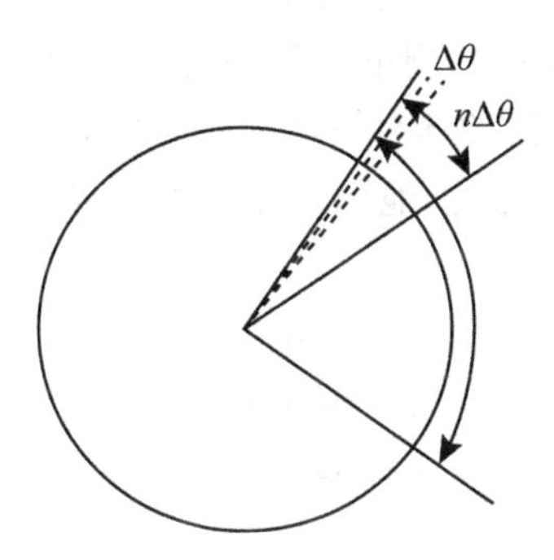

图 6-1　等分步进测角技术

3. 扫描原理

激光扫描仪多使用光学机械部件来实现自动扫描，激光发射器产生激光，而光学机械扫描装置则用来控制激光束出射方向，光探测设备接收被反射回来的激光束之后由记录单元进行记录。在扫描装置的作用下，激光束可以实现整个测量场景数据的获取。激光扫描系统所用的扫描装置主要有四种：摆动扫描镜、旋转正多面体扫描镜、旋转棱镜和光纤扫描镜，其中，地面三维激光扫描仪一般采用摆动扫描镜（如 Trimble 公司的 GX）和旋转正多面体扫描镜（如 Riegl 公司的 VZ-400）。摆动扫描镜在一个固定的角度 φ 内来回振荡，一个周期内经历两次加速和两次减速，因此其反射的激光具有中间稀疏、两边密集的特点，如图 6-2 所示；旋转正多面体扫描镜绕旋转轴以固定的角速率旋转，具有快速、均匀等特点，如图 6-3 所示。

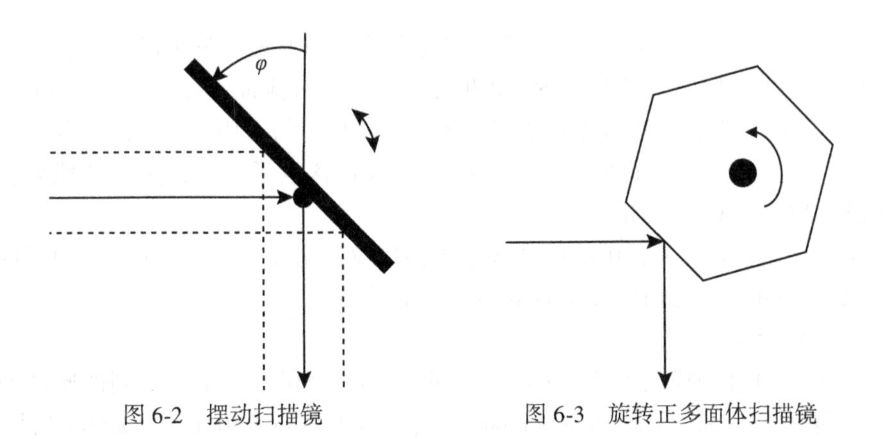

图 6-2　摆动扫描镜　　　图 6-3　旋转正多面体扫描镜

实现三维扫描主要有三种方式：通过两个相互垂直的扫描镜组合实现三维扫描；通过垂直方向的扫描镜和水平方向的驱动马达实现三维扫描；通过一个沿两个方向旋转的扫描镜实现三维扫描。

4. 测量值获取原理

激光扫描仪通过测角测距，获得扫描仪中心到目标点的距离 S、出射光线在仪器坐标系下的水平角 α 和垂直角 θ，由球坐标计算公式（6-2）可得到目标点在仪器坐标系下的三维坐标（x，y，z），如图 6-4 所示；记录反射光的强度信息，根据一定的原则得到回光强度 I；激光扫描仪如果配备相机，测量过程中可以获取场景的照片，通过标定扫描仪和相机的位置关系来求得扫描仪仪器坐标系和像空间坐标系的转换关系，从而获得每个扫描点的颜色，用 R，G，B 表示。因此，地面三维激光扫描系统获取的测量值有：x，y，z，S，α，θ，I，R，G，B。

$$
\begin{aligned}
x &= S\cos\theta\cos\alpha \\
y &= S\cos\theta\sin\alpha \\
z &= S\sin\theta
\end{aligned}
\tag{6-2}
$$

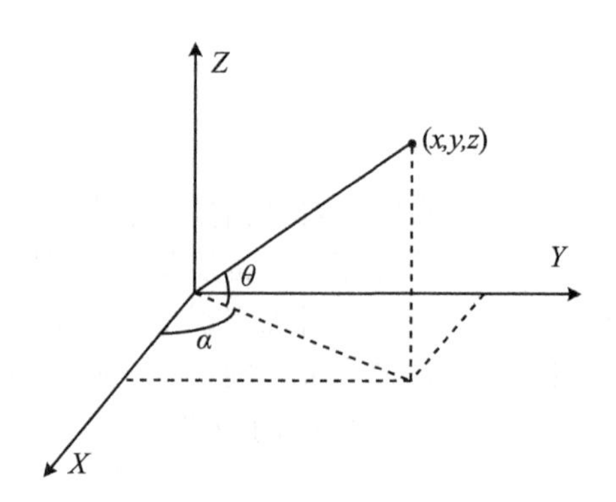

图 6-4　扫描仪仪器坐标系

6.1.3　典型三维激光扫描仪

在过去的 30 多年里，随着电子元器件和光电技术的发展，三维激光扫描技术已经成功地从 20 世纪 80 年代的实验阶段和 20 世纪 90 年代的验证阶段跨入成熟的应用阶段（Sternberg，2007）。随着三维激光扫描仪在测绘中的推广与应用，一些测绘仪器中的先进技术逐渐集成到扫描仪上，新型的地面三维扫描仪包含电子气泡、倾斜补偿器、对点设备、多传感器融合（相机、GPS）等。

本节重点介绍中长测距范围的脉冲式激光扫描仪，主要包括 Leica 激光扫描仪、Riegl 激光扫描仪、Trimble 激光扫描仪和 Optech 激光扫描仪。

1. Leica 激光扫描仪

Leica 公司的脉冲扫描技术源于 Cyrax 公司。Leica 公司提供了一系列的脉冲型三维激光扫描仪，包括 ScanStation2、ScanStation C10、ScanStation P30/P40、MS60 扫描全站仪等，部分仪器如图 6-5 所示。

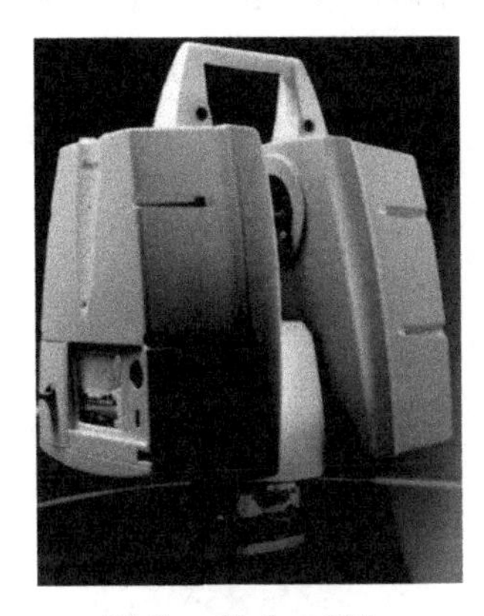

(a) ScanStation2　　(b) ScanStation C10　　(c) MS60

图 6-5　Leica 公司的三维激光扫描仪

ScanStation C10 是从 ScanStation2 发展而来的，测程 300m，视场角范围 360°×270°，激光频率 50000Hz，单次测量点位精度 6mm/50m，距离精度 4mm/50m，测角精度（水平/垂直）12″。ScanStation C10 配备了一体化高分辨率数码相机及一体化双轴倾斜补偿器等。

全站扫描仪在经典全站仪的基础上，融合了多项先进的测量技术，其基本结构遵循传统全站仪。全站扫描仪的扫描技术参数包括不同扫描模式下的最大测程和衡量扫描精度的距离噪声等。全站扫描仪在 1000Hz、250Hz、62Hz、1Hz 四种扫描模式下对应的最大测程分别为 300m、400m、500m、1000m，距离噪声如表 6-2 所示。

表 6-2　**MS60 全站扫描仪扫描技术参数（单位：mm）**

采样频率 / 距离噪声 / 距离	1Hz	62Hz	250Hz	1000Hz
10m	0.4	0.4	0.5	0.6
25m	0.5	0.5	0.6	0.8
50m	0.6	0.6	0.8	1
100m	0.8	0.8	1	2
200m	1.8	2	3	6

2. Riegl 激光扫描仪

Riegl 公司是一家从事半导体激光测量系统研发生产的公司。1999 年推出了测程 2000m 的 LPM-2K；2001 年研制的 LMS-Z210，水平扫描视场角 360°，垂直扫描视场角 80°；2003 年开发了测程 1000m 的 LMS-Z420i；2007 年推出了测程 6000m、人眼安全的

LPM-321；2008 年推出了测程 2000m 的 LMS-Z620。之后相继推出 Riegl VZ 系列三维激光扫描仪，如 VZ-400、VZ-400i、VZ-1000、VZ-2000、VZ-2000i 等。部分仪器如图 6-6 所示。

(a) VZ-400

(b) VZ-1000

(c) VZ-2000i

图 6-6　Riegl 三维激光扫描仪

图 6-6（a）是脉冲型激光扫描仪 VZ-400，测程 600m，视场角范围 360°×100°，工作环境 0～40℃，发射频率 300kHz，角分辨率 0.0005°，扫描精度 2mm/100m。VZ-400 采用全波形数字化技术（waveform digitization）和实时波形分析技术（on-line waveform analysis），可快速探测多重目标。图 6-6（b）是 VZ-1000，最大测程 1400m，扫描精度 5mm/100m。图 6-6（c）是 VZ-2000i，主要在测程上有所提高，测程远达 2500m。

3. Trimble 激光扫描仪

Trimble 公司先后推出了 GX、TX8、SX10 等三维激光扫描仪，如图 6-7 所示。

(a) GX

(b) TX8

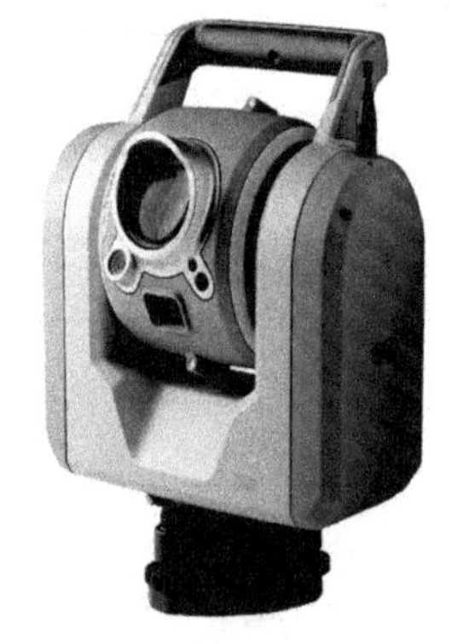

(c) SX10

图 6-7　Trimble 公司的三维激光扫描仪

GX 是一款脉冲型激光扫描仪，测程 350m，视场范围 360°×60°，测角精度 12″，扫描精度 1.4mm/50m，激光发射频率 5kHz，工作环境 0～40℃。可架设在已知点上，具有实时双轴补偿器、对中整平等功能；AutoFocus 自动聚焦技术，可减小光斑尺寸；分辨率高，并集成相机，可获取彩色纹理。

TX8 使用高速度、长距离和高精度混合技术，可以在工业测量、工程、建筑和其他需要高质量和高灵活性的应用等方面提供结果；视场角 360°×317°，激光发射频率 1000kHz，测程 120m，测角精度 16″，扫描精度 2mm/100m。

SX10 用于测量密集的 3D 扫描数据，激光发射频率 26.6kHz，测程 600m，视场角 360°×300°，测角精度 5″，扫描精度 2.5mm/100m。

4. Optech 激光扫描仪

Optech 公司提供的地面三维激光扫描仪为 ILRIS（Intelligent Laser Ranging and Imaging System）系列，有 ILRIS-3/6D、ILRIS-3DER、ILRIS-3DVP 、ILRIS-3D MC、ILRIS-HD 以及新推出的 Polaris TLS1600 等，如图 6-8 所示。

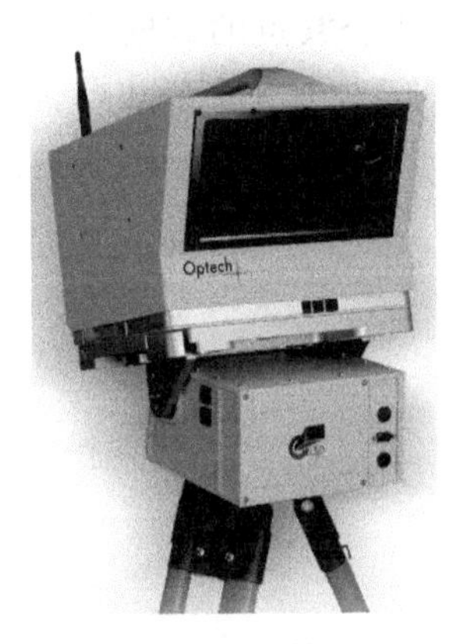

(a) ILRIS-3/6D

(b) ILRIS-HD

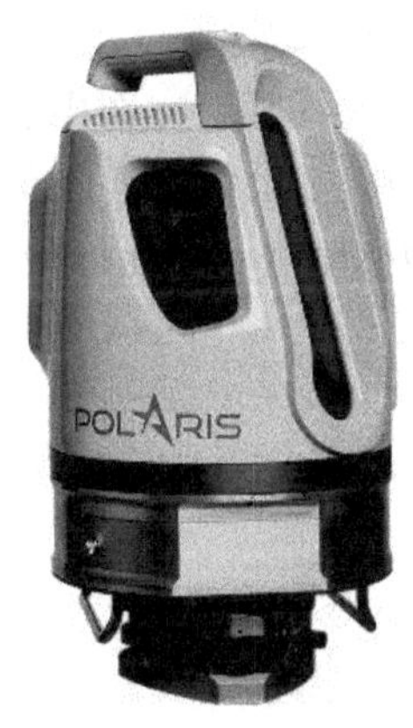

(c) Polaris TLS1600

图 6-8　Optech 系列三维激光扫描仪

ILRIS-3/6D 是一款便携的激光成像和数字化系统，应用于商业调查和工业市场，激光发射频率为 2500 Hz，视场角为 360°×40°，测程 1000m；ILRIS-HD 的激光脉冲发射频率为 10 kHz，视场角 40°×40°，测程 1800m；Polaris 系列扫描仪，填补了小型轻便化短距离扫描仪与大型长距离脉冲扫描仪之间的空白，集成了高分辨率相机、倾斜仪、指南针和 GPS。

6.2　点云数据获取与预处理

点云数据获取与预处理是三维激光扫描监测中的重要环节，主要包括扫描监测数据获取、点云数据组织及索引方法、点云数据拼接和点云数据滤波等内容。

6.2.1 扫描监测数据获取

点云数据的获取是数据处理的前提，且数据获取的方式直接影响点云的匹配。虽然三维激光扫描仪的型号越来越多，但其数据采集的流程基本一致。本节简要对数据采集方式进行分类，并总结数据采集流程（谢宏全，谷风云，2015）。

1. 数据采集方式

数据采集方式可分为两类：一是基于公共面或公共点拼接的数据采集方式；二是基于控制点的数据采集方式。

1）基于公共面或公共点拼接的数据采集方式

不同测站的点云数据采用独立坐标系，相邻测站之间拥有一定的重叠区域或公共点，利用重叠区域或公共点将相邻测站的点云数据进行配准，最终将所有点云数据统一到某测站的坐标系下。

基于公共面的数据采集方式如图 6-9 所示，图中 S_1 和 S_2 为两相邻扫描测站，要求两站之间存在重叠区域，且重叠区域至少占各自扫描区域的 30%。基于公共点的数据采集方式如图 6-10 所示（图中黑色圆圈为两站的公共点），相邻两站之间至少有 3 个公共点。实际操作中，常设置人工标靶点作为相邻区域的公共点。如图 6-11 所示，人工标靶点主要有球型标靶点和平面标靶点两种。

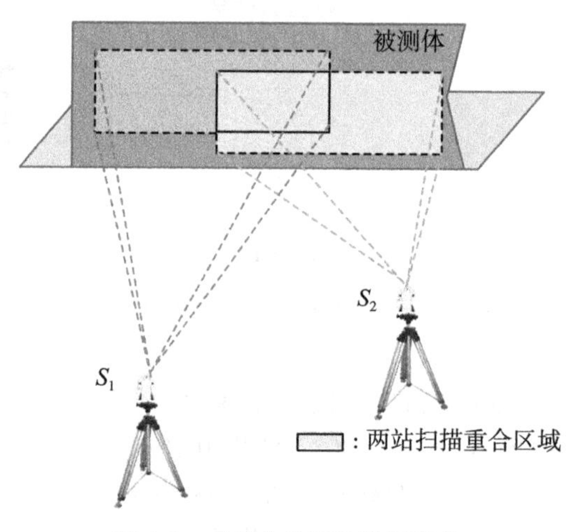

图 6-9 基于公共面的数据采集

2）基于控制点的数据采集方式

如图 6-12 所示，S_1 和 S_2 为两扫描测站，T_1 为全站仪测站，$b_1 \sim b_6$ 为被测物体上的控制点，一般通过全站仪或 GNSS 获得其在某坐标系下的坐标。以全站仪为例，先利用全站仪对扫描区域进行控制测量，得到控制点在工程坐标系下的坐标；再利用三维激光扫描仪获取点云数据，精扫获得控制点在扫描仪坐标系下的坐标；最后利用控制点的两套坐标对点云数据进行拼接。该方法对相邻两站的扫描区域没有重叠要求，较为灵活，在实践中应用较多。实际操作中，同样设置人工标靶点作为控制点。

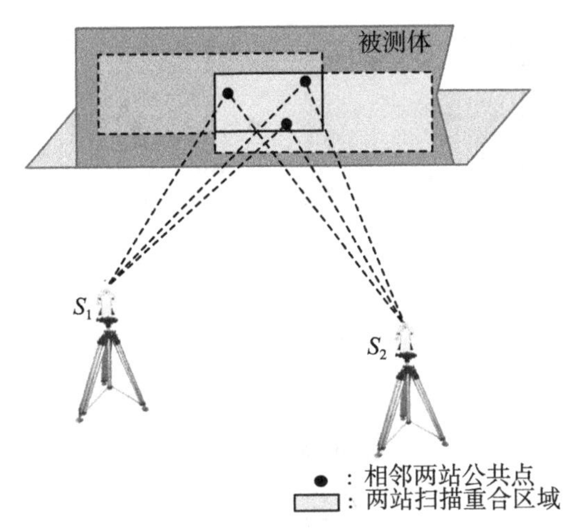

图 6-10 基于公共点的数据采集

(a) 球型标靶

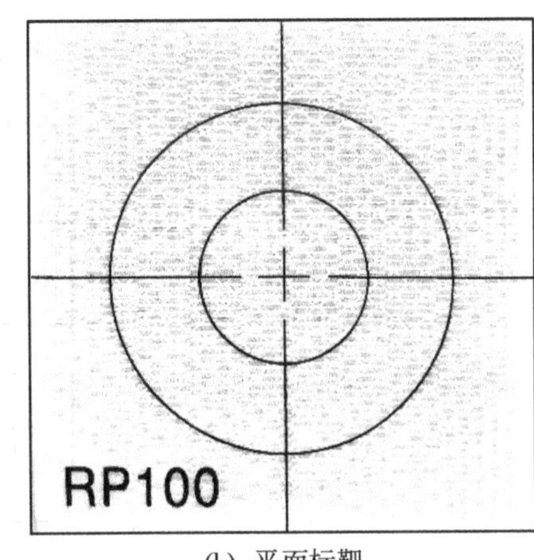

(b) 平面标靶

图 6-11 人工标靶点

另外，还有一种基于“测站点+后视点”的数据采集方式，因该法同样要求控制点上具有扫描仪坐标系与工程坐标系两套坐标，与基于控制点的数据采集方式原理一致。

2. 数据采集流程

本节对两种点云数据采集方式进行总结，概括其具体流程，如图 6-13 所示。

1）根据已有资料制定扫描方案

扫描方案的制定是数据采集的关键步骤，合理的扫描方案可指导外业数据采集顺利进行。外业数据采集之前，需明确项目具体任务要求和收集测区地形资料，以制定扫描方案。其中，项目的具体要求主要包括测区的范围、产品用途及精度要求等；测区地形资料主要包括测区及周边的控制成果资料，测区大比例尺地形图、数字高程模型、设计图、测区照片、影像等地形资料和交通状况。根据任务要求和已有地形资料，初

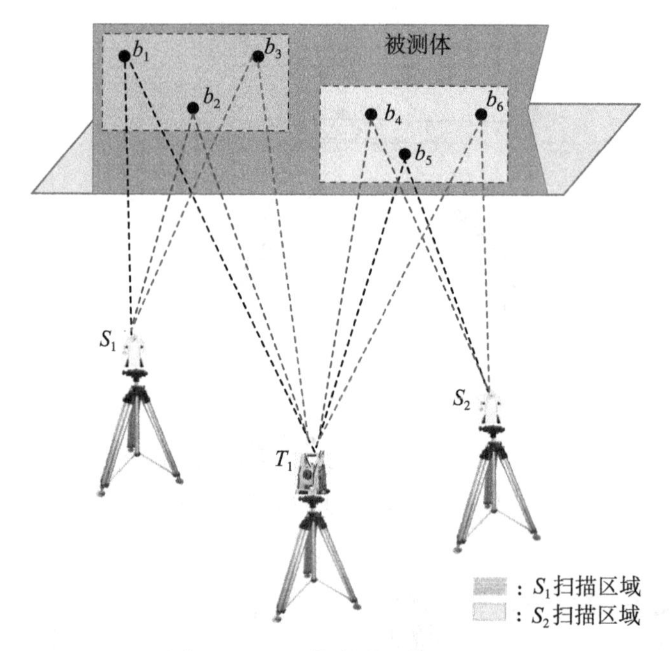

图 6-12　基于控制点的数据采集

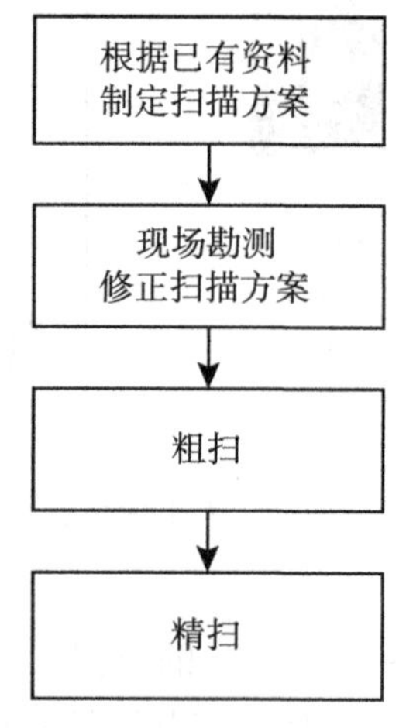

图 6-13　数据采集流程图

步确定采集方式。

基于公共面或公共点拼接的数据采集方式需确定设站的位置、站数及每站扫描角度等信息，需确保相邻两站间有 30%的重叠区域或 4 个以上的公共点。基于控制点的数据采集方式除需确定前述信息外，还应确定控制点的位置、与扫描仪设站点的通视情况和控制点全站仪坐标获取问题。

2）现场勘测修正扫描方案

为保证扫描方案的可实施性，需全面细致地了解测区环境，逐个检查扫描方案中的步骤，重点检查测区已有控制点的位置和使用可能性、设站点与测区的通视情况、标靶与设站点的通视情况、扫描设备站点的预设参数等。根据现场勘测情况，灵活选择设站点、标靶点的位置，修正扫描方案。

3）粗扫

粗扫的作用是确定测区在扫描仪坐标系中的位置，为精扫做准备。根据扫描方案，将扫描仪架设在指定的位置上。一般粗扫的角度范围为360°，角分辨率可设为30″。同时，为渲染图像，粗扫时扫描仪配置的相机会随着仪器的转动拍摄现场照片。

4）精扫

根据粗扫得到的点云数据，确定精扫范围。精扫时，需设置仪器相关参数，如角分辨率、标靶类型、采样间距等。实践中需在扫描时间和空间分辨率之间寻找平衡，确定相应参数值。精扫完成后，查看点云质量，如不符合要求，则需查找原因并重新扫描；如符合要求，可进行下一站的扫描作业。

扫描作业中的注意事项：

（1）注意仪器安全，扫描仪作业时多为自由设站，且一次扫描时间较长，因此应注意仪器安置的稳定性，如使用较为牢固的三脚架，避免柔软土层，避免风或附近车辆震动等原因造成的三脚架晃动。

（2）应避免在湿度较大的环境中作业，以免激光被吸收。

（3）提前排查测区中的高反射率物体，蒙上黑布或移除，避免强反射损伤仪器。

（4）避免激光照射人眼，保护人身安全。

6.2.2 点云数据组织及索引方法

扫描仪获取的点云数据量大且缺乏点间拓扑关系，需要高效的数据组织和索引方式以提高点云数据拼接、滤波和曲面重建等数据处理效率。本节介绍常用的点云数据组织结构及索引方法（何华，2018）。

1. 点云数据组织结构

点云数据组织结构包括二叉树结构、八叉树结构、kd 树结构、CELL 树结构、R 树结构、R+树结构等，本节介绍几种常用的结构。

1）二叉树结构

二叉树是 n 个节点的有限集合，该集合为空，或者由一个根节点加上互不相交的两棵树组成，分别称为左子树和右子树，如图 6-14 所示。设二叉树深度为 k，若其节点个数为 2^{k-1}，则该二叉树称为满二叉树。若除第 k 层外，其他各层的节点数都达到最大个数，且第 k 层从左至右连续有若干节点，则该二叉树称为完全二叉树。

二叉树针对一维数据十分有效，时间复杂度为 $O(\log n)$ 。具有以下 5 条基本性质：

性质 1 在二叉树的第 i 层上的节点数不超过 2^{i-1} $(i \geqslant 1)$ 。

性质 2 若二叉树的深度为 k，则该二叉树的节点数不超过 2^{k-1} $(k \geqslant 1)$ 。

性质 3 对任何一棵二叉树，若其叶节点个数为 n_0，深度为 2 的非叶节点个数为 n_2，则有 $n_0 = n_2 + 1$。

性质 4 若二叉树为完全二叉树且具有 n 个节点，则其深度为 $[\log_2 n] + 1$。

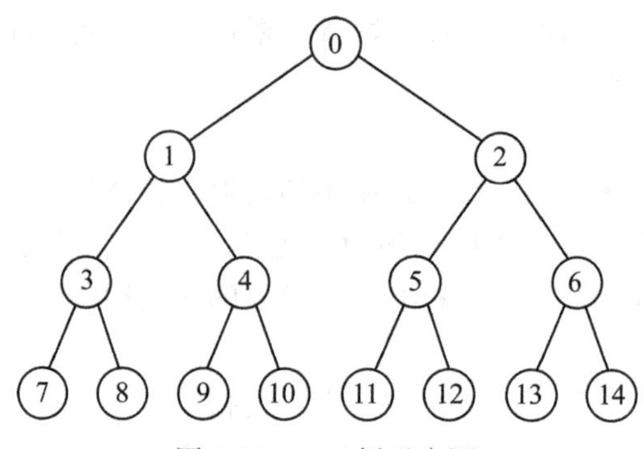

图 6-14　二叉树示意图

性质 5　设完全二叉树的节点数为 n，且自顶向下，从左至右依次给各节点标号为 1，2，…，$n-1$，n，然后按标号顺序把所有节点依序存放在一维数组中，并简称标号为 i 的节点为节点 i $(1 \leqslant i \leqslant n)$，则

若 $i=1$，则节点 i 为二叉树的根，无父节点。

若 $i>1$，则 i 的父节点为 $[i/2]$。

若 $2i \leqslant n$，则 i 的左子节点为 $2i$；否则，i 无左子节点。

若 $2i+1 \leqslant n$，则 i 的右子节点为 $2i+1$；否则，i 无右子节点。

由于二叉树对应一维数据，而点云坐标是三维数据，为了使点云数据能够直接采用二叉树结构进行组织，需要对点云坐标进行降维处理（路明月，何永健，2008）：对任意两点 $p_1(x_1, y_1, z_1)$ 和 $p_2(x_2, y_2, z_2)$，依次对其三个坐标分量进行比较，从而实现降维。具体操作为：首先将坐标点投影到 X 轴上进行比较，如果 x 坐标分量相同，再投影到 Y 轴上进行比较，如果 y 坐标分量相同，最后投影到 Z 轴上进行比较。即如果 $(x_1 < x_2)$ 或者 $(x_1 = x_2)\text{and}(y_1 < y_2)$ 或者 $(x_1 = x_2)\text{and}(y_1 = y_2)\text{and}(z_1 < z_2)$，那么 $p_1 < p_2$。通过降维处理保持了三维点云的相互空间位置关系，便于邻域索引，能够确保点云排序的唯一性和传递性，符合二叉树构建的条件。

2）八叉树结构

八叉树是 Hunter 博士于 1978 年提出的一种用于描述三维空间数据的数据结构。点云数据的八叉树结构依托于点云的三维空间分布，具备良好的空间直观性，并且整体结构相对独立于点云数据，点的添加与删除简便易行且不会改变其结构（路明月，何永健，2008）。点云的八叉树划分是指采用循环递归的方法对初始立方体进行均匀分割，分割的步骤为：

Step1：设置叶节点允许包含的最大点云数阈值 δ_n 和最大递归深度阈值 δ_d；

Step2：建立散乱点云的最小立方体包围盒，其边长计算式为

$$w_o = \max[(x_{\max} - x_{\min}), (y_{\max} - y_{\min}), (z_{\max} - z_{\min})] \tag{6-3}$$

式中，$(x_{\max}, y_{\max}, z_{\max})$ 和 $(x_{\min}, y_{\min}, z_{\min})$ 为点云坐标的最大值和最小值；

Step3：把根节点均匀分割为 8 个小立方体作为叶节点，并仅保留非空节点；

Step4：依次统计每个叶节点包含的点云数量 n 和递归深度 m，如果 $n \leqslant \delta_n$ 或 $m \geqslant \delta_d$，

则停止分割该叶节点，否则，把该叶节点看成根节点，转到 Step3；

Step5：当所有叶节点都停止分割时，八叉树划分结束。

点云数据八叉树分割的过程如图 6-15 所示（李明磊，2017）。

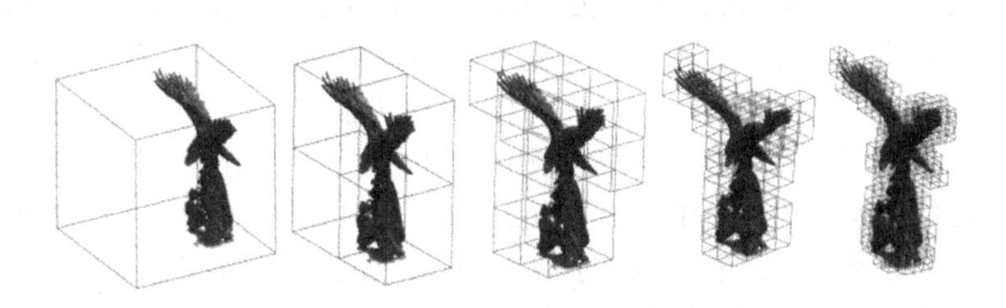

图 6-15 八叉树分割过程示意图

八叉树分割后每个子节点在其兄弟节点中的编码采用图 6-16 所示方式，设子节点在 x 轴、y 轴和 z 轴方向的编码为 (i_x, i_y, i_z)，$i \in [1, 2]$，则子节点在当前层的编码为

$$\text{code}_{\text{level}-1} = 2^2 i_z + 2^1 i_y + 2^0 i_x \tag{6-4}$$

式中，$\text{code}_{\text{level-1}} \in [0, 7]$。

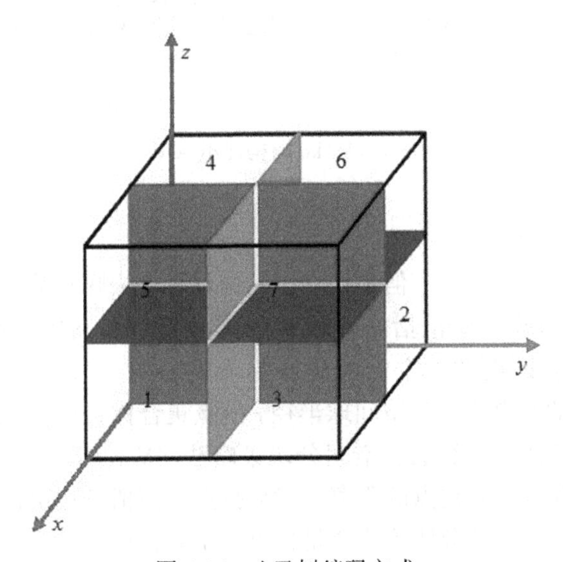

图 6-16 八叉树编码方式

将根节点编号为 0，按照上面的 Step3 把根节点分割为 8 个子节点，则其编码为在根节点编码后追加当前层编码，即 8 个子节点编码分别为 00、01、02、03、04、05、06、07。按照上述规则依次对各层级的子节点进行编码，则每个节点都有唯一的八进制编码，编码的位数代表子节点所在层数，编码末尾数值代表节点在其兄弟节点中的编号。

3）kd 树结构

kd 树是 Bentley 于 1975 年把二叉树推广到 k 维空间而构建的一种数据结构。其建立规则为：k 维空间数据在根节点处按照第一个维度被分割成左右两棵子树，然后用未使用的维度依次分割子树为两棵更小的子树，当所有维度使用完毕后再次使用第一个维度作为分割准则，循环上述分割过程，直到全部子树都只剩下 1 个元素。

以平面点集为例说明 kd 树构建方法。如图 6-17 所示，点集 $P=\{p_i \mid i=1, 2, \cdots, 16\}$ 是平面散乱点集，首先把点集按照 x 坐标大小排序并定位中间点（当点集个数为偶数时，取 x 坐标较大的点为中间点），把该中间点作为根节点。过根节点的垂线把点集分为左右两部分，半平面上的点集分别作为根节点的左右子树。在左右子树中分别按照 y 坐标大小排序并定位中间点，以此作为根节点的子节点。过子节点的水平线把半平面分成上下两部分，在每部分又按照 x 坐标的大小取中间点，作为第三层叶节点。即 kd 树的奇数层节点按 x 坐标的大小取中间点获取，偶数层节点按 y 坐标的大小取中间点获取，不断循环，直到所有节点不能分割。

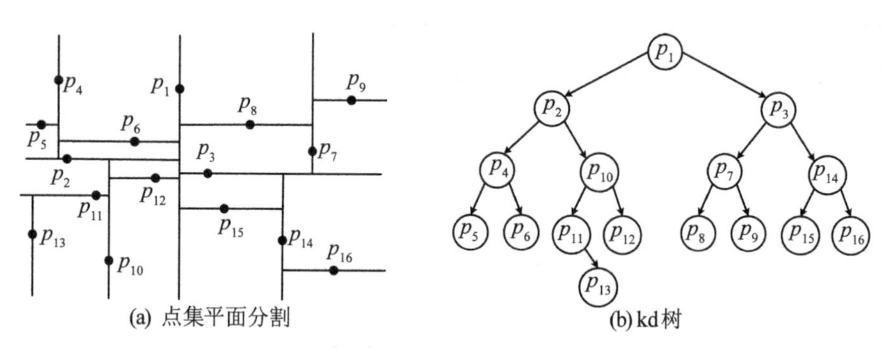

图 6-17　kd 树构建示意图

2. 点云邻域索引方法

散乱点云没有点间拓扑信息，但是在点云法向计算、去噪和简化等处理时需要知道点云的邻接关系。点云邻域主要包括 k-邻域和球邻域两种。其中，点集 $P=\{p_i \mid i=1, 2, \cdots, n\}$ 中距离点 p 最近的 k 个点的集合称为点 p 的 k-邻域。点集 $P=\{p_i \mid i=1, 2, \cdots, n\}$ 中到点 p 的距离小于某空间球半径 r 的点集合称为点 p 的球邻域。

点云索引方法包括蛮力计算法、空间分块策略法、Voronoi 图法和树状结构法。蛮力计算法是依次计算当前点到其他点的距离，然后按照距离值筛选出该点的邻域点，这种方法仅仅适合小规模点云。空间分块策略法是把点云空间分成许多小分块，然后在小分块中搜索点的邻域点，该方法效率较高。Voronoi 图法通过点云数据的 Voronoi 图来搜索邻域点，该方法不仅计算量大而且算法效率不高。树状结构法是指用八叉树或者 kd 树等数据结构管理点云数据，然后利用该数据结构搜索邻域点，是常用的点云邻域索引方法。

树状结构法是把对点云的邻域搜索转换为树状结构子单元邻域搜索，进而实现高效的邻域索引，以基于八叉树的 k-邻域搜索为例简要说明点云邻域索引方法（李明磊，2017）。

对于点云中的一点 $p(x, y, z)$，其在八叉树结构中所处的叶节点位置可依据其点坐标以及八叉树的编码方式进行确定：设八叉树分割的最大次数为 N，计算假设每个叶节

点都进行了 N 次分割时 p 点所在节点的 N 位八进制编码，按照此编码进行节点的按层寻址，如果 p 点所在叶节点位于第 M 层，则寻址到第 M 层时得到的节点即为 p 点所在的叶节点。p 点对应节点的 N 层路径编码计算方式以及 N 位八进制编码与 p 点坐标的关系如下：

（1）若八叉树结构进行了 1 层分割，设 p 点所在节点在三个坐标轴方向的编号分别为 (i_{0x}, i_{0y}, i_{0z})，$i_0 \in [1, 2]$，则直接利用式（6-4），即可解得在八叉树中的全局编号。

（2）若八叉树结构进行了 2 层分割，设 p 点所在节点在本层兄弟节点中三个坐标轴方向的编号分别为 (i_{1x}, i_{1y}, i_{1z})，$i_1 \in [1, 2]$，由于每次分割都是将上层节点包围盒在各坐标轴方向均分为 2 份，则 p 点在三个坐标轴方向的全局编号为

$$\begin{cases} \text{code}_{P_x} = 2^1 i_{0x} + 2^0 i_{1x} \\ \text{code}_{P_y} = 2^1 i_{0y} + 2^0 i_{1y} \\ \text{code}_{P_z} = 2^1 i_{0z} + 2^0 i_{1z} \end{cases} \tag{6-5}$$

p 点在八叉树中的 2 位八进制全局编号为

$$\text{code}_P = 8^1(2^2 i_{0z} + 2^1 i_{0y} + 2^0 i_{0x}) + 8^0(2^2 i_{1z} + 2^1 i_{1y} + 2^0 i_{1x}) \tag{6-6}$$

（3）若进行了 N 次分割，设 p 点所在节点在本层兄弟节点中三个坐标轴方向的编号分别为 i_{x_N}、i_{y_N}、i_{z_N}（$i_{x_N}, i_{y_N}, i_{z_N} \in \{1, 2\}$），$p$ 点在三个坐标轴方向的全局编号为

$$\begin{cases} \text{code}_{P_x} = \sum_{j=1}^{N} 2^{j-1} i_{(N-j)x} \\ \text{code}_{P_y} = \sum_{j=1}^{N} 2^{j-1} i_{(N-j)y} \\ \text{code}_{P_z} = \sum_{j=1}^{N} 2^{j-1} i_{(N-j)z} \end{cases} \tag{6-7}$$

p 点在八叉树中的 N 位八进制全局编号为

$$\text{code}_P = \sum_{j=1}^{N} 8^{j-1}(2^2 i_{(N-j)z} + 2^1 i_{(N-j)y} + 2^0 i_{(N-j)x}) \tag{6-8}$$

（4）假设包围盒最大进行了 N 次分割，点集的空间最小包围盒边长为 w_o，则 p 点在三个坐标轴方向的全局编号与 p 点的坐标关系为

$$\begin{cases} \text{code}_{P_x} = \text{floor}(x/(w_o/2^N)) \\ \text{code}_{P_y} = \text{floor}(y/(w_o/2^N)) \\ \text{code}_{P_z} = \text{floor}(z/(w_o/2^N)) \end{cases} \tag{6-9}$$

式中，floor（）函数为向下取整函数。

（5）根据式（6-7）～（6-9），可以求出 p 点所在节点在各层的编号，即得到 p 点所在节点包围盒在八叉树结构中的详细路径。根据路径查找到第 M（$M < N$）位节点时，如果当前节点未被分割或者再向下查找指针为空，说明此处节点并没有进行 N 次分割，而是仅分割了 M 次，这 M 层路径即为 p 点所在节点的路径，当前指针即为 p 点所在节点的指针。

根据点的索引过程可以找出 p 点所在的叶节点，之后可在此数据块中根据欧氏距离确定邻近点。但是由于仅在 p 点所在叶节点中求取的邻近点并不是严格意义上的邻近点，应

该将 p 点所在节点的邻域节点考虑在内。设式（6-9）的计算结果为 p 点所在叶节点在三个坐标轴方向的全局编号，则此叶节点邻域节点（Nearest Neighbors，NN）的坐标轴全局编号为

$$\begin{cases} \text{code}_{\text{NN}x} = \text{code}_{P_x} \pm 1 \\ \text{code}_{\text{NNy}} = \text{code}_{P_y} \pm 1 \\ \text{code}_{\text{NNz}} = \text{code}_{P_z} \pm 1 \end{cases} \tag{6-10}$$

根据上述步骤即可实现邻域叶节点的索引。最后在该叶节点及其邻域叶节点内每个点到 p 点的距离按照升序排列，则排在前面的 k 个点就是 p 点的 k-邻域。实践中，有很多开源程序实现并优化了点云邻域索引，例如 FLANN 库中已经封装了众多优化的点云邻域索引算法，且这些算法能满足绝大多数邻域索引需求。

6.2.3　点云数据拼接

激光扫描仪可以快速获取被测场景或对象表面的点云数据，但由于光沿直线传播，单个视角只能获取物体的部分表面数据；在野外测量时，受仪器量程的限制，无法在一个测站获取被测区域的全部数据。此时，为获取物体表面的完整数据和被测区域的全部数据，需要从不同的视角和测站进行多站测量。单次扫描得到的点云定义在仪器坐标系下，为将数据统一，需要确定各个坐标系间的转换参数，将各个视角和测站得到的点云合并到统一的坐标系下。这个统一坐标系的过程称为拼接（王力，2010）。

不同的被测物体、不同的外部环境、不同的仪器以及不同的精度要求，都制约着点云拼接方法的选择。点云拼接方法主要有 3 种（侯东兴，2014）：辅助法、直接法和特征法。

1. 辅助法

辅助法通常与常规的测量手段相结合，将人工标靶、全站仪、GNSS、IMU 等作为辅助手段，完成点云拼接。该法在地形测量、工程测量、文物保护、数字城市、逆向工程等领域应用较多。

采用人工标志进行点云拼接的本质是利用至少 3 组标志的中心点进行坐标转换，完成点云拼接。人工标志需要进行特殊设计，如平面标志需要考虑材质和形状，便于提取和拟合中心点，球形标志大小设计适中等。同时人工标志和扫描仪进行结合，需要建立相应的中心改正模型，以提高标志中心的解算精度。

在应用人工标靶作为辅助时，人工标靶的提取是关键。在实际应用时，常用平面标靶或球形标靶，其提取可分为两个步骤，一是标靶点的提取，二是标靶中心的提取。在标靶点提取过程中，大多采用回光反射强度信息进行筛选，由于人工标靶的特殊材质，其反射强度和周围地物间的差距较大，比较容易从海量点云中筛选出来。标靶中心提取常用拟合法，首先提取出标靶的边缘点，然后通过抗差拟合得到标靶点的中心坐标。以下简要介绍拟合法提取标靶点的原理和步骤。

1）平面圆形标靶边缘点提取

（1）凸包算法（何华，李宗春，2018）。

凸包是计算几何中的概念，若平面上包含有限个点的点集为 Q，则其凸包是包含 Q 的最小凸多边形。平面标靶的几何形状通常为正圆形，其边缘点可以看成标靶点云凸包点的集合。用凸包算法提取标靶边缘点时不受标靶内部点云缺失的影响，且可以自动滤除掉因标靶边缘数据缺失而产生的非边缘点。凸包算法提取的平面圆形标靶凸包点如图 6-18 所示。

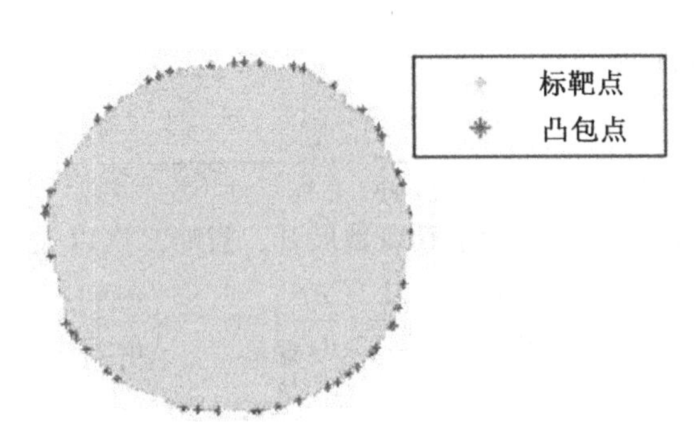

图 6-18　凸包算法下的平面圆形标靶凸包点

（2）距离标靶重心最远点的边缘点提取算法（付永健，李宗春，2018）。

对于平面圆形标靶，在某一方向上最外围点应是边缘点。基于这一原理，距离标靶重心点最远点的边缘点提取算法主要步骤如下：

Step1：计算点云重心（$\bar{x}_0$，$\bar{y}_0$，$\bar{z}_0$）；

Step2：按照某一固定角度将坐标等分成若干个扇形区域（例如可按照 1°等分成 360 个扇形区域）；

Step3：计算各扇形区域内任一点到重心点间的距离，最大距离值所对应的点即为该扇形区域内的边缘点。

该算法的原理图如图 6-19 所示。

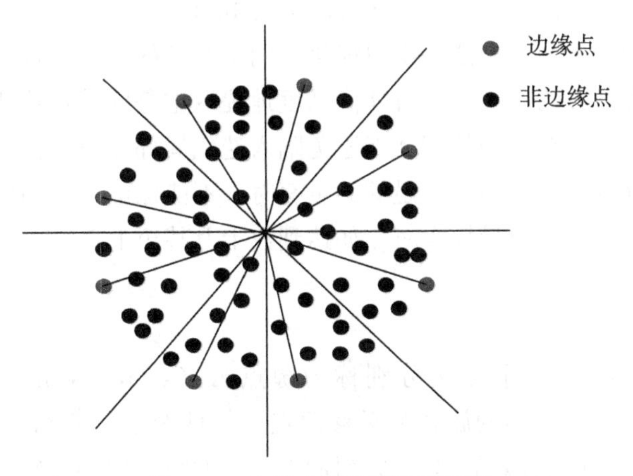

图 6-19　边缘点提取算法原理图

2）靶心拟合

在提取出平面圆形标靶边缘点之后，计算靶心坐标，此过程即为靶心拟合。由于测量环境的复杂性，测量获取的标靶数据难免存在冗余或者缺失，标靶边缘点提取可能不均匀甚至存在一些粗差点，故在靶心拟合过程中可应用抗差最小二乘拟合方法。

在二维平面上，设圆上的点为 $p(x_i,\ y_i)$，则有

$$(x_i - x_0)^2 + (y_i - y_0)^2 = r^2 \tag{6-11}$$

式中，r 为半径，$(x_0,\ y_0)$ 为圆心。

则误差方程为

$$v_i = f(x_0,\ y_0,\ r) = \sqrt{(x_i - x_0)^2 + (y_i - y_0)^2} - r \tag{6-12}$$

式（6-12）是非线性方程，利用泰勒级数展开，省略二次以上项，可得线性化方程

$$v_i = f_0 + \left(\frac{\partial f}{\partial x_0}\right)_0 \mathrm{d}x_0 + \left(\frac{\partial f}{\partial y_0}\right)_0 \mathrm{d}y_0 + \left(\frac{\partial f}{\partial r}\right)_0 \mathrm{d}r \tag{6-13}$$

写成矩阵形式为

$$\boldsymbol{v} = \boldsymbol{A}\hat{\boldsymbol{X}} + L \tag{6-14}$$

式中，$\hat{\boldsymbol{X}} = [\mathrm{d}x_0 \quad \mathrm{d}y_0 \quad \mathrm{d}r]'$；$L = f_0$；$\boldsymbol{A} = \left[\left(\frac{\partial f}{\partial x_0}\right)_0 \quad \left(\frac{\partial f}{\partial y_0}\right)_0 \quad \left(\frac{\partial f}{\partial r}\right)_0\right]$。

根据抗差最小二乘原理有

$$\hat{\boldsymbol{X}} = -(\boldsymbol{A}^{\mathrm{T}}\overline{\boldsymbol{P}}\boldsymbol{A})^{-1}(\boldsymbol{A}^{\mathrm{T}}\overline{\boldsymbol{P}}L) \tag{6-15}$$

式中，$\overline{\boldsymbol{P}}$ 为边缘点的等价权矩阵。

当 $\hat{\boldsymbol{X}}$ 中各元素都小于设定阈值时停止迭代。最后得到的 $\hat{\boldsymbol{X}} = \hat{X}_0 + \hat{X}_1 + \cdots + \hat{X}_{n-1}$ 即为平面圆参数估值。

2. 直接法

直接法点云拼接主要采用 ICP（Iterative Closest Point）算法（Besl，1992）及其改进算法，求取不同测站的转换参数。ICP 算法最早由 Besl 于 1992 年提出，首先应用于图像匹配，取得了较好的效果。该算法一次只能进行两个测站的点云拼接，算法要求两个测站待拼接的点云数据有足够的重叠，并且能高精度地提取重叠区域；算法还要求重叠的点云数据在三维方向上都有足够多的数据才能避免陷入迭代局部极值，保证拼接精度。待拼接的两站点云重叠部分较少时，即没有足够的重叠时，不能保证拼接精度，甚至可能无法拼接；待拼接的两站点云重叠数量较大时，如达到数十万甚至上百万个点，拼接速度慢、效率低。

1）ICP 算法原理

ICP 算法将待拼接的两个点集分别称为源点云（source point cloud）和目标点云（target point cloud），通过不断的旋转和平移源点云使两个点云重合，从而实现拼接。通过搜索“同名点对”，利用有效的坐标转换模型，求取坐标变换矩阵（旋转矩阵和平移向量）应用于源点云，然后再寻找同名点对。通过迭代运算，逐步改进转换参数的估值，

最终得到合理的转换参数。

ICP 算法是收敛的，主要依据是在每次迭代中，邻近点求取的变换矩阵缩短了相应点之间的平均距离。最近点的操作通常决定了每对相应点间的距离缩小，而这些距离的缩小同样减小了平均距离。

2）ICP 算法的主要步骤

Step1：寻找两组点云中距离最近的点对；

Step2：根据找到的距离最近点对，求解两组点云之间的位姿关系，即旋转矩阵 $\boldsymbol{R}$ 和平移向量 $\boldsymbol{t}$；

Step3：根据求解的位姿关系对点云进行变换，并计算误差；

Step4：若误差满足要求，则计算完毕；若不满足要求，则重复 Step2 和 Step3，直到误差满足要求或达到最大迭代次数为止。

3）ICP 扩展算法

ICP 算法根据误差函数的定义不同，可分为三种算法，点对点（point-to-point）、点对面（point-to-plane）和面对面（plane-to-plane）。设源点云 $P=\{p_1, p_2, \cdots, p_n\}$，每个点对应的单位法向 $\boldsymbol{n}_p^i(i=1, 2, \cdots, n)$；目标点云 $Q=\{q_1, q_2, \cdots, q_m\}$，每个点对应的单位法向 $\boldsymbol{n}_q^i(i=1, 2, \cdots, m)$。则三种误差函数定义如下：

点对点算法误差函数：$E(R, t)=\operatorname{argmin}\sum_{i=1}^{n}\|R\cdot p_i+t-q_i\|$。

点对面算法误差函数：$E(R, t)=\operatorname{argmin}\sum_{i=1}^{n}\|(R\cdot p_i+t-q_i)\cdot\boldsymbol{n}_q^i\|$。

面对面算法误差函数：$E(R, t)=\operatorname{argmin}\sum_{i=1}^{n}\|(R\cdot p_i+t-q_i)\cdot\boldsymbol{n}_i\|$（在面对面算法中，通过旋转、平移之后，点 p_i 处的法向和点 q_i 处的法向具有相同的指向，即 $\boldsymbol{n}_p^i=\boldsymbol{n}_q^i=\boldsymbol{n}_i$）。

3. 特征法

特征法是通过提取扫描场景或被测物中易于提取和使用的特征，然后建立相邻测站对应关系模型，完成点云拼接。可分为两类算法，第一类是人工提取的特征拼接，通过人工识别并提取具有显著特征的点、线、面、球体、圆柱、圆台等，实现多站点云数据拼接；第二类是自动识别的特征点拼接，通过定义点的特征描述算子，使每一个点具有独特的描述向量，然后通过对比两组点云中每个点的描述向量，确定匹配点，实现点云拼接。本节主要介绍特征法中的第二类算法。

在自动识别的特征点拼接算法中，应用较多的一种特征描述是点特征直方图（Point Feature Histograms，PFH）（Rusu，2008）以及由此改进而来的快速点特征直方图（Fast Point Feature Histograms，FPFH）（Rusu，2009）。上述两种算法均十分依赖于点云法向信息，法向计算的准确与否将直接影响最终特征点计算的结果，进而影响点云拼接的精度，故在介绍 PFH 和 FPFH 之前，先介绍一种稳健的点云法向估计及一致性调整算法。

1）点云精确法向计算及法向一致性调整（何华，李宗春，2018；付永健，李宗春，2018）

应用最多的点云初始法向估算算法是基于局部表面拟合的方法，通过对待求点的 k-近邻点进行平面拟合来求得该点法向，常用主成分分析法（Principal Component Analysis，PCA）。因 PCA 算法本质是最小二乘算法，所以对粗差点比较敏感，而马氏距离对于探测粗差点具有很好的效果，可以通过应用马氏距离加权改进原始 PCA 算法，稳健地估算出点云初始法向。

假设点云中的任意一点 p 所在的局部区域可近似为一个平面，则点 p 的法向 $\boldsymbol{n}$ 可以用该点的 k-近邻点基于最小二乘拟合得到的局部平面法向来逼近，即：

$$H = \operatorname{argmin} \sum_{i=1}^{k} (\langle \boldsymbol{n}, p_i \rangle - D)^2 \tag{6-16}$$

式中，$\boldsymbol{n}$ 为平面 H 的法向；D 为坐标原点到平面 H 的距离。

若局部拟合平面 H 通过点 p 的 k-近邻点质心 $\bar{p}\left(\bar{p} = \dfrac{\sum_{i=1}^{k} p_i}{k}\right)$，并且法向 $\boldsymbol{n}$ 为单位向量，即 $\|\boldsymbol{n}\|_2 = 1$，记协方差矩阵 $\boldsymbol{C}$ 为：

$$\boldsymbol{C} = \frac{1}{k}\sum_{i=1}^{k} (p_i - \bar{p})(p_i - \bar{p})^{\mathrm{T}} \tag{6-17}$$

则求取拟合平面法向的问题就可以转换为对上式中半正定协方差矩阵 $\boldsymbol{C}$ 求取最小特征值所对应特征向量的问题，该方法称为 PCA 算法。

马氏距离是由印度统计学家 Mahalanobis 提出的，表示数据间的协方差距离，与欧氏距离不同，它考虑到各种特性之间的联系，可以很好地对数据进行聚类，其表达式为：

$$D_i = \sqrt{(\{x_i\} - \{\mu_x\})^{\mathrm{T}} \sum^{-1} (\{x_i\} - \{\mu_x\})} \qquad i = 1, 2, \cdots, n \tag{6-18}$$

式中，$\{x_i\} = (x_{i1}, x_{i2}, \cdots, x_{im})^{\mathrm{T}}$ 为第 i 个观测向量；$\{\mu_x\} = (\mu_{x1}, \mu_{x2}, \cdots, \mu_{xm})^{\mathrm{T}}$ 为样本观测值的算术平均值，$\mu_{xj} = \dfrac{\sum_{i=1}^{n} x_{ij}}{n} (j = 1, 2, \cdots, m)$；$\sum = \dfrac{\sum_{i=1}^{n} (x_i - \bar{x})(x_i - \bar{x})^{\mathrm{T}}}{n}$ 为样本的协方差矩阵（$\left|\sum\right| \neq 0$），$\bar{x} = \dfrac{\sum_{i=1}^{n} x_i}{n}$。

在应用马氏距离加权的 PCA 算法中，通过计算点 p 的 k-近邻点中每一点 p_i 的马氏距离 D_i 来确定其权值 $q_i (i = 1, 2, \cdots, k)$，同时为了提高算法的稳健性，引入 χ^2 显著性检验，在自由度为 3、置信度大于 97.5%的情况下，$\chi^2_{3,\ 0.975} = 3.075$，所以当某点马氏距离的平方 $D^2 > 3.075$ 时，赋予该点一个较小的权值，然后通过求解基于马氏距离加权所得的半正定矩阵 $\boldsymbol{M}$ 对点云法向进行估算。

$$\boldsymbol{M} = \frac{1}{k}\sum_{i=1}^{k} (p_i - \bar{p})(p_i - \bar{p})^{\mathrm{T}} q_i \tag{6-19}$$

设 λ_0、λ_1、$\lambda_2 (\lambda_0 \leqslant \lambda_1 \leqslant \lambda_2)$ 为半正定矩阵 $\boldsymbol{M}$ 的三个特征根，则曲面变分可定义为

$$\sigma(p) = \frac{\lambda_0}{\lambda_0 + \lambda_1 + \lambda_2} \tag{6-20}$$

通过上述算法计算出的点云法向，指向会出现不统一的情况，需要进行法向一致性调整。在点云法向一致性调整过程中，为提高法向一致性调整的准确性，当法向传播起点与待传播点有且只有一个是平缓点时，以两点的法向 $\boldsymbol{n}_i$、$\boldsymbol{n}_j$ 与两点连线的方向向量 $\boldsymbol{m}_{ij}$ 的夹角来约束点云法向传播方向。为提高法向一致性调整的效率，用 $\sigma(p)$ 来区分平缓点和非平缓点，并采取相应的法向调整策略，把待传播法向的搜索范围从所有点云缩小到点的 k-邻域范围。在 k-邻域范围内，只要待传播法向满足相关条件，即调整该法向方向，这样可以增加每次邻域搜索时法向传播的个数。法向一致性调整的流程如图 6-20 所示。

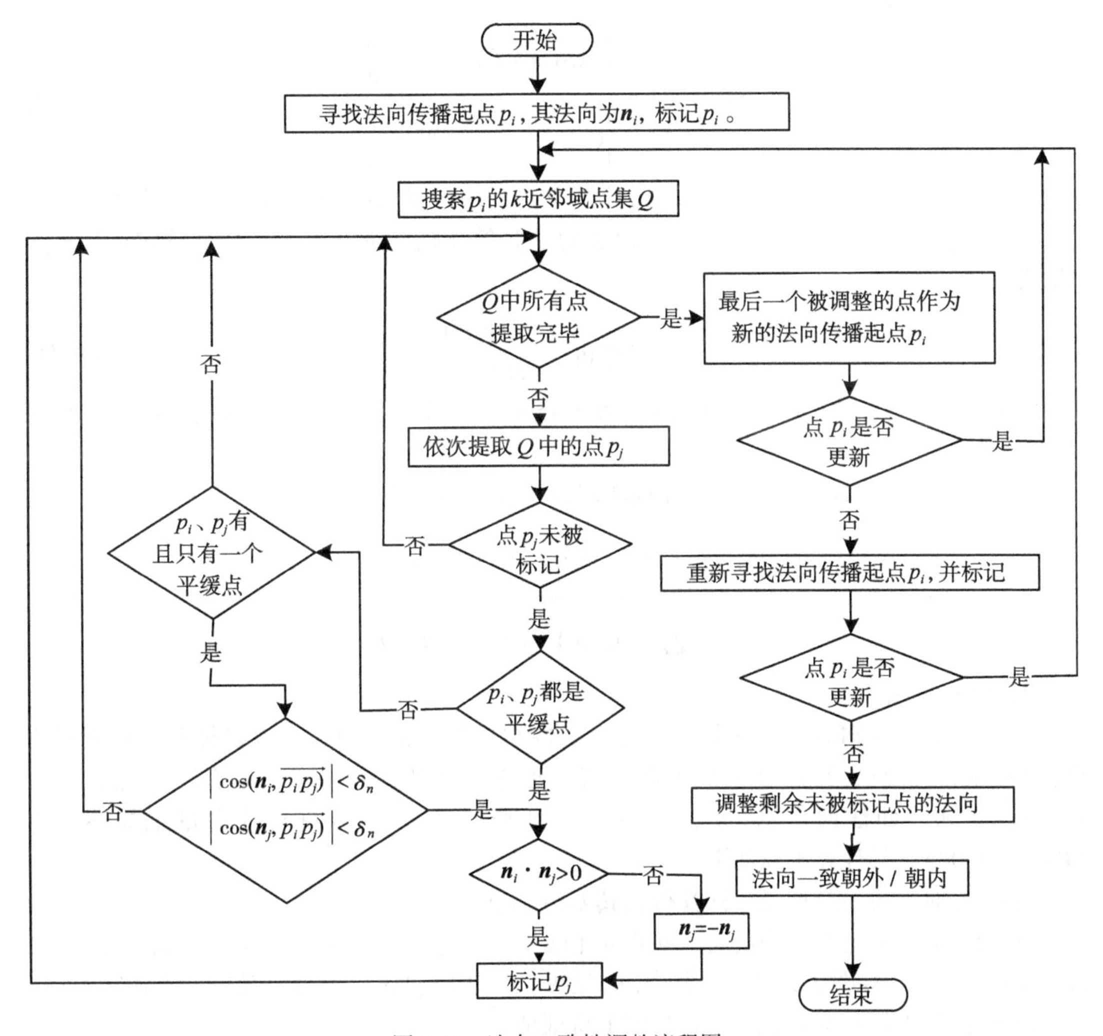

图 6-20 法向一致性调整流程图

上述算法是低通滤波的方法，能准确计算平缓区域的点云法向，但是特征区域的法向易被平滑，需要对计算得到的法向进行精确计算，可采用 k-近邻点加权法向修正算法。

修正点 p 法向时，考虑到以下三点因素：

(1) 近邻点与点 p 距离越近，对其法向修正产生的影响越大，依此确定欧氏空间距离核函数 $\delta(p, p_j)$。

$$\delta(p, p_j) = \exp\left(\frac{-\|p - p_j\|^2}{2\sigma_d^2}\right) \tag{6-21}$$

式中，p_j 为点 p 的第 j 个近邻点；σ_d 为距离带宽（其取值可以为当前点与其 k - 近邻点间距离平方和的均值）。

②近邻点法向与点 p 法向间夹角越小，对其法向修正产生的影响越大，依此确定法向夹角核函数 $\varphi(n, n_j)$。

$$\varphi(n, n_j) = \begin{cases} \exp(\cos^2\theta) & \theta < \dfrac{\pi}{4} \\ 0 & \theta \geqslant \dfrac{\pi}{4} \end{cases} \tag{6-22}$$

式中，$\boldsymbol{n}$ 为点 p 的法向量；$\boldsymbol{n}_j$ 为点 p 第 j 个近邻点的法向量；θ 为 $\boldsymbol{n}$ 与 $\boldsymbol{n}_j$ 之间的夹角。

(3) 近邻点曲面变分越小，应用 PCA 算法计算出的法向越准确，依此确定曲面变分核函数 σ_j。

$$\sigma_j = \exp\left(\frac{-\sigma^2(p_j)}{2\sigma_0^2}\right) \tag{6-23}$$

式中，$\sigma(p_j)$ 为点 p_j 的曲面变分值；σ_0 为区分平缓区域点和高曲率区域点的曲面变分阈值。

综合上述三点因素，k-近邻点加权法向修正算法的计算公式

$$n' = \frac{\sum_{j=1}^{k} \delta(p, p_j) \cdot \varphi(n, n_j) \cdot \sigma_j \cdot n_j}{\sum_{j=1}^{k} \delta(p, p_j) \cdot \varphi(n, n_j) \cdot \sigma_j} \tag{6-24}$$

2) PFH 算法

点特征直方图 PFH 是一个具有位姿不变性的局部特征信息，可以表征某个点附近表面模型的隐式信息，其计算是基于点与其 k-近邻点间的几何关系，结合三维点位坐标 (x, y, z) 和表面法向信息 (n_x, n_y, n_z)，计算得到一个 16 维特征向量来描述该点 (Rusu, 2008)。其计算步骤如下：

Step1：对于每一个点 p，计算得到其 k-近邻点；

Step2：对于 k-近邻点中的每一对点 p_i 和 p_j 以及它们的法向 $\boldsymbol{n}_i$ 和 $\boldsymbol{n}_j$ $(i \neq j)$，构建一个局部坐标系 uvw，如图 6-21 所示，其中，p_s 是两个点中法向与两点连线夹角较小的那个点；

Step3：对于每一个点 p，计算其四个特征值；

$$\begin{aligned} f_1 &= \alpha = v \cdot n_t \\ f_2 &= d = \|p_t - p_s\| \\ f_3 &= \phi = \frac{u \cdot (p_t - p_s)}{\|p_t - p_s\|} \\ f_4 &= \theta = \arctan(w \cdot \boldsymbol{n}_j, u \cdot \boldsymbol{n}_j) \end{aligned} \tag{6-25}$$

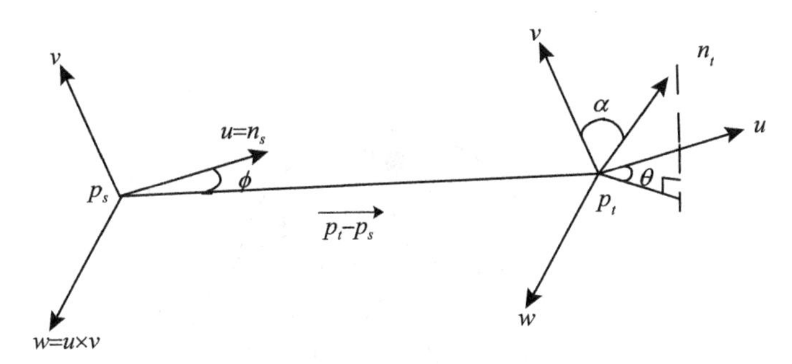

图 6-21 点与其 k-近邻点间的几何关系图

Step4：构建统计直方图。

首先将每个特征值范围划分为 b 个子区间，然后统计落在每个子区间的点的数目。一个统计的例子是：把每个特征区间划分成等分的相同数目，为此在一个完全关联的空间内创建有 b^4 个区间的直方图。在原始算法中 $b=2$，即特征描述向量的维度为 16 维。

PFH 的影响区域如图 6-22 所示。

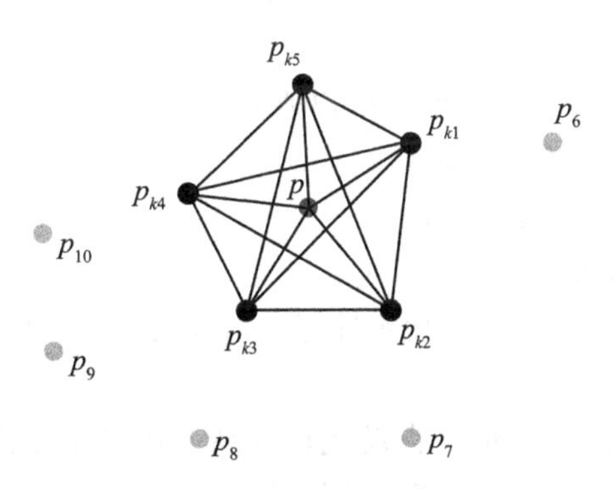

图 6-22 PFH 的影响区域示意图

由图 6-22 可知，PFH 的计算复杂度为 $O(n\cdot k^2)$，其中 n 为点云总数，k 为每个点的 k-近邻点数。

3）FPFH 算法

由上可知，PFH 算法的复杂度较高，为了减少其复杂度、提高计算效率，Rusu 等发明了 FPFH 算法（Rusu，2009），其复杂度为 $O(n\cdot k)$，FPFH 算法的影响区域如图 6-23 所示。

FPFH 的计算步骤如下：

Step1：对于当前点 p，计算其 SPFH（Simple Point Feature Histogram）值，SPFH 的计算仅考虑 p 与其 k-近邻点间的统计数；

Step2：计算当前点 p 的 k-近邻点中每个点 p_j 的 SPFH 值；

Step3：计算当前点 p 的 FPFH 值：

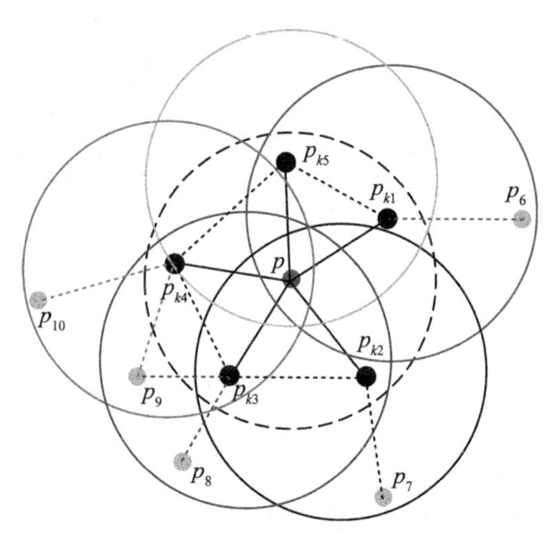

图 6-23　FPFH 算法的影响区域示意图

$$\mathrm{FPFH}(p) = \mathrm{SPFH}(p) + \frac{1}{k}\sum_{i=1}^{k} w_i \cdot \mathrm{SPFH}(p_i) \tag{6-26}$$

4）特征点提取

应用点云的 PFH 值或者 FPFH 值，可以确定哪些点特征显著，哪些点特征不明显。例如，计算出 PFH 或 FPFH 的均值 μ 和方差 σ 后，则可以认为在区间 $\mu \pm \beta \cdot \sigma$ 以外的点为特征点（β 为常数，通常可取为 1）。

4. 不同拼接方法的比较

辅助法拼接的优点是应用广泛、稳定性好、精度较高等；缺点是扫描费时费力，费用较高，自动化程度较低等。

直接法拼接的优点是扫描便捷，自动化程度高，拼接精度高等；缺点是应用范围受限，拼接速度慢，稳定性较差等。一般适用于被测物为文物雕像、工业部件、逆向工程等，而在地形测量、大型工程测量、数字城市等的应用中，由于测量范围较大、点云数据量大、重叠区域“同名点”误差较大，且重叠率低，ICP 类算法应用受限。

特征法拼接的优点是扫描便捷，拼接速度快，自动化程度较高，有较好的稳定性等；缺点是应用范围受限，拼接精度较低等。在地形测量、工程测量、雕像建模、数字城市等领域，容易提取和应用的特征相对较多，特征拼接容易满足精度要求，可以采用特征法。

在变形监测中，由于测区范围较大、特征不够明显、数据量庞大，故在拼接时应用较多的方法是“辅助法”。

6.2.4　点云数据滤波

地面滤波是指区分点云中的地面点和非地面点的过程，作为点云数据处理的一个关键步骤，是进行后续变形量提取的基础。有代表性的滤波算法包括基于坡度的滤波算法、基于曲面拟合的滤波算法、基于数学形态学的滤波算法和基于布料模拟的滤波算法。以下对几种主要算法进行简要介绍。

1. 基于坡度的滤波算法

Vosselman 提出了基于坡度的滤波算法（Vosselman，2000），该方法通过比较某点与其相邻点的坡度值来判断点的属性，其基本思想是相邻地面点间的坡度值较小，而地面点和非地面点相交处，点的坡度值通常较大，通过设置一定的坡度阈值可以实现对非地面点的剔除。

1）地面点提取

点云数据中距离较近的两个点之间的巨大高差由地形起伏造成的可能性较低，很大可能是因为高程大的点不是地面点。基于此，可以将两个点之间可接受的高差定义为距离的函数——滤波核函数 $\Delta h_{max}(d)$，一般来说，这是一个非递减函数，可用滤波核函数来提取地面点数据。

$$\mathrm{DEM} = \{p_i \in A \mid \forall p_j \in A: h_{p_i} - h_{p_j} \leqslant \Delta h_{max}(d(p_i, p_j))\} \tag{6-27}$$

式中，A 是所有点的集合；DEM（Digital Elevation Model）为地面点的集合；p_i和 p_j为集合 A 中的点；d（p_i，p_j）代表 p_i和 p_j之间的距离。

由式（6-27）可知，进行 DEM 计算时需要将一个点的高度与所有其他点的高度进行比较，这种处理方式工作量大，费时费力。在大多数情况下，只需要考虑一定范围内的点即可。

2）滤波核函数确定

滤波核函数是坡度滤波算法的核心，确定该函数的方法主要有：

（1）合成函数法。

假定某一区域的最大坡度为 30%，且观测值没有误差，则滤波核函数可定义为

$$\Delta h_{max}(d) = 0.3d \tag{6-28}$$

但实际观测中不可避免存在一些误差，所以在此基础上可以适当扩大核函数的范围，如式（6-29），δ 根据实际情况确定。

$$\Delta h_{max}(d) = 0.3d + \delta \tag{6-29}$$

（2）根据地形特征确定。

大多数情况下，很难确定区域内的地形坡度，所以考虑从样本数据中获得地形的形状特征。样本数据中应该包括重要的地形特征，这些特征在滤波过程中需要保留。如果可以指定这样一个区域，则可以利用该区域内的点推导出滤波核函数 $\Delta h_{max}(d)$。

由样本数据确定的滤波核函数具有一定的随机性，在对其他区域进行滤波之前应该添加一个置信区间。假设样本数据包含有距离为 d 的 N 个点对，可以将这 N 个点对中的最大高差认为是整个数据集中的最大高差。然而，整个数据集中两点间高差的概率分布未知。为了得到最大高差阈值的标准差，可以将样本数据中两点间的高差分布作为整个数据集的高差概率分布。

设 $F(\Delta h)$ 为样本数据集中两点间距为 d 的高差累积概率分布，那么 $F_{max}(\Delta h) = F(\Delta h)^N$ 为 N 对相互独立间距为 d 的两点间最大高差的累积概率分布，对应的概率密度为

$$f_{max}(\Delta h) = \frac{\partial F_{max}(\Delta h)}{\partial \Delta h} = NF(\Delta h)^{N-1}\frac{\partial F(\Delta h)}{\partial \Delta h} = NF(\Delta h)^{N-1}f(\Delta h) \tag{6-30}$$

通过式（6-30）可以求出最大高差的方差，每个间距 d 对应的方差应该独立计算。从方差中可以推导一个置信区间，然后将该置信区间与最大高差阈值的表达式叠加。

（3）由最小化滤波误差确定。

以上两种方法均是为了尽量确保在 DEM 中保留重要的地形特征，滤波条件比较宽松，非地面点容易被 DEM 接受。这导致第Ⅰ类误差（拒绝了属于地面点的数据）减小，第Ⅱ类误差（接受了不属于地面点的数据）增大。

如图 6-24 所示，一个数据集中利用点之间的线性插值确定未知点高度，若点 2 被剔除，但它实际上是一个地面点（第Ⅰ类误差），使用线性插值来确定剔除之后的高度，那么点 2 处生成的 DEM 的高度误差为 $h_2-h_{2'}$；另一方面，若点 2 被接受为地面点，但其实际上是非地面点（第Ⅱ类误差），那么点 2 处 DEM 的误差为 $h_{2'}-h_2$。由此可以看出，由错误分类导致的两类误差的绝对值大小相同。尽管两类误差的效果相同，如果 $P(p_i \in \mathrm{DEM}) > P(p_i \notin \mathrm{DEM})$，点 p_i 最好应该被分类成地面点。平衡点就在于 $P(p_i \in \mathrm{DEM}) = 0.5$，知道与点 p_i 距离 d 处的点 p_j 的高度，就可以确定两点之间的高度差 Δh，使得 $P(p_i \in \mathrm{DEM} | \Delta h, d, p_j \in \mathrm{DEM}) = 0.5$。计算公式如下：

$$
\begin{aligned}
P(p_i \in \mathrm{DEM} | \Delta h, d, p_j \in \mathrm{DEM}) &= \frac{P(p_i \in \mathrm{DEM}, \Delta h, d, p_j \in \mathrm{DEM})}{P(\Delta h, d, p_j \in \mathrm{DEM})} \\
&= \frac{P(\Delta h | d, p_i \in \mathrm{DEM}, p_j \in \mathrm{DEM}) P(p_i \in \mathrm{DEM} | d, p_j \in \mathrm{DEM})}{P(\Delta h | d, p_j \in \mathrm{DEM})}
\end{aligned} \tag{6-31}
$$

式中，Δh 和 d 均为离散值。

对于每一个距离 d，可以确定其中 $P(p_i \in \mathrm{DEM} | \Delta h, d, p_j \in \mathrm{DEM}) = 0.5$ 的 Δh，这些 Δh 可以作为滤波过程中运行的最大高差，从而实现分类误差的最小化。

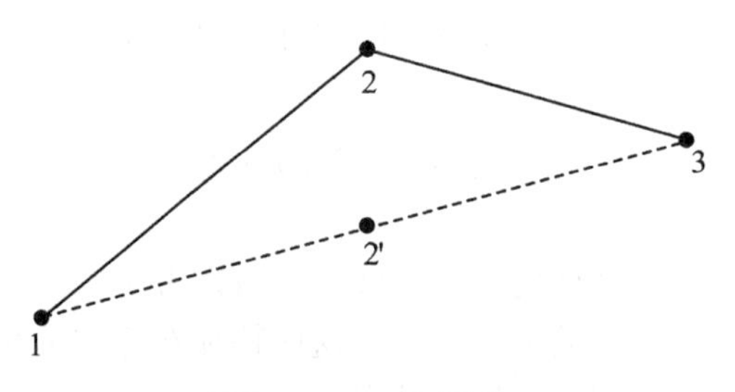

图 6-24　DEM 误差

2. 基于曲面拟合的滤波算法

基于曲面拟合的滤波算法将地形面看作一个连续曲面，通过设置一定的阈值，将离散激光点到曲面的距离与阈值相比较，超出阈值的点视为非地面点而被剔除。下面介绍两种方法，一种是 Kraus 和 Pfeifer 提出的基于整体曲面拟合的滤波算法（Kraus，2004），另一种是张小红等提出的基于移动曲面拟合的滤波算法（张小红，2004）。

1）基于整体曲面拟合的滤波算法

该算法采用迭代的方式进行，具体步骤如下：

Step1：对所有点使用等权拟合的方式得到曲面，曲面在地面点和非地面点之间平均分布。

Step2：计算点到曲面的残差值，地面点的残差值一般为负值，非地面点的残差值一般为正值或者是绝对值较小的负值，利用残差值计算每个点的权，计算公式如下：

$$p_i = \begin{cases} 1 & v_i \leqslant g \\ \dfrac{1}{1 + (a(v_i - g)^b)} & g < v_i \leqslant g + w \\ 0 & g + w < v_i \end{cases} \tag{6-32}$$

式中，a 和 b 决定了权函数的陡峭程度，Kraus 经过试验发现，$a=1$，$b=4$ 时可以取得一个较好的结果。

权函数的示意图如图 6-25 所示，为了表示相对于标准权函数的偏离值，引入了一个位移值 g，对于激光扫描数据来说，g 为负值。如此，残差小于 g 的点（基本上是地面点）权被赋为最大值 1；对于一些残差为正且绝对值较大的点赋权为 0。

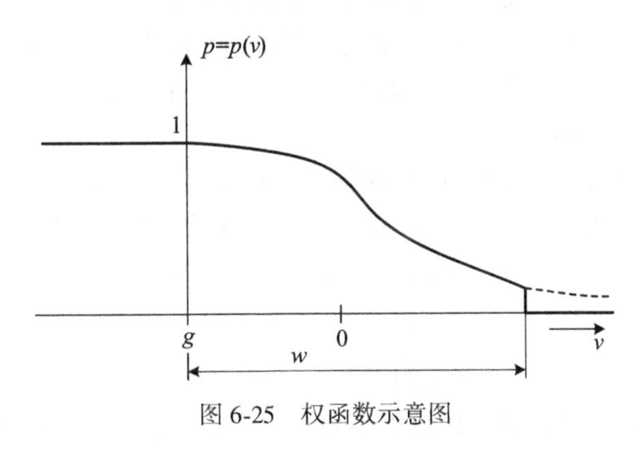

图 6-25　权函数示意图

Step3：将重新赋权后的点进行下一次拟合计算，其中，残差为负且绝对值较大的点权值大，在曲面拟合中贡献大，使得计算得到的曲面与地面更为贴合。

Step4：重复 Step2 至 Step3，直到曲面拟合结果满足要求。

2）基于移动曲面拟合的滤波算法

地形表面可以被看作一个复杂的空间曲面，任何一个复杂的空间曲面在其局部面元可以利用一个简单的二次曲面进行逼近

$$Z_i = f(X_i,\ Y_i) = a_0 + a_1 X_i + a_2 Y_i + a_3 X_i^2 + a_4 X_i Y_i + a_5 Y_i^2 \tag{6-33}$$

当局部面元小到一定程度，甚至可以将该局部面元近似表达成一个平面

$$Z_i = f(X_i,\ Y_i) = a_0 + a_1 X_i + a_2 Y_i \tag{6-34}$$

基于以上假设，滤波算法构建如下：

Step1：将离散点数据系列进行二维排序；

Step2：选取种子区域，在种子区域内彼此相互靠近的最低的三个点作为初始地面点，利用这三个点拟合一个平面；

Step3：将邻近备选点的平面坐标带入平面方程，计算出备选点的拟合高程值，拟合

高程值同该点的观测高程值之差如果超过给定的阈值，则认为该点不在地面上而被过滤，否则就接受该点为地面点；

Step4：利用接纳的点同初始三个点重新拟合一个地形表面，对邻近的新点进行同样的外推筛选；

Step5：当拟合点数为 6 时，保持点数不变，新增一个地面点，丢掉一个最远的点，拟合出这个二次曲面的系数，将下一个备选点的实际观测高程与理论高程值相比较，如果满足预先设定的阈值，就接受为地面点，否则将其标注为非地面点；

Step6：不断重复上述步骤，直到滤遍所有数据。

3. 基于数学形态学的滤波算法

数学形态学（mathematical morphology）是 20 世纪 60 年代由法国数学家 G. Matheron 和 J. Serra 创立的。德国斯图加特大学的 Lindenberger 利用这一方法实现了点云数据的滤波。

数学形态学是以形态为基础对图像进行分析的数学工具，基本思想是用具有一定形态的结构元素去度量和提取图像中的对应形状，以达到对图像分析和识别的目的。形态学的运算由四个基本的算子组成：膨胀（dilation）、腐蚀（erosion）、开运算（open）和闭运算（close）（罗伊萍，2010）。

腐蚀和膨胀运算是形态学图像处理的基础，通常用于“减少”（腐蚀）或“增大”（膨胀）图像中特征形状的尺寸。腐蚀和膨胀运算是在结构元素定义的窗口内高差的最小值和最大值。在点云数据滤波中，腐蚀和膨胀运算定义为：

$$\text{腐蚀：}(f \ominus g)(i,\ j) = Z(i,\ j) = \min_{Z(s,\ t) \in w} (Z(s,\ t)) \tag{6-35}$$

$$\text{膨胀：}(f \oplus g)(i,\ j) = Z(i,\ j) = \max_{Z(s,\ t) \in w} (Z(s,\ t)) \tag{6-36}$$

式中，f 为点云数据对应的 DSM（Digital Surface Model）；g 为结构元素；$Z(i, j)$ 为腐蚀或膨胀运算后 DSM 中第 i 行第 j 列的高程值；w 为结构元素的窗口。

将腐蚀和膨胀运算进行组合，形成开运算和闭运算，其定义为

$$\text{开运算：}(f \circ g)(i,\ j) = ((f \ominus g) \oplus g)(i,\ j) \tag{6-37}$$

$$\text{闭运算：}(f \cdot g)(i,\ j) = ((f \oplus g) \ominus g)(i,\ j) \tag{6-38}$$

一般使用开运算进行点云滤波，开运算是先腐蚀后膨胀，当腐蚀运算作用于点云数据时，所有比窗口尺寸小的特征表面点都会被该窗口的高程最低点所代替，而局部窗口中高程最低的点通常为地面点，因此，可以有效滤除比窗口尺寸小的非地形特征点，如树木表面点等；所有比窗口尺寸大的特征表面将会被相应地腐蚀一部分，但仍然有剩余的部分被保留下来，如图 6-26 中虚线描述的建筑；当膨胀运算作用于腐蚀结果时，被腐蚀的建筑表面将会得到相应的恢复，如图 6-26 中实线描述的建筑。

开运算先利用腐蚀操作将比结构元素尺寸小的非地面点从原始点云数据中移除，然后利用膨胀运算对数据进行恢复。通过逐级改变结构元素窗口的大小，开运算可以滤除不同尺寸的地物点，实现对点云数据的滤波。

4. 基于布料模拟的滤波算法

（1）布料模拟滤波（Cloth Simulation Filtering，CSF）简述

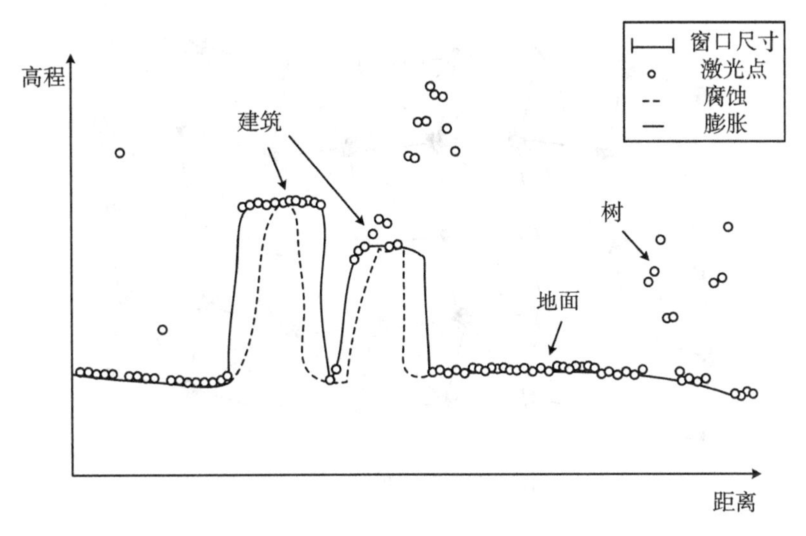

图 6-26 开运算滤波示意图

假设一块虚拟的布料仅受重力影响落在地形表面上，如果这块布足够柔软，则会紧贴于地形表面，那么布料的最终形状就是 DSM；如果先将地形翻转过来，且布料有一定的刚度，那么最后的形状就是 DTM（Digital Terrain Model），如图 6-27 所示。

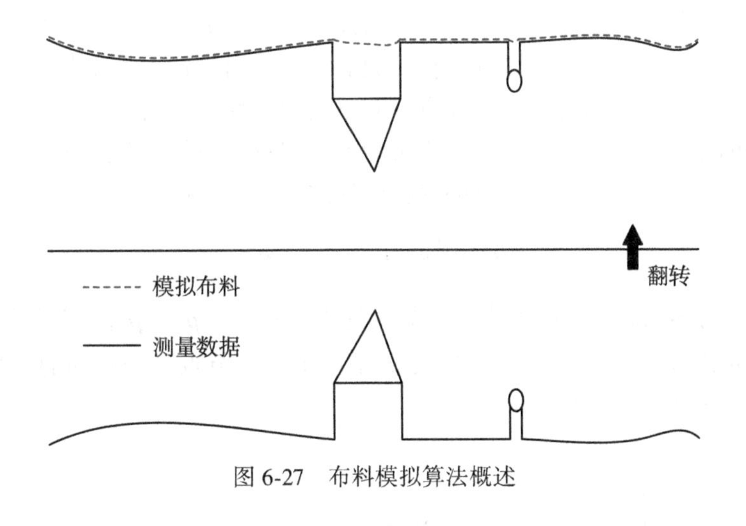

图 6-27 布料模拟算法概述

布料可以描述成大量相互联系的节点构成的格网，如图 6-28 所示，这种形式被称为质点弹簧模型，在这个模型中，布料点通过虚拟弹簧相互联系，点与点之间的相互作用遵循弹性定律，即布料点受力之后，其应力和应变之间呈线性关系，点受力的作用后，会产生位移。为模拟某一时刻布料的形状，需要计算布料点在三维空间里的位置。结合牛顿第二定律，布料点的位置和相互作用力关系遵照下式（张昌赛，2018）：

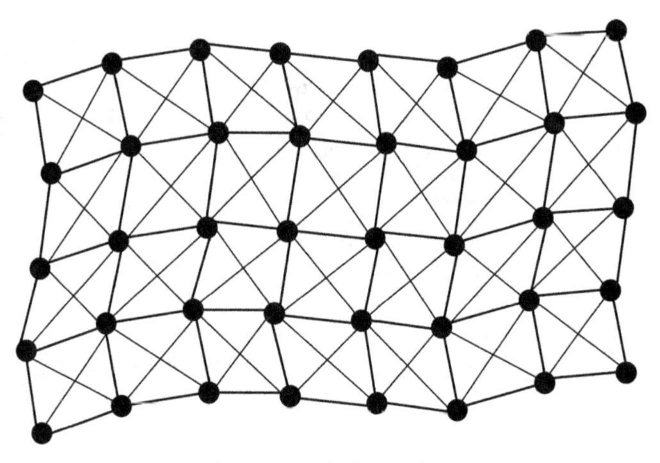

图 6-28　节点模型示意图

$$X(t+\Delta t)=2X(t)-X(t-\Delta t)+\frac{G}{m}\Delta t^2 \tag{6-39}$$

式中，m 是布料点的质量，通常被设为 1；X 是某个时刻的节点位置；Δt 是时间步长；G 是重力常数。给出时间步长和节点初始位置，就会得到当前点的位置。

布料模拟过程中，首先计算布料点受重力作用而产生位移后的位置，通过式（6-39）计算。另外，在翻转表面的空白区域，通常为建筑物或深坑等微地形，为限制布料点的移动，需要修正布料点受邻近节点之间的作用力而移动后的位置，为此需要计算相邻布料点的高程差。如果两个相邻节点都是可动点，有不同的高程值，则它们在垂直方向上以相反方向移动相同的距离；如果两者有一个不可动点，则只有另外一个点移动；如果两者位于同一高程，则都不移动。每个布料点的修正位移按照下式进行计算：

$$\boldsymbol{d}=\frac{1}{2}b(\boldsymbol{p}_i-\boldsymbol{p}_0)\cdot\boldsymbol{n} \tag{6-40}$$

式中，$\boldsymbol{d}$ 为节点的移动向量；$\boldsymbol{p}_0$为待移动节点的当前位置；$\boldsymbol{p}_i$为 $\boldsymbol{p}_0$的邻近节点位置；$\boldsymbol{n}$ 为垂直方向上的标准向量，$\boldsymbol{n}=(0,0,1)^{\mathrm{T}}$；$b$ 是用于判定节点是否移动的参量，当节点为可动点时，设 $b=1$，否则 $b=0$。

2）滤波步骤

具体的滤波算法步骤如下：

Step1：处理点云中的噪声点数据和离群值；

Step2：转换点云几何坐标，使原始的激光点云翻转；

Step3：初始化布料格网，通过格网分辨率确定格网节点数量，布料的初始位置通常设置在最高点以上；

Step4：将激光点和格网点投影到同一水平面，寻找每个格网点对应的激光点，并记录对应激光点的高程值；

Step5：对应每一个格网点，计算受重力作用移动的位置，并比较该位置高程与其对应激光点高程，如果节点高程小于或等于激光点高程，则将该节点位置替换到对应激光点的位置，并将其标记为不可动点；

Step6：计算每个格网点受邻近节点影响而移动的位置；

Step7：重复 Step5 至 Step6，当所有节点的最大高程变化足够小或者超出最大迭代次数时，模拟过程终止；

Step8：计算格网点和相应激光点之间的距离，对地面点和非地面点进行分类。

5. 四种滤波算法的对比

坡度滤波算法的核心在于选择合适的滤波核函数，Vosselman 将滤波核函数选取为两点间距离的函数，即最大高差阈值函数。如果两点间的高差值小于最大高差阈值，并且其中一点为地面点，那么另一点也为地面点。坡度滤波算法原理简单，当地形结构简单时，可以获得很好的滤波效果。然而现实世界中的地形和地物是复杂多变的，实际应用中，该方法存在一些问题：单一的滤波核函数难以应用于整个测区，适应性不强，滤波核函数需要随着地形的变化而进行相应的改变；当点云数据比较稀疏或测区地形变化剧烈、植被密集时，该算法滤波效果较差。

基于曲面拟合的滤波算法的核心是高差阈值的选取：如果阈值选取过大，一些矮小的地物难以剔除；如果选取过小，则会削平地形特征。从总体上来讲，该方法过于强调地形的平缓变化，忽略了地形的复杂性，不适用于地形变化剧烈的复杂区域。

基于数学形态学滤波的关键在于滤波窗口的选择：滤波窗口过小则不能滤除大型建筑物；滤波窗口过大则容易导致地形过于平滑。利用多尺寸窗口可在一定程度上改进滤波的效果，但依然存在三个问题：格网内插引起的误差；地形坡度、最大滤波窗口、高差阈值等参数的设置；细节地形的方块效应。

与以上三种传统滤波算法相比，基于布料模拟的滤波算法具有以下优点：

（1）算法参数较少，且易于理解和设置；

（2）该算法不需要确定复杂的滤波参数即可应用于多种场景点云数据的处理；

（3）该算法可以直接应用于原始激光点云数据。

6.3 变形量分析提取

三维激光扫描仪应用于变形监测的基本思路是通过比较分析不同时期点云数据，来获取变形体的变化信息。常用的变形分析方法包括标靶标志比较法、点云直接比较法和表面模型比较法。除了这些常用方法外，本节还将介绍基于色谱统计和特征点约束的点云变形分析法。

6.3.1 标靶标志比较法

标靶标志比较法类似于传统的全站仪、GNSS 等点式监测方法，在变形监测区域的易变形点位上布设标靶（见图 6-29），运用三维激光扫描仪获取变形区域多期扫描监测数据，利用标靶识别和中心提取等算法计算标靶三维坐标，通过多期坐标求差得到变形量。因为标靶中心坐标拟合精度高，使用该方法可以得到较高精度的变形值。但是，该方法无法充分利用大量点云数据的优势，对变形细节表现不够，且在野外测量时，受到地形地貌等因素影响，部分关键区域标靶布设及保存较困难，而且需要较高密度的扫描，操作过程繁琐、耗时。

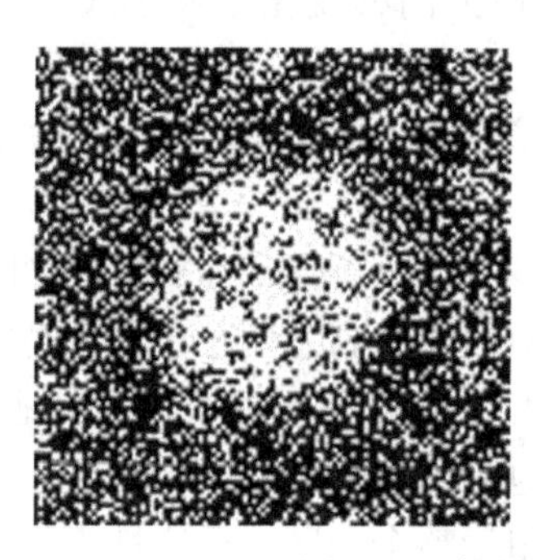
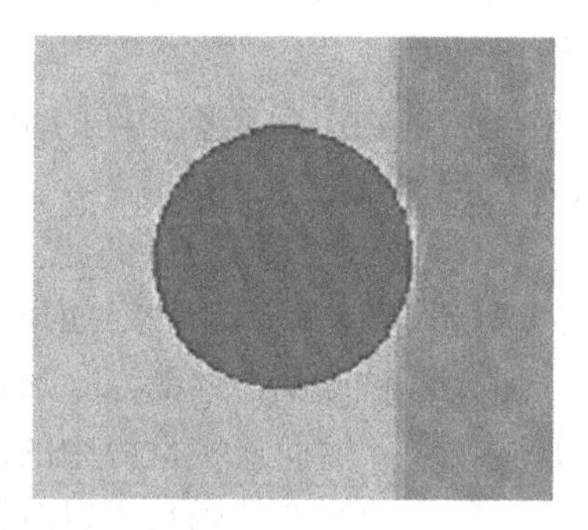

图 6-29　扫描场景中的标靶点云

6.3.2　点云直接比较法

点云直接比较法是指将变形体表面两期或者多期的扫描点云通过坐标转换，在同一坐标系下对点云数据直接求差来获取其变形信息。主要有两类方法：一类是使用八叉树或者 kd 树等数据组织结构管理多期点云数据，再运用 Hausdorff 距离法（刘昌军，2015）、平均距离法等分析多期点云变形；另一类是提取具有突出特征的地物点云，计算特征地物的重心等，并将其看作监测点，进行多期监测点的分析。

1. 基于 Hausdorff 距离法的点云变形分析

Hausdorff 距离是分形空间领域中重要的基本概念，是衡量两组点集之间相似度的指标。设 S 和 S' 为两组不同的点集，N 和 N' 分别为点集 S 和 S' 中点云个数，则 Hausdorff 距离是指点集中 S 的每个点 p 到另一组点集 S'中每个点 p'的最近点距离。计算公式为

$$d(p,\ S') = \min_{p \in S'} \| p - p' \|_2 \tag{6-41}$$

基于 Hausdorff 距离法的点云变形分析，首先通过点云拼接把多期的点云数据统一到同一坐标系下，然后利用八叉树对多期的点云数据分别进行划分，最后在相似八叉树单元内进行 Hausdorff 距离比较得出点云变形量。该方法能全面反映变形的细节，但是为保证寻找到真实的最近点，需要计算点至对应八叉树单元或邻近单元内所有点的距离，直到计算比较得到最近的点为止，算法效率不高。

2. 基于特征点云块的点云变形分析

特征点云块是指点云数据中特征明显，能显著区别于其附近区域点云的块状小区域点云。传统滑坡监测主要是基于全站仪或者 GNSS 固定点比较，可以直接测定监测点坐标，计算其变形。顾及扫描仪获取的多期点云没有严格意义上的同名点，需要从扫描场景中提取分辨出特征点云块，再通过数据处理得到变形分析用的坐标，这种方法称为基于特征点云块的点云变形分析。

处理特征点云块有拟合法和重心法两种方法。其中，拟合法适用于圆形面或球体类等

规则特征点云块，而重心法适用于外形不规则的特征点云块，拟合法和重心法计算得到特征点云块的中心点，该点可作为变形监测点。对于滑坡体等变形监测对象而言，其表面附着的大量岩石块是天然的特征点云块，通过人工大致确定特征点云块范围，根据特征点云块的反射强度或法向方向上的一致性，获得精确的特征点云块点云，取特征点云块的平均坐标作为监测点，如图 6-30 所示。

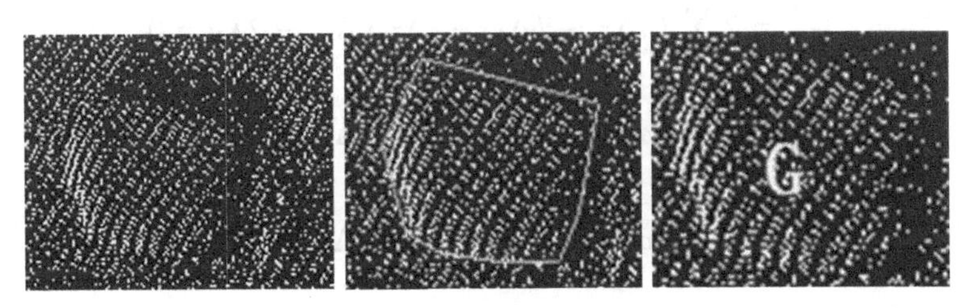

图 6-30　特征点云块监测

6.3.3　表面模型比较法

表面模型比较法是指构建两期或者多期扫描点云数据的表面模型，将不同时段的模型统一到同一坐标系内，进而分析变形体表面不同区域的变形信息。该方法能够充分利用三维点云数据，能反映变形体表面变形的细节信息，应用范围广。

1. 基于平面拟合的变形分析

基于平面拟合的变形分析法适用于具有平面特征的变形体表面，如墙面、屋顶、地面、公路等，能够准确获取变形体表面的倾斜变化情况。通过扫描测量可获取点云数据，把其中的平面点云数据拟合为一个平面，获得其平面方程后，就能分析出倾斜变形信息。

1）最小二乘平面拟合

设平面方程的一般表达式为

$$ax+by+cz+e=0 \tag{6-42}$$

式中，a、b、c 为平面的法向量的分量。

令 $a^2+b^2+c^2=1$，即把平面法向量单位化，则平面点云中的任一点 $\{p_i(x_i,\ y_i,\ z_i),\ i=1,\ 2,\ \cdots,\ n\}$ 到拟合平面的距离为

$$d_i=|ax_i+by_i+cz_i+e| \tag{6-43}$$

依据最小二乘原理，当 $S=\sum_{i=1}^{n} d_i^2$ 最小时，可得最小二乘拟合平面。由拉格朗日乘数法可得极值函数为：

$$L=\sum_{i}^{n} d_i^2-\lambda(a^2+b^2+c^2-1) \tag{6-44}$$

式（6-44）对 e 求偏导并令其为 0，可得

$$\frac{\partial L}{\partial e}=2\sum_{i=1}^{k}(ax_i+by_i+cz_i+e)=0 \tag{6-45}$$

式（6-43）和式（6-45）联立可解得

$$d_i = |a(x_i - \bar{x}) + b(y_i - \bar{y}) + c(z_i - \bar{z})| \tag{6-46}$$

式中，$\bar{x} = \dfrac{\sum_{i=1}^{k} x_i}{n}$，$\bar{y} = \dfrac{\sum_{i=1}^{k} y_i}{n}$，$\bar{z} = \dfrac{\sum_{i=1}^{k} z_i}{n}$。

式（6-46）代入式（6-44）后再分别对 a、b、c 求偏导并令其等于 0，有

$$\begin{cases} \dfrac{\partial L}{\partial a} = 2\sum_{i=1}^{k}(a\Delta x_i + b\Delta y_i + c\Delta z_i)\Delta x_i - 2\lambda a = 0 \\ \dfrac{\partial L}{\partial b} = 2\sum_{i=1}^{k}(a\Delta x_i + b\Delta y_i + c\Delta z_i)\Delta y_i - 2\lambda b = 0 \\ \dfrac{\partial L}{\partial c} = 2\sum_{i=1}^{k}(a\Delta x_i + b\Delta y_i + c\Delta z_i)\Delta z_i - 2\lambda c = 0 \end{cases} \tag{6-47}$$

式中，$\Delta x_i = x_i - \bar{x}$，$\Delta y_i = y_i - \bar{y}$，$\Delta z_i = z_i - \bar{z}$。

写成矩阵形式为

$$\boldsymbol{AX} = \begin{bmatrix} \sum_{i=1}^{k}\Delta x_i^2 & \sum_{i=1}^{k}\Delta x_i\Delta y_i & \sum_{i=1}^{k}\Delta x_i\Delta z_i \\ \sum_{i=1}^{k}\Delta x_i\Delta y_i & \sum_{i=1}^{k}\Delta y_i^2 & \sum_{i=1}^{k}\Delta y_i\Delta z_i \\ \sum_{i=1}^{k}\Delta x_i\Delta z_i & \sum_{i=1}^{k}\Delta y_i\Delta z_i & \sum_{i=1}^{k}\Delta z_i^2 \end{bmatrix}\begin{bmatrix} a \\ b \\ c \end{bmatrix} = \lambda\begin{bmatrix} a \\ b \\ c \end{bmatrix} = \lambda\boldsymbol{X} \tag{6-48}$$

因为矩阵 $\boldsymbol{A}$ 是实对称矩阵，由矩阵论知识可得

$$\begin{aligned} \lambda = \frac{(\boldsymbol{AX},\boldsymbol{X})}{(\boldsymbol{X},\boldsymbol{X})} &= \frac{a\left(a\sum_{i=1}^{k}\Delta x_i^2 + b\sum_{i=1}^{k}\Delta x_i\Delta y_i + c\sum_{i=1}^{k}\Delta x_i\Delta z_i\right)}{a^2+b^2+c^2} + \frac{b\left(a\sum_{i=1}^{k}\Delta x_i\Delta y_i + b\sum_{i=1}^{k}\Delta y_i^2 + c\sum_{i=1}^{k}\Delta y_i\Delta z_i\right)}{a^2+b^2+c^2} \\ &\quad + \frac{c\left(a\sum_{i=1}^{k}\Delta x_i\Delta z_i + b\sum_{i=1}^{k}\Delta y_i\Delta z_i + c\sum_{i=1}^{k}\Delta z_i^2\right)}{a^2+b^2+c^2} \\ &= \sum_{i=1}^{k}(a\Delta x_i + b\Delta y_i + c\Delta z_i)^2 = \sum_{i=1}^{k} d_i^{\ 2} \end{aligned} \tag{6-49}$$

当 $S = \sum_{i=1}^{k} d_i^2$ 最小时，特征值 λ 也最小，此时可得最小二乘拟合切平面。即式（6-49）最小特征值对应的特征向量为 k-邻域点拟合的最小二乘切平面的法向量。

2）倾斜变形分析

通过最小二乘平面拟合，可以得到拟合平面的法向量，分析多期点云数据拟合平面法向量的变化情况可反映出变形体表面的倾斜变形状态。

设拟合平面的法向量与坐标轴 X，Y，Z 的夹角分别为 α、β、γ，则有

$$\alpha = \arctan\frac{|a|}{\sqrt{a^2+b^2+c^2}}$$

$$\beta = \arctan \frac{|b|}{\sqrt{a^2 + b^2 + c^2}}$$

$$\gamma = \arctan \frac{|c|}{\sqrt{a^2 + b^2 + c^2}} \tag{6-50}$$

运用式（6-50）计算多期点云数据平面法向量与三个坐标轴的夹角，进而判定变形体的整体倾斜变形情况。

2. 基于 DEM 的变形比较

基于 DEM 的变形比较法是以同一地区不同时期的点云数据为基础，构建 DEM 来分析变形体表面的变形情况，包括 DEM 构建、DEM 匹配和变形分析等。DEM 构建可先建立地面扫描数据的不规则三角网模型，然后通过线性或双线性内插获得。DEM 匹配是利用最小二乘曲面匹配技术，如最小高差法（陈小卫，2017）和最小二乘三维曲面匹配法（Gruen，2005），把各时期的 DEM 统一坐标系，在 DEM 匹配的基础上，利用相同地理位置两组数据的差值得到高程差异图，就很容易识别滑坡。

6.3.4 基于色谱统计的变形分析

点云偏差色谱分析法是在同一坐标系内对两期点云进行处理，分析点云偏差变化，将偏差量在坐标轴上根据其数值不同设置为不同的颜色，每个颜色表示一个数值变化范围，根据偏差变化情况形成一个可视化色谱图，可直观分析监测整体区域的变形量情况。该方法可以得到两期点云偏差随空间的分布，但只能分辨其大致分布范围，无法对点云偏差值做定量分析。基于色谱统计的变形分析法（张国龙，2018），既能直观地得到变形范围，又可以得到点云三维坐标偏差的变形统计规律。具体步骤如下：

Step1：将两期点云通过基于 Hausdorff 距离法进行点云的直接比较，求出两期点云变形偏差值；

Step2：根据获取的偏差值绘制色谱图，由冷色向暖色渐进变化表示数值的不断增加，统计计算出不同偏差值具有的点云数量；

Step3：根据获取的点云偏差数量，以横坐标为偏差值大小，以纵坐标为该偏差的点云数量，绘制直方图，进而得到点云变形大小的数量统计和分布范围；

Step4：根据点云变形距离变化统计，提取出点云变形沿 X 轴方向、Y 轴方向、Z 轴方向的色谱统计分布情况；

Step5：对统计的点云进行高斯分布拟合，求取点云变形在三个坐标方向的平均偏差和标准偏差，作为衡量点云变形在三个方向变化的指标。

6.3.5 基于特征点约束的变形分析

基于特征点约束的点云变形分析法（汪冲，2018）整体技术路线如图 6-31 所示。该技术首先利用全站扫描仪同时获取变形体的特征点数据和点云数据，根据离散特征点多期点位数据求取变形矢量，并对扫描点云数据进行预处理和三维模型重建，然后根据特征点分布分割形变控制区域，最后求取变形后点云三维模型相对于前一期扫描点云的变形量。包括变形体三维模型重建、形变控制区域分割、点云至模型形变分析。

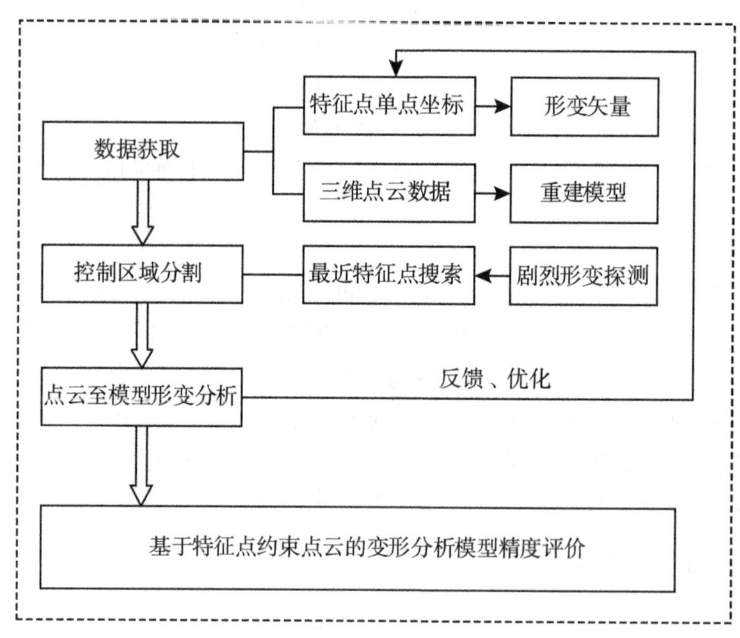

图 6-31　变形分析模型技术路线图

1. 变形体三维模型重建

针对不同应用和不同特征的点云数据，相应的三维重建方法有很多，较为经典的方法有隐式曲面重建、Delaunay 三角化方法、NURBS 曲面拟合算法、区域生长法、移动最小二乘法等，商业软件 Geomagic Studio、Polyworks 等也具有较为成熟的三维重建算法。其中，Geomagic Studio 采用 Wrap 算法重建变形体三维模型，此算法能够针对具有复杂拓扑结构的曲面构筑精细三角网进行重建，具有良好的重建效果和较高的重建精度。

2. 形变控制区域分割

采用最近特征点搜索算法对特征点控制区域进行分割。如图 6-32（a）所示，A 表示变形体点云中的一点，P_1、P_2、P_3 为布设的不同特征点，U_j（$j=1$，2，3，…）为第 j 个特征点控制区域，依次计算 A 到 P_j 的距离 d_j，$d_1=\min\{d_j\}$ 为最短距离。因此 $A\in U_1$，由特征点 P_1 对 A 进行形变控制。同理，通过遍历，确定各特征点控制区域内点云，从而实现特征点控制区域的分割。

当变形体出现塌陷、断层等剧烈变形时，形变控制区域分割会出现错误。如图 6-32（b）所示，变形体出现塌陷分为塌陷区域 S_1 和未塌陷区域 S_2，A 点属于塌陷区域 S_1 点云中一点，即 $A\in S_1$，A 到 P_1 的距离为 d_1，小于到 P_2 的距离 d_2，若将 A 划分为 P_1 所属控制区域，利用 P_1 点形变信息作为参照分析 A 处形变，则会出现错误结果。

为解决上述问题，需探测剧烈形变处的分界点。首先利用 PCA 算法估算点 p_i 的法向量，设式（6-17）中矩阵 $\boldsymbol{C}$ 的特征值分别为 λ_1、λ_2、λ_3，不妨设 $\lambda_1\leqslant\lambda_2\leqslant\lambda_3$，则 λ_1 对应的特征向量可以作为点 p_i 的法向量。

求得点云法向量后，计算每一个点的不一致性指标。设 a_i 及其近邻点 a_j 的法向量为

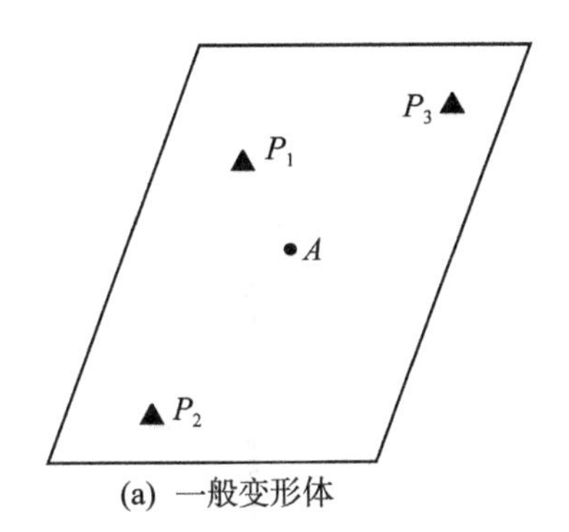

(a) 一般变形体

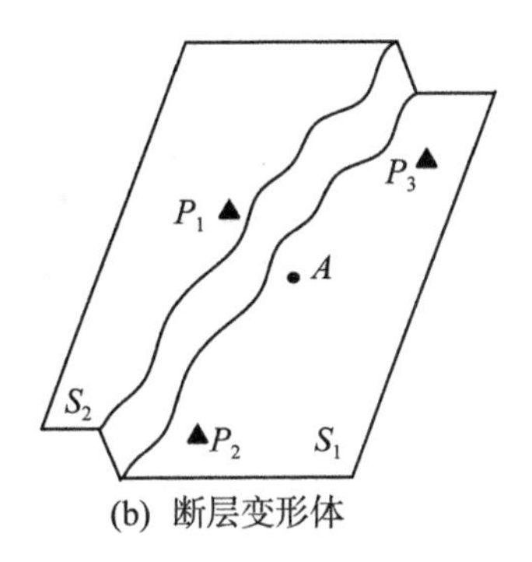

(b) 断层变形体

图 6-32 变形体及特征点分布示意图

$\boldsymbol{n}_{a_i}$ 和 $\boldsymbol{n}_{a_j}$，θ_{ij} 为 $\boldsymbol{n}_{a_i}$ 和 $\boldsymbol{n}_{a_j}$ 之间的夹角，那么 a_i 的不一致性指标就是与其邻近点集的法向量夹角的均方根值，即

$$\mathrm{incp}(a_i) = \sqrt{\frac{\sum_{j=1}^{k} \theta_{ij}^2}{k}} \tag{6-51}$$

对所有点的不一致性进行统计分析，设定阈值筛选出可能的分界点。再利用区域生长算法进一步对候选分界点进行筛选，最终确定准确的剧烈形变处的分界点。

在进行最近特征点搜索之前，判断特征点以及点云是否位于分界点同侧，图6-32（b）中，$P_1 \in S_2$，$P_2 \in S_1$，$P_3 \in S_1$，P_2、P_3、A 属于同侧，均位于塌陷区域 S_1，只需判断 A 至 P_2、P_3 距离大小，从而确定 A 由哪个特征点控制。

3. 点云至模型形变分析

点云至模型形变分析的基本思想是：对变形体变形后三维点云进行模型重建，利用特征点两期观测获得的变形矢量控制下一期扫描点云的形变方向，计算首期点云按此方向至三维模型的偏移量，即为点云至三维模型的变形量。

算法步骤为：

Step1：获取特征点的形变大小以及方向，计算特征点变形矢量。特征点的变形矢量本身能够在一定程度上衡量变形体的变形规律，在模型中又作为控制点云形变方向的基准，是后续分析变形体点云变形量的基础数据。

Step2：搜索点云中的点在三维模型上的对应点。如图 6-33 所示，A 为点云中一点，$\overrightarrow{PP'}$ 为特征点提供的方向向量，以 $\overrightarrow{PP'}$ 为方向向量且通过 A 点的空间直线与模型相交于 A'，即为对应点。由于点云数据的不可重复性，无法直接找出实际对应的点，因此通过上述方法搜索到的对应点又称虚拟对应点。

Step3：计算变形量。直接利用空间两点间距离公式计算出点云中点与模型中对应点的距离，即为所求变形量。

6.3.6 方法对比分析

综上所述，上述五种变形量分析方法的优缺点可概括总结如下：

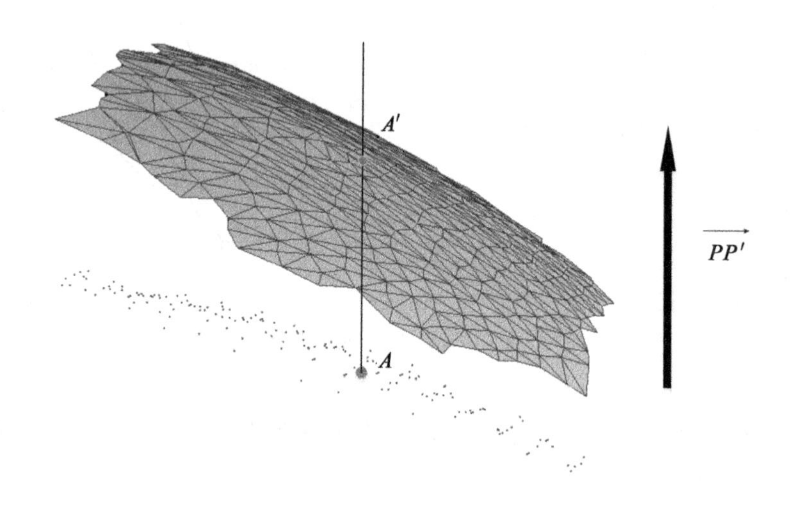

图 6-33　对应点搜索示意图

（1）基于标靶标志比较法精度较高，易于获取监测对象重要部位变形情况，但是不利于长期监测，没有充分挖掘出海量点云数据信息来全面反映监测对象的细节信息。

（2）基于点云直接比较法能描述监测对象表面变形的细节信息，提取的变形量是全局的，而不仅仅是特征点处的变形。但是点云数据的海量性对算法效率和处理设备性能要求较高。

（3）基于表面模型比较法把点信息转换成面信息，亦能表达变形的细节信息，且对于变形分析更加形象直观。但是处理过程更加复杂，算法复杂度更高。

（4）基于色谱统计的变形分析能够可视化表达监测对象的变形情况，能定量得到点云三维坐标偏差变形的统计规律，但是扫描获取的点云质量对变形分析结果具有较大影响，与滤波算法共同使用才能获得较好的结果。

（5）基于特征点约束的变形分析，充分利用全站仪单点测量精度高和扫描仪测量数据全的优势，能够全面高精度地反映监测对象的变形信息以及规律。但是控制区域分割算法对实际复杂地形的处理能力有限，且不同三维模型重建方法对变形分析结果会产生扰动。

6.4　工程实例

边坡是指岩土体在重力作用或人为作用下形成的具有一定倾斜度的临空面，按其成因可分为两类：自然边坡和人工边坡。自然边坡是一种斜坡物质在受重力和其他外界条件（气候、水和地震等）作用下，经漫长的时间沿斜坡向下或向外形成一定坡面的自然现象。人工边坡是为保证交通线路、堤坝等建设物的运行与稳定，经较短的时间在其周围开挖、堆积或构筑的具有一定坡度的坡面。

边坡灾害的类型达 11 类，滑坡是其中最为常见和严重的一类。滑坡是指边坡上的土地或岩体，受重力、雨水、人工切坡等因素的影响，沿着斜坡向下整体或分散下滑的现象。滑坡是世界上问题最严重、分布最广的自然灾害之一，具有多样群发、隐蔽突发等特点，在我国是仅次于地震和洪水的一种地质灾害，不仅会直接破坏相关建设物，更为严重的是会引起相关的次生灾害，如阻塞河道成湖后的溃决、暴雨诱发下的泥石流等。

根据《全国地质灾害通报》，如图 6-34 所示，2014—2018 年滑坡占全部地质灾害的 67.8%。我国 70%的地域为山区，西北的黄土高原、西南的云贵地区是我国滑坡灾害发生最为严重的区域，不仅如此，全国众多工程项目的施工、运营都受到滑坡灾害的威胁，如三峡水利工程、国家主要交通设施如高速铁路、公路和机场等。在滑坡监测中，“测者未滑，滑者未测”的情况普遍存在，如何建立高效科学的滑坡灾害监测、分析和预测预报体系，提高滑坡灾害防治能力一直是研究的重点。

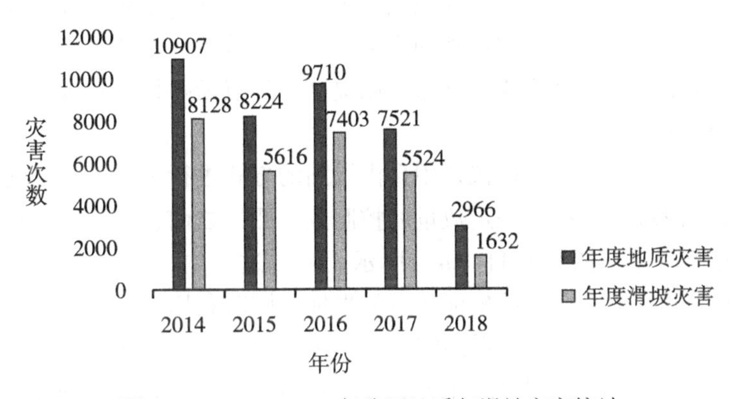

图 6-34　2014—2018 年我国地质与滑坡灾害统计

6.4.1　滑坡区域的概况

滑坡实验区域位于某机场跑道边缘，是由施工挖土堆积的土坡，土坡范围为长 307m，宽 450m 的区域。如图 6-35 所示，为了防止滑坡的发生，滑坡体上种植了大量的草皮和低矮的灌木，其他附属物较少。

图 6-35　滑坡区外貌

6.4.2　数据获取与处理过程

数据采集是后续数据处理工作的基础，获取点云的质量关系到数据处理分析结果，良好的点云数据对于获得三维空间信息具有重要的意义。采集工作主要有扫描前准备工作和扫描工作两部分：准备工作用来了解测区地形地貌、交通概况，为扫描测量合理进行选址，主要有资料的收集、测区现场踏勘、规划扫描路线等相关工作；扫描工作是获取扫描数据前进行的相关准备工作，主要包括标靶布设、扫描仪架设、扫描仪参数设置等工作。

点云数据采集过程中，扫描测站布设的选择对获取完整的、高质量的点云具有较大影响，需要注意以下几个方面：①扫描设站尽量少。扫描仪在获取完整目标的同时，较少扫描测站布设可以控制点云数据拼接误差积累。②根据扫描仪的扫描角度和测程等参数，选择最佳设站，提高获取点云的质量。③根据扫描周围空间地物地貌选择扫描位置，避免树木、建筑物、行人、车辆等对坡体遮挡的影响。④标靶放置应与测站设置有较强的空间几何关系，数量不少于3个，且应均匀分布，以提高多站点云拼接的精度。

1. 控制点的布设

在数据采集过程中，激光扫描仪采用自由设站的方式进行测量，为了便于各站之间数据的拼接，需要在滑坡测区布设一定数量的控制点。测量之前，在测区内粘贴部分反射片标志作为测量的控制点，如图6-11（b）所示。测量过程中，从点云数据中识别出反射片，精确拟合出反射片中心在测站坐标系下的坐标，同时利用全站仪测出反射片中心在工程坐标系下的坐标，通过两个坐标系的转换实现多站扫描数据的拼接。

测量中使用的激光扫描仪为Riegl公司的VZ-1000，如图6-36所示；全站仪为Leica公司的TC1201+，如图6-37所示。

图6-36　Riegl VZ-1000

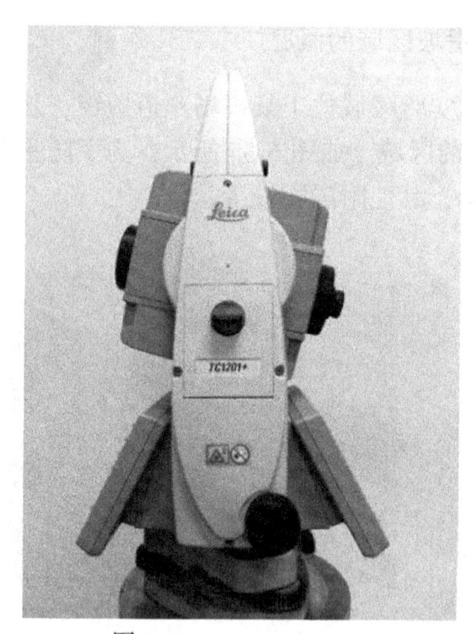

图6-37　Leica TC1201+

2. 三维激光扫描测量

1）粗扫

采用 VZ-1000 获取滑坡的激光点云数据，所使用的软件为 RISCAN PRO。在粗扫中，设置扫描的水平角度范围为 0°~360°，垂直角度范围为 30°~130°，扫描角分辨率为 30″。粗扫结束后，框选出滑坡测区所在的位置，为下一步精扫做好准备。

2）精扫

选中滑坡测区所在的位置之后，修改扫描分辨率参数为 35mm/150m，对测区进行精扫。

3）反射片识别精扫

测区精扫完成之后，利用软件对其中的反射片数据进行识别提取，软件自动识别结果中会存在一些错误点，这些点由于自身反射能力较强，导致软件识别错误，需要对其进行剔除。之后，对提取得到的反射片位置进行精扫以获得反射片中心在测站坐标系下的坐标。

3. 全站仪测量

在已有测量墩上架设全站仪，在完成定向操作后，对测区内的反射片标志进行测量，得到其在工程坐标系下的坐标。

针对此滑坡试验区进行两期观测，每期测量 3 站数据，每站测量都按照先三维激光扫描测量、再全站仪测量的顺序进行。

6.4.3 三维点云数据处理

1. 点云数据配准

点云数据配准，是将多站数据统一到同一坐标系下。每站三维激光扫描数据通过反射片标志都能够转换到工程坐标系下，以此实现点云数据的配准。反射片坐标见表 6-3。

2. 点云数据滤波

采用 RISCAN PRO 软件的 Terrain Filter 功能可以实现点云数据的滤波，将点云数据中的地面点和植被分离，实现对地面点的提取，点云滤波效果如图 6-38 所示。

表 6-3 **反射片坐标**

点名	全站仪坐标			扫描仪坐标		
	x/m	y/m	z/m	x/m	y/m	z/m
PRCS_019	23342.055	9669.87	1108.598	−114.12	−145.311	−0.205
PRCS_020	23475.649	9625.955	1098.381	−26.421	−35.511	−11.882
PRCS_021	23454.058	9682.609	1105.929	−86.829	−35.924	−2.723
PRCS_022	23506.986	9665.251	1100.275	−52.159	7.598	−8.955
PRCS_023	23452.377	9654.495	1095.992	−61.363	−47.279	−13.434
PRCS_024	23486.073	9679.705	1102.346	−72.965	−6.939	−6.444
PRCS_025	23449.004	9710.13	1115.917	−114.087	−31.092	8.038

(a) 原始点云数据

(b) 滤波后非地面点数据

(c) 滤波后地面点数据

图 6-38　点云滤波效果

6.4.4　滑坡变形分析

将两期滤波后的数据导入 Geomagic Qualify 软件中，经过孔洞修复、曲面拟合等操作后，以第一期数据为准，对比两期数据的变化。图 6-39 为监测区域整体变形情况，图 6-40显示了单点变形查询效果。

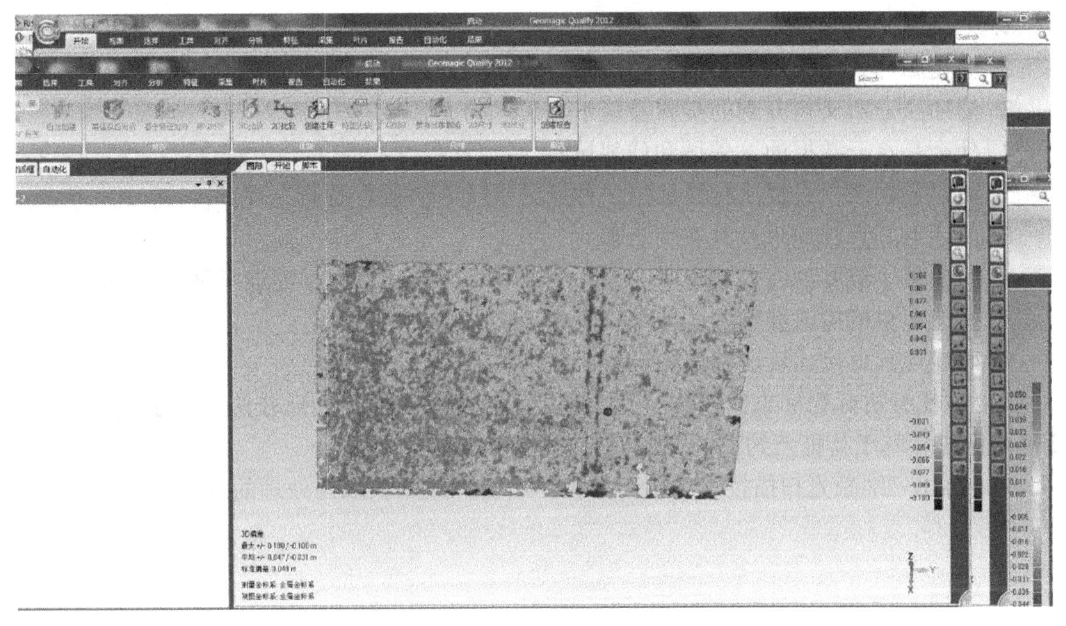

图 6-39 变形分析热力图

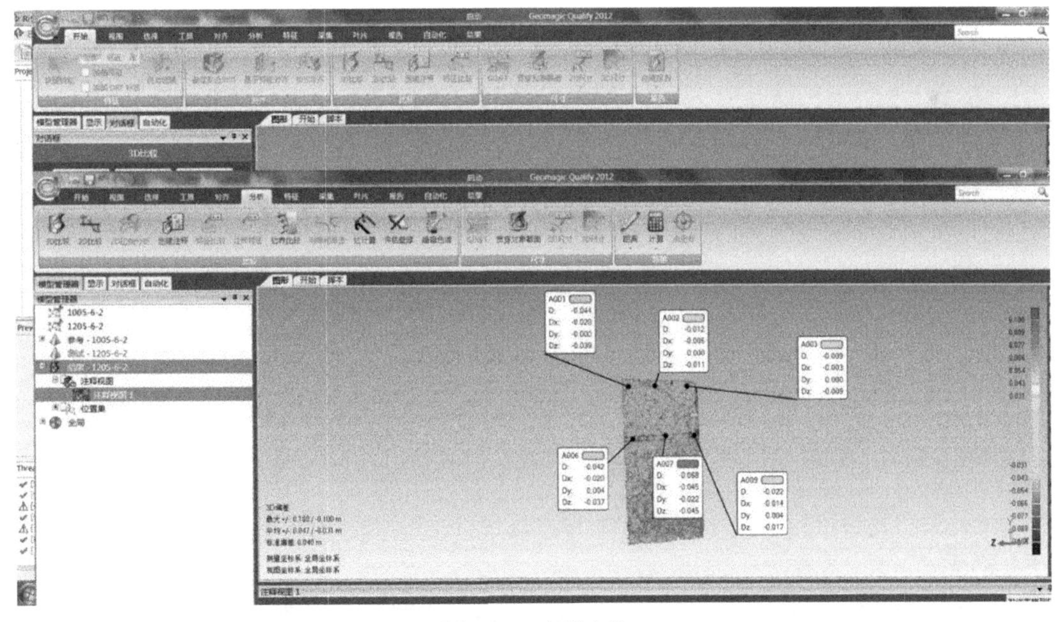

图 6-40 变形查询

本章思考题

1. 三维激光扫描技术应用于变形监测时有哪些优缺点？
2. 简述脉冲式三维激光扫描仪的测距、测角和扫描原理。
3. 简述点云八叉树分割的步骤及基于八叉树的 k-邻域搜索。
4. 什么是点云数据的 k-邻域和球邻域？
5. 简述辅助法、直接法和特征法三种点云拼接方法概念及其原理。
6. 简述 ICP 算法原理及其实现步骤。
7. 简述基于坡度滤波、基于曲面拟合滤波和基于数学形态学滤波三种算法的原理。
8. 简述布料模拟滤波算法原理及其实现步骤。
9. 简述点云直接比较法和表面模型比较法的原理。
10. 对比分析标靶标志比较法、点云直接比较法、表面模型比较法、基于色谱统计的变形分析法和基于特征点约束的变形分析法的优缺点。
11. 简述三维激光扫描技术应用于滑坡变形监测数据获取与处理的过程。

第 7 章　光纤感测技术

内容及要求：本章主要介绍光纤感测技术的基本原理与方法。通过本章学习，要求了解光纤和光纤感测技术的特点与应用；掌握布里渊光时域反射技术、布里渊光时域分析技术、拉曼散射感测技术和布拉格光栅技术的基本原理；并结合工程实例了解基于分布式光纤传感技术的 SMW 工法桩变形监测技术，掌握分布式光纤传感数据处理方法，了解分布式光纤感测技术在基坑监测中的应用。

7.1　概述

7.1.1　光纤简介

1870 年，物理学家丁达尔在一次集会中发现，光照在酒桶上，酒从桶中弯曲流出，光线居然也发生了弯曲，丁达尔提出这是光的全反射造成的现象，这是人类第一次利用介质对光进行传输。在 20 世纪 60 年代，Charles Kuen Kao 发表了一篇具有划时代意义的论文，文中提出在电话网络中以光代替电流，以玻璃纤维代替导线，提出了利用玻璃制作光学纤维，从而达到高效传输信息的目的，这在全世界掀起了一阵光纤通信的革命。我国光纤的快速发展是在 20 世纪 70 年代，1979 年“中国光纤之父”赵梓森制作出了我国自主研发的第一根实用光纤。

光纤就是能输送光线的纤维，光纤的直径通常只有几十微米，与人的头发丝一般粗细，是通过光的全反射的原理来传输光波。一般光纤是由石英经过复杂工艺拉制而成的一种高度透明的玻璃丝，由纤芯、包层、涂覆层组成的多层同轴圆柱体，如图 7-1 所示。

纤芯：纤芯位于光纤的中心部位，直径一般为 4~50μm，成分为高纯度的 SiO_2，同时加入少量掺杂剂（如 GeO_2，P_2O_5）以提高其对于光的折射率 n_1，纤芯是光传导的通道。

包层：包层位于纤芯的周围，作用是为光的传输提供反射面和光隔离，成分为高纯度的 SiO_2，与纤芯不同的是包层的掺杂剂（如 B_2O_3）可以降低包层的折射率 n_2，目的是包层的折射率 n_2 低于纤芯的折射率 n_1，使光波限制在纤芯中传播。

涂覆层：位于光纤的最外层，涂覆后的光纤外径约为 1.5mm，涂覆层由一次涂覆层、缓冲层、二次涂覆层组成，其作用是保护光纤不受水汽侵蚀以及机械擦伤，同时可以提升光纤的可弯曲性，延长光纤的使用寿命。

光在光纤中以全反射的方式沿着光纤传播，光线在光纤中产生全反射的最小入射角应满足：

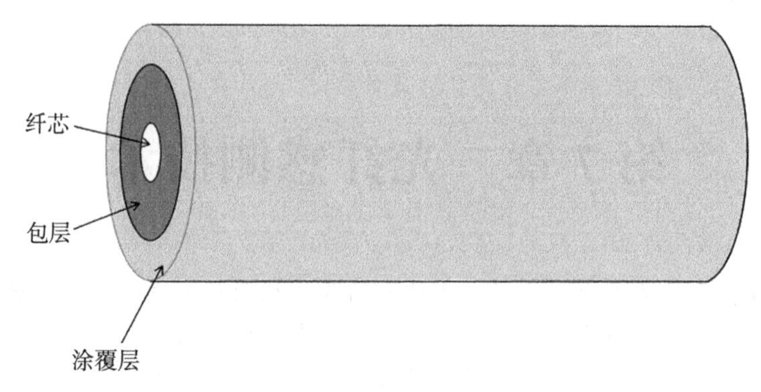

图 7-1　光纤结构图

$$\sin\phi_c = \frac{n_2}{n_1} \tag{7-1}$$

因此，空气到纤芯光线的最小入射角应满足：

$$n\sin\theta_0 = n_1\sin\left(\frac{\pi}{2} - \phi_c\right) = (n_1^{\ 2} - n_2^{\ 2})^{\frac{1}{2}} \tag{7-2}$$

小于最小入射角投射到光纤端面的光线将折射入纤芯，并在纤芯-包层界面上发生全反射，沿着光纤传播。因为 n_1 与 n_2 大小相近，上式（7-2）可化简为：

$$\mathrm{NA} = n\sin\theta_0 = (n_1^{\ 2} - n_2^{\ 2})^{\frac{1}{2}} = n_1(2\Delta)^{\frac{1}{2}} \tag{7-3}$$

式中 $\Delta = \frac{n_2 - n_1}{n_1}$，为纤芯-包层相对折射率差，NA 称为光纤的数值孔径。

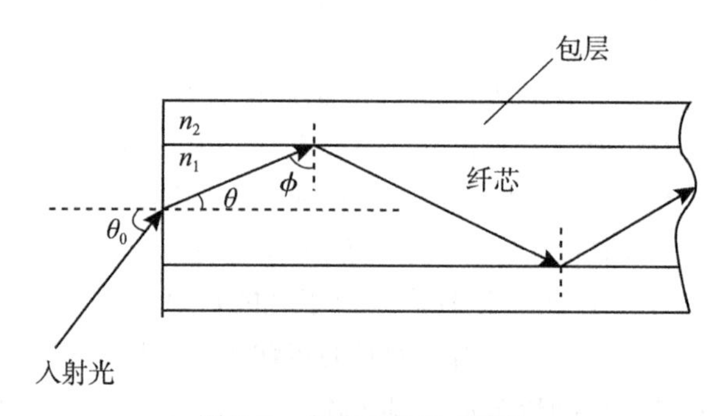

图 7-2　光波在光纤中传输

光纤以其传输速率快而平稳的优势，在通信领域大放光彩，其传输数据的强大功能十分显著，因此许多国家在通信领域之外，更是将重心放在如何将光纤引入其他各种领域。在土木工程领域中，一种以光纤为基础来感测外界环境的技术伴随发展起来，这就是光纤感测技术。在光纤感测技术中，光纤不仅作为感测外界环境的元件，也起到传递信号的作用，同时具备两种功能大大减少了整个系统的复杂程度，光纤本身因为其重量轻、体积小而携带方便，同时光纤因为其形状可变、抗电磁干扰能力强、化学稳定性好等优点可以适用各种环境的工程。新型的光纤技术相较于传统的点式监测有着很大的突破：

（1）光纤传感器以光信号作为信息传递的载体，使用光纤传感器，可以防止电磁场影响，具有良好的电绝缘性，能对信号进行多路传输，为和计算机之间的连接提供方便，也更容易完成分布式测量；在单位长度上，不会产生信号衰减，且传输距离较长，结果准确，信噪比较高，频带宽。

（2）相较于传统传感器，光纤具有良好的耐久性与抗腐蚀性，且轻便、结构简单，在埋设到结构中后，不会对材料造成影响。

（3）光纤监测测量精度高，温度分辨率高。

（4）对于大体积、大跨度的混凝土监测项目中测点数会非常多，导致工作量大大提高，并且对于大体积结构，人工选点存在监测盲点的可能。而光纤监测技术具有分布式的优点，光缆铺设到的地方均可以感测到被测物理量，可以适应大面积、大跨度的监测。

（5）传统监测实时、并行和自动化监测程度不高，多数技术是由技术人员进行定期的布点测量每个位置的情况，本质上这种方式是检测而不是监测，属于人工检测一次获得一次情况，无法做到实时跟进工程的工况，而光纤监测的自动化程度更高，不需要人工现场读数。

（6）传统点式监测大多独立工作，监测系统大多数自成一派，互相独立，彼此之间的集成化程度不高，后期处理与前期测量相互独立，使监测的效率降低。光纤集感测与传输功能于一体，更有利于整个结构搭建监测系统。

7.1.2　光纤感测技术在土木工程中的应用

由于光纤感测技术的诸多优点，现在许多国家除了将光纤运用于通信技术之外，还将光纤用于土木工程、工业工程以及航空航天工程的安全监测及健康评价中，典型应用如使用光纤对管道内壁侵蚀情况进行监测，对桥梁、隧道、大坝等大型结构进行监测。

1）桥梁

光纤在桥梁工程中的重点监测内容为：①车辆荷载信息，主要包括车辆载重、车流密度、车辆实时分布情况；②环境信息，主要包括风荷载以及桥梁温度的变化；③结构信息，主要包括桥梁结构应力、混凝土温度、混凝土裂缝、桥梁钢筋的腐蚀状态。在桥梁结构监测中，综合考虑桥梁信息及环境因素，选择合理的监测模式以及光纤铺设方式，可以对整个桥梁进行全方位全时间段的连续监测，及时发现并排除潜在隐患。图 7-3 是武汉市黄孝河变截面钢箱梁桥变形光纤监测，光纤使桥梁具有自我感知应力、应变和温度的能力，既可作为桥梁的主要受力结构安全性评估依据，又可以在拆撑和运营期间提供结构健康数据。

2）边坡

光纤在边坡工程中的重点监测内容为：① 边坡防护结构的监测，主要包括防护结构的变形及横向位移情况；② 边坡地下水情况监测，主要内容是监测地下水渗流可能导致的管涌及流土情况；③ 边坡表面变形监测，在边坡上铺设分布式光纤监测系统，可以随时知道边坡的发展情况，提前预警可能会发生的滑坡、泥石流、岩崩等情况。图 7-4 是光

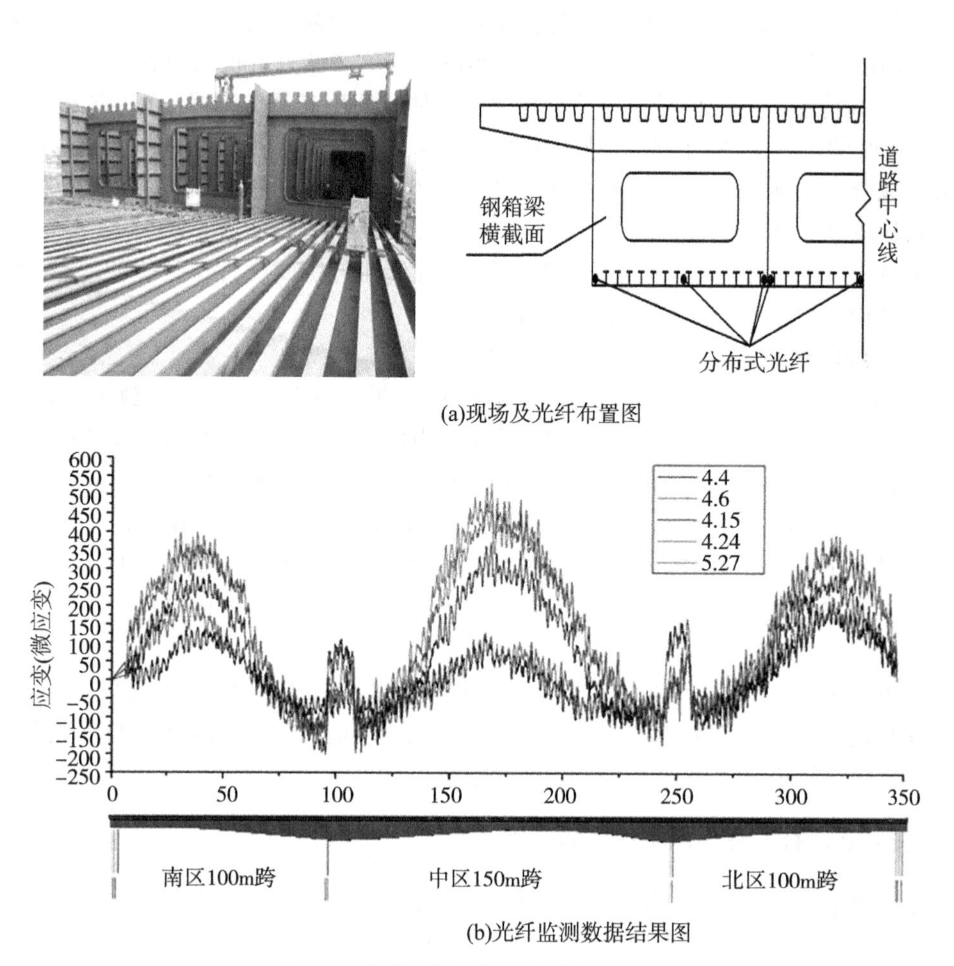

图 7-3　变截面钢箱梁桥变形光纤监测

纤运用于边坡监测的图示，将光纤布置在预应力锚杆上，可以实时监测到锚杆钢索的变形情况，从而可以对边坡支护结构的安全情况进行评估。

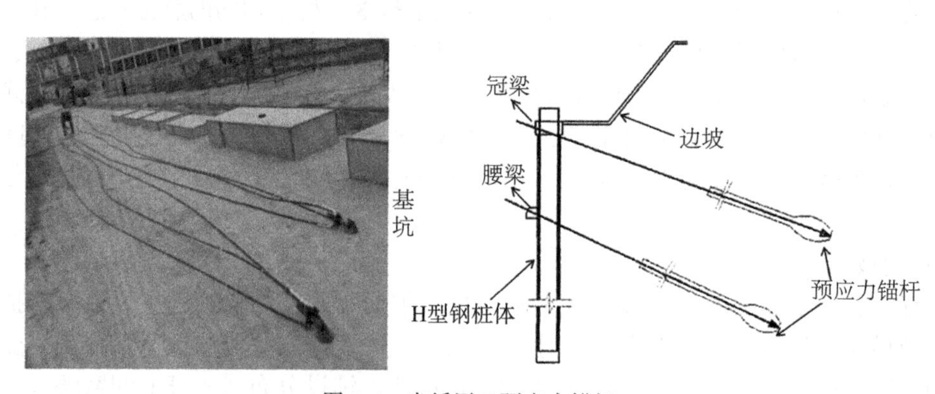

图 7-4　光纤用于预应力锚杆

3）地下管道

分布式光纤监测系统在管道监测中可以大致分为六个方向：① 地下管线泄漏监测，光纤运用于泄漏监测的原理为利用光纤监测温度的变化，不论是液体管道发生泄漏还是气体管道发生泄漏，都会导致周围的温度发生变化，通过分布式光纤感测技术运用到监测中可以实时反映出温度异常点；② 第三方入侵监测，利用在人为破坏时导致的振动信号与平常初始信号的不同，分辨出目标点是否存在人为破坏情况的发生；③ 管线的变形监测，将光纤贴合在管线表面，即可监测到管线的变形情况；④ 管道的腐蚀情况监测，管道的腐蚀情况会影响到管道环向应变，而利用光纤对管道的环向应变的监测即可监测管道的腐蚀情况；⑤ 地质与自然灾害的监测，把光纤贴合在管道的侧面，当滑坡形成时会使光纤产生拉伸应变；⑥ 海底管道的监测，该监测基于对管道进行应变以及温度监测，对光纤传回的信号进行分析处理，以达到监测的效果。

4）桩基础

光纤运用于桩基检测的主要内容为：① 桩基变形检测，桩基在施工过程中受到土压力的挤压，桩身会发生变形及偏移；② 结构完整性检测，防止桩基在施工过程中发生混凝土脱落等现象；③ 承载能力检测，防止施工中由于工程的进行桩基承载力超过了承受范围。图 7-5 为湖北某工程中为了验证桩基础设计是否满足要求，利用光纤对桩基础各部位的应变、轴力以及侧摩阻力进行检测的示意图。

5）护岸、堤坝

分布式光纤监测系统在船闸、堤坝中可分为：① 温度监测，大体积混凝土在浇筑时会释放出大量的水化热，利用光纤可以实时监测结构的温度变化情况；② 应力及应变监测，护岸及堤坝结构会受很大的侧面水压力以及温度变化造成的内部应力；③ 渗流定位监测，找到蓄水期间结构的渗漏点。如图 7-6 所示为利用测温光纤对堤坝进行渗漏监测。

7.2 光纤感测技术原理

光纤传感技术是利用光的全反射原理引导光波的传输。在光纤中传输的光波可以用公式（7-4）表示：

$$E = E_0\cos(\omega t + \varphi) \tag{7-4}$$

上式中包含了光的 5 个参数，即光的强度 E_0、频率 ω、波长 $\lambda_0 = 2\pi c/\omega$、相位（$\omega t+\varphi$）和偏振态。如图 7-7 所示，当光波在光纤中传输时，随着外界环境（待测物理量）的变化，光波参数会发生相应的变化，对这种变化进行解调，我们可以得到外界待测量的变化情况。根据解调器工作原理，如果被测物理量的变化改变了光的强度，则就叫强度调制光纤传感器，其他同理。

它可以反映出光纤每个长度位置的被测量情况，将整个光纤所测得的外界被测量以函数的形式表现出来，便可以得到外界被测量的空间情况以及外界环境随时间变化的情况。

图 7-8 所示为光纤感测技术常用的三种监测模式。

光纤监测系统种类多样，各有优劣，各种技术之间互相配合可以适用于各种各样的工程环境。下面将介绍几种主流的光纤感测技术及其原理。

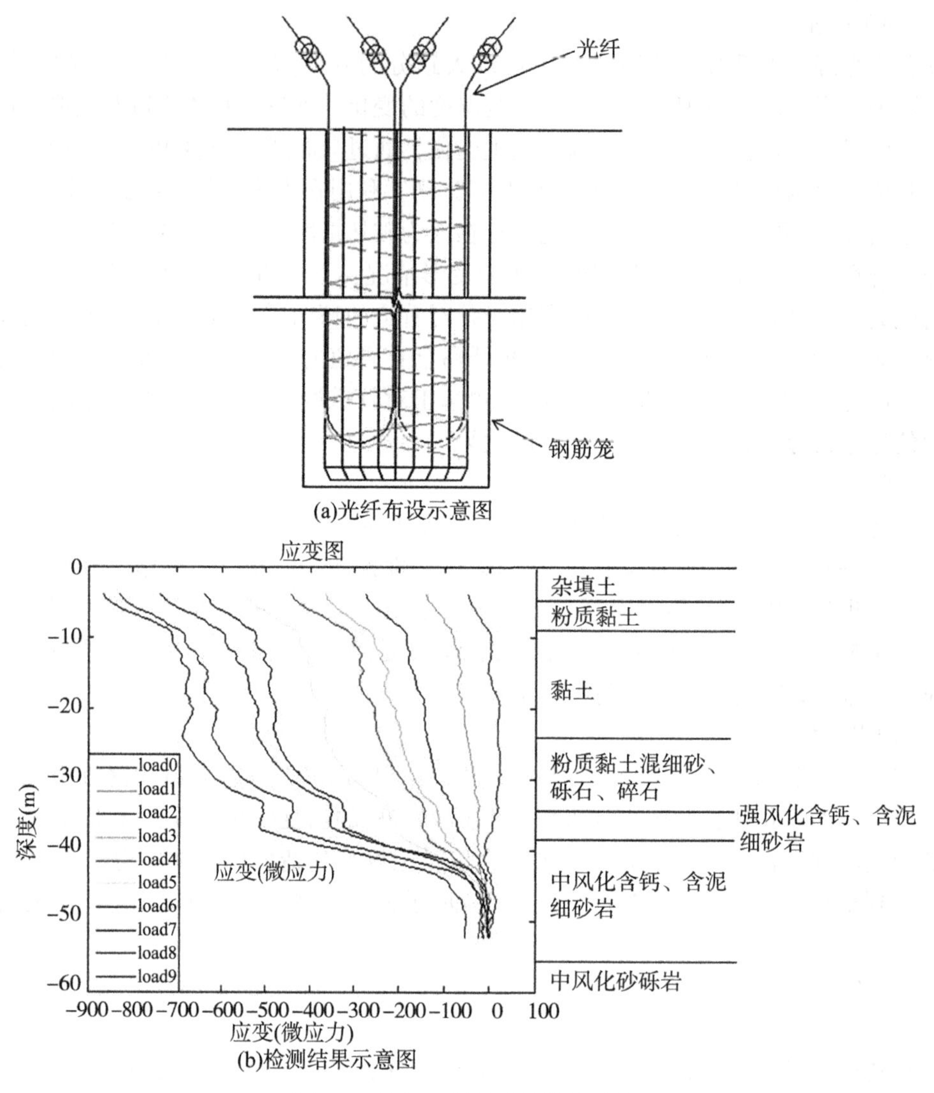

图 7-5　桩基工程光纤检测示意图

7.2.1　布里渊光时域反射技术（BOTDR）

布里渊光时域反射技术（BOTDR）原理如图 7-9（a）所示，将一定频率的脉冲光从光纤的一端射入后，光波与声波在光纤中相互作用而产生了布里渊散射。光纤上一个点的布里渊散射光谱图如图 7-9（b）所示。如图 7-9（c）所示，峰值功率所对应的频率即是布里渊频移 ν_B。光纤的轴向变形以及温度的变化与 ν_B 函数相关。因此通过建立沿光纤上每一测量点的布里渊频率的漂移量和光纤温度及应变变化量的关系就能清楚地反映光纤上每一测量点位置的温度和应变情况。三者关系如下式：

$$v_B(\varepsilon,\ T) = v_B(0,\ T_0) + \frac{\mathrm{d}v_B(\varepsilon)}{\mathrm{d}\varepsilon} \cdot \varepsilon + \frac{\mathrm{d}v_B(T)}{\mathrm{d}T}(T - T_0) \tag{7-5}$$

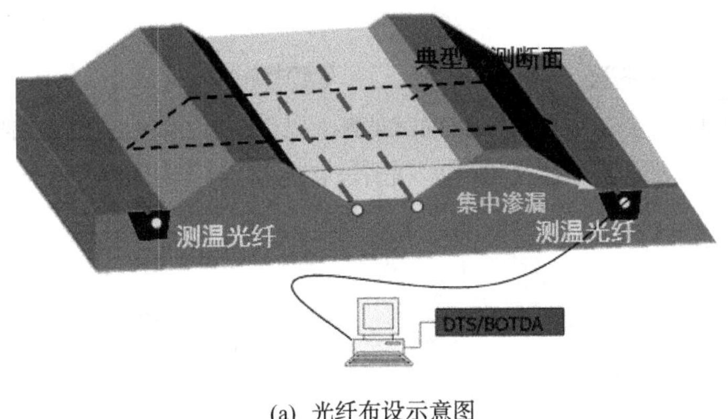

(a) 光纤布设示意图

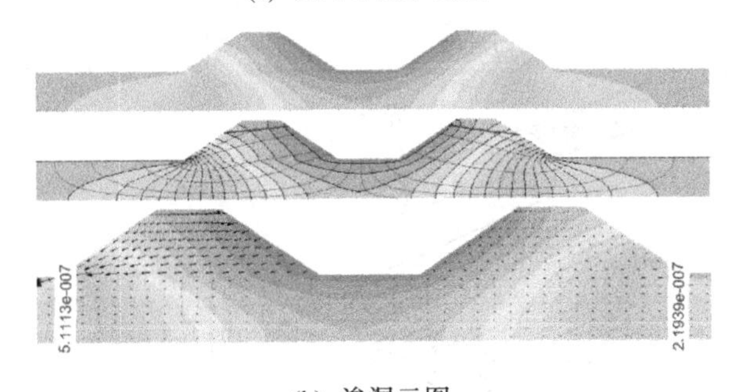

(b) 渗漏云图

图 7-6 堤坝渗漏监测

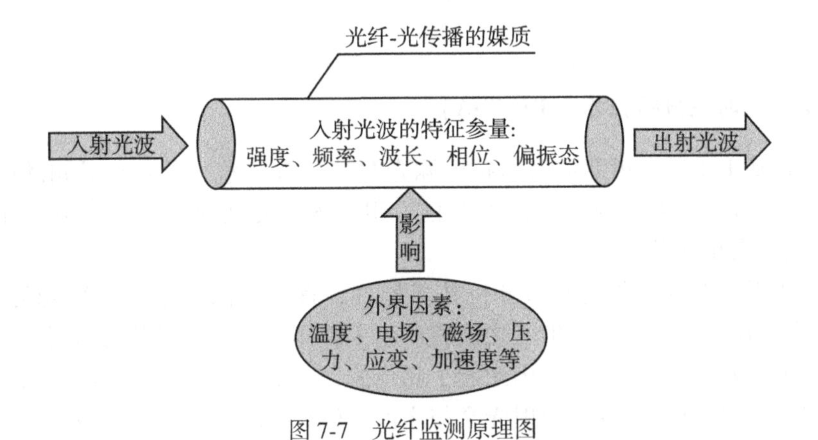

图 7-7 光纤监测原理图

该式表示的是原本应变为 0，温度为 T_0 的光纤在温度及应变发生改变后布里渊频率的漂移量。$\frac{\mathrm{d}v_B(\varepsilon)}{\mathrm{d}\varepsilon}$ 表示 ε 对 ν_B 的影响程度，$\frac{\mathrm{d}v_B(T)}{\mathrm{d}T}$ 表示 T 对 ν_B 的影响程度，这两个系数都与光纤本身有关，不同的光纤有不同的值。

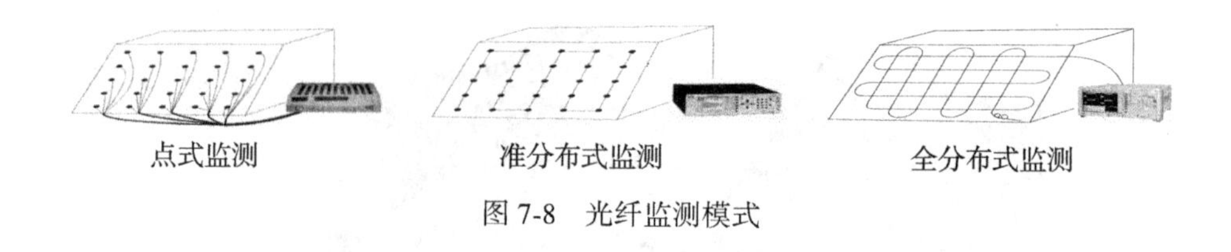

图 7-8　光纤监测模式

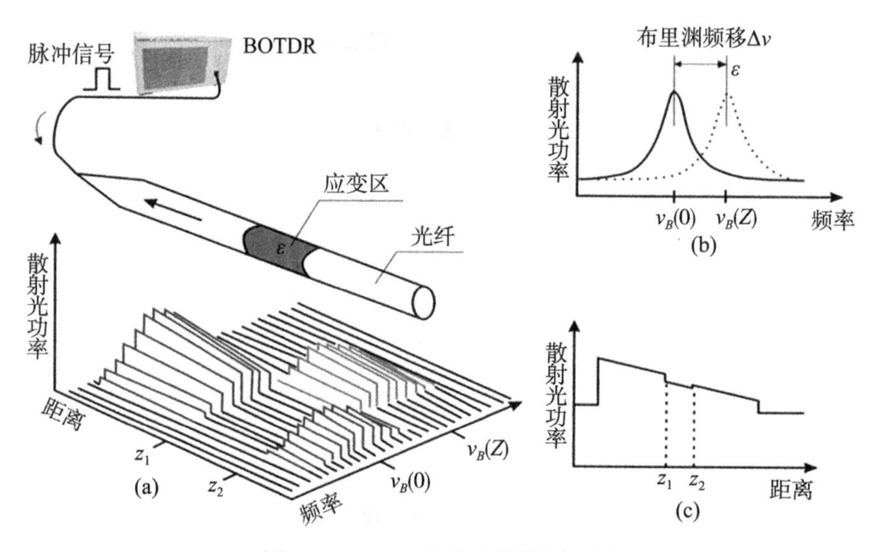

图 7-9　BOTDR 的应变测量原理图

7.2.2　布里渊光时域分析技术（BOTDA）

BOTDA 是基于受激布里渊散射的布里渊光时域分析技术。受激布里渊散射又称声子散射，当射入光纤的入射光频率很高的时候，很多入射光变成了与入射方向相反的散射光，这就是受激布里渊散射。

如图 7-10 所示为布里渊光时域分析技术原理，首先将高频率的泵浦光射入光纤后，与其入射方向相反的散射光与入射光之间将产生干涉作用，使得局部的折射率增大，此时由光波产生的电致伸缩效应在光纤内激起了超声波，入射光受到超声波激发会得到新出现的布里渊散射光，同样新出现的散射光会与之前一样在光纤内增强了声波，经过这样互相增强的过程，在光纤内会产生十分强的散射。

因此，如下图 7-10 所示，BOTDA 的监测原理是，在光纤的两端分别注入脉冲光和连续光，在光纤中发生一系列受激布里渊散射，在频谱分析后可以得到沿光纤长度的外界待测信息。

7.2.3　拉曼散射感测技术（ROTDR）

拉曼散射的产生原理为将一束脉冲光注入光纤中，入射光进入光纤后会与其中的光声

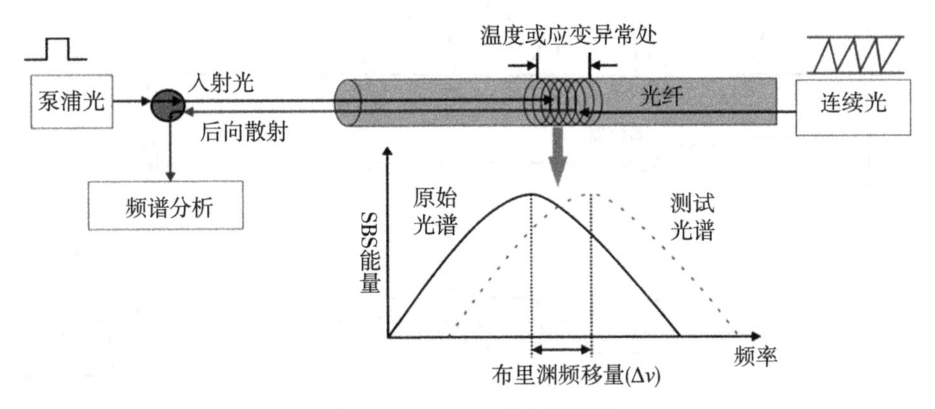

图 7-10 BOTDA 基本原理图

子相互作用而发生散射。散射光又分为斯托克斯光与反斯托克斯光，通过光时域反射技术频谱分析即可以测得光波的各项数据，通过计算可以实现温度感测：

$$R(T)=\frac{I_a}{I_b}=\left(\frac{\nu_a}{\nu_b}\right)^4 \mathrm{e}^{\frac{-hcv}{KT}} \tag{7-6}$$

式中，$R(T)$ 为监测光纤得到的温度；I_a，ν_a 分别为反斯托克斯光的强度以及频率；I_b，ν_b 为斯托克斯光的强度及频率；c 取 3×10^8m/s；v 为拉曼平移量；h 为普朗克常数；K 为玻尔兹曼常数；T 为绝对温度。

拉曼散射感测技术的优势在于：一是同时利用光纤进行信号的感测与信号的传输，采用先进的 OTDR 技术和拉曼散射光相结合实现了真正意义上的分布式感测，且其可以适应 25km 的长距离大跨度工程。二是脱离了传统的人工监测，可以完成远程数据集中监测，不需要进行现场读数，配合其他技术可以实现远程温度报警系统和温度反馈及控制系统。但其相对于其他监测技术来说也存在弱势的地方，如其空间分辨率不高仅仅只到 0.5m，并且由于监测体量较大容易导致数据处理较为困难。

7.2.4 布拉格光栅技术（FBG）

光纤布拉格光栅技术有着十分突出的波长选择功能，不满足衍射条件的光将直接穿过，而满足（波长为 B）的光将会被反射回去，如图 7-11 所示。

布拉格光栅衍射条件为：

$$\frac{\Delta\lambda}{\lambda_B}=(1-P_e)\varepsilon+(\alpha+\zeta)\Delta T \tag{7-7}$$

式中，α，ζ 分别为光纤的热膨胀系数及折射率温度系数，α 约为 5.5×10^{-7}/℃，ζ 约为 8.3×10^{-6}/℃。ε 和 T 的变化量与 λ_B 的位移相关。通过 λ_B 的漂移，实现对环境温度和结构应变的监测。

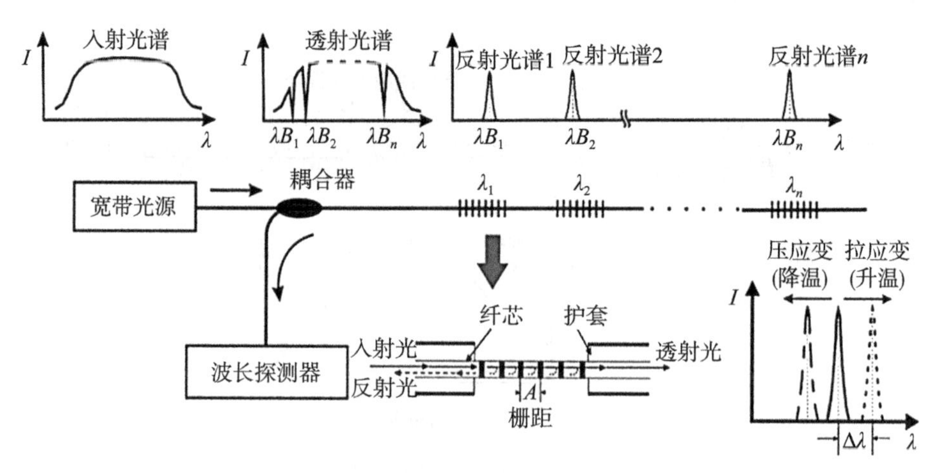

图 7-11　FBG 准分布式传感器测量原理图

7.3　基于 BOTDA 的 SMW 工法桩变形监测

SMW 工法亦称新型水泥土搅拌桩墙，因为具有制作简单、挡水能力强、对环境影响较小的优点，被广泛用于基坑的围护。但是，由于现有的监测技术的不足，无法实现对 SMW 工法桩的实时变形监测。目前大多采用的方法是利用常规电测式传感器进行人工读数，然而这种点式测量存在选点有限、存在盲点的问题，并且常规电测式传感器的耐久性较差，容易受到外界电磁、温度、湿度的影响，无法做到长期稳定、精确的测量。现有的光纤传感技术具有防水、抗腐蚀和耐久性长等特点，其传感元件体积小、重量轻、测量范围广、便于铺设安装，将其植入监测对象中不存在匹配的问题，对监测对象的性能和力学参数等影响较小；光纤本身既是传感元件又是信号传输介质，可实现对监测对象的远程分布式监测。因此，利用 BOTDA 技术对 SMW 工法桩进行实时变形监测，可以有效地克服传统监测技术的不足，不失为常规基坑监测手段以外的有益补充。

以 BOTDA 技术为基础，通过布设分布式传感光纤等方法，对普通 H 型钢进行封装，使之能够在基坑开挖过程中自动获取 H 型钢翼缘应变、桩身弯矩、水平位移等受力变形数据。并通过分别在土质较差的深厚软土基坑和较好的硬土基坑两个实例的分析，验证该技术良好的现场适应性、温度自补偿、远程分布式测量等优点。在与传统测量方式获得数据进行对比后，发现分布式光纤传感技术对于 SMW 工法桩变形测量具有很高的精度。

7.3.1　光纤布设工艺

在普通 H 型钢基础上，运用分布式光纤传感技术（BOTDA）对桩身进行光纤布设，通过分布式传感光纤测定桩身全长的应变分布，再经过算法去噪、温度自补偿等数据处理之后，计算出桩身的弯矩和挠度分布，最终形成一个能够实时获取桩身受力变形状态的监测系统（见图 7-12）。

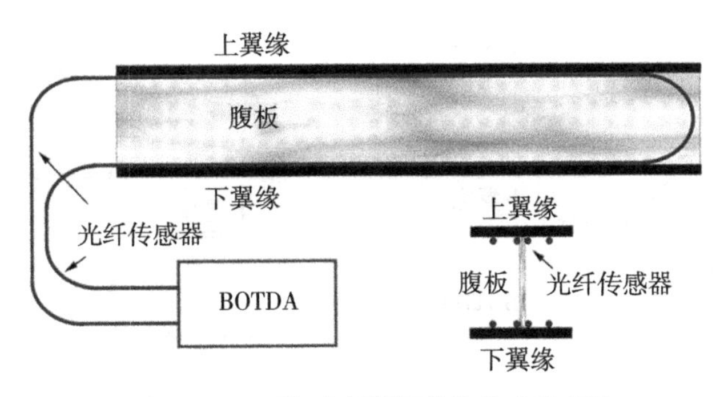

图 7-12 H 型钢光纤测量线路构成示意图

7.3.2 工作原理

作为基坑围护体系的一部分，安装有分布式传感光纤的 H 型钢被竖直沉入基坑边缘的水泥搅拌桩内，在基坑开挖过程中支挡基坑外部土体向内的滑移。因此，H 型钢主要承受水平方向上的土压力作用，以及少量的桩身侧摩擦力；在此作用下，桩身将发生中和轴位置未知的复杂受弯变形。

从图 7-13 中不难看出，安装有分布式传感光纤 H 型钢的两个翼缘是桩身受弯变形的主要受力结构，在材料性质一致的情况下，翼缘部位的变形将比桩身其他部位更大，因而成为铺设传感光纤、监测桩身变形的最佳部位。

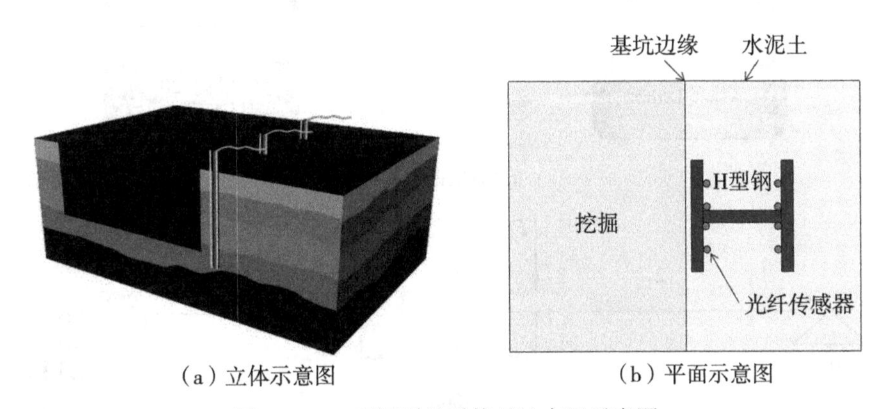

（a）立体示意图　　（b）平面示意图

图 7-13 H 型钢测量系统基坑布置示意图

7.3.3 室内试验

1. 试验内容

光纤沿 H 型钢轴向布设在翼缘以及翼缘与腹板的夹角处，采用环氧树脂作为黏合剂与 H 型钢表面全面黏接，通过测量 H 型钢各部位的轴向应变分布，来分析 H 型钢的受弯变形状态，见图 7-14。

在现场试验开始之前，首先在室内进行了 H 型钢的受弯变形试验，目的是确定分布式传感光纤测量的应变值与 H 型钢真实应变值之间的相关性，寻找光纤铺设的最佳位置。室内试验对一根 4m 长的 H 型钢（尺寸如图 7-15（a）所示）进行了简支梁四点弯加载。

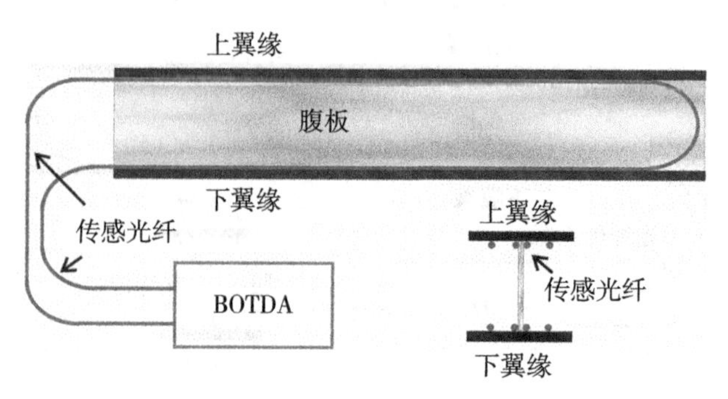

图 7-14　光纤布设示意图

如图 7-15 所示，中间两点集中荷载离 H 型钢中点 0.430m，两点间距离 0.86m，加载分 5 级，总荷载为 60kN，250kN，520kN，600kN。为了验证光纤应变数据的准确性，分别在 1~7 号断面（0.5m，1m，1.5m，2m，2.5m，3m，3.5m）处粘贴电阻应变片，作为对比。

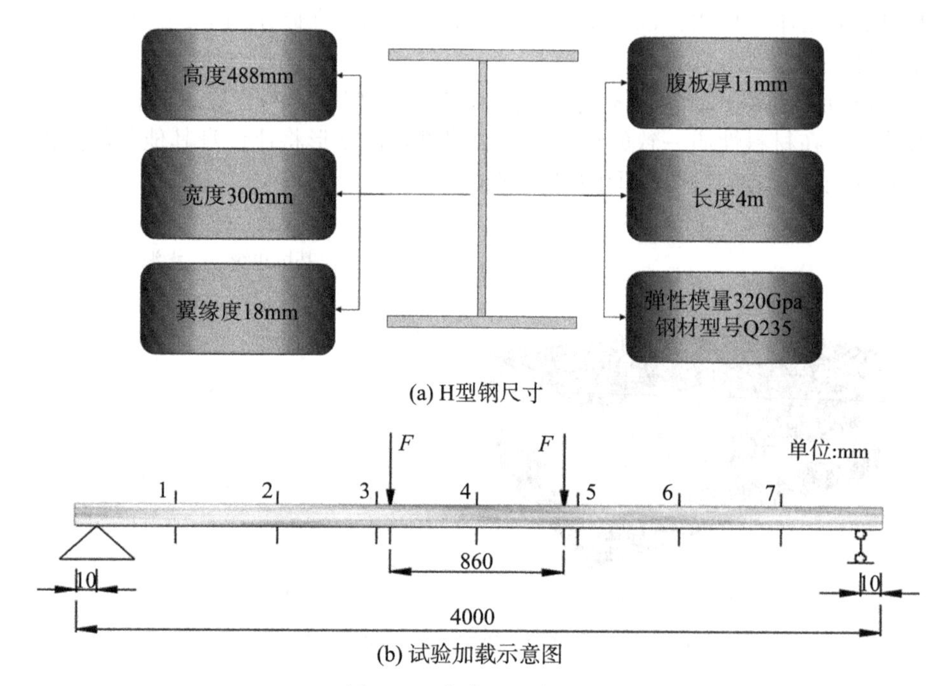

图 7-15　室内 H 型钢试验

2. 实验数据分析

（1）光纤测量数据与应变片测量数据对比。

应变测量数据显示，在各级荷载作用下光纤所测量的 H 型钢应变与电阻应变片的测量值非常接近，见图 7-16。

从光纤与应变片测量数据的对比分析可知，除了在 600kN 荷载作用下第 5 截面处的应变片与光纤测量值的差异较大外，两者在同一位置处所测量的应变值相差在 50με 左右，在允许误差范围之内。与应变片测量数据相比，光纤测量值更加符合 H 型钢变形规

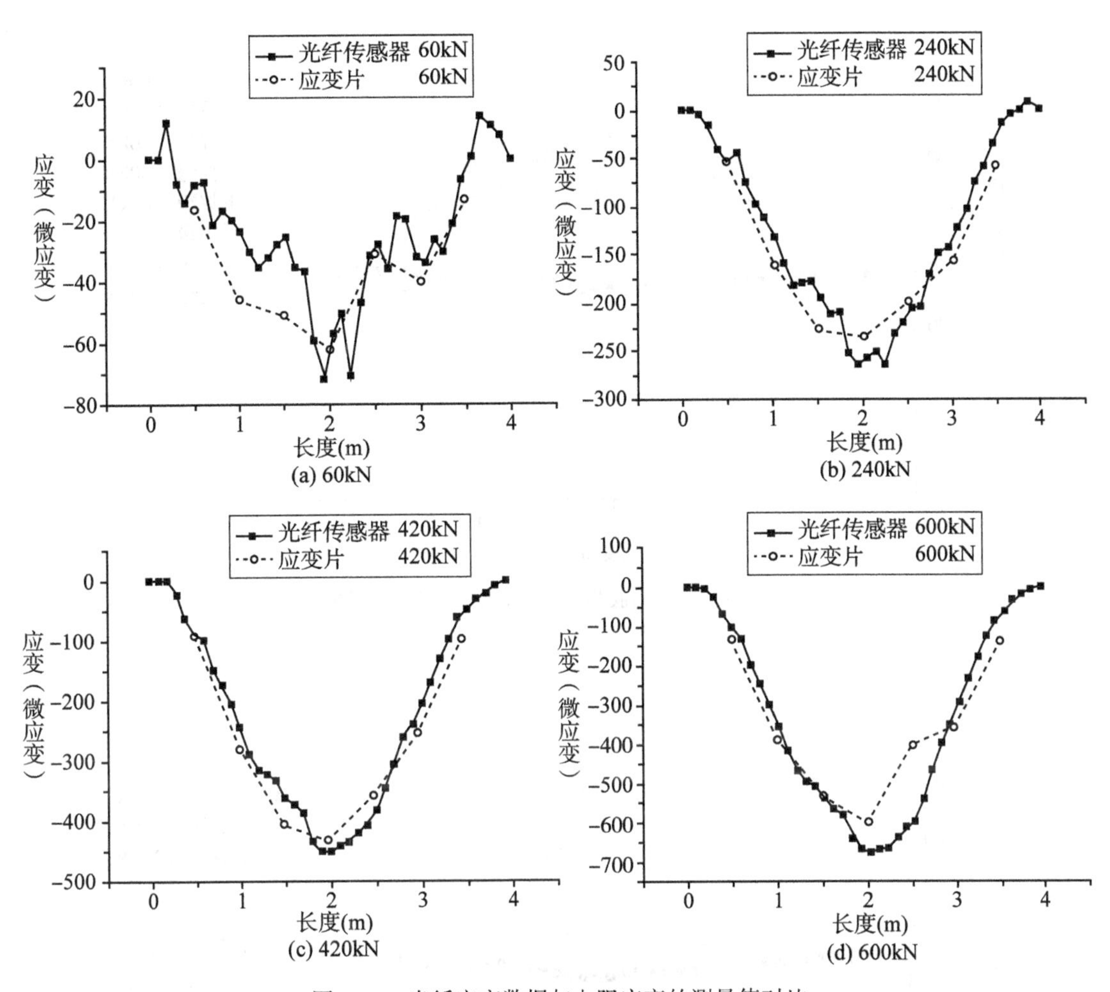

图 7-16 光纤应变数据与电阻应变的测量值对比

律。对于应变片，其测量的数据是点式的，而光纤测量的数据是连续的，因此相比于应变片测量，光纤测量更加适用于一些变形连续稳定的结构。从图中也可以看出，光纤的数据变化比较稳定，而应变片的数据跳跃性就比较大。

（2）上下翼缘应变测量值分析。

如图 7-17 所示，铺设在翼缘与腹板夹角处的光纤应变分布，上下翼缘的应变测量值以 $y=0$ 为对称轴，波形相互对称，符合 H 型钢受四点弯作用的变形规律。翼缘与腹板夹角处上下光纤的应变测量值之间的差异在 50με 左右，在误差范围之内，说明在此处结构的变形稳定，光纤的测量值也就显得比较稳定，显示了光纤测量的准确性。

图 7-18 显示的是铺设在翼缘上的光纤应变分布，下翼缘的应变测量值波形不规律，且不能与上翼缘的应变测量值相对称，两者测量值之间的差异在 70με 左右，这主要是因为翼缘在荷载作用下发生了附加变形。结构的附加变形造成的上下翼缘测量数据的不对称，光纤测量值直接就能反映出来，这更加说明了光纤对变形的敏感性，其在测量结构变形时的准确性。

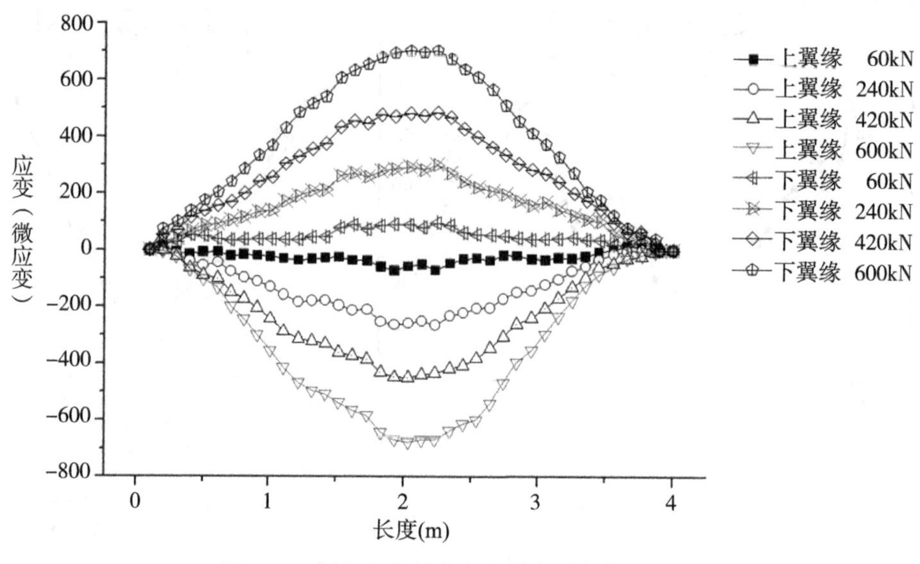

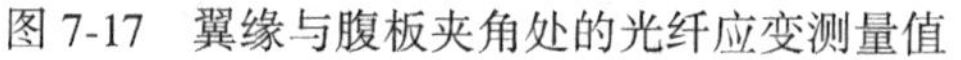
图 7-17　翼缘与腹板夹角处的光纤应变测量值

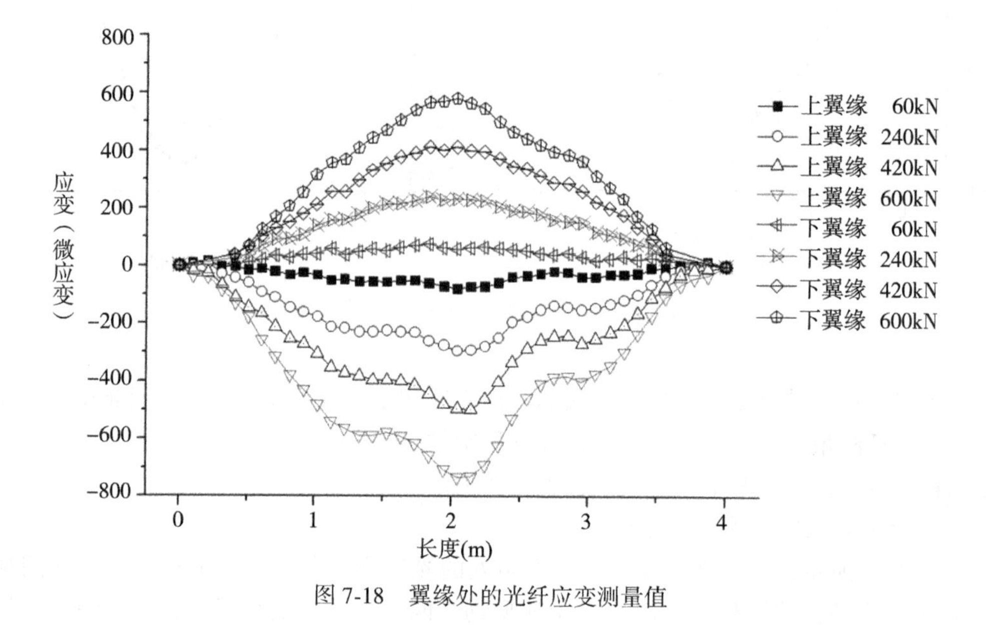

图 7-18　翼缘处的光纤应变测量值

7.4　分布式光纤传感数据处理方法

BOTDA 所测量到的分布式传感光纤应变数据，是针对桩身某特定位置（如翼缘与腹板夹角处）的变形，在中和轴位置不确定的情况下，不能代表桩身整体的变形状态，更加不能成为计算桩身弯矩、挠度的依据，因此必须经过一系列的数据处理，以消除中和轴位置不确定的影响。另外，基坑监测周期一般长达数月，周围环境温度变化较大，必须进行温度补偿，以消除温度场变化的影响；针对环境影响较大、信号噪声过强的问题，还需要对应变数据进行算法拟合，以消除信号噪声。

7.4.1 基本原理

1. 中和轴位置

H 型钢由于受到桩身材料性质不均匀等因素的影响，中和轴位置并不一定与腹板中心重合，因而，在不能确定其位置的情况下，必须通过数据处理的方法来回避中和轴位置在计算桩身弯矩、挠度中的影响。

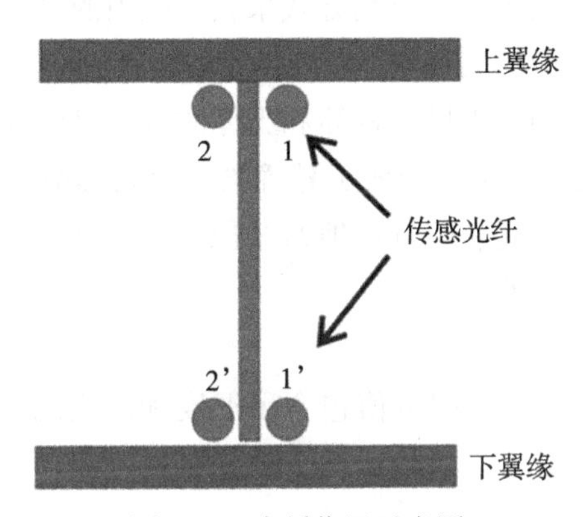

图 7-19 光纤位置示意图

假定以桩身轴线为 x 轴，在桩身某截面处，如图 7-19 中 2 光纤和 2′光纤相对于中和轴的距离分别为 y_2 和 $y_{2'}$，那么根据式（7-8）和式（7-9）可推导出式（7-10）：

$$M(x)=\frac{I_z E\varepsilon_{2\varepsilon}(x)}{y_2(x)}=\frac{I_z E\varepsilon_{2'\varepsilon}}{y_{2'}(x)} \tag{7-8}$$

$$Y(x)=y_{2'}(x)-y_2(x) \tag{7-9}$$

$$M(x)=\frac{I_z E(\varepsilon_{2'\varepsilon}(x)-\varepsilon_{2\varepsilon}(x))}{Y(x)} \tag{7-10}$$

式中 $M(x)$ 为某截面处桩身弯矩；I_z 为桩身截面惯性矩（桩身各截面基本一致）；E 为桩身材料弹性模量（桩身各截面基本一致）；$\varepsilon_{2\varepsilon}(x)$ 为某截面处 2 光纤受结构作用而产生的真实应变；$\varepsilon_{2'\varepsilon}(x)$ 为某截面处 2′光纤受结构作用而产生的真实应变；$Y(x)$ 为某截面处 2 光纤与 2′光纤之间的距离。

因此，虽然不能确知中和轴的位置，但 2 光纤与 2′光纤之间的距离是可以通过精确测量得到的，从而可以计算出某截面处桩身所受的弯矩。又因为 2 光纤与 2′光纤都铺设在翼缘与腹板夹角处，两条光纤基本保持水平，因此 $Y(x)=Y$，式（7-10）可简化为：

$$M(x)=\frac{I_z\cdot E\cdot(\varepsilon_{2'\varepsilon}(x)-\varepsilon_{2\varepsilon}(x))}{Y} \tag{7-11}$$

根据式（7-11）得出的弯矩分布计算桩身挠度分布：

$$I_z E y_D(x) = -\int[\int M(x)\,\mathrm{d}x]\,\mathrm{d}x + Cx + D \tag{7-12}$$

式中 y_D 为某截面处的挠度；C 和 D 为根据边界条件所确定的参数。

由于基坑土质的差别，型钢被插入土体之后桩底的支承情况是不一样的，由此而简化的型钢计算模型也不一样。也就是土质的改变对于求解公式（7-12）中 C 和 D 两个参数值的条件是不一样的。

如果基坑土质较为松软，型钢入土后，桩底在基坑开挖的时候必然会有转角产生，当然桩体的侧移量限定为 0，但是桩底的转角值在施工时又无法测量得到，在能够获得桩体轴向应变的前提下，就需要利用其他监测方式来获得桩顶的水平位移，有了这些已知量作为边界条件，就可以计算桩身的侧移量。

如果基坑土质较好，型钢入土后，桩体和土体的接触可以理解成刚性，即在桩底的位移和转角都为 0，而其简化模型也就变成了悬臂梁。如此模型，不需要其他辅助数据，在能够得到桩身应变的前提下，就能够方便地通过积分获得桩体的水平位移分布，大大方便了数据处理，也减小了测量误差。

2. 温度自补偿

由式（7-8）可知，BOTDA 的测量值包含了温度和应变的共同影响，假定 BOTDA 的测量值为应变测量值，则该应变测量值由两个部分组成：

$$\varepsilon_c = \varepsilon_\varepsilon + \varepsilon_t \tag{7-13}$$

其中，ε_c 是 BOTDA 对光纤的应变测量值；ε_ε 是光纤受结构变形而产生的真实应变；ε_t 是环境温度变化造成测量值上的假应变。

因此，式（7-10）可以改写为

$$M(x) = \frac{I_z E\left(\left(\left(\varepsilon_{2'c}(x) - \varepsilon_{2't}(t)\right) - \left(\varepsilon_{2c}(x) - \varepsilon_{2t}(x)\right)\right)\right.}{Y} \tag{7-14}$$

在同一个温度场环境内的不同光纤（如 2 光纤和 2′光纤），虽然由于结构变形的差异而在 ε_ε 上有所不同，但它们的 ε_t 是相同的。因此，式（7-14）可改写为

$$M(x) = \frac{I_z E\left(\varepsilon_{2'c}(x) - \varepsilon_{2c}(x)\right)}{Y} \tag{7-15}$$

因此，在计算桩身弯矩时可以通过两条翼缘上光纤应变测量值的差值来进行温度补偿，而不需要另外铺设专用的温度补偿光纤，从而实现了 H 型钢的温度自补偿功能。

3. 多项式拟合

受测量仪器算法、测量环境等多方面因素影响，分布式应变数据通常表现为连续的不平滑曲线。为了消除这种不平滑性，可以采用多项式拟合的方法对分布式应变曲线进行数据拟合：

$$s_f = p_1 x^{15} + p_2 x^{14} + p_3 x^{13} + \cdots + p_n x^{16-n} + \cdots + p_{15} x + p_{16} \tag{7-16}$$

其中 s_f 是经过拟合的分布式应变曲线，p_i（$i=1, 2, \cdots, 16$）是由应变测量值得到的系数。

7.4.2 实例与分析

1. 某厂房软土基坑监测

某厂房建于深厚软土地基上，地基主要以淤泥和淤泥质土为主，土体力学性质较差。基坑采用SMW工法施工，基坑底面挖深11m，水平方向上设有3道支撑，H型钢长22~24m。实验选取了该基坑内的6根H型钢，通长布设了分布式传感光纤，监测基坑开挖过程中H型钢的受力变形状态。为全面了解基坑开挖时的安全状况，6根型钢被分散在基坑周边，具体位置布设如图7-20所示。图7-21是现场已经开挖的基坑，支撑已经施加结束，基坑在开挖期间的安全不仅仅依靠型钢，还有这些支撑的作用。

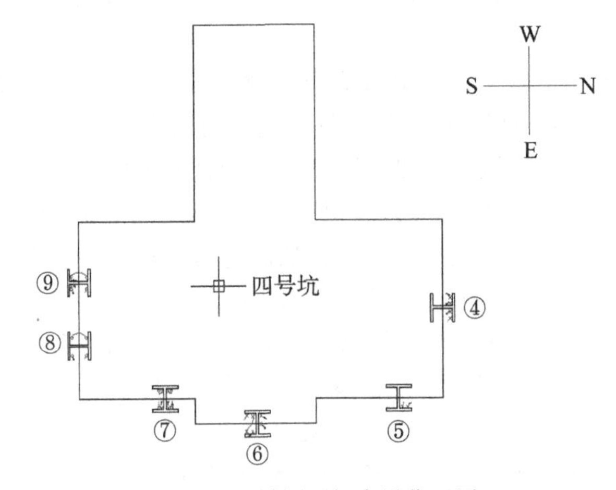

图7-20 被测型钢布设位置图

图7-21 现场支撑

因地基土力学性质较差，计算时采用软土模型将桩底的位移设置为0，而其转角存在但为未知量。在这样的情况下是无法通过分布式光纤传感光纤测量得到的应变信息来获得桩体水平位移值的，必须借助全站仪测量得到的桩顶位移作为已知量来求解公式（7-12）中的未知参数 C 和 D，再进一步积分获得桩身水平位移等其他变形信息。

彩图7-22显示了实测H型钢基坑外侧翼缘在基坑开挖过程中的应变分布曲线，彩图7-23显示了H型钢基坑内侧翼缘在基坑开挖过程中的应变分布曲线，图中纵坐标代表H型钢由桩顶（坐标为0）到桩底（坐标为-25m）的距离，横坐标则是对应H型钢坐标位置、经过多项式拟合后的光纤应变数据。对比发现，两组应变曲线表现出以 $x=0$ 为对称轴的近似对称，这主要是因为这两条光纤测线分别位于H型钢的中和轴两侧，总体上是对称关系，但由于受到中和轴位置不确定以及环境温度变化影响，曲线形态会在局部有所差异。

根据这两组应变分布曲线，计算出H型钢的弯矩分布（见彩图7-24）。假定桩底位移为0，桩顶水平位移可由全站仪精确测量，计算出桩身的水平位移分布（见彩图7-25）。

如彩图7-24所示，桩身弯矩分布曲线表现出随时间变化而增长的趋势，并且在桩身上下两段分别出现了两处符号相反的弯矩峰值。虽然弯矩曲线的变化是一个渐变的过程，但在总体上可以将相似的弯矩曲线归为一组，从而将弯矩增长变化分为三组，开挖后第3天到第6天为第一组，开挖后第10天至第17天为第二组，开挖后第21天至第27天为第三组。与之相对应，彩图7-25中的水平位移分布曲线也表现出了相类似的分组形式，这表明H型钢桩身的受力变形与基坑开挖步骤之间存在密切联系。基坑开挖施工日志显示，该H型钢所在基坑正式开挖时冠梁和第一道支撑已安装完毕，开挖后第3天开挖至-6m，开挖7天后第二道支撑安装完毕，开挖17天后挖至-11m，并安装三道支撑。将基坑开挖过程与弯矩和水平位移变化过程进行对比后发现，基坑开挖深度的增加导致弯矩和水平位移分布曲线的渐变，而水平支撑的安装则导致弯矩和水平位移分布曲线的突变。

另外，水平支撑的安装不仅改变了弯矩和水平位移分布曲线的数值大小，同时也改变了曲线峰值的位置。彩图7-24中的弯矩分布曲线显示，桩身上部和下部的两处弯矩峰值都随着水平支撑数量的增加而出现逐步下移；彩图7-25中的水平位移分布曲线则显示桩身水平位移最大的位置也出现了下移。

为了验证智能SMW工法桩的可靠性，试验中还在桩身附近埋设了测斜管，同步测量与H型钢位置相对应的土体水平位移。图7-26显示了开挖后第6天两种测量方法所得到的数据曲线，图形显示分布式光纤测量的H型钢与土体水平位移具有相似性，这在一定程度上也证明了分布式光纤测量数据反映的H型钢受力变形状态与真实情况相符。

2. 某公路硬土基坑监测

某公路隧道所处位置为土质条件良好的硬土地基，上部覆有5m厚的人工填土层，下部主要由黏性土、粉土、砂土及砾卵石构成。隧道采用明挖法建造，基坑挖深最大处7m，支护结构采用型钢水泥土搅拌墙加钢支撑，型钢设计深度达18m，但由于在该隧道下方已建成有一条正交的地铁隧道，因此在跨越地铁隧道的局部区域型钢设计只有8m。本次实验共选取了12根18m长型钢和6根8m长型钢，型钢通长布设光纤，用以监测型钢在基坑开挖期间的变形和基坑的安全。型钢被布置在公路隧道两侧临近隧道的位置，如图7-27

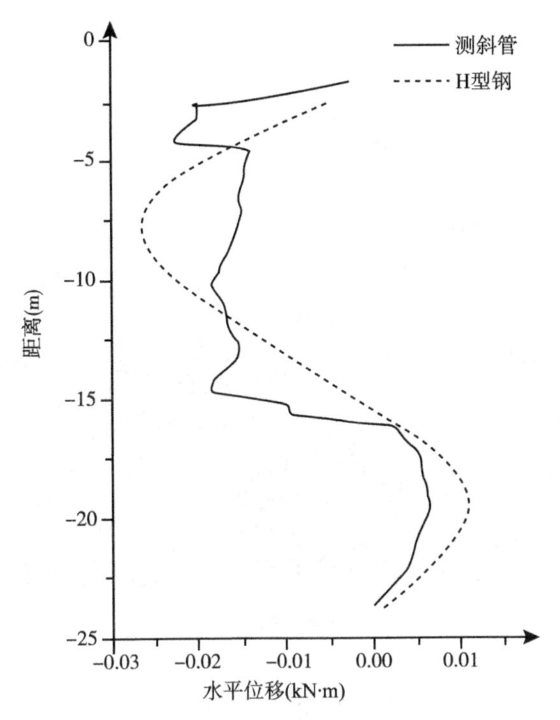

图 7-26 测斜数据与 H 型钢水平位移对比图

所示，图中所表示的智能型钢水泥土连续墙就是实验选取的型钢。为确保基坑开挖期间的安全性，伴随着基坑的开挖，不断地在各个方向上施加纵、横、斜向支撑，如图 7-28 所示。

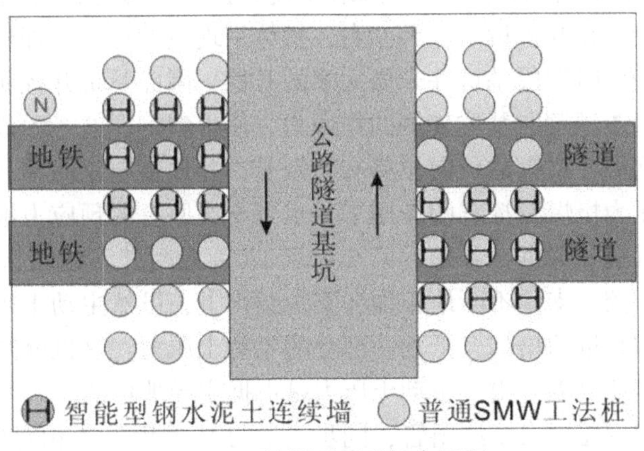

图 7-27 被测型钢现场布置图

实验场地土质条件较好，符合前述硬土模型的假设条件，型钢插入土体后近似理解成一悬臂梁，桩体底部的转角和位移都为 0，有这两点作为前提条件，再加上仪器本身测量

图 7-28　现场支撑

得到的应变值，不需借助全站仪的数据就能得到参数 C 和 D，进一步推算型钢的侧移及相关变形信息。该方法不需借助辅助数据，略去了中间过程，减小了很大的计算误差。

彩图 7-29 显示了实测 H 型钢基坑开挖过程中的应变分布曲线，图中纵坐标代表 H 型钢由桩顶（坐标为 0m）到桩底（坐标为-18m）的距离。从开挖初期到开挖 16 天后，开始的时候，基坑开挖较小，桩体变形非常小，而随着基坑的进一步开挖，桩体应变增大，而且桩体上部保持较大量，完全符合力学规律。

彩图 7-30 是桩身水平位移分布图，选取 9 期数据作为参考，时间段贯穿整个开挖过程。从图中可以看出，在开挖后第一天左右，桩体呈现负的位移，即桩体背离基坑一侧变形了。经分析可知，该时间段基坑并未做太多的开挖，因此基坑开挖所带来的变形是相当小的，而水平支撑给予型钢向基坑外侧的作用力，使得型钢在这一阶段出现负的位移。伴随基坑开挖深度的增大，型钢的负向位移有所恢复，并逐步向正向移动，表明随着基坑开挖的进行，主动土压力慢慢发挥它的作用了，水平支撑原有的预应力根本不足以使型钢发生负向的位移。而且这些数据在开挖后第 5 天到 13 天之间并不是依次有序变化的，主要原因是随着基坑的开挖，支撑不断地施加在支护结构上，虽然主动土压力在基坑开挖之后明显增大，但是支撑数量的增加会抵消一部分的主动土压力，这也就产生了图中所示回弹的现象。不过很明显地可以看出，主动土压力是占据主导地位的。

实验中在桩身附近还埋设了测斜管，同步测量与 H 型钢位置相对应的土体水平位移。图 7-31 显示了开挖后第 17 天两种测量方法所得到的数据曲线，图形显示分布式光纤测量的 H 型钢水平位移与土体水平位移具有相似性，在最初的一段时间，两者整体变形趋势一致，尤其是测斜仪所监测到的型钢底部位移接近 0，这和前面基坑底部转角为 0 的假设不谋而合。

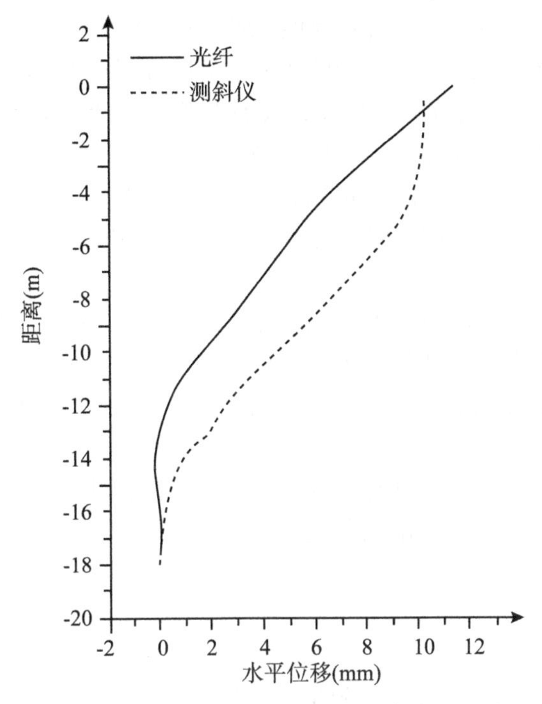

图 7-31　测斜数据与 H 型钢水平位移对比图

7.5　总结

对于 SMW 工法桩的监测，目前大多采用的方法是利用常规电测式传感器进行人工读数，然而这种点式测量存在选点有限，存在盲点的问题，并且常规电测式传感器的耐久性较差，容易受到外界电磁、温度、湿度的影响，无法做到长期稳定、精确的测量。针对这种现象，将分布式光纤技术引入对 SMW 工法桩的监测，首先通过室内试验对比分布式光纤及应变片的监测数据，发现分布式光纤监测数据相对于应变片监测数据来说要更加连续且更加符合 H 型钢变形规律，因此对于 H 型钢这类变形连续的结构，利用分布式光纤进行监测比应变片要更加适合，证明了将光纤利用于 SMW 工法桩的可行性。实际工程应用中，通过在土质较差的软土地基以及土质较好的硬土地基两种不同的工况中，利用两种不同的理论模型进行监测与分析，通过对比：① H 型钢上弯矩分布随时间的变化与开挖施工日志实际情况；② H 型钢水平位移（光纤监测）与周围土体水平位移（测斜管监测）；③ 实际测得 H 型钢变形规律与理论模型假设变形规律，发现分布式光纤监测得到的数据符合工况的进行、符合周围土体的变形、符合模型假设的变形，验证了利用光纤对 SMW 工法桩进行监测的可行性。

以 BOTDA 技术为基础对普通 H 型钢进行封装，使之能够在基坑开挖过程中获得 H 型钢翼缘应变、桩身弯矩、挠度等受力变形数据，从而为基坑安全实时评价提供依据。通过在两个实际工程中进行应用，可以得到以下结论：

（1）光纤具有良好的耐久性与抗腐蚀性，结构简单轻便，在埋设到结构中后，不会对材料造成影响。安装有分布式传感光纤的H型钢可以按照常规SMW工桩一样工作，并且在两种不同的施工环境中，分布式传感光纤及H型钢的存活率均达到100%。

（2）不同于以往的点式监测，光纤监测技术有其分布式的优点，光缆铺设到的地方均可以感测到被测物理量。安装有分布式传感光纤的SMW工法桩可以快速地获取桩身分布式应变数据，该数据以0.1m为间隔，记录桩身全长的应变分布，完全解决了点式传感的数据局限性。

（3）从根本上来看基坑环境温度对监测结果的干扰，通过巧妙的光纤布设工艺，根据分布式应变数据推算的弯矩和挠度分布曲线，具有独特的双线测量方法，实现了H型钢监测的温度自补偿，避免了温度对监测的影响，使监测结果更加精确。

综上所述，安装有分布式传感光纤的H型钢是一种具有实时获取应变数据的基坑工程围护结构，其良好的现场环境适应性、连续分布的监测数据、温度自补偿的优越算法等特点为其在工程领域中的推广应用提供了坚实的基础。

本章思考题

1. 新型的光纤感测技术相较于传统的点式监测有哪些优点？
2. 光纤感测技术在土木工程中有哪些应用？
3. 简述光纤感测技术的基本原理，并列举3种主流的光纤感测技术。
4. 简述布里渊光时域反射技术（BOTDR）的概念及其原理。
5. 简述拉曼散射感测技术（ROTDR）的原理与优势。
6. 简述利用BOTDA技术对SMW工法桩进行实时变形监测的工作原理。
7. 简述BOTDA技术用于SMW工法桩变形监测数据获取与处理的过程。
8. 举例说明基于BOTDA的SMW工法桩变形监测方法的工程应用，并分析其优缺点。

第8章　自动化监测技术

内容及要求：本章主要介绍自动化监测的基本原理与方法。通过本章学习，要求了解自动化监测系统的分类与设计；掌握利用自动化技术进行变形监测、应力应变监测、渗压（流）监测的方法；并结合工程实例了解自动化监测技术在安全监测中的应用。

8.1　概述

工程的安全性直接影响着设计效益的发挥，也关系着人民群众的生命财产安全、社会经济建设和生态环境等。在自身荷载和外部荷载、环境（洪水、地震）等复杂、多变、不可预见的综合因素下，工程安全监测成为工程施工期、运营期安全评估的重要手段。传统的安全监测主要是采用原型观测和人工巡检的方式，即将部分观测仪器埋设于建筑物原型中进行温度、渗流、应力应变状态的监测，并配合人工观测工程的外部变形、裂缝、挠度等方式，对工程安全性态的特征量进行现场测量。但随着现代工程规模的扩大，观测环境较为恶劣和监测设备应用条件较为复杂等原因，使得传统人工观测和半自动化的模式远远不能满足安全监测的要求。一方面，传统的人工监测方法所采用的仪器设备精度一般较低，且由于监测人员的素质差异，监测数据的人为误差难以避免。另一方面，对于有一定规模的工程，测点多，分布广，人工监测的劳动强度相当大，尤其是在工程特殊时期需要加密测次时，外业施测困难。存在观测周期长、误差大、同步性差的问题，无法实现实时在线监测，更无法反映工程的安全监测指标的实时性和时效性。

从20世纪60年代起，随着计算机技术的发展和自动化仪器设备的研制，自动化监测技术成为确保工程安全监测有效性的一种重要手段。该技术采用自动化的数据采集、传输和处理技术，以及时、完整地获得工程的安全监测数据和掌握工程的运行性状。实施自动化监测，具有以下突出的优点：①采用高精度、高可靠性的数字化智能仪器仪表，测量精度大大提高；②能够胜任多测点、密测次观测；③能降低工作强度，节约人力，减少人为误差，并能在恶劣环境下连续工作；④能把成百上千的测点连接成网，采集在时间、空间上更为连续的信息，并把数据采集、记录、检验、传输、分析及报警灯环节联成一个紧凑的历时较短的实时在线监测过程。

8.2　自动化监测系统

8.2.1　自动化监测系统的分类

自动化监测系统是综合利用传感器技术、通信技术、计算机应用技术等，对工程的关键监测项目实现自动化的数据采集、传输、存储、处理和应用。自动化安全监测系统按采集方式可以分为三类：集中式、分布式和混合式。这三种采集方式都基于先进的科学成果，都有各自的技术特点和应用范围，都能满足工程建设的不同需求，并且都在工程中得到了成功的应用。

1. 集中式自动化监测系统

集中式自动化监测系统由传感器、采集装置和计算机系统组成。根据在工程关键部位布设的各类型传感器，在工程现场优选布置采集装置，利用电缆将传感器与采集装置直接相连，传感器信号通过采集装置转换成数字信号并传输至监控中心的计算机系统进行数据存储、处理和管理，其结构图见图8-1。集中式自动化监测系统适合于仪器测点数量在100~200点以内，且仪器布置相对集中的规模较小的工程，信号传输的距离不远，对中小工程不失为一种经济适用的系统。

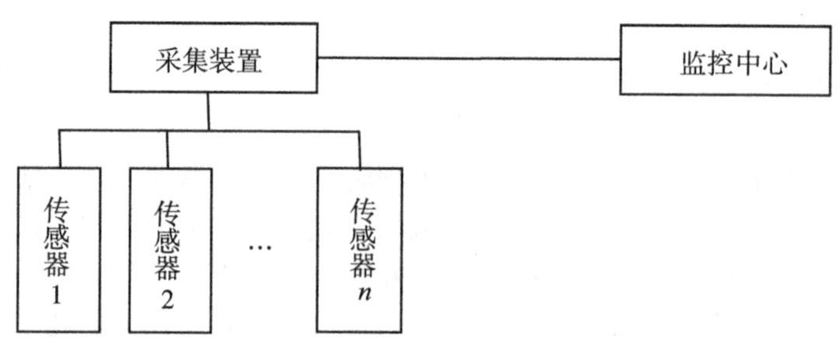

图8-1 集中式自动化监测新系统示意图

然而，一般而言，安全监测自动化系统具有规模大、分布广、测点多、传感器种类多的特点，且工作环境非常恶劣，常年处于潮湿、高低温、强电磁场和雷电干扰的环境。因此，集中式自动化监测系统效果并不理想，还需要建设功能强、可靠性高、稳定性好、抗干扰能力强的自动化监测系统。

2. 分布式自动化监测系统

随着微电子技术、计算机技术和通信技术的发展，20世纪80年代中期国外研制了一种新型的分布式自动化监测系统，如加拿大魁省水电局的CHANDRA系统、美国SINCO公司的IDA系统以及美国的基美星自动化系统公司开发的Geomation System等。分布式的系统结构更加可靠，系统组态更为灵活，运行效能更高。由于其性能优越，满足安全监测自动化的要求，很快就取代了集中式系统成为监测自动化的主流。

分布式自动化监测系统是将采集装置分散布置在靠近仪器的地方，系统的主要配置包括：传感器、数据采集单元（MCU）、计算机工作组、信息管理软件及通信网络等五大部分，系统的结构示意图见图8-2。分布式监测自动化系统中，传感器安装在监测部位，MCU对传感器进行数据采集，数据采集单元MCU接收采集计算机的指令，定时或随机将传感器转换成的频率、电流、电阻比、电阻值等电量自动采集并存储，采集计算机依据传感器的性能参数将测得的电量计算为相应的位移、渗流量、水位高程及应力、应变、温度等，并加以存储和判断。MCU可完成所辖控制区域的控制测量、A/D转换、数据暂存和数据传输等功能。由于数字信号的远距离传输较之模拟信号相对简单，因此，可根据仪器的布置情况，灵活地分散布设在靠近仪器的地方，缩短了模拟信号传输的距离，降低了系统防外界干扰的技术难度。每个 MCU 均可根据设定的命令执行测量和暂存数据，因此系统的故障所造成的数据丢失相对减少。

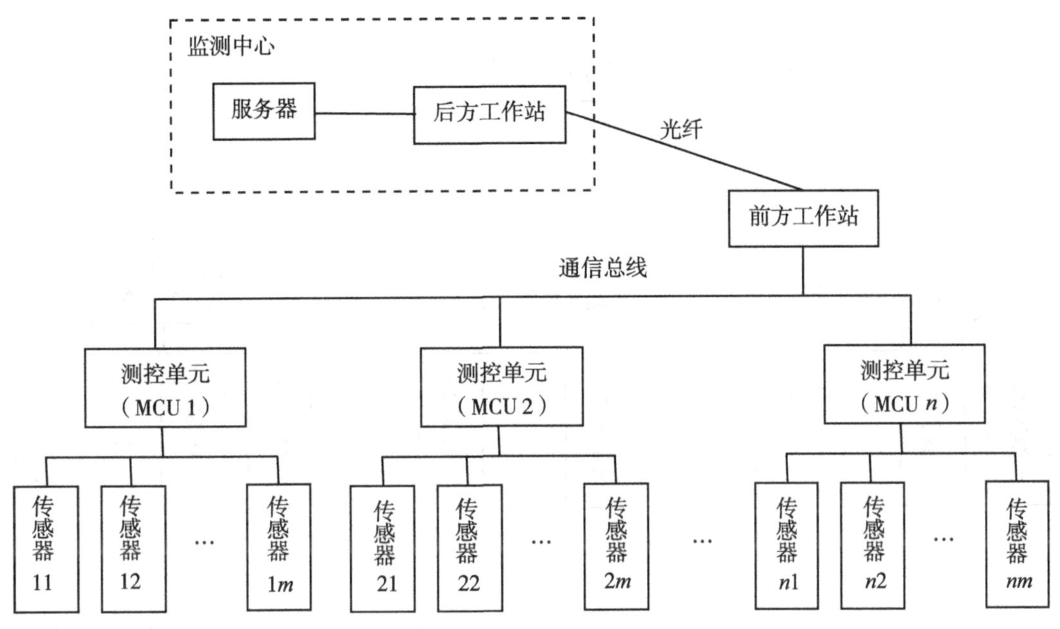

图 8-2 分布式自动化监测系统的结构示意图

分布式自动化监测系统能适应多种类型的传感器，且具有如下的突出优点：高可靠性；工作速度快（各部分独立工作）；系统模块化明确；设计、开发、维护简便；扩充性强、适应大系统的逐步实施；与传感器相互无影响，并对传感器选择余地大。另外，分布式数据采集系统彻底克服了集中式的不足，中央控制装置和总线发生故障后，各测控装置（MCU）仍可自动进行巡测并存储数据，系统的数据采集工作不会停止，观测资料不会中断。从总体发展趋势上看，随着电子技术的进一步发展，分布式自动化监测系统明显优于其他两种系统而获得了更多的应用。

3. 混合式自动化监测系统

混合式自动化监测系统是介于集中式和分布式之间的一种采集方式，具有分布式系统的外在形式，而数据采集则采用集中式的方式，系统的结构示意图如图 8-3 所示。1989 年，国内第一套混合式自动化监测系统由原南京自动化研究所研制成功，系统中布设在传感器附近的遥控转换箱类似于 MCU，其结构较 MCU 简单，可以汇集其周围仪器的模拟信号，但不具备 MCU 的 A/D 转换和数据暂存等功能。因此，在解决了模拟信号的长距离传输问题后，混合式自动化监测系统利用分散布设于仪器附近的遥控转换箱将仪器的模拟信号汇集于一条总线，传输到监控中心进行集中测量和 A/D 转换，然后将数字信号传输至计算机存储。由于该类系统仅需一套测量控制装置，又具有分散布置汇集大量传感器的灵活性和可扩展性，在微电子技术发展水平不高的 20 世纪 80 年代是具有高性价比的自动化监测系统，在新丰江、凤滩、富春江、三门峡等多个工程中得到了广泛的应用。对于一般的大中型工程，混合式自动化监测系统是一种经济适用的自动化监测系统。

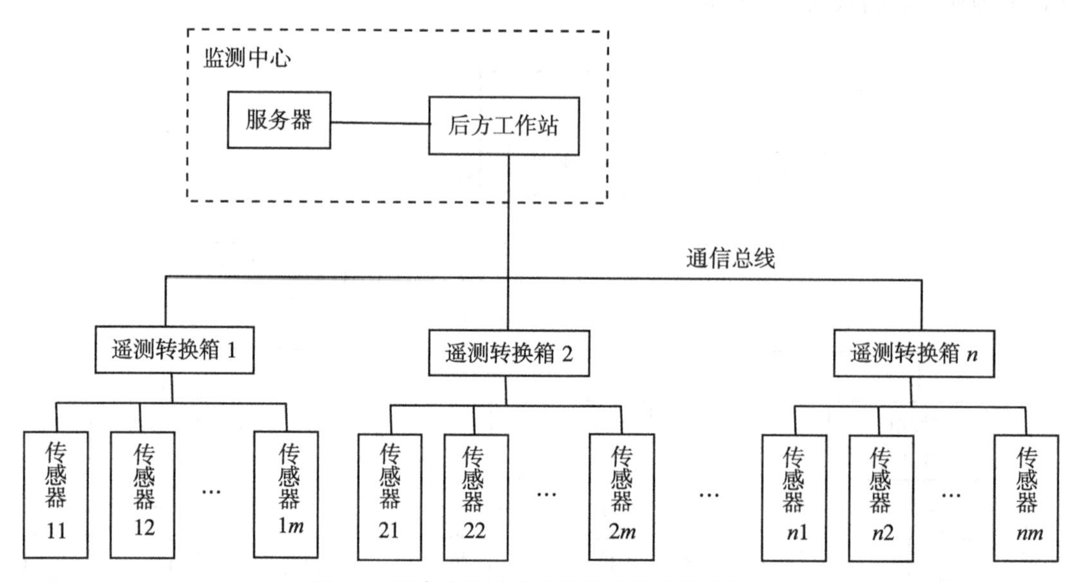

图 8-3　混合式自动化监测系统的结构示意图

综上所述，集中式、分布式和混合式的自动化监测系统能满足工程监测的不同需要，但三种系统具有各自的技术特点和应用范围。在满足工程监测需求的前提下，选择何种方式的监测系统的主要衡量指标就是性价比。但从总的发展趋势来看，随着大规模集成电路，尤其是各种专用集成电路的成熟和规模化生产，在 MCU 的成本逐渐降低的同时，性能也得到进一步提升，分布式自动化监测系统将会得到更为广泛的应用。

8.2.2　自动化监测系统的设计

1. 自动化监测系统设计的一般规定

自动化监测系统主要包括数据采集的自动化、数据传输的自动化、数据管理的自动化和数据分析的自动化，即实现从数据采集到资料分析全过程的自动化。因此，自动化监测系统设计应以工程安全监测为目的，满足工程现代化管理的需求。接入自动化监测系统的仪器，其技术指标应满足国家计量法的要求，能够连续、准确、可靠地工作，在使用寿命期能适应工作环境，主要性能满足技术规范要求，输入输出信号标准应开发，宜定期进行检查和校验。系统设计的一般规定包含以下几个方面：

1）数据采集功能

能自动采集各类传感器的输出信号，并把模拟信号转换为数字信号；数据采集能适应应答式和自报式两种方式，能按设计的方式自动进行定时测量，能接收命令进行选点、巡回检测和定时检测。

2）掉电保护功能

现场的数据采集装置应有存储器和掉电保护模块，能暂存已经采集的数据，并在掉电情况下不丢失数据。系统应设有备用电源，在断电的情况下，系统应能自动切换，并继续工作一段时间，具体持续工作时间应根据工程的具体要求确定，一般应在 3 天以上。

3）自检和自诊断功能

对仪器自身的工作性态进行检查，对发生故障的仪器应能自动报警。

4）现场网络数据通信和远程通信功能

现场数据通信一般采用电缆、光纤和无线传输等形式，对于远程通信一般采用互联网和微波的方式。

5）防雷和抗干扰功能

为保证系统的安全和正常运行，防止遭受雷击和外界因素的干扰，系统应具备防雷和抗干扰的功能，系统的防雷一般应进行专门的设计。

6）数据管理功能

对监测数据应采用数据库技术进行有效的管理，并编制相应的管理系统软件，对监测数据实行查询、修改、统计等操作，对数据异常及故障能进行显示和报警。另外，为保证数据的安全，系统应具有数据备份功能。

7）数据分析功能

对监测数据进行及时的分析处理是自动化监测系统的一个重要特征，是及时发现工程隐患的重要手段。一般的数据分析主要是判断数据的正常或异常特征，并根据其异常特征作进一步的分析。

2. 自动化监测系统设计的原则

自动化监测系统设计应遵循“实用、可靠、先进、经济”的原则，系统应选用技术先进、稳定性好、抗干扰能力强的自动化监测系统的仪器和设备，应具有使用灵活、维护方便、功能及扩充性强的特点。自动化监测项目的选择，以工程结构安全监测为主要目的，分清主次，使系统既经济合理又能满足安全监测的需要。系统的设计原则主要包含以下几个方面：

（1）可靠性。系统运行安全可靠，性能稳定，可以在恶劣的环境下长期工作，具有良好的防雷、防湿、耐高温等抗干扰能力。发生故障时能及时判断、报警，并迅速排除。

（2）通用性。在进行系统设计时，应充分考虑其应用对象的共性，使系统具有较强的通用性，系统易于操作，人机界面友好。

（3）适应性。根据工程所处的环境条件、结构和运行工况的不同，在设计自动化监测系统时应有较强的针对性，重点监测项目和重要测点应优先纳入系统中。

（4）相容性。系统应能兼容不同类型的传感器，能够测量多种参数，也能实现监测信息的统一管理。

（5）协调性。各个监测项目应相互协调和同步，以便相互校核和补充。

（6）可扩展性。系统的设计容量要足够大，满足系统今后升级的可扩充性需要。

（7）经济性。系统的造价经济合理，采用性价比高的仪器设备。

（8）准确性。系统的测量数据应准确，精度满足相关规范的要求，在更换零部件时不影响数据的连续性。

（9）可维护性。系统的使用操作简单，要求维护检修方便。

3. 自动化监测系统设计的内容

自动化监测系统设计以工程安全监测为目的，按照工程建设的进展全面规划，分项目、分阶段地逐步实施。可行性研究阶段、招标阶段和施工阶段的系统设计内容如下：

可行性研究阶段应论证设置自动化监测系统的必要性，需要设置自动化监测系统时，应进行系统的规划设计，主要内容包括：①初步确定纳入自动化监测的项目、监测方式和测点数量，以及监测仪器设备的布设方案；②初步确定监测仪器的技术指标和要求；③基本确定数据采集装置的布设、通信方式及网络结构设计，提供供电方式。

招标阶段进行自动化安全监测系统的总体设计，主要内容包括：①确定自动化监测系统的功能及性能和验收标准；②确定纳入自动化的监测项目、监测方式和测点数量，以及监测仪器设备的布置方案；③确定监测仪器的技术指标和要求；④确定数据采集装置的布设、通信方式及网络结构设计；⑤确定电源、过电保护和接地技术及设备防护措施；⑥确定系统设备配置方案；⑦根据工程的安全级别，结合工程的实际需求，基本确定软件的配置；⑧提出系统运行方式要求。

施工阶段自动化安全监测系统的设计应包括以下主要内容：①监测仪器设备的布置及施工图设计；②配套土建工程及防雷工程施工设计；③提出施工技术要求；④确定系统运行方式的要求。

8.2.3　自动化监测系统的数据采集单元

数据采集单元（Data Acquisition Unit，DAU），或称测量控制单元（MCU），是自动化监测系统中的主要组成部分。数据采集单元的主要功能就是将各监测项目的传感器纳入数据采集装置，用于对各种传感器进行数据采集和存储，并与中央控制部分连接通信和数据传输，实现对大坝的变形、渗流/渗压、温度、应力/应变水位等项目进行自动实时监测。

1. 数据采集单元的构成

数据采集单元由智能数据采集模块、不间断电源、通信模块、防潮加热器和多功能分线排等部分组成，这些部件安装在一个密封箱内，其组成框图见图 8-4。

数据采集单元的工作模式可以采用中央控制方式（应答式）或自动控制方式（自报式）。中央控制方式（应答式）由后方监控管理中心监控主机（工控）或联网计算机命令所有 DAU 同时巡测或指定单台单点测量（选测），测量完毕将数据存于计算机中；自动控制方式（自报式）由各台 DAU 自动按设定时间进行巡测、存贮，并将所测数据送到后方监控管理中心的监控主机。DAU 监测数据的采集方式可以采用常规巡测、检查巡测、定时巡测、常规选测、检查选测等。

2. 数据采集单元的功能

数据采集单元一般应具有的功能如下：

（1）数据采集智能模块应可采集各种类型的工程安全监测仪器，如差动电阻式、电感式、电容式、振弦式、电位器式等。

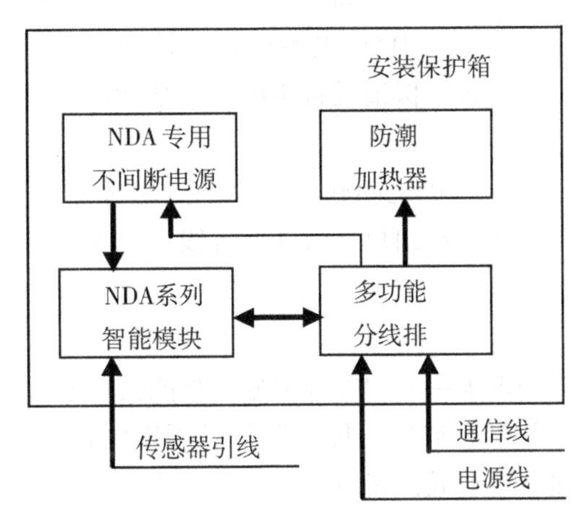

图 8-4 数据采集单元（DAU）的组成框图

（2）模拟输出模块应具有控制功能，如基于时间和测量参数可控制以下对象：继电器、警报器、电磁阀、电阻负载等。

（3）电源管理功能，包括供电电源转换、电源调节、电源控制，具有电池供电功能，可在脱机情况下根据系统的设定自动采集和存储，蓄电池供电时间可达 7 天。

（4）具有掉电保护和时钟功能，能按任意设定的时间自动启动进行单检、巡测、选测和暂存数据。

（5）可接收监控主机的命令设定、修改时钟和测控参数。

（6）具有同监控主机进行通信的功能，可实现常规巡测、检测巡测、定时巡测、常规选测、检测选测、人工测量。

（7）可接入便携式仪表实施现场测量，可用监控主机、便携式计算机从 DAU 中获取全部测量数据。

（8）具有防雷、抗干扰功能。

（9）能防尘、防腐蚀，适用于恶劣温湿度环境。

（10）具有自检、自诊断功能，能自动检查各部位运行状态，将故障信息传输到管理计算机，以便用户维修。

3. DAU 的相关设备要求

1）机箱

数据采集单元应采用密封机箱，结构牢固、有适当刚度自支持，易于维修和更换内部元器件。机箱应能在水利工程使用环境中使用。机箱的电磁屏蔽特性应保证系统能正常工作和不影响本工程其他设备的正常工作。

2）电源

目前，DAU 电源一般采用交流浮充或太阳能板浮充，蓄电池供电方式。此种供电方式能在市电电压变化范围达±20%的恶劣供电情况下，保证 DAU 设备的测量、采集和通信正常工作。DAU 电源在市电因故障掉电时，能保证 DAU 设备供电不中断并持续工作，确保市电掉电 7 天内测量数据的连续性。DAU 电源应具有较强的抗雷电干扰和防浪涌能力，并避免或减小来自电源线路的干扰，保证设备用电的安全性和可靠性。

3）通信方式

数据采集单元（DAU）与计算机之间建立一个一点对多点或多点总线式的双向数据通信系统，并可根据现场环境情况和用户要求选择有线、无线或光纤通信等多种通信方法来实现直接接口能力。

4. 数据采集智能模块

数据采集智能模块是数据采集单元的关键部分，智能模块通常由微控制器电路、实时时钟电路、通信接口电路、数据存储器、传感器信号调理电路、传感器激励信号发生电路、防雷击电路及电源管理电路组成，其组成框图如图 8-5 所示。

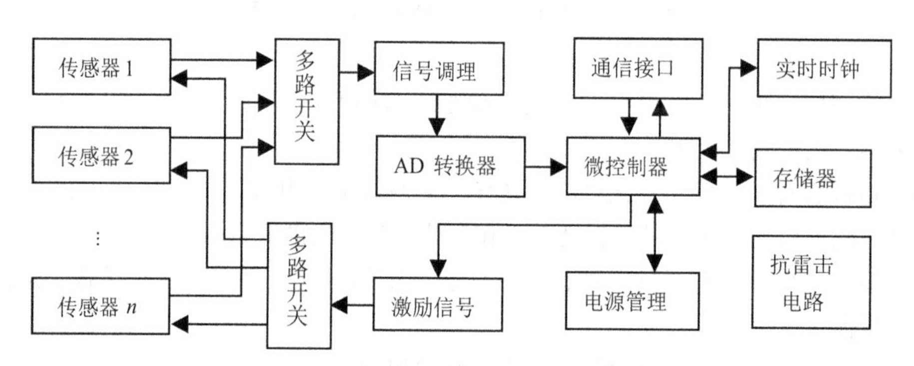

图 8-5　数据采集智能模块组成框图

模块以微控制器为核心，扩展日历实时时钟电路。定时测量时间、测量周期均由时钟电路产生。时钟电路自带电池，保证模块掉电后时钟仍然走时正确。用于工程参数监测的传感器一般为无源传感器，通常需要施加具有一定能量的直流或交流激励信号。因此，不同模块根据不同类型的传感器产生恒电压源、恒电流源、正弦波或脉冲信号作为传感器的激励信号。信号调理电路将传感器的信号经过放大、滤波、检波等处理后转换为适合于模数转换器输入的标准电压信号，模数转换器再将此信号转换成数字量输入微控制器进行处理。另外，一个模块含有多个通道可接入多个传感器，模块内通过多路开关来选择不同通道进行测量。

由于每个模块都带有微控制器（单片机或 DSP 处理器），因此可以方便地实现故障自诊断。自诊断内容包括对数据存储器、程序存储器、中央处理器、实时时钟电路、供电状况、电池电压、测量电路以及某些传感器线路的状态进行自检查。另外，由于工程安全监测系统要求能够抗雷击、停电不间断工作，因此在 NDA 智能模块中包括电源线、通信线、传感器接线的所有外接引线入口都采取了抗雷击措施，并且设计了专用的电源管理电路。

8.3 自动化监测方法

8.3.1 变形监测

变形监测的一般项目主要包括：水平位移监测、垂直位移监测、挠度监测、倾斜监测、裂缝监测、静力水准监测等，这些项目的自动化监测可通过激光准直测量系统、正倒垂测量系统、引张线测量系统等实现。

1. 激光准直测量系统

激光准直系统（包括大气激光准直和真空激光准直）是用激光束作为测量的基准线。激光具有良好的方向性、单色性和较长的相干距离，采用经准直的激光束作为测量的基准线，可以实现较长距离的工作。但激光束在大气中传输时会发生漂移、抖动和偏折，影响大气激光准直观测的精度。真空激光准直系统是在基于人为创造的真空环境中自动完成测量任务，大大减小了长距离监测过程中由于温度梯度、气压梯度、大气折光等因素对监测造成的漂移、抖动和偏折等影响。随着 CCD 技术的发展，激光监测的精度和速度大幅度提高。由于真空激光准直系统能够实现水平和垂直位移同步自动监测，具有测量精度高、长期可靠性好、易于维护等特点，是目前较为理想的大坝变形监测的一种方法。

1）真空激光准直系统结构

激光准直系统由发射端、抽真空系统、测点箱、接收端组成，系统的组成结构图如图 8-6 所示：

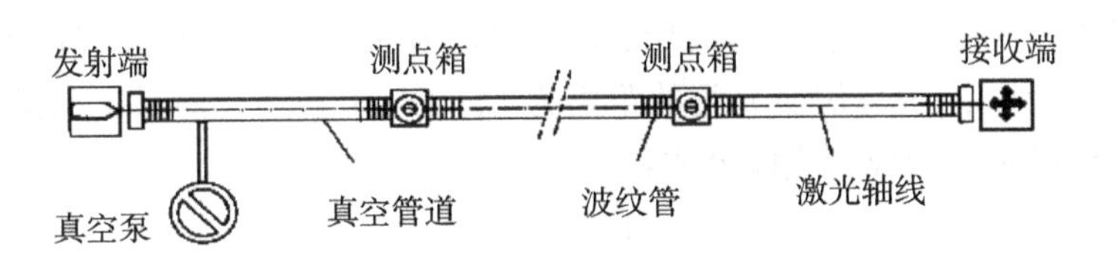

图 8-6　真空激光准直系统

（1）发射端。发射端为系统提供一个可以锁定的激光点光源，主要由发射端控制器、激光光源、激光器支架等组成。

（2）抽真空系统。抽真空系统为激光束的传输提供一个压强小于 40Pa 的真空环境，主要由真空控制柜、真空泵、真空电磁阀、循环水泵、水箱、真空仪表、真空管道等组成。真空控制柜是以可编程控制器为核心，结合真空计、温度计、遥控器及常规低压电气元件等组成的智能型真空控制系统。

（3）测点箱。测点箱是用于安放测点波带板及波带板起落装置的设备，主要由波带板及支架、抬降控制器、电源电缆、通信电缆等部分组成。测点箱接收终端控制器的通信控制命令，完成波带板的抬起、落下等功能。测点箱的大小应考虑能使自控起落的波带板装置放入，并沿着轴线方向的箱壁上各开一个通光洞，大于波带板直径，使激光束能通过。

（4）接收端。接收端（含 CCD 坐标仪）是系统的主要测控设备，能够提供对各个测点波带板的起落控制，监测激光发射设备和光斑探测设备的变位，以确定准直线的平面坐标。接收端主要由 CCD 坐标仪、波带板起落控制电路和工业控制计算机组成。

CCD 坐标仪主要由成像屏和 CCD 成像系统两部分组成。成像屏是经过特殊工艺制造的光学元件，主要功能是将激光束经波带板后形成的衍射图像形成一个清晰的光斑。CCD 成像系统是将成像屏上的光斑转化为相应的视频信号，输出到计算机，测量位移的最小读数可达 0.01mm，测量精度可达 0.1mm。

2）系统测量原理

真空激光准直系统采用激光器发出一束激光，穿过与大坝待测部位固结在一起的波带板（菲涅耳透镜），在接收端的成像屏上形成一个衍射光斑。利用 CCD 坐标仪测出光斑在成像屏上的位移变化，即可求得大坝待测部位相对于激光轴线的位移变化。其工作原理见图 8-7。

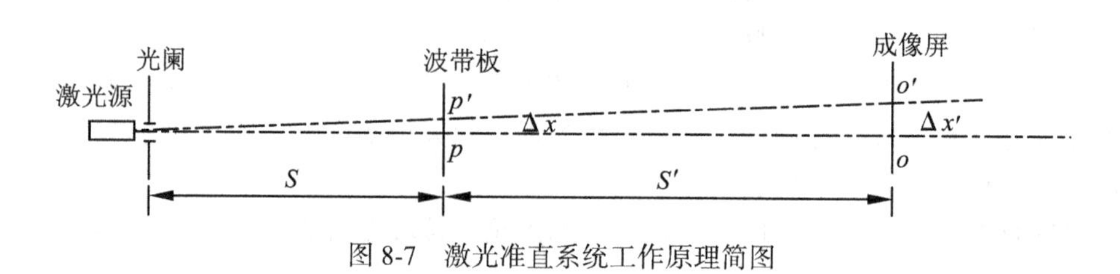

图 8-7　激光准直系统工作原理简图

设：波带板与光阑距离为 S，即波带板的物距为 S；成像屏距波带板为 S'，即经波带板成像的像距为 S'；成像屏至光阑的距离为 L，$L = S + S'$，即系统的准直距离为 L；波带板的焦距应满足波带板的成像公式：

$$\frac{1}{f}=\frac{1}{S}+\frac{1}{S'} \tag{8-1}$$

则通过小孔光阑的激光束经波带板会聚，将在成像屏上形成一个清晰的衍射光斑。

CCD 坐标仪由 CCD 传感器获得测点成像光斑的坐标值，坐标仪内配置有先进的图像处理软件，使得在极短的时间内能处理多幅图像，得到多幅图像的光斑中心位置。为测得测点的绝对变形值，应设置可靠的基准点。水平位移监测一般设置倒垂线作为基准，垂直位移一般采用布设在倒垂孔内的双金属标作为基准。

2. 正倒垂测量系统

正倒垂测量系统是变形监测自动化的主要手段之一，是一种结构简单，测量准确并能够自动化测量的仪表范例。正倒垂测量系统的垂线坐标仪从接触式发展到非接触式，非接触式坐标仪从步进马达光电跟踪式，到随着传感技术进步而发展起来的 CCD 式和感应式垂线坐标仪。由于 CCD 式和感应式垂线坐标仪具有结构简单、成本低、防水性能优越等特点，适用于环境较恶劣的工程中。

1）正倒垂线观测系统的原理

正倒垂线观测系统是进行水平位移观测的有效手段，水平位移主要是测定工程在沿其轴线方向（纵向）和垂直于轴线方向（横向）上的变形。正垂线一般用于观测大坝坝体的挠度，倒垂线一般用于观测大坝坝基的挠度、近坝区岩体水平位移，作为正垂线或其他位移观测方法的基准。正倒垂观测系统的原理是根据一个坐标已知的基岩点，通过垂线传递坐标。如果待测工程部位发生变形，垂线坐标仪的位置随之发生改变，最后导致垂线坐标仪变形前后的两次读数出现偏差，通过观测读数可以得出待测工程部位的变形量。

2）正倒垂线观测系统的结构

正倒垂一般包括正垂装置、倒垂装置和垂线坐标仪。

（1）正垂装置。正垂通过上部垂线固定块固定，垂线下部悬挂一重锤使其处于拉紧状态，通过竖井或钻孔直接垂到坝体的基点。重锤置于阻尼箱内，以抑制垂线的摆动。阻尼箱一般是一个油桶。正垂装置的结构示意图如图 8-8 所示，垂线上部固定端的安装示意图如图 8-9 所示，垂线下部的安装示意图如图 8-10 所示。

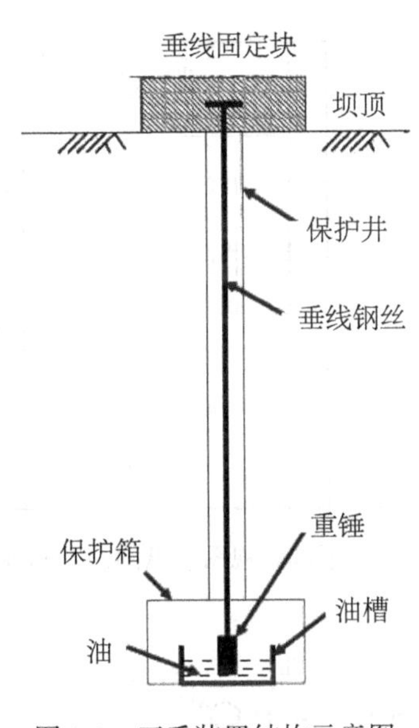

图 8-8　正垂装置结构示意图

（2）倒垂装置。将倒垂下端固定在基岩深处的孔底锚块上，上端与浮筒相连，在浮力作用下，沿铅直方向被拉紧并保持静止。在各测点布置观测墩，安放垂线坐标仪进行观测，即可测得各测点对于基岩深度的绝对位移量。倒垂具有相当高的精度且稳固可靠。倒垂装置结构示意图见图 8-11，倒垂锚固端和浮筒端安装示意图见图 8-12。

（3）正倒垂装置。正垂、倒垂一般配合使用，目的是减少倒垂垂线的长度。将正垂装置与倒垂装置紧邻布设，当通过垂线坐标仪测得倒垂所在的位移变化后，认为紧邻的正垂发生同样的位移变化，把对于基准锚固点的位移变化量传递到正垂观测墩上，再根据安装在正垂观测墩上的垂线坐标仪测读数据的变化，通过叠加手段，确定正垂悬挂点对于基准锚固点的位移变化。正倒垂装置结构示意图见图 8-13，正倒垂装置安

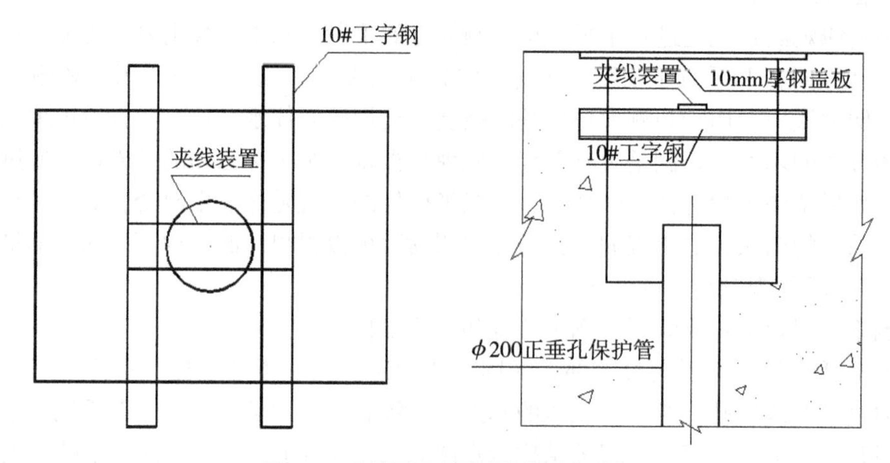

图 8-9　垂线固定端俯视图和剖面图

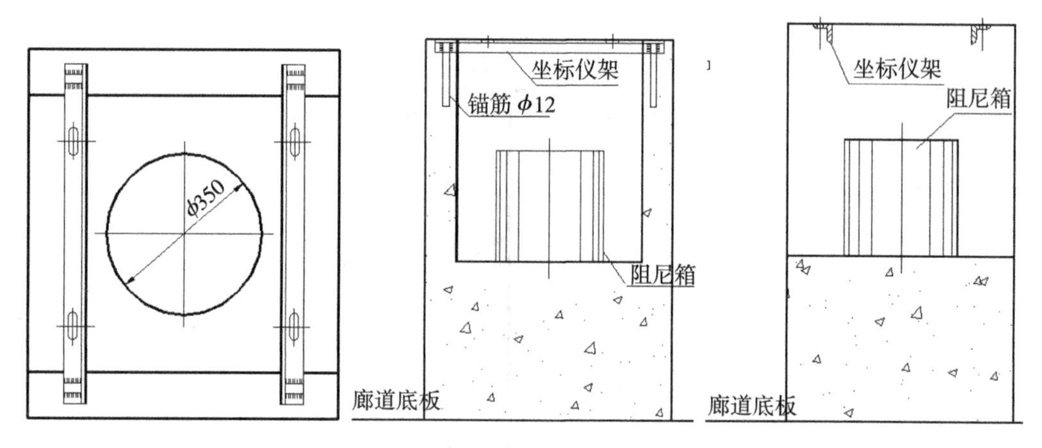

图 8-10　垂线下部俯视图、纵剖面图和横剖面图

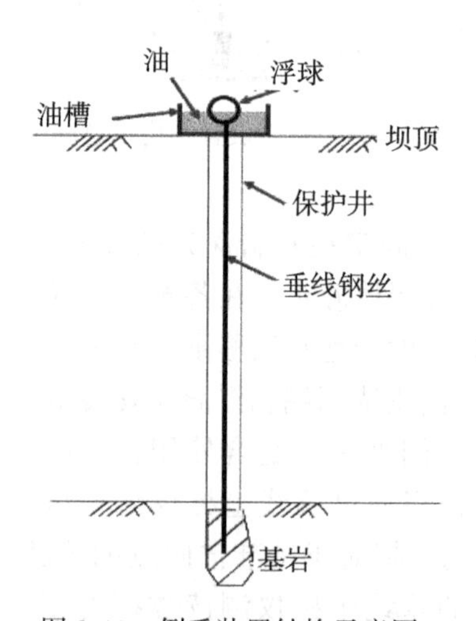

图 8-11　倒垂装置结构示意图

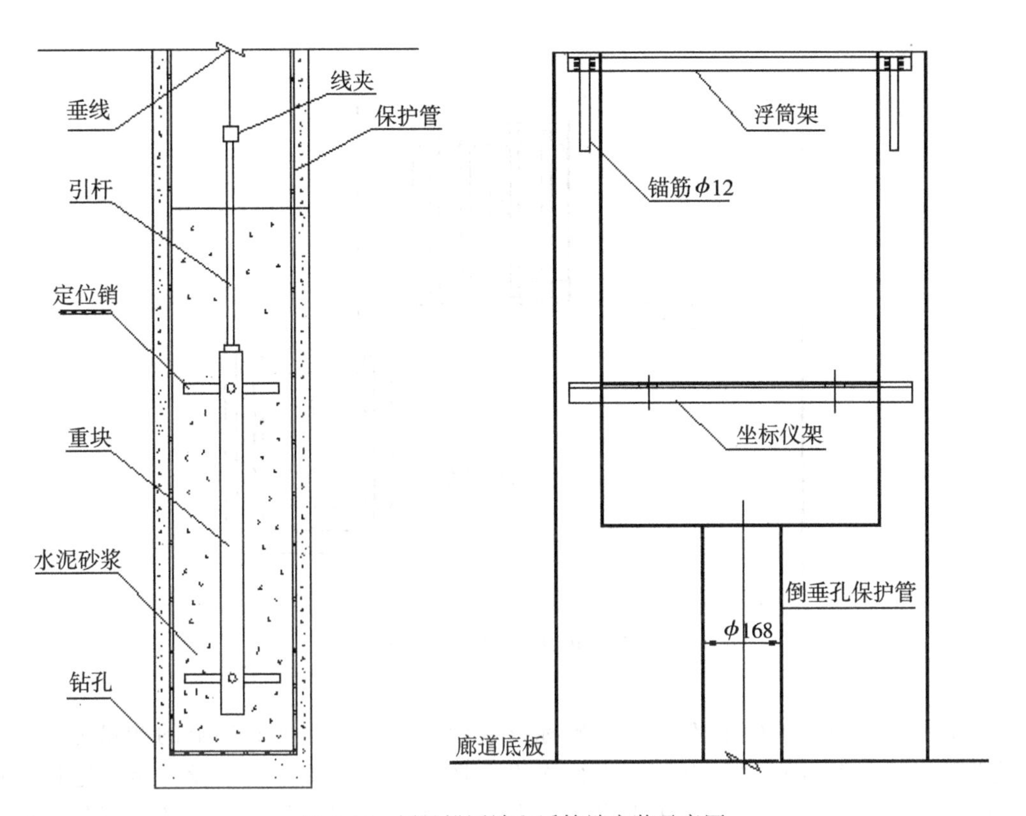

图 8-12 倒垂锚固端和浮筒端安装示意图

装俯视图见图 8-14。

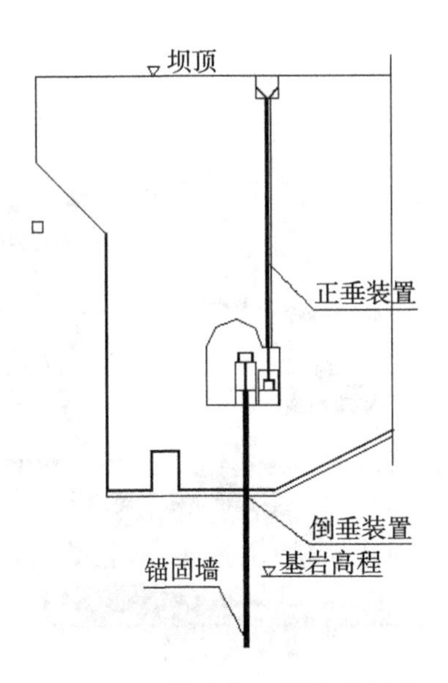

图 8-13 正倒垂装置结构示意图

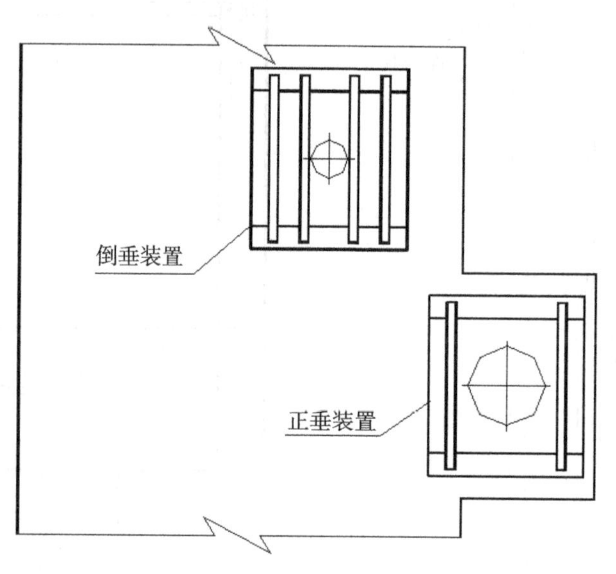

图 8-14　正倒垂装置安装俯视图

（4）垂线坐标仪。CCD 双向垂线坐标仪采用光电感应原理非接触的测量方式。正交的两组平行光源分别发射出一束平行光束，将正倒垂装置的钢丝投影至光电耦合期间 CCD 的光敏像素阵面上。CCD 把投影在像素阵面上与阴影位置有关的光强信号转换成电荷输出，经信号处理即可得到垂线相对于坐标仪位置的坐标值。测出不同时间的坐标值变化，即获得了坐标仪相对于垂线的 *X/Y* 向的位移变化。双向垂线坐标仪如图 8-15 所示。

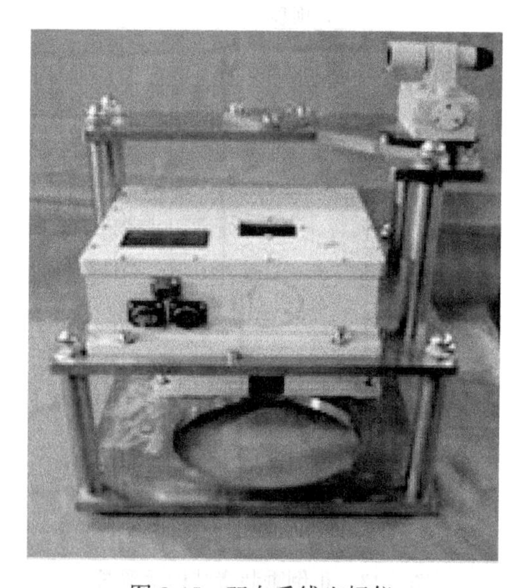

图 8-15　双向垂线坐标仪

3）正倒垂系统的具体要求

（1）应根据垂线长度，合理确定正垂的重锤重量和倒垂的浮子浮力。重锤的重量按下式计算确定：

$$W > 20 \cdot (1 + 0.02L) \tag{8-2}$$

式中，W 为重锤的重量（kg），L 为测线的长度（m）。

浮子的浮力一般按下式确定：

$$P > 20 \cdot (1 + 0.01L) \tag{8-3}$$

式中，P 为重锤的重量（N），L 为测线的长度（m）。

（2）垂线宜采用直径为 0.8 ~ 1.2mm 的不锈钢丝或因瓦丝。

（3）单段垂线长度不宜大于 50m。

（4）测站应采用有强制对中装置的观测墩。

（5）垂线观测可采用光学垂线坐标仪或 CCD 垂线坐标仪，测回较差不应超过 0.2mm。

（6）埋设正倒垂线前，首先要在大坝的观测部位钻孔，垂线装置对钻孔的铅直度要求较高，要求钻孔的铅直度偏差控制在 0.1%内，钻孔质量的好坏直接影响垂线设置的成败。

3. 引张线测量系统

引张线测量系统是在两个固定的测量基点之间拉一根钢丝使之引张为一条直线，用来测量垂直于此线方向上各测点水平方向的位移。钢丝作为水平方向变形测量的基准，采用手动或自动的设备来读取测点相对于钢丝位置的变动。引张线观测从 20 世纪 50 年代的读数显微镜的光学仪器，发展到 80 年代的电容式引张线仪，再到最新的采用线阵 CCD 传感器，实现了自动读数。引张线测量系统的特点是成本低、精度高，受外界环境的影响较小，维护较为简单，应用较为普遍。

1）引张线测量系统的组成

引张线测量系统通常是由固定端点（锚固板）、测点箱（引张线坐标仪）、引张线（不锈钢丝或因钢丝）、引张线保护管（不锈钢管）和张拉端点（重锤和滑轮组）等部分组成，系统的组成示意图见图 8-16。

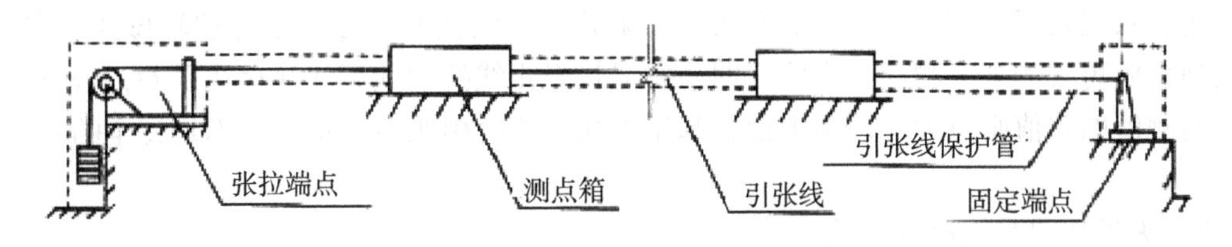

图 8-16 引张线测量系统的组成

对于较长的引张线测量系统，为克服引张线金属线体自身重力产生的挠度，通常需要使用浮托装置，或采用新型材料以减少金属线体的垂径。因此，对于基于浮托装置的引张线测量系统还需要配备水箱和浮船。

2）基于浮托装置的双向引张线测量系统

双向引张线观测是在原有引张线测量系统的基础上，利用连通管等液面原理，使线体时刻处于平衡状态，从而形成有浮托的双向引张线测量系统。双向引张线测量系统既能实现水平方向的位移观测，又能实现垂直方向的位移观测，提高了观测的效率。双向引张线装置由端点位置、测点装置（引张线坐标仪）、测线、保护管及液面恒定系统等部件组成，双向引张线装置结构示意图见图 8-17。

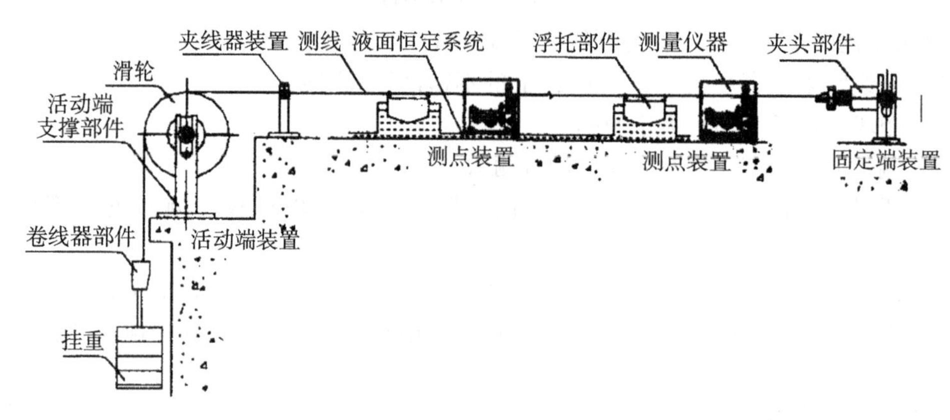

图 8-17　双向引张线装置结构示意图

测线为高强度不锈钢丝，通过端点装置，安装在坝两端相对稳定的基准点（该点的绝对位置由垂线装置及仪器测得），一段加紧固定，一段呈自由状态，由滚轮导向挂重加力，保证线体张力恒定且不受气温变化的影响。

测点装置包含可测垂直、水平双向位移的自动测量仪器、人工比测尺及浮托部件。测线由于受自重的影响，钢丝呈悬链状，必须在各测点利用容器及小船托起，并保证小船可以无约束地移动。

液面恒定系统是利用加筋塑胶管连通各测点的容器，并采取相关措施保证各测点测线的高程恒定。

基于浮托装置的引张线测量系统的缺点是浮子本身的自由浮动需要人工维护来保证。为防止引张线处于非直线非自由的黏滞或受阻状态，测回间应在若干部位轻微拨动测线，待其静止后再观测下一测回。实践证明，有浮托引张线拨动前后往往存在误差，若测线受阻，其测值的差值则更大。严格上说，基于浮托装置的引张线测量系统不是完全的自动化观测。

3）无浮托引张线测量系统

早期的引张线测量系统，其金属线体通常采用冷拉不锈钢丝，其比重为 7. 8g/cm^3。即使用重锤把钢丝拉得很紧，但是由于受钢丝自重的影响，仍将形成一条悬链线，使钢丝中部形成弧垂。悬链线垂径计算公式如下：

$$y = \left(\frac{qL}{2M} - \frac{h}{L}\right)x - \frac{q}{2M}x^2 \tag{8-4}$$

其中，y 为计算点处的悬链线垂径（m），x 为计算点与左端点间距（m），M 为加力重锤重量（kg），q 为引张线的线密度（kg/m），L 为两端点间距离（m），h 为两端点间高差（m）。

当引张线长度较长时将会产生较大的弧垂，将直接导致测点无法布置在同一水平面上。通常会采用浮托装置来减小弧垂，但这种方式需要在观测测回间人工干预，是不完全的自动化观测。因此，近年来，研制一种质轻、高强的线体材料，使引张线在 500m 距离，最大弧垂控制在 0.5m 以内，就可以直接采用无浮托的引张线测量方式。

CZY 无浮托引张线测量系统的线体采用 DRRP 复合材料，具有质轻、高强、高模、低膨胀等特性。其直径选用 1mm，断裂拉力大于 200kg，线体密度为 1.18g/m。对线体施加 77kg 拉力，对于长度小于 500m 的直线型大坝可以方便地布置，取消了用不锈钢丝作为引张线体时必须采用的浮托装置。系统两端点采用轮式定位卡，以减小定位卡对线体的阻力，使引张线保持恒定拉力，并能保证引张线工作时在自由伸缩情况下的端点定位精度，以及保证换线后前后位置不变。此外，系统采用引张线保护管、测端装置保护箱，保护管和测点装置及端点装置为密封式连接，使引张线系统防风、防尘、防水、防小动物等。

4）CCD 引张线坐标仪

CCD 引张线坐标仪的核心元件是 CCD 传感器，被安装在金属测线的另一侧，金属测线直径所对应的图像会在 CCD 光敏阵列面中间部分形成暗带，两侧形成亮带，亮带是传感器有光的部分，这个部分对应的脉冲是正常输出的。当被测物体的位移发生变化时，被测对象的暗带在 CCD 传感器上的投影也会随之发生变化，CCD 传递给单片机的输出信号也会发生变化。CCD 引张线坐标仪的工作过程，首先是 CCD 传感器的光敏元受光的激发将光信号转化为电信号，并在外部驱动脉冲的作用下输出。在控制电路的作用下，将 CCD 输出信号进行二值化处理，单片机将二值化的数据存入片内的数据存储器。根据数据处理算法判断 CCD 测量范围内的线径情况，并将处理结果进行显示或存储。上位机通过 RS485 总线与引张线坐标仪进行通信，完成对仪器的功能操作，如数据读取、时钟设置、定时测量设置、定时测量数据读取、内存清空等操作。CCD 坐标仪的系统结构图如图 8-18 所示。

引张线观测系统可以在工程待测部位发生位移后短时间内获取引张线位移记录，测得各测点的位移值，从而得到工程的各个待测部位的位移变化。可为研究工程的位移变化规律，为评定工程的安全性和修复及时准确地提供基础性技术数据。

4. 静力水准测量系统

静力水准测量系统（Hydrostatic Leveling System，HLS）是利用相连接的容器中液体具有相同势能的水平原理，测量和监测参考点彼此之间的垂直高度的差异和变化量，因其具有很高的测量精度得以在工程测量领域获得广泛的应用。

1）静力水准测量系统的工作原理

静力水准测量是利用连通器的原理，通过连通管将多支监测点的钵体连接在一起，基准点布设在一个可以忽略其自身沉降、垂直位移相对恒定的固定点处，其他监测点布设于高程大致相同的不同位置。安装完成并贮满适应的液体，通常主要成分为水、酒精、乙二

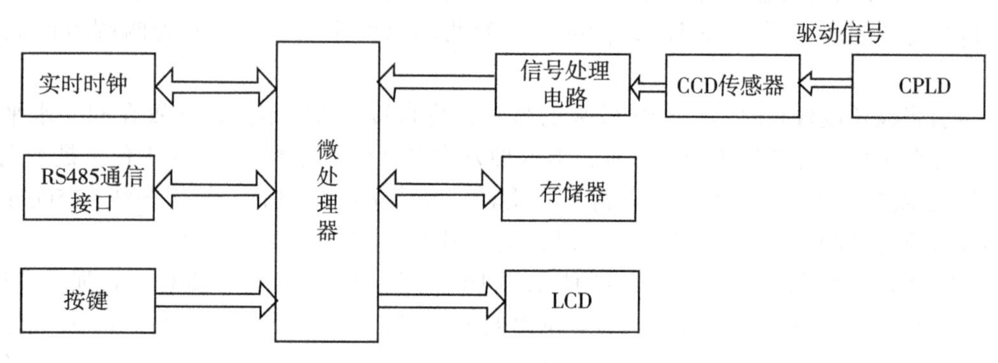

图 8-18　CCD 坐标仪的系统结构图

醇、缓蚀剂及多种表面活性剂的玻璃水，防冻、防霉、抗静电、易流动。通过液体自流使全部钵体的液面始终保持在同一水平。当某个监测点相对于基准点发生沉降时，将引起该测点液面的上升或下降。通过测量液位的变化，了解被测点相对于基准点的沉降变形，最后由沉降公式计算出监测点的实际沉降量。静力水准测量系统的工作原理图如图 8-19 所示。

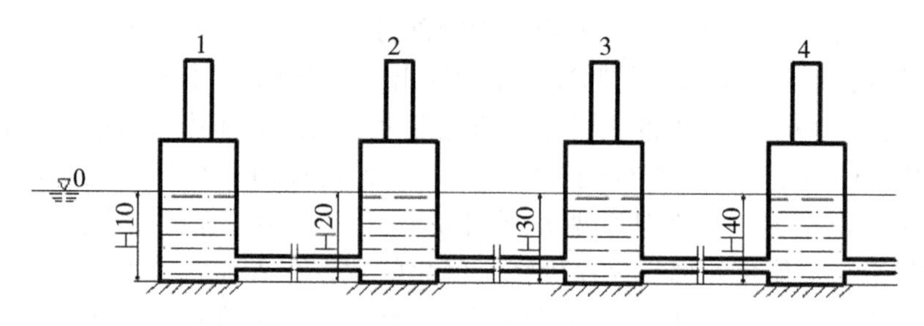

图 8-19　静力水准测量系统的工作原理图

2）静力水准仪的分类和结构

目前，静力水准仪主要有电容感应式、差动变压器位移传感器式、步进马达式、振弦式和 CCD 传感器式等。

（1）电容感应式静力水准仪由主体容器、连通管、电容传感器等部分组成。当仪器主体安装位置发生地面沉降时，主体容器发生液面变化，液面高度的变化使浮子的屏蔽管仪器主体上的电容传感器的可变电容发生变化，引起电容值的变化，从而导致输出电量的变化。根据输出电量的变化，来推导液面相对于主体的沉降量。电容感应式静力水准仪测量精度较高，但是易受测量环境条件的影响。

（2）差动变压器位移传感器式静力水准仪主要是利用电磁感应中的互感现象，将被测位移量转换成线圈互感的变化。由于常采用两个次级线圈组成差动式，故又称差动变压器式传感器。当液面发生变化使骨架内的铁芯移动，由于电磁感应的原理，在两个副边线圈上分别感应出交流电压，经过检波和差动边路，产生差动直流电压输出，此电压与铁芯

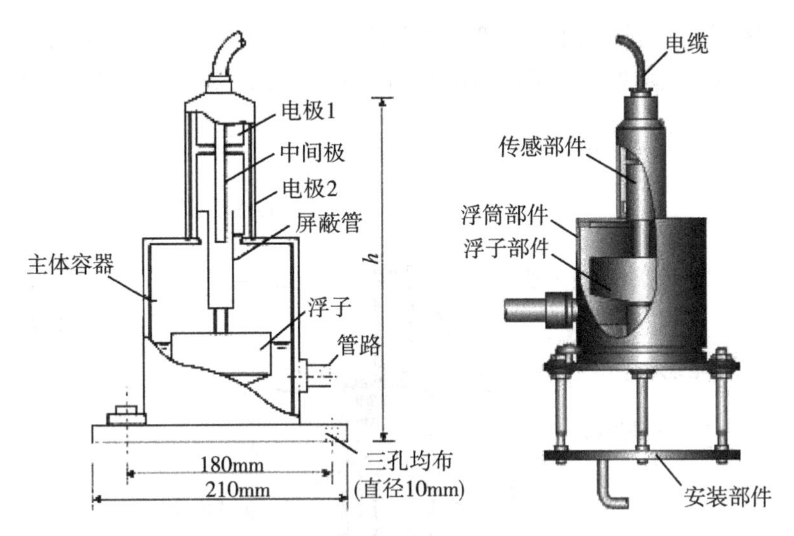

图 8-20 电容感应式静力水准仪结构图

的位置呈线性关系，从而测出液面的变化。一般而言，差动变压器位移传感器式静力水准仪的测量范围较小（±1～±10mm）。

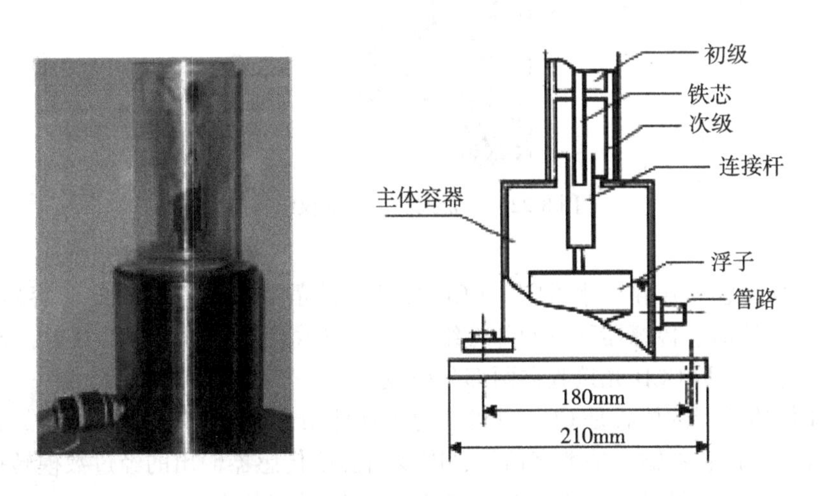

图 8-21 差动变压器式静力水准仪结构图

（3）步进马达式静力水准仪由步进电机、光电探头、测量电弧等组成，其工作过程是由步进电机驱动光电探头，探头中的光照准器先后对准基准杆和垂线钢丝，然后返回原点。在此过程中，测量电路记录探头前进及返回基准点和垂线钢丝的脉冲数，经过计算得到位移量。由于步进马达式传感器的机械部件较多，易出现故障，其长期稳定性也不易保证。

（4）振弦式静力水准仪的位移传感器包括一根与弹簧串联的钢弦和滑动轴。钢弦的一端固定，另一端则固定在测量元件上。当页面发生变化时，使滑动轴移动，轴的移动改变了弹簧和振弦的张力，钢弦张力的变化引起固定频率的变化，从而测得位移变化量。钢弦式位移传感器的缺点是难以保证仪器的长期稳定性。振弦式静力水准仪结构图如图 8-22 所示。

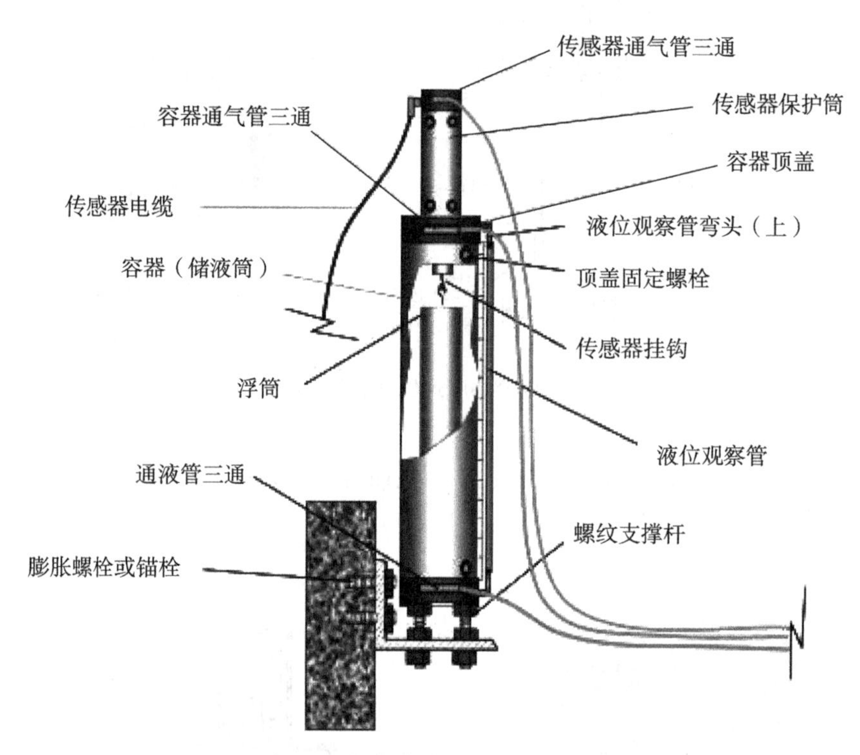

图 8-22　振弦式静力水准仪结构图

（5）CCD 传感器式静力水准仪。CCD 传感器式静力水准仪由钵体、容器浮子单元、智能型 CCD 传感器、传感器外罩四部分组成，结构示意图见图 8-23。其中，智能型 CCD 传感器由平行光源和 CCD 光接收器两部分组成。

每个钵体传感器的核心是 CCD 部件。每个钵体由 220V 的交流电源供电，输出的信号为电荷耦合期间传感器输出的数字信号，以及由温度传感器输出的经过数模转换后的数字信号，这些输出信号经过 RS485 接口 4 芯双绞通信线与数据采集仪连接。数据采集仪具有时钟、发出采集脉冲、数据存储等功能。每个钵体传感器都有写在其内部单片机上的一个固定的地址编码，数据采集仪根据设置，按一定的时钟脉冲分别对不同地址的钵体采集数据。数据采集仪还可以和计算机通过 RS485 接口连接，计算机安装专用软件可以实现对数据采集仪上的数据进行读取，也可通过计算机设置数据采集仪的工作状态，包括采集模式、采集频率、数据格式等。

3）静力水准观测系统的安装

（1）墩面安装时应注意每个测墩高程一致，可用水准仪或其他方式找平，允许高差

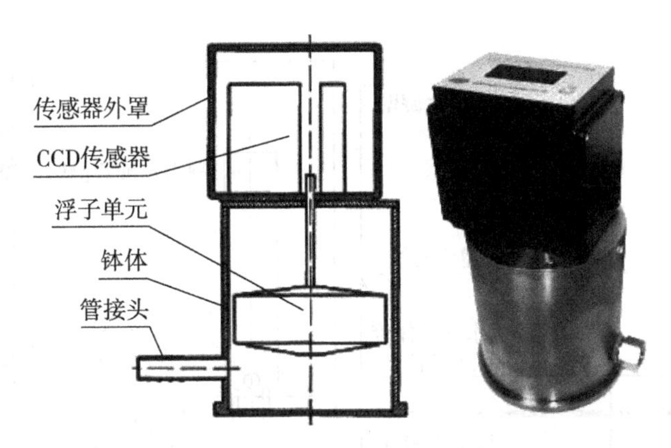

图 8-23 CCD 传感器式静力水准仪结构图

为±5mm，制作完成后用水平尺找平平面。

（2）安装仪器底板和钵体，将仪器钵体底板固定在观测墩的不锈钢螺杆上，然后安装钵体主体，调整好高度并固定，粗调水平。

（3）安装连通管。按各测点之间的管线路径长度顺序铺放连通管，并与各钵体相连，注意管线理顺并拉直，避免管道走弯道或上下坡，保证液体顺畅流动。水管之间必须连接紧固，以防漏水。

（4）加液。把首尾两端静力水准仪的气口打开，从首端测点进行灌注，使液体顺序流入后续测点。灌注适量液体后，打开其他测点的通气口，排净气泡。

（5）安装 CCD 单元。安装浮子、测针和 CCD 模块，并根据内置水平气泡进行精平，调节光源模块和 CCD 模块之间的距离。

（6）安装电源线和通信线。按测点之间的管线路径顺序铺好电源线和通信线，接线过程中要确保线头连接正确，在通电之前检查确认无误。

（7）管线保护和测点仪器的保护。安装完成后将静力水准的数据线、电缆、通液管利用保护管保护，走线高程不得高于钵体内的最低液面。

静力水准观测系统的安装示意图如图 8-24 所示。

4）静力水准观测系统的高程传递

高程传递是指在某些特定的条件下，不能通视或无法利用常规水准测量方法直接测出高差很大、水平距离却很短的两点之间的高差，如大坝不同高程的廊道由于高差很大，采用连通器的全程连接将因承受的压差导致静力水准仪不能正常工作。若分段安装，对于互通连接的分段静力水准观测能够测量其绝对位移，其他部分只能量测相对位移。因此，需要解决不同高程廊道的高程联系。通常采用双金属标介入静力水准观测的高程传递体系，实现高程的精准传递。

双金属标是利用铝的膨胀系数是钢的两倍这一物理特性，以固定点为参考点的长度测量装置。同心的保护管与钢管之间、钢管与铝管之间预留的空隙保证了钢、铝管的伸长、缩短不受影响。在重力的作用下，埋设在基岩中的管底形成固定点。由于不受其他外力的

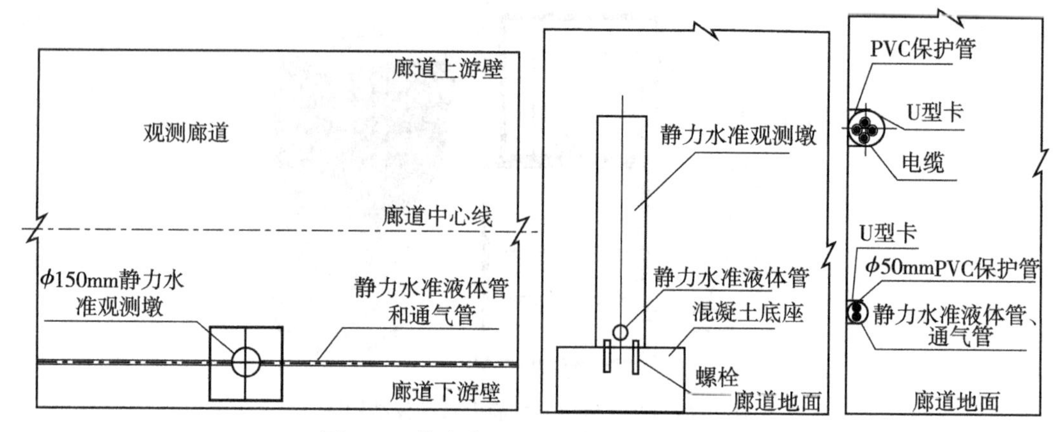

图 8-24　静力水准观测系统的安装示意图

影响，温度是引起钢管和铝管长度变化的唯一因素，测定轴线方向的变形量，即可求出温度改正量，从而扣除温度变化对于变形测量的影响。通过在不同高程的廊道中分别安装双金属标，即可求出不同高程平面的绝对位移量。通过对埋设在基岩中的双金属标的绝对位移量，进而计算上层廊道的绝对位移量，从而实现不同高程廊道的静力水准观测的精密高程传递。

5. 裂缝监测自动化

在混凝土结构中，裂缝的产生和扩展将直接破坏结构的完整性，引起结构应力的急剧变化，造成混凝土结构的断裂或垮塌。因此，对裂缝的监测是混凝土结构健康状况评估的重要手段之一，如何快速、准确地检测出裂缝的发展状态极为重要。测缝计用于监测混凝土工程的接缝和位移，适用于长期埋设在混凝土内部或结构表面，测量结构物伸缩缝（或裂缝）的开合度。常用的测缝计按传感器类型的不同可分为差阻式测缝计、电容式测缝计、电位器式测缝计、差动变压器式测缝计和振弦式测缝计，其中振弦式测缝计在大坝等混凝土工程中应用较为广泛。

1）振弦式测缝计的测量原理

振弦式测缝计安装在待测缝隙的两端，当缝隙的开合度发生变化时将通过仪器端块引起仪器内钢弦变形，使钢弦发生应力变化，从而改变钢弦的振动频率。测量时利用电磁线圈激拨钢弦并测量其振动频率，频率信号经电缆传输至频率读数装置或数据采集系统，再经换算即可得到被测结构的待测伸缩缝或裂缝相对位移的变化量。同时，由测缝计中的热敏电阻可以同步测出埋设点的温度值，用以改正因温度变化造成的位移量。

2）振弦式测缝计的结构

振弦式测缝计主要由振弦式敏感部件、拉杆及激振拾振电磁线圈等组成，根据应用需求有埋入式和表面式两种基本结构。埋入式测缝计外部由保护管、滑动套管和凸缘盘构成，其结构示意图见图 8-25。表面式测缝计的两端采用带固定螺栓的万向节，以便与两端的定位装置连接，其安装示意图见图 8-26。

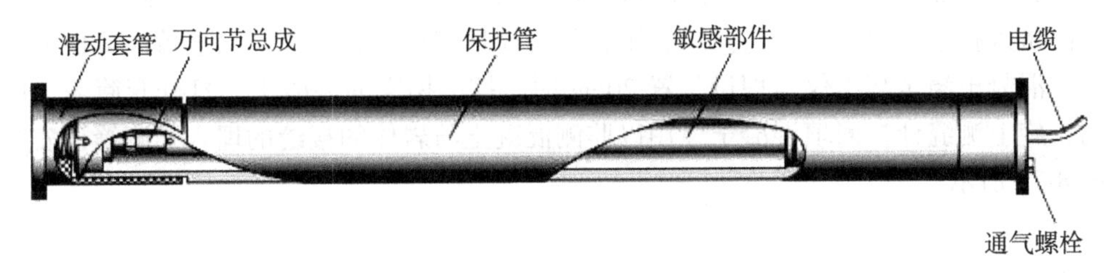

图 8-25 埋入式测缝计结构示意图

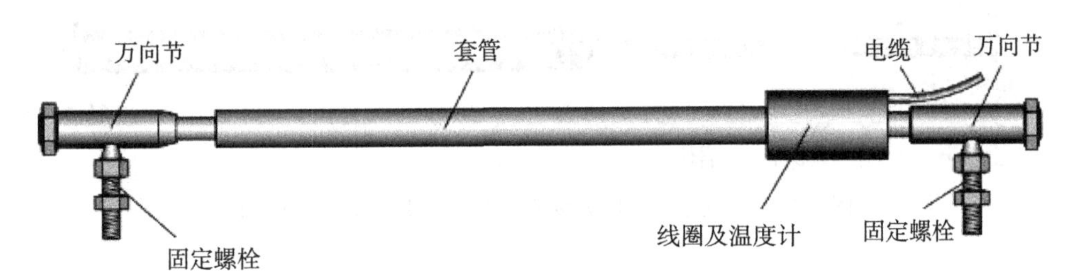

图 8-26 表面式测缝计结构示意图

3）振弦式测缝计的安装

（1）埋入式测缝计安装。埋入式测缝计可监测混凝土内部结构缝的状态，需在先浇混凝土部位中预埋附件，待后浇混凝土块达到安装高程时再安装测缝计。同时将套筒及连接座旋上，套筒内应填塞棉纱，以免被混凝土堵塞。用以监测混凝土内部结构缝的埋入式测缝计的安装示意图见图 8-27。

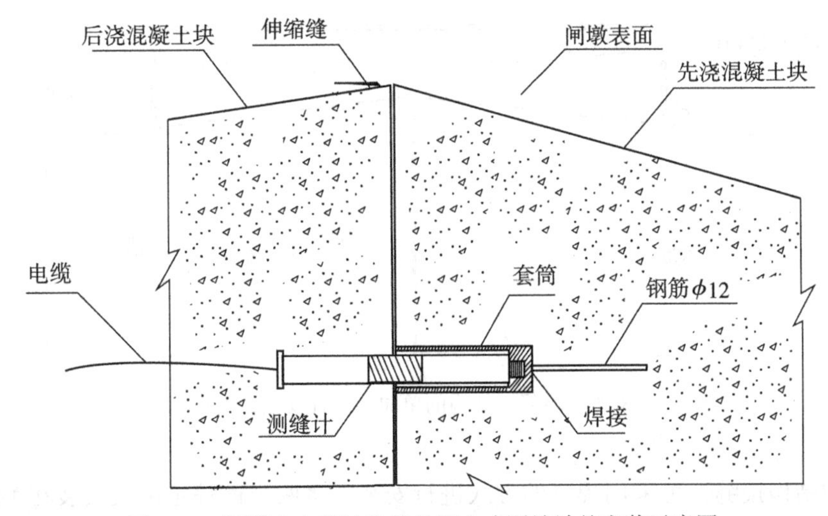

图 8-27 混凝土内部结构缝的埋入式测缝计的安装示意图

对于混凝土与岩体的接缝，埋入式测缝计的安装则相对简单。首先在测点处岩体中打孔，孔径大于 9cm，深度 50cm，在孔内填入一半以上膨胀水泥砂浆，将套筒或带有加长杆的套筒挤入孔中，使套筒口与孔口齐平；将套筒填满棉纱，螺纹口涂上黄油或机油，旋上筒盖；混凝土浇至高出仪器埋设位置 20cm 时，挖去捣实的混凝土，打开套筒盖，取出填塞物，旋上测缝计，回填混凝土。用以监测混凝土与岩体的接缝的埋入式测缝计安装示意如图 8-28 所示。

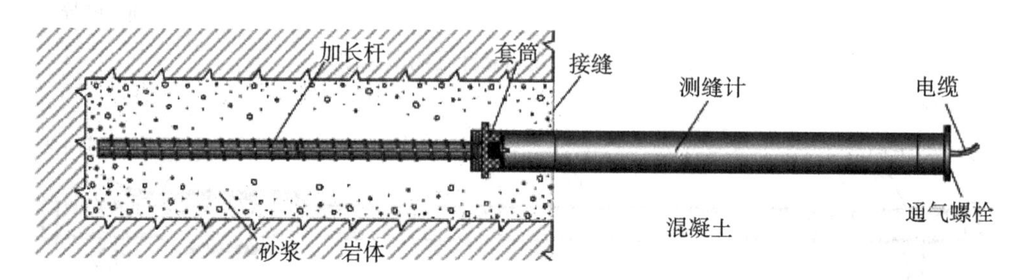

图 8-28　混凝土与岩体的接缝的埋入式测缝计安装示意图

（2）表面式测缝计安装。对于混凝土的工程结构，先利用带有万向节和固定螺栓的测缝计在缝隙两侧测点安装孔，钻孔孔径应大于 20mm，深度大于 5cm。将带有螺纹的锚杆与固定螺栓连接。孔内填入膨胀水泥砂浆，将毛管压入孔内，调整其位置和高度，同时检测测缝计初始读数，使之达到合适位置，拧紧螺栓并精确定位。根据需要安装测缝计的保护罩。用以监测混凝土结构的单向表面式测缝计的安装示意图见图 8-29，双向表面式测缝计的安装示意图见图 8-30。

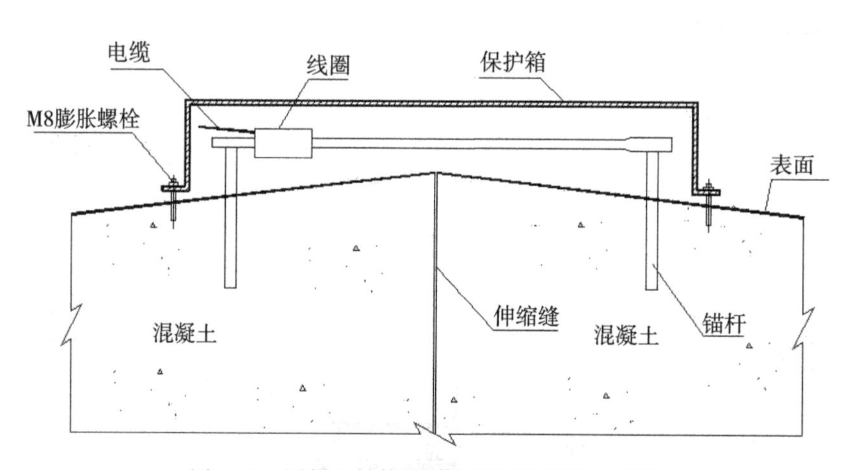

图 8-29　混凝土结构的单向测缝计安装示意图

对于钢结构接缝，可采用焊接的方式进行安装。将两个镀锌定位块安装在钢结构表面上，定位块在定位时先用一个带万向节和固定螺栓的测缝计进行预安装，调整好位置后先点焊，再检测并确认位置和预拉值均合适后，将定位块与钢结构焊牢，其安装示意图见图 8-31。

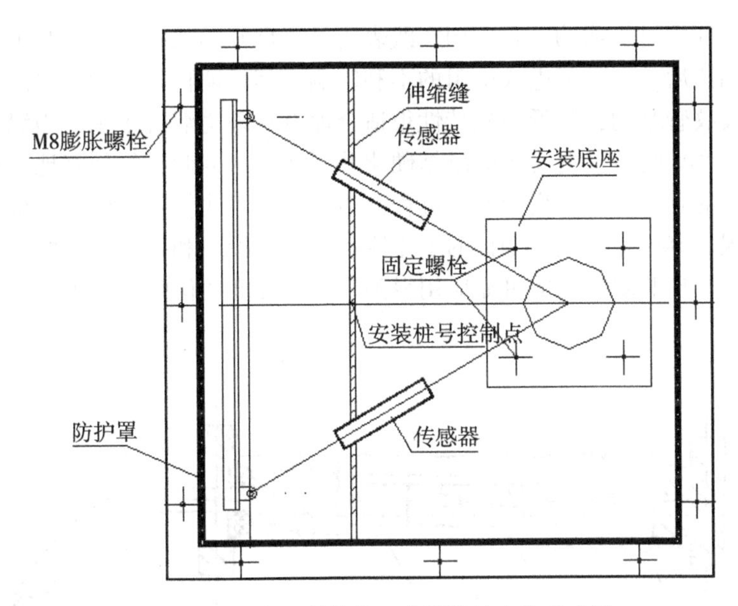

图 8-30 混凝土结构的双向测缝计安装示意图

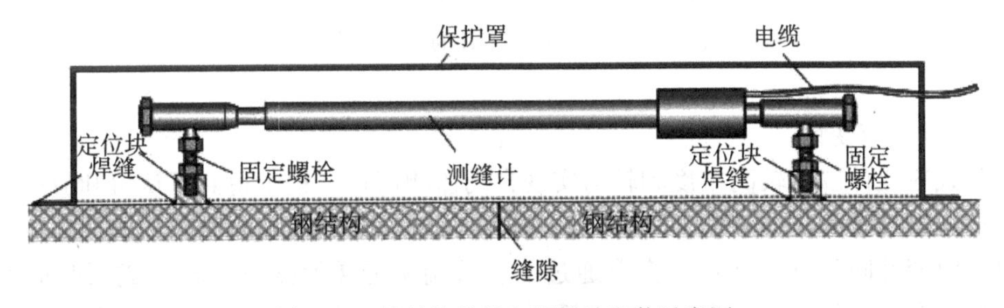

图 8-31 钢结构的单向测缝计安装示意图

仪器安装时需要根据仪器量程及现场裂缝变化情况进行预拉处理，安装后进行仪器编号的登记，最后进行电缆焊接和固定，电缆的埋设应采用保护管进行保护，并避开交流电电缆。

振弦式测缝计安装埋设完毕，可接入监测数据采集系统进行测量，从而实现自动定时监测，自动存储数据及数据处理，并能实现远距离监控和管理。

8.3.2 应力应变监测

应力及应变监测比位移监测更易发现工程异常的先兆。为观测混凝土的应力、应变状态通常可以通过埋入在混凝土及其基岩中的仪器进行监测。埋入式应力应变监测仪器有多种，如应变计、无应力计、压应力计、钢筋计、锚杆应力计、锚索测力计等。

1. 应变计

目前，国内主要使用的埋入式应变计有差阻式应变计和振弦式应变计。

1）差阻式应变计

差阻式应变计经过长期的工程应用实践表明具有良好的长期稳定性和可靠性，特别是采用新的五芯测法后，消除了电缆电阻的不利影响，其长期稳定性大大提高。差阻式应变计采用封闭的波纹管结构，其低弹模特性很适合埋设在现浇混凝土中，当混凝土终凝开始具备强度时，应变计能跟随混凝土的凝结硬化共同变形。因此，能较好地获得混凝土从初期具备强度开始的真实应力应变的变化过程。通常，埋入式仪器无法进行维护，仪器测值的误差不易发现。鉴于差阻式应变计的工作原理，能为检验和判断仪器的测值误差提供可能，使差阻式应变计监测数据的可靠应用得到了一定程度的保障。差阻式应变计的结构示意图见图 8-32。

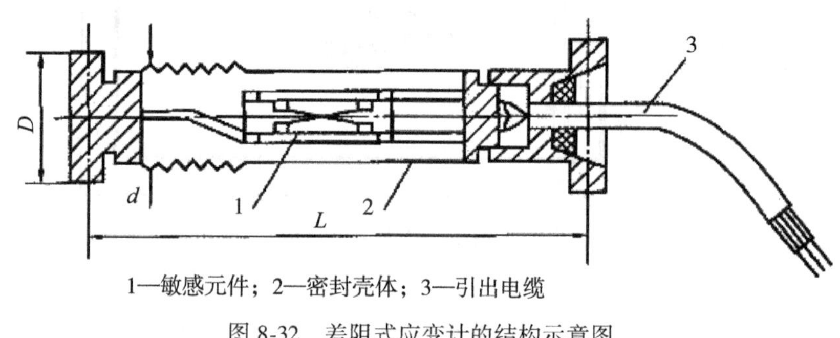

1—敏感元件；2—密封壳体；3—引出电缆

图 8-32　差阻式应变计的结构示意图

2）振弦式应变计

振弦式应变计以其较高精度和较易实现自动监测而在工程中得到了认可和应用。振弦式应变计是以拉紧的金属弦作为敏感元件的谐振式传感器，当被测结构物内部的应力发生变化时，应变计同步感受变形，变形通过前、后端座传递给振弦，转变成振弦应力的变化，从而改变振弦的振动频率，电磁线圈激振振弦并测量振动频率，频率信号经电缆传输至读数装置，即可测出被测结构物内部的应变量。振弦式应变计的结构示意图见图 8-33。

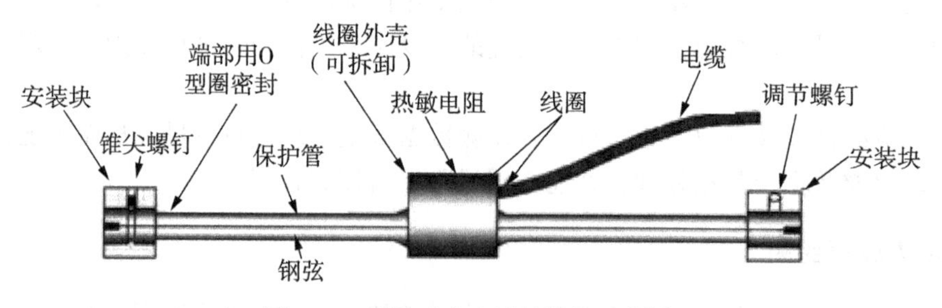

图 8-33　振弦式应变计的结构示意图

振弦式应变计的工作原理和结构特点决定其比较适合监测工程结构物表面的应力应变，而不太适应于混凝土埋入式环境。由于混凝土内恶劣的湿度环境，振弦式应变计要保证其必要的轴向伸缩性，传感器外壳采用 O 型圈防水。在混凝土中的渗透水压长期作用下，仪器腔体南边有潮气侵入，位于空腔内的高碳素钢丝极易受潮生锈，仪器钢弦一旦生锈，传感器的稳定性即告丧失。由于要维持一定的防潮性能，仪器外壳与密封圈不得不结合较紧，因此振弦式应变计的弹模远大于差阻式应变计。因此，采用振弦式应变计无法获得从混凝土浇筑之初的真实应力应变过程。

3）应变计组的安装方式

由于埋入式仪器埋入后无法维修更换，仪器的埋设方法对仪器的测量精度和可靠性影响很大，因此合理地选择埋入式仪器的类型和正确的安装方法是确保埋入式仪器设备获得良好的埋设质量、可靠的观测数据和长期稳定运行的基本保证。

自开展原型观测以来，应变计组的安装一直采用三维坐标方式，这种安装方式布置直观、灵活，其数量、位置和方向可根据需要任意调整。采用这种方式安装的应变计组，组内仪器的可适应性高，仪器组内可有冗余，当组内仪器有损坏时，可以相互替补，即使不能替补，仍可按减项后的状况使用。三维坐标方式的应变计组可进行应变平衡检验和误差处理。为避免常规安装方法中支座支杆的应变计远端电缆的影响，可采用反向接头，使仪器电缆在支座支杆的近端引出，即可避免电缆在仪器远端因坠重和混凝土施工造成的移位，更好地确保仪器间的相互位置，其安装示意图见图 8-34。

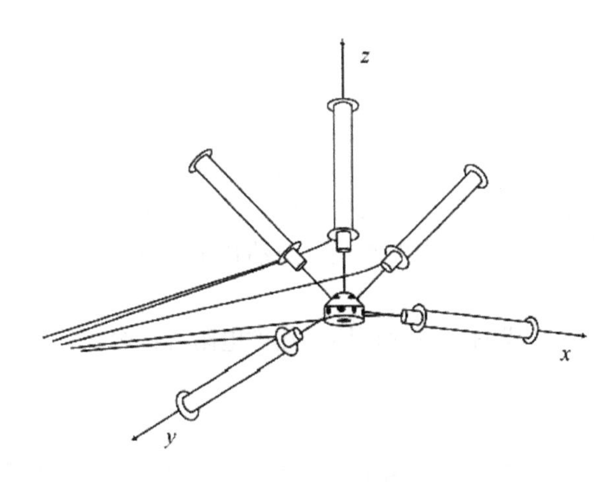

图 8-34 应变计组反接安装示意图

2. 无应力计

无应力计是监测混凝土无应力变形的仪器，通过对混凝土无应力变形的监测，可以了解混凝土随龄期的增长，混凝土自生体积变形、湿度变形等随时间的变化过程。无应力应变监测是将应变计埋设在一端开口的无应力计筒内，并确保筒内的混凝土与筒外的混凝土一致，且处于无应力状态。因此，无应力计筒必须能隔离筒外的应力作用，同时不受筒内壁的侧限约束。无应力计安装示意图见图 8-35。

图 8-35 中的筒体在多向可均匀自由变形，不致产生约束应力，较长的筒体和稍低的应变计可远离应力种种区域，1.2mm 厚的外筒可确保施工安装不易受损变形，空隙填充的木屑或橡胶可保证无应力计在任何方向的自由变形，内涂 5cm 的沥青层可防止筒体内

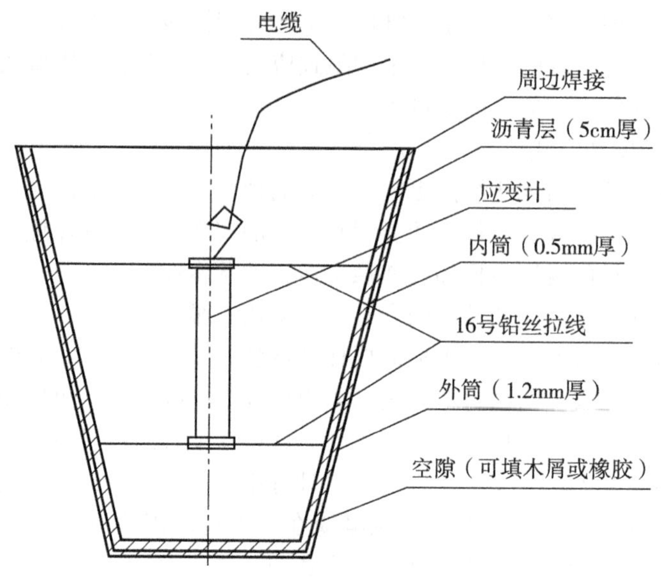

图 8-35　无应力计安装示意图

外水分的交换。

3. 钢筋计

钢筋计主要用于监测混凝土结构中钢筋应力、锚杆的锚固力、拉拔力等，加装配套附件可组成锚杆测力计、基岩应力计等测量应力的仪器，并可同步测量埋设点的温度。主要应用于基坑、桥梁、公路、建筑、水电水利、石油化工、隧道、地铁等。

1）钢筋计结构

钢筋计一般由应变针、线圈、应变钢体、热敏电阻等部分组成，仪器结构示意图见图 8-36。

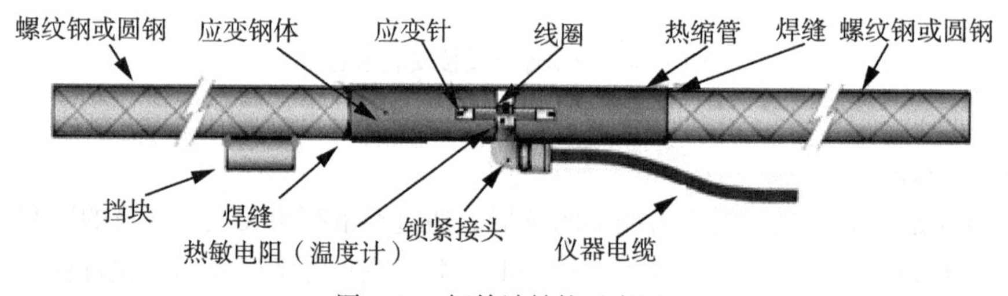

图 8-36　钢筋计结构示意图

2）钢筋计的安装

钢筋计拉杆与主筋连接的方式主要有对焊、绑焊和绑扎。

（1）钢筋计对焊。对焊是将被测的钢筋在钢筋计安装位置断开，把钢筋计串联在被测钢筋中，将安装杆焊接在主筋上，钢筋计对焊安装示意图见图 8-37。焊接时要用潮湿的毛巾包住焊缝与钢筋计安装杆、钢筋计，并在焊接的过程中不断地往毛巾上冲水降温，直至焊接结束。

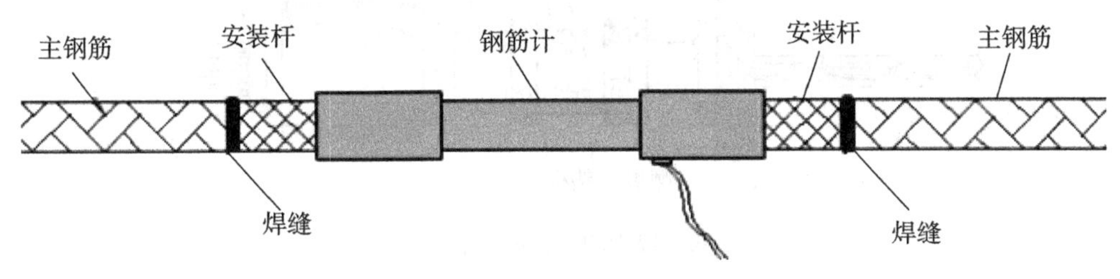

图 8-37　钢筋计对焊安装示意图

（2）钢筋计绑焊。绑焊是将钢筋计并联在主筋上的一种安装方法，多用于小直径的钢筋计测量大直径主筋的受力。安装时先将钢筋计与安装杆连接后，如图 8-38 所示把安装杆焊接在主筋上，焊接时需用与对接焊同样的方法冷水冷却。

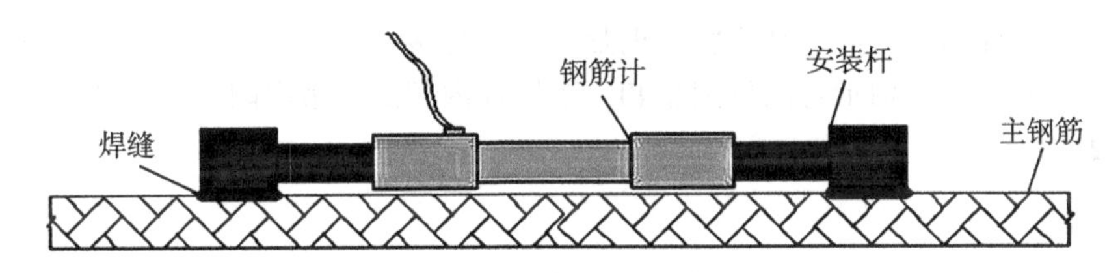

图 8-38　钢筋计绑焊安装示意图

在水工钢筋混凝土结构中常布设较多的钢筋计测量钢筋受力情况，钢筋应力是通过周围混凝土传递的，因而混凝土应力的大小及变化过程是衡量工程安全与否的关键指标，所以在布设钢筋计的同时应在周边混凝土内布设应变计。

4. 锚索测力计

锚索测力计主要用于监测预应力锚索的加载及其后的预应力松弛过程。锚索测力计能否正常可靠地工作，与锚索本身、锚具的安装和加载、锚索测力计的结构和支撑方式密切相关。锚索测力计的安装要尽量保证仪器设备始终处于轴心受压状态，减少因偏心受压带来的不利。应在测力计承载钢桶的上下面分别设置专门加工的承载垫板，保证其有足够的厚度和光滑度。为进一步消除锚索测力计可能的偏心受压，宜在结构物垫座和测力计承载垫块之间设置一个钢制腰板。锚索测力计的安装示意图见图 8-39。

由于锚索测力计安装后不便于更换，为尽量避免锚索测力计的失效，应将其中的各支传感器的参数设置成一致或接近。

8.3.3 渗压（流）监测

渗压监测是水利工程的一项重要的监测内容。实现渗压监测的渗压计主要有差阻式、压阻式、电感式、电容式、振弦式等，是用于测量工程内部、基础的孔隙水压力

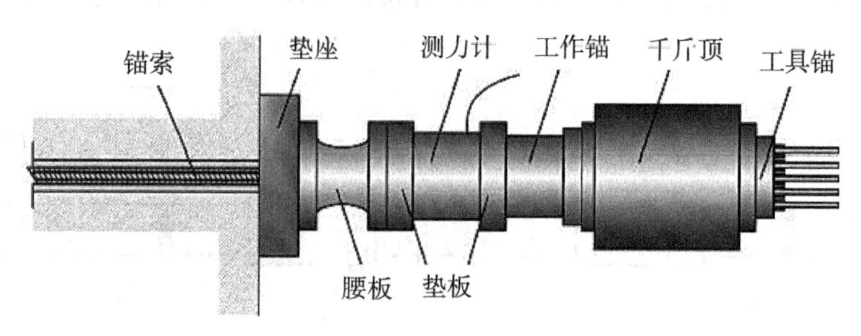

图 8-39　锚索测力计的安装示意图

或渗透压力的传感器，并可同步测量埋设点的温度。其中，振弦式渗压计主要利用水压导致仪器内钢弦应变变化，从而导致固有频率变化的原理进行测量。由于振弦式仪器产品较为成熟，且其传输的频率信号抗干扰能力强、性能稳定，因此振弦式渗压计得到了广泛的应用。

1. 振弦式渗压计的组成

振弦式渗压计由透水体、感应膜、钢弦、激励与接收线圈、避雷器、温度计、电磁圈密封壳体等组成，其结构示意图见图 8-40。渗压计内部的热敏电阻可用来测量渗压计安装部位的温度。

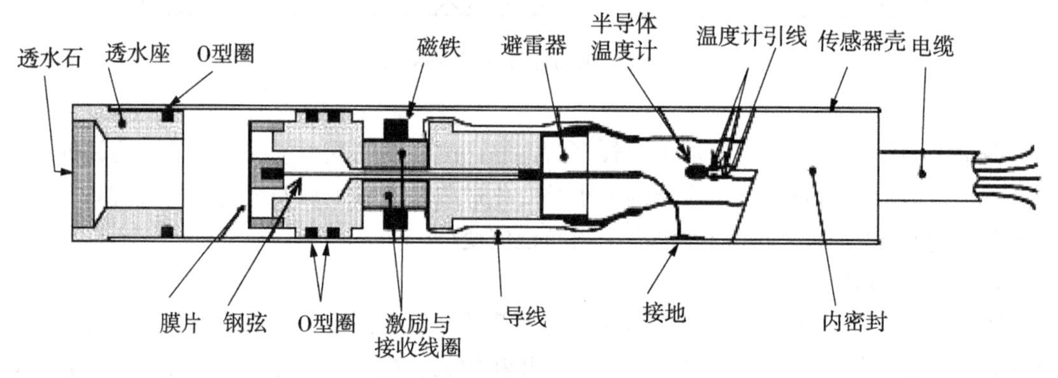

图 8-40　振弦式渗压计结构示意图

2. 振弦式渗压计的安装埋设

振弦式渗压计可安装在工程体内部、基础部位或测压管内。在安装前应取下仪器端部的透水石，在钢膜片上涂一层黄油或凡士林以防生锈，并将渗压计在水中浸泡 2 小时以上，使其达到饱和状态。在测头上包上装有干净中粗砂的砂袋，使仪器进水口畅通，防止泥浆进入渗压计内部。渗压计安装前应读取初始读数，安装后按照标书规定的频率测读。渗压计的基础安装埋设方法见图 8-41，安装在表面测压管内以监测水位的方法见图 8-42。

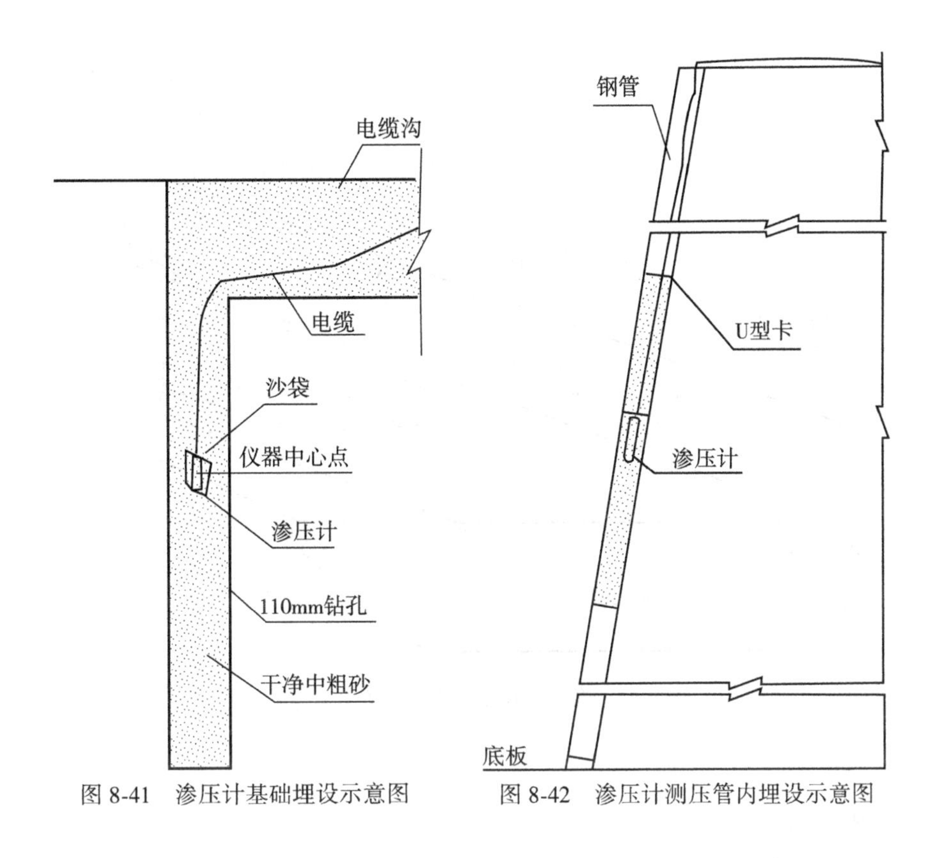

图 8-41　渗压计基础埋设示意图　　　图 8-42　渗压计测压管内埋设示意图

渗压计在工程内部安装的示意图见图 8-43，在土工膜下的安装示意图见图 8-44。

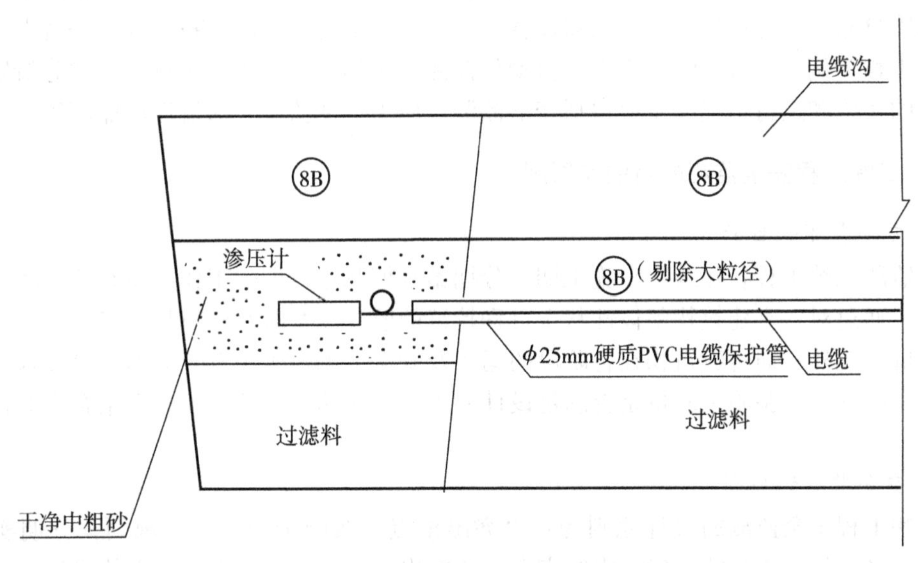

图 8-43　渗压计在工程内部的安装示意图

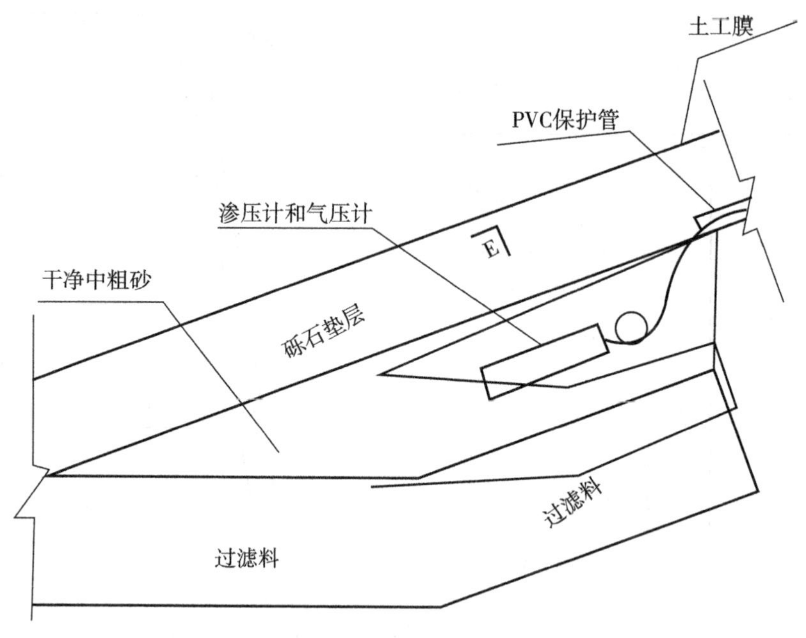

图 8-44　渗压计在土工膜下的安装示意图

8.4　工程实例

三峡工程是举世瞩目的大型水利枢纽工程，坝高、体大、结构复杂，其监测系统具有监测范围分布广、监测项目多、仪器设备数量大、自动化程度高、技术复杂等特点。本节以三峡工程为例，结合三峡大坝安全自动化监测系统的设计原则，重点介绍和分析安全监测系统的实施和运行情况，主要包括变形监测、应力应变监测、渗流渗压监测等。

8.4.1　三峡工程安全监测的目的和原则

1. 安全监测的目的

以监测三峡工程各建筑物在施工期、分期蓄水期和运行期的工作状态和安全状况为主要目的，通过对各类建筑物整体性状全过程持续的监测，及时对建筑物的稳定性、安全度做出评价。此外，通过建筑物在各阶段的运用及安全监测提供的有效数据，可以检验设计方案的正确性，检验施工质量是否满足设计要求，从而达到设计施工动态结合不断优化的目的。

2. 安全监测的原则

三峡工程安全监测的设计原则为："突出重点，兼顾全面，统一规划，分期实施。"其主要含义包括：①目的明确，内容齐全；②突出重点，兼顾全面；③性能可靠，操作简便；④一项为主，互相补充；⑤统一规划，分期实施；⑥同步施工，按时运行；⑦适时采集，及时分析等。

8.4.2 三峡工程自动化监测系统

1. 系统结构

三峡工程自动化监测系统由5个安全监测子系统组成，包括船闸数据采集站MS1，左岸厂房及大坝采集站MS2，右岸厂房及大坝采集站MS3，大坝激光准直变形自动测量系统MS4，三峡船闸高边坡表面变形自动测量系统MS5。

根据安全监测自动化技术的发展水平及三峡工程安全监测测点的分布特点，系统网络结构及配置主要基于可靠性和先进性进行设计。针对三峡水利枢纽安全监测系统特点，结合计算机网络技术的发展现状，并考虑分期实施的要求，安全监测自动化系统网络总体分为监测中心至采集站层和采集站至DAU（数据采集站）两层。为便于安全监测自动化系统的分阶段实施，采集站与相关的DAU组成相互独立的网络系统。监测中心与每个采集站进行网络互联，形成覆盖整个三峡坝区的安全监测自动化网络系统。三峡工程安全监测自动化系统采用分布式网络结构的数据采集系统，系统结构见图8-45。

2. 监测项目与设备

三峡工程自动化监测系统的监测项目主要包括变形监测、渗流渗压监测和应力应变监测，各监测项目的测点分布多、分布面广、传感器种类多，有关变形、渗流及应力应变的测点近10000个，其中通过安装传感器可以实现自动化监测的传感器有6000余个。截至2011年底，接入自动化监测系统的测点有2000余个。测点广泛分布在混凝土大坝、船闸及高边坡、沥青混凝土墙心土石坝、地下电站、河床电站及垂直升船机等不同类型的建筑物中。主要的自动化监测项目与设备有：

（1）变形监测。包括垂线坐标仪、引张线仪、静力水准仪、伸缩仪、测缝计、裂缝计、多点位移计、滑动测微计、倾角计、电磁式沉降仪。

（2）应力应变监测。包括应变计、压应力计、弦式应力计、钢筋计、钢板计、锚杆应力计、锚索测力计、温度计和土压力计。

（3）渗流渗压监测。包括渗压计和量水堰。

3. 变形监测

三峡大坝的变形监测量测设施包括左、右岸非溢流坝段，左、右岸厂房坝段和溢流坝段的水工建筑物及其基础的水平、垂直位移、建筑物挠度及其基础转动量测设施。变形监测应建立统一而稳定的基准，并使变形监测项目的分布尽可能延伸到每个坝段，以便从宏观上把握大坝的整体运行性态，同时选择一些关键和重要监测部位进行重点监测。根据坝基地质条件和坝体结构的综合比较结果，三峡大坝变形监测共选择4个部位为大坝关键监测部位，11个监测部位为重要监测部位。监测项目涵盖水平位移、垂直位移、坝体挠度和基础转动，监测设施采用引张线、真空管道激光位移测量系统、正倒垂装置、伸缩仪、静力水准系统、多点位移计等。

1）水平位移监测

水平位移监测主要应用引张线、真空管道激光位移监测系统进行测量。各条引张线、真空激光位移测量系统端点，以倒垂线为工作基点，或以与倒垂线相连的正垂线为工作基

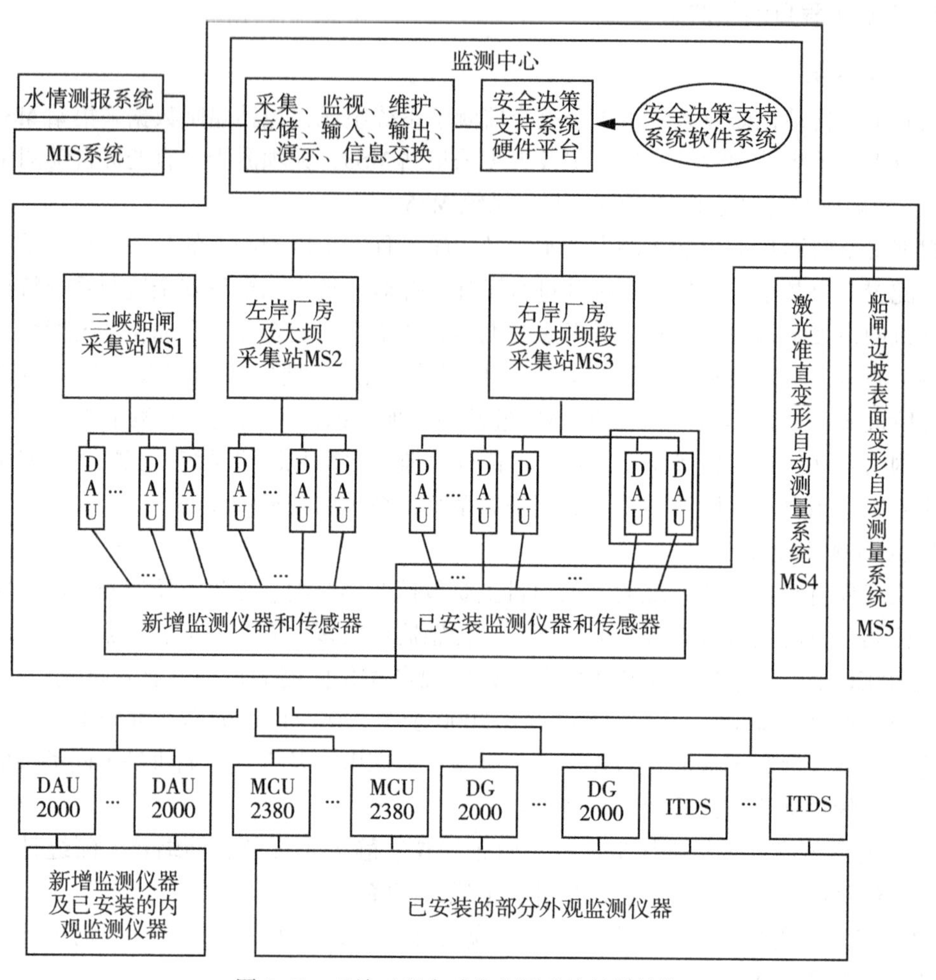

图 8-45　三峡工程自动化监测系统总体结构

点（当引张线端点距垂线较远时，布置伸缩仪连接）。各条引张线通过处，每坝段设 1 个测点，且各坝段上、中、下 3 层测点应尽可能布置在一个横断面上。

（1）引张线监测系统。对于两岸岸坡（坝高小于 135 m）坝段，引张线按坝顶和基础两层布设；对于河床（坝高大于 135m）坝段，引张线分坝顶、坝腰、基础 3 层布设。基础水平位移监测共布置 6 条引张线，分别布置在左岸非溢流坝段高程 105 m 上游基础廊道、左厂房 1~5 号坝段高程 95 m 下游基础廊道、左厂房岸坡坝段高程 73 m 排水洞、左厂房 9 号至右厂房 21 号坝段高程 49 m 上游基础廊道内。其中，左厂房 9 号至右厂房 21 号坝段高程 49 m 上游基础廊道全长约 1100 m，连续布置 3 条引张线；大坝中部水平位移监测共布置 3 条引张线，分别布置在左厂房 5~14 号坝段高程 94 m 排水廊道、左厂房 14 号至纵向围堰坝段高程 116. 5 m 泄洪深孔弧门间操作廊道、纵向围堰至右厂房 26 号坝段高程 94 m 廊道内；坝顶水平位移监测共布置 6 条引张线，布置在高程 175. 4m 坝顶观测廊道内，监测范围覆盖了除左岸8号非溢流坝段和临时船闸坝段外的全部坝段。其中临时船闸3号坝段至右岸非溢流6号坝段坝顶观测廊道全长2005 m，连续布置5条引张线。

(2) 真空激光位移测量系统。在三峡大坝的坝顶和基础各布置一套真空激光位移测量系统。基础真空激光位移测量系统布置在左厂房9号至右厂房21号坝段高程49 m上游基础廊道内，全长1100 m，设测点53个。坝顶真空激光位移测量系统布置在临时船闸3号坝段至右岸非溢流6号坝段坝顶观测廊道内，全长2005 m，设测点99个。

2) 垂直位移监测

垂直位移监测主要应用静力水准和真空激光位移测量系统进行量测。静力水准点布置在基础廊道内，共布置了4条测线，分别位于左厂房1~6号坝段高程94 m基础廊道、左厂房1号坝段至右厂房21号坝段（经左、右厂房坝段和泄洪坝段）高程49 m上游基础（或接近基础）廊道、左导墙坝段至纵向坝段高程45 m（47 m）下游廊道、右厂房21~26号坝段高程94 m廊道内，范围覆盖了大部分坝段。静力水准测线经过处每坝段布设1个测点。

此外，在升船机的船厢室段塔柱顶部机房底板（高程196m，即承重塔柱顶部）高程层面纵横梁上，布设了10个监测垂直位移的JSY-ID型数字遥测静力水准仪测点组成的静力水准闭合回路环线，以监测该部位的形变量。

3) 关键和重要断面监测

关键和重要断面变形监测的布置主要包括：布设正、倒垂线以监测基础位移和坝体的挠度变化；在基础横向廊道布置3~4台静力水准仪测点测量基础的转动；在坝踵、坝趾处各布设1支基岩变形计，在上、下游基础廊道各布置1支多点位移计，测量坝基岩体的垂直变形。

4) 裂缝监测

大坝在施工过程中采用分块浇筑，因此接缝的灌浆层能否胶合大坝传递荷载，以及大坝运行后坝段间能否永久密合，是大坝施工期和运行期要特别关注的问题。通过布设的测缝计能观测接缝开合度和坝体温度，其监测结果对大坝施工、接缝灌浆、了解大坝整体性，都起着非常重要的作用。采用加拿大Roctest公司的JM-E型埋入式测缝计，用以监测大坝收缩缝的张开度。

4. 应力应变监测

左厂14号坝段坝体应力应变监测主要采用五向应变计组及无应力计，在坝段共布置了11组五向应变计组（每组5支），15支无应力计。在坝踵、坝址各布置2组应变计组和2支无应力计。坝踵仪器分别设在距上游坝面1.8 m和2 m，高程分别为27 m和32.1 m处；坝趾仪器设在距上游坝面116 m，高程分别为22 m和32.1 m处。在坝体内部布置7组应变计组和7支无应力计，分别设在距上游坝面17.5 m，33 m，37 m，53 m，73 m，77 m和93 m，高程32.1 m处。在压力钢管旁布置4支无应力计，分别设在距上游坝面101.3 m，82.4 m，58.8 m和16.80 m及高程分别为50.4 m，65.6 m，94.9 m和107.4 m处。仪器分布图见图8-46。

三峡水电站压力管道由上水平段、上弯段、坝下游面斜直段、下弯段及下水平段组

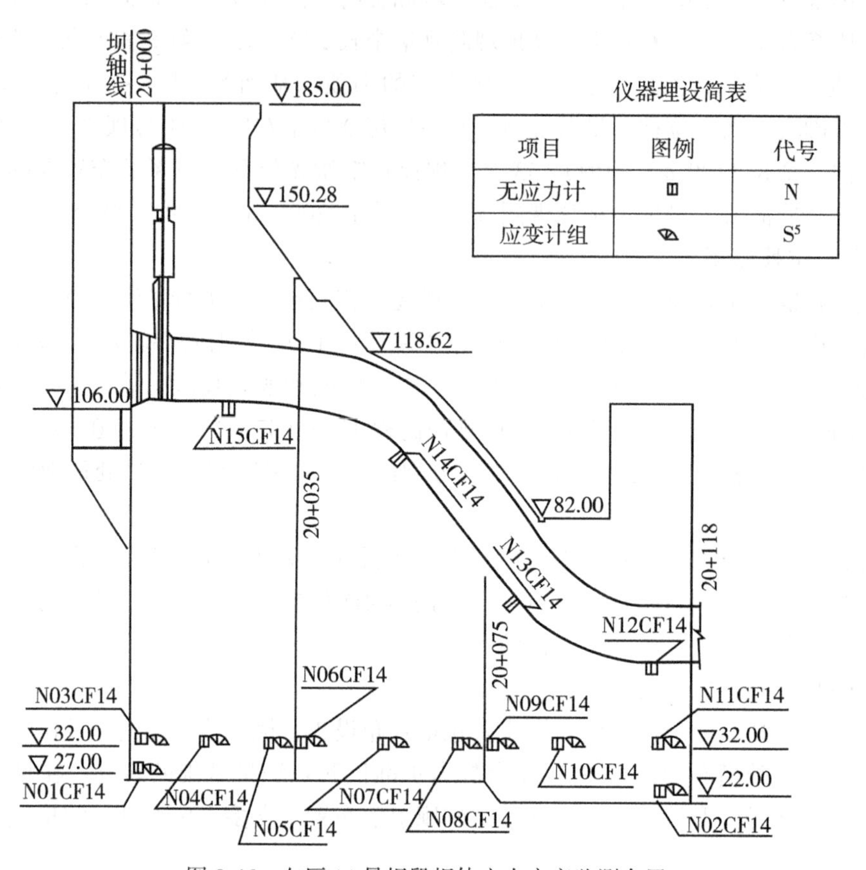

图 8-46　左厂 14 号坝段坝体应力应变监测布置

成。在每个被测断面的顶部、两侧、底部分别布设 1 支钢板计，三个监测断面共计 12 支。三峡大坝左厂房坝段的引水压力钢管监测采用的是加拿大 Roctest 公司生产的 SM-2W 型钢板计。19#机组上共布置 144 支应力应变监测仪器来监测基础岩体变形、接缝开合度、蜗壳应力及其周围混凝土和钢筋应力等。其中，蜗壳表面共布置钢板应力计 30 支，按 2 支一组分布于 5 个监测断面上，分别监测蜗壳钢板水流向和环向应力。

本章思考题

1. 自动化监测系统按照采集方式可以分为哪些种类？各类系统分别具有哪些特点？
2. 自动化监测系统设计主要包括哪些内容？应遵循哪些原则？
3. 简述自动化监测系统数据采集单元的构成和常用工作模式。
4. 简述自动化监测系统数据采集单元应具备的功能和相关设备要求。
5. 简述激光准直测量系统的组成结构和工作原理。
6. 简述正倒垂测量系统的组成结构和工作原理。

7. 简述基于浮托装置的双向引张线测量系统的工作原理和安装方法。

8. 测缝计按传感器类型的不同可以分为哪些种类？简述振弦式测缝计的工作原理和组成结构。

9. 常用的埋入式应力应变监测仪器有哪些？列举 2~3 种埋入式应力应变监测仪器，并简述其工作原理。

第9章　数学模型的建立与应用

内容及要求： 本章主要介绍数学模型建立的原理和方法。通过本章学习，要求重点掌握统计模型建立的基本理论，掌握模型建立时因子的选择方法；了解灰色系统模型、神经网络模型建立的原理，了解相关模型的特点。

9.1　概述

变形监测工作结束后，应及时对监测数据进行处理，并定期对监测成果进行整理分析。监测成果的初步分析一般是绘制监测量的过程线图、分布图等，对监测值的最大值、最小值、平均值、变幅等做简要的统计分析，确定建筑物的基本工作性态，判别可能存在的隐患，为进一步的分析评判做准备。变形监测资料仅仅通过初步的整理和绘制成相应的图表，还远远不能满足变形监测分析工作的要求，因为这些图表只能用于初步地判断建筑物的运行情况。而对于建筑物产生的变形值是否异常，变形与各种作用因素之间的关系，预报未来变形值的大小和判断建筑物安全的情况等问题都不可能确切地解答。

变形监测成果的分析，主要是在分析归纳工程建筑物变形值、变形幅度、变形过程、变形规律等的基础上，对工程建筑物的结构本身（内因）及作用于其上的各种荷载（外因）以及变形监测本身进行分析和研究，确定发生变形的原因及其规律性，进而对工程建筑物的安全性态做出判断，并对其未来的变形值范围做出预报。数学模型是变形监测定量分析的一种方法，它是采用一定的数学理论，建立监测量与影响物理量之间关系的一种分析方法。通过数学模型不仅可以建立监测量与影响量的函数关系，而且可以分析影响量的作用大小、影响机理，预测监测量的发展趋势，为进一步的监控提供依据。

通常，建筑物的变形与产生变形的各因素之间的关系极为复杂，难以直接确定下来。此外，各影响因素对变形量的作用也同样不能用一个确定的数学表达式来描述。例如，高层建筑物顶部的位移与日照、风力、基础的不均匀沉陷的关系如何？大坝顶部的位移与外界温度、水库的水位、大坝运行的时间是何种关系？这些问题在进行监测资料的数据处理前，都难以得到确切的回答和解释，但通过数学模型分析，可以解决这些问题。

变形监测数学模型在这几年取得了长足的进步和发展，基于新理论、新方法的数学模型层出不穷，其应用面也不断拓展。目前，常用的数学模型主要有：统计模型、确定性模型、灰色系统模型、神经网络模型等，下面对这些模型作简要介绍。

1）统计模型

统计模型是在建立白化模型比较困难的情况下普遍采用的一种预测模型。从宏观角度来讲，变形包含了各种各样的自然因素和人为因素，这些错综复杂的因素决定了地面沉降的动态过程具有周期性、趋势性和随机性等特点。统计模型通常采用回归分析方法建立。回归分析方法是数理统计学的重要分支，其自身理论体系相当完善，广泛地应用于社会经济、城市规划及环境等重要领域中。回归分析法可分为多元线性回归分析法和逐步回归分析法，多元线性回归分析法是研究一个变量（因变量）与多个因子（自变量）之间非确定关系（相关关系）的最基本方法，逐步回归分析法是建立在 F 检验基础上的逐个接纳显著因子进入回归方程，直到得到所需的最佳回归方程的分析方法。回归分析法的优点是可以把对复杂对象的预测转化成对相对简单因素的预测，且可考虑多方面影响因素，使模型具有较为灵活的适应能力，更符合现实状况。而且还可通过自变量系数的大小确定该影响因素对系统整体的影响作用程度，有利于指导优化系统的实践。然而，其不足之处是，要收集较多的观测值，预测准确度与样本的含量有关。

2）时间序列模型

时间序列分析是20世纪20年代后期开始出现的一种现代的动态的数据处理方法，是系统辨识与系统分析的重要方法之一，其应用范围为自然、工程以及生物医学等众多领域。其特点在于：逐次的观测值通常是不独立的，且分析必须考虑到观测资料的时间顺序，当逐次观测值相关时，未来数值可以由过去的观测资料来预测，可以利用观测数据之间的自相关性建立相应的数学模型来描述客观现象的动态特征。

3）灰色模型

灰色系统理论是由我国原华中理工大学邓聚龙教授在20世纪80年代提出的，它是用来解决不完备系统的数学方法。相对于其他数理统计方法，灰色模型只需要较少样本量，从一个时间序列自身出发，采用依次累加的方法实现由非线性到线性的转化，从而弱化序列的随机性，揭示原始数据的内在规律，适合进行趋势预测。

4）人工智能模型

人工智能（Artificial Intelligence）是一门由计算机科学、控制论、信息论、语言学、神经生理学、心理学、数学、哲学等多种学科相互交叉渗透而发展起来的综合性新学科。目前的人工智能研究工作有两大方向，第一个研究方向是以计算机的元件数量接近于人脑的细胞数量为背景的研究，它与生命科学的进展相互呼应，在神经网络、人工生命等领域进行着热烈的讨论；第二个研究方向是伴随着计算机网络的进步而形成的。近年来，处理人类的含糊性和灵活性的模糊理论、模拟人类脑神经系统学习机能的神经网络、对生物的生命进化进行模拟的遗传算法等作为人工智能的新方法受到了人们的重视。这些方法相辅相成，利用同时融合的方法，可以达到易使用、鲁棒性和低成本，同时在精确度和可靠性方面达到一定要求。因此，将人工智能模型应用于变形分析有很广阔的发展空间和前景。

9.2 统计模型的建立

在实际工作中，建筑物的变形是复杂的，是由多种作用因素的影响而产生的综合反映。以建筑物沉降为例，不仅与建筑物的自重有关，而且与基础的处理、岩土的力学特性、地表水的渗透作用、地下水的活动特性等多种因素密切相关，因此，需要建立沉降与多因素之间的数学关系。此外，由于建筑物的变形机理复杂，变形量与作用因子间常常不是完全的线性关系，需要作线性化处理。

9.2.1　多元线性回归模型

多元线性回归分析的数学模型可表达如下：

$$y + V = a_0 + a_1x_1 + a_2x_{21} + a_3x_3 + \cdots + a_kx_k \tag{9-1}$$

式中，a_0，a_1，…，a_k 为待确定的系数；x_1，…，x_k 为作用因子；y 为变形值。经过 n 次观测（$n \geqslant k$），根据最小二乘原理，利用间接平差的方法列出方程式，并求出待定系数：

$$NA + W = 0 \tag{9-2}$$

$$A = -N^{-1}W \tag{9-3}$$

从而可求出回归方程：

$$y = \hat{a}_0 + \hat{a}_1x_1 + \hat{a}_2x_2 + \hat{a}_3x_3 + \cdots + \hat{a}_kx_k \tag{9-4}$$

可利用下式进行回归方程的精度估计：

$$m = \pm\sqrt{\frac{[VV]}{n-(k+1)}} \tag{9-5}$$

多元线性回归要进行回归方程回归效果的检验，应根据复相关系数 R 之值来判定。

$$R = \sqrt{\frac{Q_1}{Q}} = \sqrt{1 - \frac{Q_2}{Q}} \tag{9-6}$$

式中，$Q = \sum(y - \bar{y})^2$，$Q_1 = \sum(\hat{y} - \bar{y})^2$，$Q_2 = \sum VV = [VV]$，$\bar{y} = \frac{1}{n}\sum y$。其中 y 是直接观测所得的值，$\hat{y}$ 是由回归方程式（9-4）计算得的值。此外，以未知参数个数（$k+1$）以及自由度 $n-(k+1)$ 和置信水平 α，查复相关系数表得 R_α 之值，若以式（9-6）计算出的 R 之值大于 R_α，则表明在置信水平 α 下，方程回归效果显著，并且 R 之值越接近于 1，说明回归效果越好。

多元线性回归中，通常遇到的问题是各变量之间的相互关系并不总是线性的。为了把非线性的回归方程线性化，可进行变量代换处理。例如有某混凝土大坝，由坝顶水平位移分析，确定回归方程的数学模型为如下形式：

$$y = a_0 + a_1H + a_2H^2 + a_3H^3 + a_4T_1 + a_5T_2 + a_6T_3 + a_7\ln\theta \tag{9-7}$$

式中，H 为库水位高程，T_1，T_2，T_3 为坝体上温度测点的温度值，θ 为时间（天）。即坝顶的水平位移与库水位 H、温度 T 和时间 θ 有关，并且这种关系并不是线性的。为了进行多元线性回归，可作如下变换，令 $x_1 = H$，$x_2 = H^2$，$x_3 = H^3$，…，$x_7 = \ln\theta$，那么式（9-7）可写成

$$y = a_0 + a_1x_1 + a_2x_2 + a_3x_3 + \cdots + a_7x_7 \tag{9-8}$$

先按各观测值计算出对应的 x 值，从而可进行多元线性回归分析，求出 $\hat{a}_i$，建立回归方程。

9.2.2　逐步回归模型

利用回归分析方法可对建筑物变形监测资料进行处理，但是，处理时的主要问题是回归方程合宜的数学模型在分析开始时不可能完全确定下来。因此，必须利用逐步回归的原

理，把作用显著的因子保留下来，而把作用微弱的因子剔除出回归方程，从而使方程得到优化。

逐步回归计算是建立在 F 检验的基础上逐个接纳显著因子进入回归方程。当回归方程中接纳一个因子后，由于因子之间的相关性，可使原先已在回归方程中的某些因子变成不显著，这需要从回归方程中剔除。所以在接纳一个因子后，必须对已在回归方程中的所有因子的显著性进行 F 检验，剔除不显著的因子，直到没有不显著因子后，再对未选入回归方程的其他因子用 F 检验来考虑是否接纳进入回归方程（一次只接纳一个）。反复运用 F 检验进行剔除和接纳，直到得到所需的最佳回归方程。

1. 回归效果显著性的检验

设回归分析的初选模型为：

$$y = a_0 + a_1x_1 + a_2x_2 + \cdots + a_kx_k \tag{9-9}$$

根据多元线性回归方程显著性检验的方法可知，

$$Q = \sum (y - \bar{y})^2, \quad Q_1 = \sum (\hat{y} - \bar{y})^2, \quad Q_2 = \sum (y - \hat{y})^2 = \sum VV = [VV], \quad \bar{y} = \frac{1}{n}\sum y。$$

其中 y 是直接观测所得的值，$\hat{y}$ 是由回归方程计算得到的值。

可以证明，

$$Q = Q_1 + Q_2 \tag{9-10}$$

上式表明，由回归方程求出的总差方和可以分为两个部分，一部分称为回归平方和 Q_1，它主要反映了回归方程变形量与各变形因子之间相互作用的效果好坏，另一部分称为残差平方和 Q_2，它反映了其他各种随机因素的影响，如观测误差、回归模型的误差等的作用。

对于一个确定的回归观测项目，如果已测定了 n 组实测数据，那么对于此 n 组数据而言，总方差和 Q 是一个定值。但是，若用不同的回归模型对此问题进行回归分析，所求得的 Q_1 和 Q_2 之值将是不同的。求得的 Q_1 越大，则 Q_2 就越小，也就说明回归方程越有效。所以，回归方程的效果好坏，可以从 Q_1 与 Q_2 的比值大小确定。

Q_1 和 Q_2 的比值应达到多大的量值才能确定回归方程的效果是显著的呢？这必须通过数理统计的检验才能判断。可以证明，Q_1/σ^2 是自由度为（$k+1$）的 χ^2 变量，Q_2/σ^2 是自由度为（$n-k-1$）的 χ^2 变量，且 Q_1 和 Q_2 相互独立。根据数理统计，组成 F 统计量为

$$F = \frac{Q_1/(k+1)}{Q_2/(n-k-1)} \tag{9-11}$$

它在零假设 H_0：$a_0 = a_1 = a_2 = \cdots = a_k = 0$ 下是自由度为（$k+1$，$n-k-1$）的 F 变量。根据此自由度和选择的置信水平 α，可在 F 分布表中查得对应的 F_α 之值。如果由式(9-11)计算出的 $F > F_\alpha$，那么表明在所选择的置信水平 α 下，H_0 假设不可信，即回归方程的效果是显著的。

2. 回归方程中各因子作用显著性的检验

以上的检验方法同样可以用于各因子作用显著性的检验。若用 k 个因子对应变量 y 组成一个多元线性回归模型，经回归后求得回归方程如下：

$$y = \hat{a}_0 + \hat{a}_1 x_1 + \hat{a}_2 x_2 + \cdots + \hat{a}_k x_k \tag{9-12}$$

求出相应的残差平方和 Q_2，此外如果在模型中减去一个因子 x_k，另外进行回归，那么可求得对应的第二个回归方程为

$$y' = \hat{a}'_0 + \hat{a}'_1 x_1 + \hat{a}'_2 x_2 + \cdots + \hat{a}'_{k-1} x_{k-1} \tag{9-13}$$

此回归方程相应的残差平方和为 Q'_2。两个回归方程求得的残差平方和之差值 ΔQ_2 为

$$\Delta Q_2 = Q_2 - Q'_2 \tag{9-14}$$

上式反映了回归模型中减少了一个因子后残差平方和的增加量，即回归平方和的减少值，它表明 x_k 因子对回归平方和的贡献大小。

同样可以证明，在原假设 H_0：$a_k = 0$ 下，$\Delta Q_2/\sigma^2$ 是自由度为1的 χ^2 变量，Q'_2/σ^2 是自由度为（$n-k$）的 χ^2 变量，组成 F 统计量为

$$F = \frac{\Delta Q_2}{Q'_2/(n-k)} \tag{9-15}$$

式中，n 为观测次数，k 为回归方程的因子个数。上式在零假设 H_0：$a_k = 0$ 下是自由度为（$1, n-k$）的 F 变量。根据此自由度和选择的置信水平 α，可在 F 分布表中查得对应的 F_α 之值。如果由式（9-15）计算出的 $F > F_\alpha$，那么在所选择的置信水平 α 下，H_0 假设不可信，表明 x_k 因子回归效果显著，应予接纳入回归方程中。

如果对已经初步建立的回归方程各个因子都按上述方法逐个地进行检验，那么各因子的显著性就可以得到判断。把作用甚微的因子剔去而保留效果显著的因子，使建立的最终回归方程达到最佳，这就是逐步回归分析。

3. 逐步回归的计算步骤

（1）首先根据经验或对变形值与外界作用因子间的初步分析，确定回归方程的初选模型及各个因子（包括初选因子和备选因子）。

（2）经回归计算建立回归方程，在此方程中找出系数 $|\hat{a}_i|$ 为最小者，并将其剔除出回归方程后，重新进行回归计算，建立新的回归方程。

（3）计算第一次回归方程的残差平方和 Q_2 以及新的回归方程之残差平方和 Q'_2，求出 $\Delta Q_2 = Q_2 - Q'_2$，组成式（9-15）的统计检验量 F，并进行 F 检验。若检验表明该因子作用不显著，则正式剔除出回归方程，否则仍应保留在方程内。然后，再对第二个系数 $|\hat{a}_i|$ 较小的因子进行显著性检验，一直到全部因子检验结束为止。逐步回归中，每剔除一个因子后均必须重新建立回归方程。

（4）进行全部因子显著性检验后，应对最后所建立的回归方程作回归效果显著性的检验。如果效果不太理想，则可把备选因子或另一些未被考虑的因子逐个加入此方程中，并对新加入的因子逐个地进行显著性检验。直到回归方程中各因子作用都显著，而且回归效果也很理想，就可以得到所需的最佳回归方程了。

4. 回归因子的初选

回归分析中所选的因子必须与监测量密切相关，这样的回归方程才有效。因此，对确定的回归问题，首要之事是必须清楚地了解引起变形的因素，并找出它们之间存在的函数

关系形式，把这些因子选入回归方程中，才能使回归方程顺利地建立起来。

（1）初选因子的确定，通常可以借助于各种图表的分析进行，变形监测资料初步整理中，通常要绘制出各种观测量的变化过程线及图表，利用这些图表可以直观地分析各观测量与变形值的相关特性。如建筑物裂缝的开合与气温变化的关系，大坝坝顶水平位移与库水位、气温、水温的变化关系等。

（2）初选因子的确定，除了需要借助于图表外，还需要凭经验和假设来选择一些因子。例如，坝体水平位移除了与库水位有关外，还应考虑是否与库水位的二次方、三次方甚至更高次方有关。

（3）物体的变形是受到应力作用后产生的，所以回归模型的初选因子也可由初步分析产生变形的各种因素来确定。例如，大坝位移的回归模型就可对作用在坝体上的荷载来分析。影响大坝变形的因素主要考虑为上、下游水位、温度变化对坝体的影响以及混凝土和坝基岩体的时效变形作用。

（4）此外，还可以由较完整的结构应力分析确定初选因子。例如，通过结构应力分析，可知库水深对重力坝水平位移的影响通常与水深的一次、二次、三次方的因子有关。在回归分析中，可选 p、H^2、H^3 作为回归模型的水位作用因子。

9.2.3 应用实例

在地面沉降分析中，常常将地面荷载作为引起地面沉降的一个重要因素，考虑到土体变形的时效特性，可以把基于地面荷载变化的统计模型表达为：

$$\delta = a_0 + \sum_{i=1}^{4} b_i M_i + c_1 t + c_2 \ln t \tag{9-16}$$

或者

$$\delta = a_0 + b_1 \sum_{i=1}^{4} M_i + c_1 t + c_2 \ln t \tag{9-17}$$

式中，M_i 为地面荷载；t 为时间。

利用式（9-16）对某城市地面沉降成果进行拟合处理，拟合残差见表 9-1，拟合曲线见图 9-1~图 9-4。

表 9-1　**拟合残差（mm）**

序号	测点 1	测点 2	测点 3	测点 4
1	-0.1	+0.4	-0.3	-0.2
2	-0.0	-1.4	+2.3	+1.4
3	+0.9	-0.0	+3.2	-1.5
4	-1.7	-0.1	-0.8	-0.7
5	+0.8	+3.4	-0.5	+1.3
6	-0.1	-2.4	+0.1	-0.4

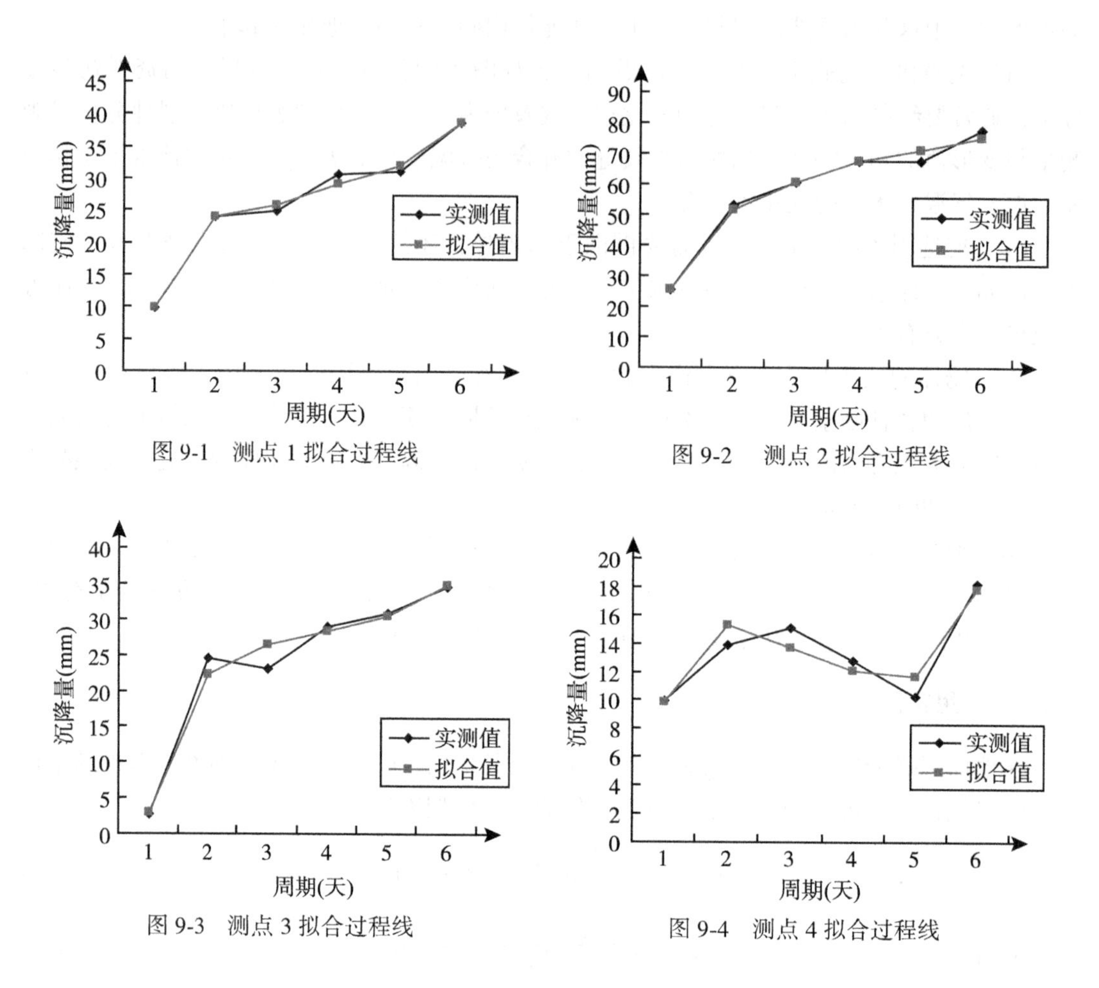

图 9-1　测点 1 拟合过程线

图 9-2　测点 2 拟合过程线

图 9-3　测点 3 拟合过程线

图 9-4　测点 4 拟合过程线

根据计算结果可以看出，模型计算的复相关系数均在 0.9 以上，拟合中误差在 2mm 以内，表明模型因子的选择合理，具有代表性，实际拟合精度较高，效果良好。这几个点的沉降趋势也反映了地面沉降的一般规律，沉降主要受时效分量的影响，且非线性项影响更大一些。沉降与荷载变化量基本呈正相关，即随着建筑荷载的不断增加，地面沉降逐渐增加。

9.3　灰色系统模型

9.3.1　概述

灰色系统理论是由我国原华中理工大学邓聚龙教授在 20 世纪 80 年代提出的，它是用来解决信息不完备系统的数学方法，它把控制论的观点和方法延伸到复杂的大系统中，将自动控制与运筹学的数学方法相结合，用独树一帜的方法和手段，研究了广泛存在于客观世界中具有灰色性的问题。在短短的时间里，灰色系统理论有了飞速的发展，它的应用已渗透到自然科学和社会经济等许多领域，显示出这门学科的强大生命力，具有广阔的发展前景。

系统分析的经典方法是将系统的行为看作是随机变化的过程，用概率统计方法，从大量历史数据中寻找统计规律，这对于统计数据量较大情况下的处理较为有效，但对于数据量少的贫信息系统的分析则较为棘手。

灰色系统理论研究的是贫信息建模，它提供了贫信息情况下解决系统问题的新途径。它把一切随机过程看作是在一定范围内变化的、与时间有关的灰色过程，对灰色量不是从寻找统计规律的角度，通过大样本进行研究，而是用数据生成的方法，将杂乱无章的原始数据整理成规律性较强的生成数列后再作研究。灰色理论认为系统的行为现象尽管是朦胧的，数据是杂乱无章的，但它毕竟是有序的，有整体功能的，在杂乱无章的数据后面，必然潜藏着某种规律，灰数的生成，是从杂乱无章的原始数据中去发现、寻找这种内在规律。

9.3.2 灰色系统理论的基本概念

1）灰色系统

信息不完全的系统称为灰色系统。信息不完全一般指：①系统因素不完全明确；②因素关系不完全清楚；③系统结构不完全知道；④系统的作用原理不完全明了。

2）灰数、灰元、灰关系

灰数、灰元、灰关系是灰色现象的特征，是灰色系统的标志。灰数是指信息不完全的数，即只知大概范围而不知其确切值的数，灰数是一个数集，记为 $\otimes$； 灰元是指信息不完全的元素；灰关系是指信息不完全的关系。

3）灰数的白化值

所谓灰数的白化值是指，令 a 为区间，a_i 为 a 中的数，若 $\otimes$ 在 a 中取值，则称 a_i 为 $\otimes$ 的一个可能的白化值。

4）数据生成

将原始数据列 x 中的数据 $x(k)$（$x=\{x(k)\mid k=1, 2, \cdots, n\}$）按某种要求作数据处理称为数据生成。如建模生成与关联生成。

5）累加生成与累减生成

累加生成与累减生成是灰色系统理论与方法中占据特殊地位的两种数据生成方法，常用于建模，亦称建模生成。

累加生成（Accumulated Generating Operation，AGO），即对原始数据列中各时刻的数据依次累加，从而形成新的序列。

设原始数列为：

$$x^{(0)}=\{x^{(0)}(k)\mid k=1, 2, \cdots, n\} \tag{9-18}$$

对 $x^{(0)}$ 作一次累加生成（1-AGO）：

$$x^{(1)}(k)=\sum_{i=1}^{k} x^{(0)}(i) \tag{9-19}$$

即得到一次累加生成序列：

$$x^{(1)}(k)=\{x^{(1)}(k)\mid k=1,2,\cdots,n\} \tag{9-20}$$

若对 $x^{(0)}$ 作 m 次累加生成（记作 m -AGO），则有：

$$x^{(m)}(k)=\sum_{i=1}^{k}x^{(m-1)}(i) \tag{9-21}$$

累减生成（Inverse Accumulated Generating Operation，IAGO）是 AGO 的逆运算，即对生成序列的前后两数据进行差值运算：

$$x^{(m-1)}(k)=x^{(m)}(k)-x^{(m)}(k-1) \tag{9-22}$$

…………

$$x^{(0)}(k)=x^{(1)}(k)-x^{(1)}(k-1) \tag{9-23}$$

m -AGO 和 m -IAGO 的关系是：

$$x^{(0)}\underset{m\text{-IAGO}}{\overset{m\text{-AGO}}{\longleftrightarrow}}x^{(m)} \tag{9-24}$$

9.3.3　灰色关联分析

由灰色系统理论提出的灰色关联度（灰关联）分析方法，是基于行为因子序列的微观或宏观几何接近，以分析和确定因子间的影响程度或因子对主行为的贡献测度而进行的一种分析方法。灰关联是指事物之间的不确定性关联，或系统因子与主行为因子之间的不确定性关联。它根据因素之间发展态势的相似或相异程度来衡量因素间的关联程度。由于关联度分析是按发展趋势作分析，因而对样本量的大小没有太高的要求，分析时也不需要典型的分布规律，而且分析的结果一般与定性分析相吻合，具有广泛的实用价值。

1. 构造灰关联因子集

对抽象系统进行关联分析时，首先要确定表征系统特征的数据列。表征方法有直接法和间接法两种。直接法指对能直接反映系统行为特征的序列，可直接进行灰关联分析。间接法指对不能直接找到表征系统的行为特征数列，需要寻找表征系统行为特征的间接量，称为映射量，然后用此映射量进行分析。

在灰色系统理论中，确定表征系统特征的数据列并对数据进行处理，称为构造灰关联因子集。灰关联因子集是灰关联分析的重要概念，一般来说，进行灰关联分析时，都要把原始因子转化为灰关联因子集。

设时间序列（原始序列）$x=\{x(k)\mid k=1,2,\cdots,n\}$，常用的转化方式有以下 6 种：

（1）初值化

$$x'(k)=\frac{x(k)}{x(1)},\quad k=1,2,\cdots,n \tag{9-25}$$

（2）平均值化

$$x'(k)=\frac{x(k)}{\frac{1}{n}\sum_{i=1}^{n}x(i)},\quad k=1,2,\cdots,n \tag{9-26}$$

（3）最大值化

$$x'(k)=\frac{x(k)}{\max x(k)},\quad k=1,2,\cdots,n \tag{9-27}$$

（4）最小值化

$$x'(k)=\frac{x(k)}{\min x(k)},\ k=1,\ 2,\ \cdots,\ n \tag{9-28}$$

（5）区间值化

考虑 $x_i=\{x_i(k)\,|\,k=1,\ 2,\ \cdots,\ n\}$，$i=1,\ 2,\ \cdots,\ m$，令 $\mathrm{maxmax}X=\max\limits_i\max\limits_k x_i(k)$，$\mathrm{minmin}X=\min\limits_i\min\limits_k x_i(k)$，则：

$$x_i'(k)=\frac{x_i(k)-\mathrm{minmin}X}{\mathrm{maxmax}X-\mathrm{minmin}X} \tag{9-29}$$

（6）正因子化

令 $X_{\min}=\min\limits_k x(k)$，则有：

$$x_i'(k)=x(k)+2\,|X_{\min}|\,(k=1,\ 2,\ \cdots,\ n) \tag{9-30}$$

2. 灰关联度计算公式

设 $x_0=\{x_0(k)\,|\,k=1,\ 2,\ \cdots,\ n\}$ 为参考序列，$x_i=\{x_i(k)\,|\,k=1,\ 2,\ \cdots,\ n\}$ $(i=1,\ 2,\ \cdots,\ m)$ 为比较序列，则 $x_i(k)$ 与 $x_0(k)$ 的关联系数为：

$$\xi_i(k)=\frac{\min\limits_i\min\limits_k|x_0(k)-x_i(k)|+\rho\max\limits_i\max\limits_k|x_0(k)-x_i(k)|}{|x_0(k)-x_i(k)|+\rho\max\limits_i\max\limits_k|x_0(k)-x_i(k)|} \tag{9-31}$$

式中，ρ 为分辨系数，ρ 越小分辨率越大，一般 ρ 的取值区间为 [0，1]，通常取 $\rho=0.5$。

于是，可求出 $x_i(k)$ 与 $x_0(k)$ 的关联系数：

$$\xi_i=\{\xi_i(k)\,|\,k=1,\ 2,\ \cdots,\ n\}\ (i=1,\ 2,\ \cdots,\ m) \tag{9-32}$$

则灰关联度定义为：

$$\gamma_i=\gamma(x_0,\ x_i)=\frac{1}{n}\sum_{k=1}^{n}\xi_i(k) \tag{9-33}$$

灰关联度具有如下特性：

（1）规范性

$$0<\gamma(x_0,\ x_i)\leqslant 1 \tag{9-34}$$

$$\gamma(x_0,\ x_i)=1\Leftrightarrow x_0=x_i \tag{9-35}$$

$$\gamma(x_0,\ x_i)=0\Leftrightarrow x_0,\ x_i\in\varnothing \tag{9-36}$$

（2）偶对称性

$$\gamma(x,\ y)=\gamma(y,\ x),\ x,\ y\in x \tag{9-37}$$

（3）整体性

若有 $x_i(i=1,\ 2,\ \cdots,\ m,\ m\geqslant 3)$，则一般地有

$$\gamma(x_i,\ x_j)\neq\gamma(x_j,\ x_i),\ i\neq j,\ i,\ j=1,\ 2,\ \cdots,\ n \tag{9-38}$$

（4）接近性

$\Delta_i(k)=|x_0(k)-x_i(k)|$ 越小，则 $\gamma(x_0,\ x_i)$ 越大，x_0 与 x_i 越接近。

从上述灰关联度的性质（3）可以看出，灰关联度一般不满足对称性，于是便有了如下满足对称性的灰关联度计算公式：

（1）改进关联度法

$$r_{ij}=\frac{1}{2(n-1)}\left[\frac{x_i(1)\wedge x_j(1)}{x_i(1)\vee x_j(1)}+\frac{x_i(n)\wedge x_j(n)}{x_i(n)\vee x_j(n)}+2\sum_{k=2}^{n-1}\frac{x_i(k)\wedge x_j(k)}{x_i(k)\vee x_j(k)}\right] \tag{9-39}$$

（2）相对变率关联度法

$$r_{ij}=\frac{1}{n-1}\sum_{k=1}^{n-1}\frac{1}{1+\left|\frac{\Delta x_j(k)}{x_j(k)}-\frac{\Delta x_i(k)}{x_i(k)}\right|} \tag{9-40}$$

式中，$\Delta x_j(k)=x_j(k+1)-x_j(k)$，$\Delta x_i(k)=x_i(k+1)-x_i(k)$。

（3）斜率关联度法

$$r_{ij}=\frac{1}{n-1}\sum_{k=1}^{n-1}\frac{1}{1+\left|\frac{\Delta x_j(k)}{\sigma_{x_j}}-\frac{\Delta x_i(k)}{\sigma_{x_i}}\right|} \tag{9-41}$$

式中，

$$\sigma_{x_j}=\sqrt{\frac{1}{n-1}\sum_{k=1}^{n}(x_j(k)-\bar{x}_j)^2};\quad \bar{x}_j=\frac{1}{n}\sum_{k=1}^{n}x_j(k) \tag{9-42}$$

$$\sigma_{x_i}=\sqrt{\frac{1}{n-1}\sum_{k=1}^{n}(x_i(k)-\bar{x}_i)^2};\quad \bar{x}_i=\frac{1}{n}\sum_{k=1}^{n}x_i(k) \tag{9-43}$$

3. 灰关联序

设参考序列x_0与比较序列x_i（$i=1，2，\cdots，m$），其关联度分别为γ_i（$i=1，2，\cdots，m$），按关联度大小排序即为关联序。

在灰关联分析中，关联序的大小体现了比较因子对参考因子的影响及作用的大小，其意义高于关联度本身的大小。

需要指出的是，在关联度的分析中，数列的处理方法不同，关联度的大小会发生变化，但关联序一般是不会发生变化的。也就是说，关联度的大小只是因子之间相互影响、相互作用的外在表现，而关联序才是其实质。

9.3.4 GM（1，N）模型

在灰色系统理论中，由GM（1，N）模型描述的系统状态方程，提供了系统主行为与其他行为因子之间的不确定性关联的描述方法，它根据系统因子之间发展态势的相似性，来进行系统主行为与其他行为因子的动态关联分析。

GM（1，N）是一阶的N个变量的微分方程型模型，令$x_1^{(0)}$为系统主行为因子，$x_i^{(0)}$（$i=2，3，\cdots，N$）为行为因子。

$$x_1^{(0)}=(x_1^{(0)}(1),\ x_1^{(0)}(2),\ \cdots,\ x_1^{(0)}(n)) \tag{9-44}$$

$$x_i^{(0)}=(x_i^{(0)}(1),\ x_i^{(0)}(2),\ \cdots,\ x_i^{(0)}(n)) \tag{9-45}$$

式中，n是数据序列的长度，记$x_i^{(1)}$是$x_i^{(0)}$（$i=1，2，\cdots，N$）的一阶累加生成序列，则GM（1，N）白化形式的微分方程为：

$$\frac{dx_1^{(1)}}{dt}+ax_1^{(1)}=b_1x_2^{(1)}+b_2x_3^{(1)}+\cdots+b_{N-1}x_N^{(1)} \tag{9-46}$$

将上式离散化，且取 $x_i^{(1)}$ 的背景值后，便可构成下面的矩阵形式：

$$\begin{bmatrix} x_1^{(0)}(2) \\ x_1^{(0)}(3) \\ \vdots \\ x_1^{(0)}(n) \end{bmatrix} = a\begin{bmatrix} -z_1^{(1)}(2) \\ -z_1^{(1)}(3) \\ \vdots \\ -z_1^{(1)}(n) \end{bmatrix} + b_1\begin{bmatrix} x_2^{(1)}(2) \\ x_2^{(1)}(3) \\ \vdots \\ x_2^{(1)}(n) \end{bmatrix} + \cdots + b_{N-1}\begin{bmatrix} x_N^{(1)}(2) \\ x_N^{(1)}(3) \\ \vdots \\ x_N^{(1)}(n) \end{bmatrix} \tag{9-47}$$

式中，$z_1^{(1)}(k) = \frac{1}{2}[x_1^{(1)}(k) + x_1^{(1)}(k-1)]$，$k = 2, 3, \cdots, n$。

令

$$\underset{(n-1)\times 1}{y_N} = \begin{bmatrix} x_1^{(0)}(2) \\ x_1^{(0)}(3) \\ \vdots \\ x_1^{(0)}(n) \end{bmatrix} \qquad \underset{(n-1)\times N}{B_N} = \begin{bmatrix} -z_1^{(1)}(2) & x_2^{(1)}(2) & \cdots & x_N^{(1)}(2) \\ -z_1^{(1)}(3) & x_2^{(1)}(3) & \cdots & x_N^{(1)}(3) \\ \vdots & \vdots & & \vdots \\ -z_1^{(1)}(n) & x_2^{(1)}(n) & \cdots & x_N^{(1)}(n) \end{bmatrix} \tag{9-48}$$

$$\underset{N\times 1}{\hat{a}} = [a \quad b_1 \quad b_2 \quad \cdots \quad b_{N-1}]^{\mathrm{T}}$$

则式（9-47）可写成下面的形式：

$$y_N = B\hat{a} \tag{9-49}$$

由最小二乘法，可求得参数 $\hat{a}$ 的计算式为：

$$\hat{a} = (B^{\mathrm{T}}B)^{-1}B^{\mathrm{T}}Y_N \tag{9-50}$$

将求得的参数值 $\hat{a}$ 代入式（9-47），解此微分方程，可求得响应函数为：

$$\hat{x}_1^{(1)}(k+1) = \left[x^{(1)}(1) - \frac{b_1}{a}x_2^{(1)}(k+1) - \cdots - \frac{b_{N-1}}{a}x_N^{(1)}(k+1)\right]e^{-ak} + \frac{b_1}{a}x_2^{(1)}(k+1) + \frac{b_2}{a}k_3^{(1)}(k+1) + \cdots + \frac{b_{N-1}}{a}x_N^{(1)}(k+1) \tag{9-51}$$

由式（9-51），可以根据 k 时刻的已知值 $x_2^{(1)}(k+1)$，$x_3^{(1)}(k+1)$，…，$x_N^{(1)}(k+1)$ 来预报同一时刻的 $\hat{x}_1^{(1)}(k+1)$，并求其还原值：

$$\hat{x}_1^{(0)}(k+1) = \hat{x}_1^{(1)}(k+1) - \hat{x}_1^{(1)}(k) \tag{9-52}$$

9.3.5 GM（1，1）模型

设非负离散数列为 $x^{(0)} = \{x^{(0)}(1), x^{(0)}(2), \cdots, x^{(0)}(n)\}$，$n$ 为序列长度。对 $x^{(0)}$ 进行一次累加生成，即可得到一个生成序列 $x^{(1)} = \{x^{(1)}(1), x^{(1)}(2), \cdots, x^{(1)}(n)\}$，对此生成序列建立一阶微分方程：

$$\frac{\mathrm{d}x^{(1)}}{\mathrm{d}t} + \otimes ax^{(1)} = \otimes u \tag{9-53}$$

记为 GM（1，1）。式中，$\otimes a$ 和 $\otimes u$ 是灰参数，其白化值（灰区间中的一个可能值）为 $\hat{a} = [a \quad u]^{\mathrm{T}}$。用最小二乘法求解，得：

$$\hat{a} = [a \quad u]^{\mathrm{T}} = (B^{\mathrm{T}}B)^{-1}B^{\mathrm{T}}y_N \tag{9-54}$$

式中，$B = \begin{bmatrix} -\frac{1}{2}(x^{(1)}(2) + x^{(1)}(1)) & 1 \\ -\frac{1}{2}(x^{(1)}(3) + x^{(1)}(2)) & 1 \\ \vdots & \vdots \\ -\frac{1}{2}(x^{(1)}(n) + x^{(1)}(n-1)) & 1 \end{bmatrix}$，$y_N = \begin{bmatrix} x^{(0)}(2) \\ x^{(0)}(3) \\ \vdots \\ x^{(0)}(n) \end{bmatrix}$。

求出 $\hat{a}$ 后代入式（9-47），解出微分方程得：

$$\hat{x}_1^{(1)}(k+1) = \left(x^{(0)}(1) - \frac{u}{a}\right)e^{-ak} + \frac{u}{a} \tag{9-55}$$

对 $\hat{x}^{(1)}(k+1)$ 作累减生成（IAGO），可得还原数据：

$$\hat{x}_1^{(0)}(k+1) = \hat{x}_1^{(1)}(k+1) - \hat{x}_1^{(1)}(k) \quad 或 \quad \hat{x}^{(0)}(k+1) = (1-e^{a})\left(x^{(0)}(1) - \frac{u}{a}\right)e^{-ak} \tag{9-56}$$

式（9-55）、式（9-56）两式即为灰色预测的两个基本模型。当 $k < n$ 时，称 $\hat{x}^{(0)}(k)$ 为模型模拟值；当 $k = n$ 时，称 $\hat{x}^{(0)}(k)$ 为模型滤波值；当 $k > n$ 时，称 $\hat{x}^{(0)}(k)$ 为模型预测值。

建模的主要目的是预测。为了提高预测精度和效果，首先要保证有较高的滤波精度。因此，建模数据一般应取包括 $x^{(0)}(n)$ 在内的等时距序列。

对模型精度即模型拟合程度评定的方法有残差大小检验、关联度检验和后验差检验三种。残差大小检验是对模型值和实际值的误差进行逐点检验；关联度检验是考察模型值与建模序列曲线的相似程度；后验差检验是对残差分布的统计特性进行检验，它由后验差比值 C 和小误差概率 P 共同描述。灰色模型的精度通常用后验差方法检验。

设由 GM（1，1）模型得到：

$$\hat{x}^{(0)} = \{\hat{x}^{(0)}(1), \hat{x}^{(0)}(2), \cdots, \hat{x}^{(0)}(n)\} \tag{9-57}$$

计算残差：

$$e(k) = x^{(0)}(k) - \hat{x}^{(0)}(k) \qquad k = 1, 2, 3, \cdots, n \tag{9-58}$$

记原始数列 $x^{(0)}$ 及残差数列 e 的方差分别为 S_1^2，S_2^2，则：

$$S_1^2 = \frac{1}{n}\sum_{k=1}^{n}(x^{(0)}(k) - \bar{x}^{(0)})^2 \tag{9-59}$$

$$S_2^2 = \frac{1}{n}\sum_{k=1}^{n}(e(k) - \bar{e})^2 \tag{9-60}$$

式中，$\bar{x}^{(0)} = \frac{1}{n}\sum_{k=1}^{n}x^{(0)}(k)$，$\bar{e} = \frac{1}{n}\sum_{k=1}^{n}e(k)$。

然后，分别按式（9-61）、式（9-62）计算后验差比值和小误差概率：

$$C = \frac{S_2}{S_1} \tag{9-61}$$

$$P = \{|e(k)| < 0.6745S_1\} \tag{9-62}$$

表 9-2 列出了根据 C，P 取值的模型精度等级。模型精度等级判别式为：

$$模型精度等级=\max\{P所在的级别, C所在的级别\} \tag{9-63}$$

表 9-2 **模型精度等级**

模型精度等级	P	C
1级（好）	$0.95 \leqslant P$	$C \leqslant 0.35$
2级（合格）	$0.80 \leqslant P < 0.95$	$0.35 < C \leqslant 0.5$
3级（勉强）	$0.70 \leqslant P < 0.80$	$0.5 < C \leqslant 0.65$
4级（不合格）	$P < 0.70$	$0.65 < C$

9.4 人工神经网络模型

9.4.1 概述

人工神经网络（Artificial Neural Network，ANN）是由大量简单的高度互联的处理元素（神经元）所组成的复杂网络计算机系统，是基于模仿大脑神经网络结构和功能而建立的一种信息处理系统。从某种意义上讲，人工神经网络是对生物神经网络（Biological Neural Network，BNN）的一种极其简单的抽象，尽管网络的能力远远不及人脑那样强大，但是仍可以实现一些有用的功能。神经网络在以下两个方面与人脑具有相似之处：①神经网络获取的知识是从外界环境中学习得来的；②神经元之间的联结强度，即突触权值，用于存储学习过程中获取的知识。

人工神经网络的信息处理由神经元之间的相互作用来实现，并以大规模并行分布进行，信息的存储体现在网络中神经元互联分布形式上，网络的学习和识别取决于神经元之间权重的动态变化过程。每个神经元向邻近的其他神经元发送抑制或激励信号，整个网络的信息处理通过全部神经元间的相互作用完成。

人工神经网络运行的过程主要由两个阶段组成：学习阶段和工作阶段。在学习阶段中，将通过筛选的学习样本以输入、输出样本对的形式依次送入初始权值随机确定的网络中。样本输入通过网络所产生的输出与理想输出会出现偏差，根据某种算法将偏差不断调整到网络权值中，直至网络实际输出与理想输出的偏差足够小（一般人为地设定一个差值），使学习结果尽可能地逼近样本值；学习完成后，随机进入工作阶段。此时连接权已经确定，网络处于稳定状态。网络根据输入向量计算出相应的输出向量。

1. 神经元的理论模型

图 9-5 为神经元处理单元的基本结构，它是人工神经网络的基本组成单元，也称为节点。

神经元一般是多输入、单输出的非线性元件。在图 9-5 中，x_j 为神经元的输入信号，u_i 为神经元的内部状态，w_{ij} 为 x_j 对 u_i 的连接权值，θ_i 为阈值，S_i 为内部状态的反馈信息，y_i 为网络输出信号。上述神经元模型可以用数学表达式来描述：

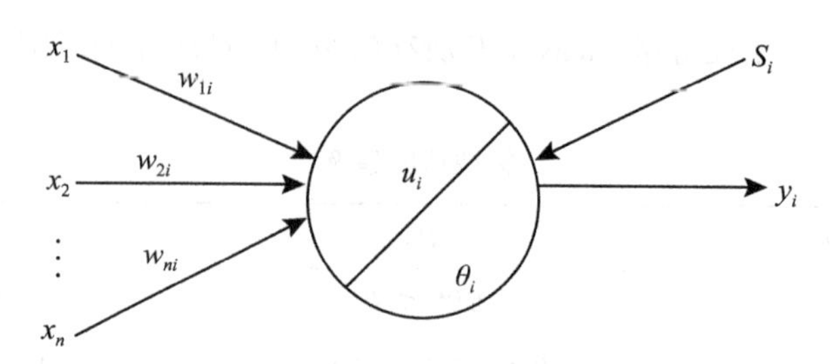

图 9-5　神经元处理单元结构

$$\begin{cases} \sigma_i = \sum_{j=1}^{n} w_{ij}x_j + S_i - \theta_i \\ u_i = f(\sigma_i) \\ y_i = g(u_i) \end{cases} \tag{9-64}$$

式（9-64）表明，σ_i 是输入信号加权、内部状态的反馈信号和阈值的代数和，亦称第 i 个神经元的净输入。$f(\cdot)$ 为神经元的活化规则（激励函数），$g(\cdot)$ 为神经元的输出规则（转换函数）。在简化情况下，神经元不存在内部状态，此时 $y_i = f(\sigma_i)$。

2. 神经网络的激励函数

激励函数又称转移函数或传输函数，它描述了生物神经元的转移特性，可以用特定的激励函数满足神经元要解决的特定问题，常用的激励函数列举如下：

1）线性函数

线性函数的输出等于输入，或者再乘以一个比例系数 k。即

$$f(x) = kx \tag{9-65}$$

2）阈值型函数（硬极限函数、阶跃函数）

当函数的自变量小于 0 时，函数的输出为 0；当函数的自变量大于或等于 0 时，函数的输出为 1。

$$f(x) = \begin{cases} 0 & x \geqslant 0 \\ 1 & x < 0 \end{cases} \tag{9-66}$$

3）Sigmoid 函数（S 形函数）

该激励函数的输入量在区间（$-\infty$，$+\infty$）上取值，输出值则在区间（0，1）上取值，其函数表达式为

$$f(x) = \frac{1}{1 + e^{-\lambda x}} \tag{9-67}$$

其中，λ 为常数。

S 形函数反映了神经元的饱和特性，在有限范围内有抑制噪声的作用。由于其连续可导，调节曲线的参数可以得到类似阈值函数的功能，所以该函数的应用比较广泛。

9.4.2　人工神经网络模型

决定神经网络信息处理性能的三大要素：神经元的信息处理特性（变换函数）、神经

网络的拓扑结构、神经网络的学习方式。通常，人们对神经元的组合关系和作用方式较为重视，它决定着这个网络的能力。神经网络的拓扑结构规定并制约着神经网络的性质及信息处理能力的大小，因此，拓扑结构在整个神经网络设计过程中有举足轻重的地位。根据网络连接方式的不同，可以将人工神经网络模型分为以下几种类型：

1）无反馈的前向网络

神经元分层排列，分为输入层、隐含层和输出层三部分，每层神经元只接受来自前一层神经元的输出。感知器网络和 BP 网络都属于前向网络。如图 9-6 所示。

2）层内有连接的前向网络

网络基本结构不变，但在同一层内的神经元之间有相互连接。通过如此设计，可以实现同层神经元之间的横向抑制或兴奋机制，如图 9-7 所示。

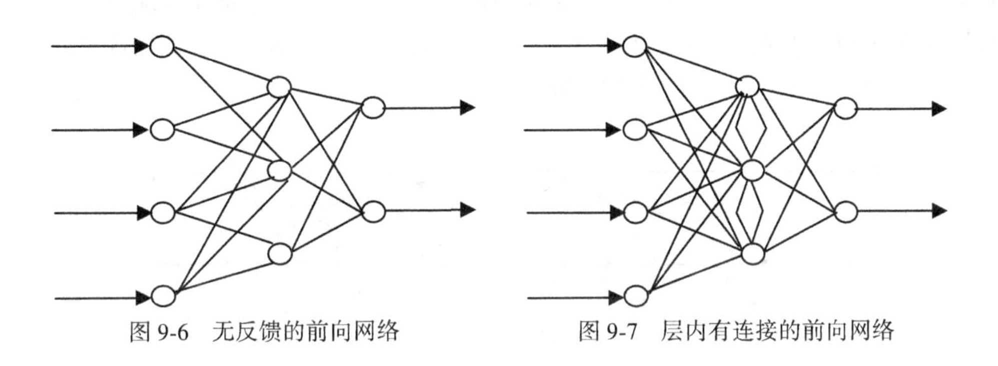

图 9-6　无反馈的前向网络　　图 9-7　层内有连接的前向网络

3）有反馈的前向网络

网络仍由输入层、隐含层和输出层三部分组成，但输出层对输入层有信息反馈，这种网络适用于存储某种模式序列，如神经认知机和回归 BP 网络都属于这种类型，如图 9-8 所示。

4）互连网络

这种网络的任意两个神经元之间都可能存在连接，信号在神经元之间反复往返传递，网络始终处于一种不断改变状态的动态过程中，Hopfield 网络和 Boltzmann 机均属于这种类型，如图 9-9 所示。

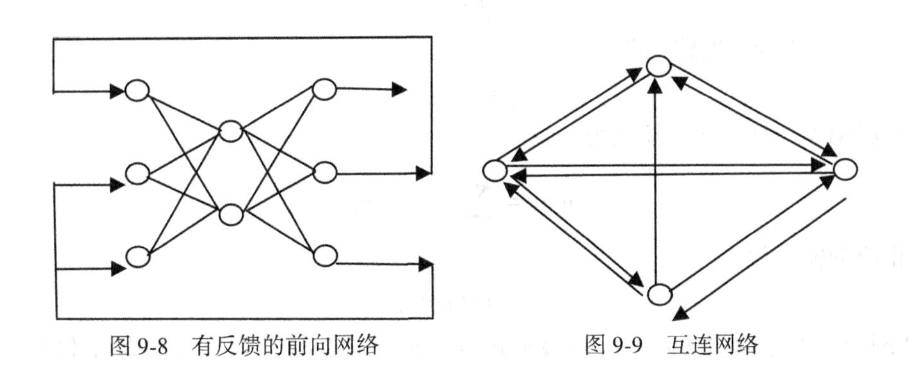

图 9-8　有反馈的前向网络　　图 9-9　互连网络

9.4.3　BP 神经网络

BP 神经网络（Back-Propagation Neural Network）是一种采用误差反向传播算法（简称 BP 算法）的多层前向神经网络，它是神经网络中应用最广泛的一类。

BP 网络采用有导师的训练方式，本质上是一种输入到输出的非线性映射。理论上只要用已知的模式对 BP 网络加以训练，网络就具有输入输出对之间的映射能力。BP 网络的计算关键在于训练过程中的误差反向传播过程，此过程通过目标函数最小化来完成。

1）BP 网络基本原理

BP 网络一般由三层组成，即输入层、隐含层和输出层。上下层之间实现全连接，而同层神经元之间无连接。当一对学习样本提供给网络后，激活值从输入层经隐含层向输出层传递，在输出层的各神经元获得网络的最终响应。另一方面，根据实际输出与理想输出之间差值最小化的原则，将误差从输出层反向经过隐含层传回输入层，从而逐层调整各连接权值。BP 网络的基本结构如图 9-10 所示。

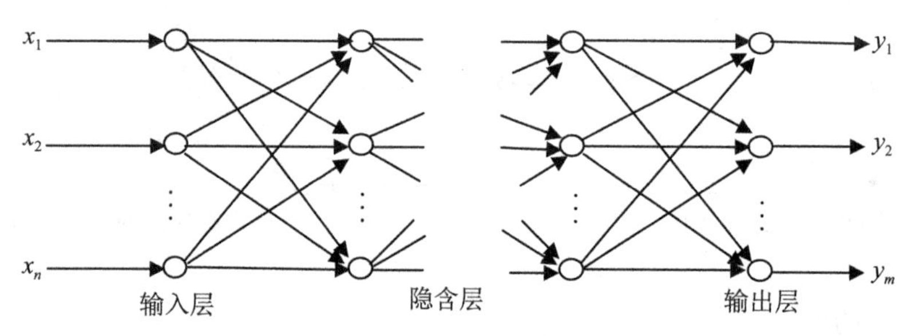

图 9-10　BP 神经网络结构

BP 算法原理阐述如下：设 BP 算法为最简单的三层网络，约定输入层神经元以 i 编号，隐含层神经元以 j 编号，输出层神经元以 k 编号。设有 $X=(x_1, x_2, \cdots, x_n)$ 表示神经元的输入，w_{ij} 表示输入层到隐含层的连接权，w_{jk} 表示隐含层到输出层的连接权。则隐含层第 j 个神经元的输入为：

$$\text{net}_j = \sum_{i=1}^{n} w_{ji} x_i - \theta_j \tag{9-68}$$

进而第 j 个神经元的输出为：

$$o_j = f(\text{net}_j) \tag{9-69}$$

输出层第 k 个神经元的输入为：

$$\text{net}_k = \sum_{i=1}^{j} w_{kj} o_j - \theta_k \tag{9-70}$$

其相应的输出为：

$$o_k = f(\text{net}_k) \tag{9-71}$$

BP 网络学习过程中的误差反向传播过程是通过选择一个目标函数最小化来完成的，而目标函数一般为实际输出与理想输出之间的误差平方和，可以利用梯度下降法推导出计算公式。

设第 k 个输出神经元的理想输出为 t_{pk}，而实际输出为 o_{pk}，则所求系统平方误差为：

$$E=\frac{1}{2p}\sum_{p}\sum_{k}(t_{pk}-o_{pk})^2 \tag{9-72}$$

式中，p 表示学习样本数，E 表示目标函数。

顾及表示形式的简洁，省略下标 p，式（9-72）可改写为：

$$E=\frac{1}{2}\sum_{k}(t_k-o_k)^2 \tag{9-73}$$

根据梯度下降法，权值（包含阈值）的增量 Δw_{kj} 应与梯度 $\frac{\partial E}{\partial w_{kj}}$ 成正比，即：

$$\Delta w_{kj}=-\eta\frac{\partial E}{\partial w_{kj}} \tag{9-74}$$

则输出层到隐含层权值修正公式为：

$$\Delta w_{kj}=\eta(t_k-o_k)o_k(1-o_k)o_j=\eta\delta_k o_j \tag{9-75}$$

隐含层到输入层权值修正公式为：

$$\Delta w_{ji}=-\eta\frac{\partial E}{\partial w_{ji}}=-\eta\frac{\partial E}{\partial o_j}\frac{\partial o_j}{\partial \mathrm{net}_j}\frac{\partial \mathrm{net}_j}{\partial w_{ji}}=-\eta\frac{\partial E}{\partial o_j}o_j(1-o_j)x_i \tag{9-76}$$

由于 $\frac{\partial E}{\partial o_j}$ 无法直接计算，需要进行进一步的 $\Delta w_{ji}=\eta\delta_j x_i$ 推导：

$$\begin{aligned}\frac{\partial E}{\partial o_j}&=\sum_{k}\frac{\partial E}{\partial \mathrm{net}_k}\frac{\partial \mathrm{net}_k}{\partial o_j}=\sum_{k}\left(\frac{\partial E}{\partial \mathrm{net}_k}\right)\left(\frac{\partial\left(\sum_{j}w_{kj}o_j\right)}{\partial o_j}\right)\\&=\sum_{k}\left(\frac{\partial E}{\partial \mathrm{net}_k}\right)w_{kj}=-\sum_{k}\delta_k w_{kj}\end{aligned} \tag{9-77}$$

把式（9-77）代入式（9-76）可得：

$$\Delta w_{ji}=\eta\delta_j x_i \tag{9-78}$$

其中，η 为学习速率；$\delta_k=(t_k-o_k)o_k(1-o_k)$；$\delta_j=o_j(1-o_j)\sum_{k}\delta_k w_{kj}$。

从上述推导过程可知，欲求隐含层的输出误差 δ_j，必须先已知输出层的误差 δ_k，换言之，在学习过程中需要首先求得输出层到隐含层的权值修正值，然后再求出隐含层到输出层的权值修正值，因此把这一过程称为误差反向传播过程。

2. BP 算法存在的问题

BP 算法有其自身的优点，如简单易行、计算量小、并行性强等，是神经网络训练算法中应用最广泛、最成熟的训练算法之一。但是，BP 算法仍然存在一些令人棘手的问题。

1）学习效率低、收敛速度慢

在网络训练过程中，总是希望学习速度更快，所以会选择增大步长以期快速收敛。然而，在误差曲面曲率较大处，如果学习速度过快，算法会变得不稳定，出现振荡现象，很难收敛到最小点。因此，只能选择较小的学习速度。这样在误差曲面较平坦区，由于学习速度较慢，导致权值调整量很小，以至于网络收敛速度十分缓慢，甚至不能收敛。

2）易陷入局部极小

由于 BP 算法是以梯度下降法为基础的非线性优化过程，在搜索过程中极易陷入局部极小。初始权值一般由计算机随机确定，不同的初始权值可能使网络收敛于不同的局部极小。这正是每次训练得到不同结果的根本原因。

3）网络结构的选择缺乏理论依据

网络结构选择的合适与否直接影响网络的逼近和推广能力，如何选择网络结构在神经网络设计中起着举足轻重的作用。通常情况下，隐含层层数和节点个数尚无理论依据，单纯凭经验公式确定。

4）网络的泛化能力与逼近能力相互矛盾

如果网络的逼近能力较差，那么其泛化能力自然也较差，且泛化能力会随着逼近能力的提高而提高。但是，当这种趋势达到极限时，随着逼近能力的提高，网络会出现过拟合现象。究其原因，可能是网络学习了过多的样本细节，而忽视了样本中存在的内在规律。

9.4.4　应用实例

某地区地面沉降系深厚软土层受荷载压缩固结的结果，软土的压缩固结与地下水的变化有直接的关系。该地区地下水水量丰富，埋深浅，一般在地表以下 1～2 米，地下水和地表水体有着很强的水力联系。图 9-11 为该地区某监测点的地下水位与地面高程关系曲线图，从图中可以看出，地下水位和地面高程有较好的相关性。

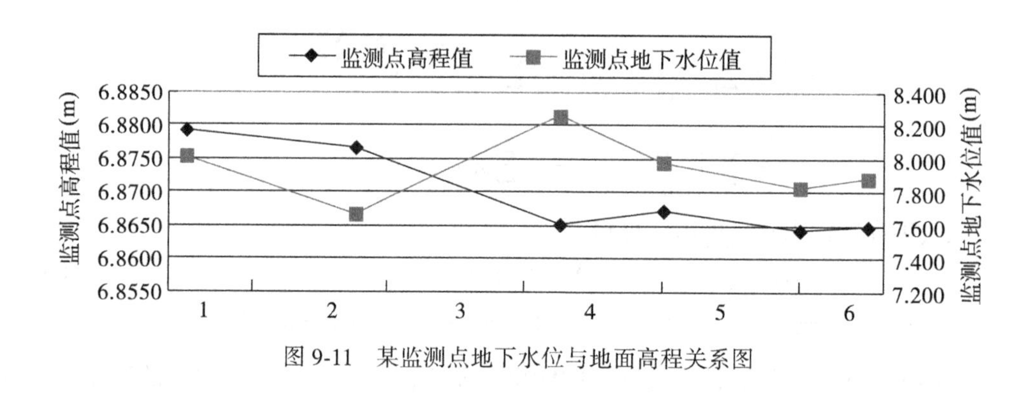

图 9-11　某监测点地下水位与地面高程关系图

（1）网络输入、输出因子的选择。为了研究分析地下水水位与地面沉降的相关性，选取 1 个水位因子 H；另外，地面沉降在时间上具有一定的延续性和滞后性，为此，选取时效因子两个，即 θ 和 $\ln\theta$ 作为输入因子。因此，网络输入因子数为 3，输出因子数为 1，即累积沉降量。将各因子的实测值作为网络的训练样本进行训练。

（2）样本数据的预处理。样本数据的预处理采用传统的归一化方法。

（3）网络的选择。隐含层根据经验公式取 4 个，隐含层采用正切 Sigmoid 函数，输出层采用纯线性传递函数，训练函数采用 TRAINGDM 算法。初始学习率设为 0.05，学习动量为 0.9，目标误差为 0.001。

（4）评价指标的确定。评价一个网络的性能好坏通常用网络泛化能力的强弱来衡量。

选取某地区沉降监测网中的监测点 *A*，建立 BP 神经网络模型，把上述设置好的神经网络经过 969 次迭代后，目标误差等于 0. 000999，得到最终结果如表 9-3 所示。通过模拟沉降量与实际沉降量的比较（图 9-12），可以发现，所建立的神经网络的拟合值与实际值比较接近，效果良好。

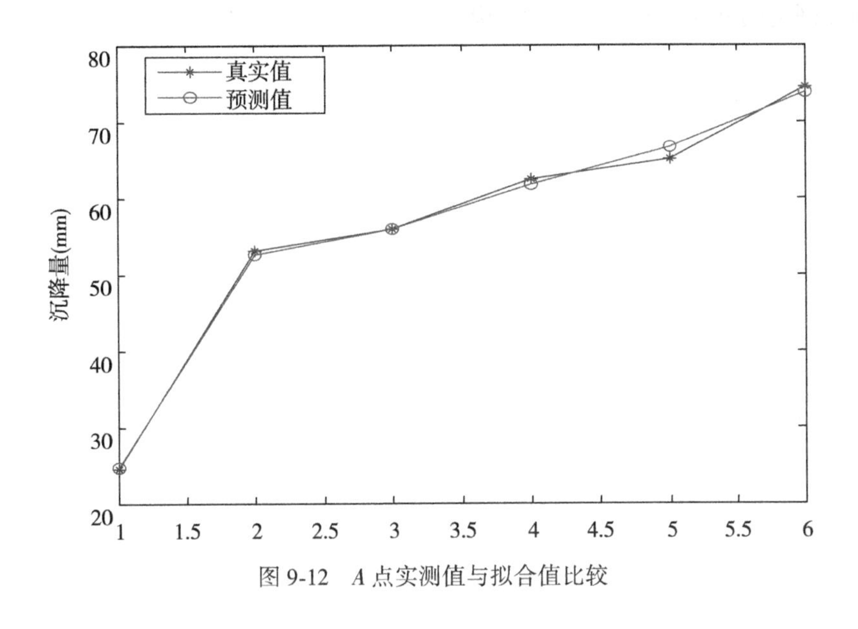

图 9-12　*A* 点实测值与拟合值比较

表 9-3　**监测点 *A* 拟合结果（单位：mm）**

期数	实测值	BP 神经网络		
		训练次数	拟合值	拟合误差
1	24. 5	969	24. 590	-0. 09
2	53		52. 608	0. 392
3	55. 8		55. 930	-0. 130
4	62. 4		61. 651	0. 750
5	65		66. 593	-1. 593
6	74. 4		73. 724	0. 676
模型精度		0. 865		

本章思考题

1. 建立数学模型的目的是什么？
2. 常用的数学模型有哪些类型？
3. 什么是统计模型？常用什么方法建立？

4. 多元线性回归和逐步回归有哪些相同点和不同点?
5. 数学模型的效果如何判别?
6. 建立统计模型时，模型的因子如何选择?
7. 灰色系统模型如何建立? 其特点是什么?
8. 神经网络模型建立的基本步骤有哪些?

第 10 章　数据分析与安全评判理论

内容及要求：本章主要介绍监测数据处理与分析方法以及安全评判理论。通过本章学习，要求了解监测资料整编的目的与工作内容；掌握监测数据初步分析、数据预处理和综合分析的方法；了解安全评判的目的与意义，掌握安全评判方法，并结合实例了解如何构建安全评判专家系统。

10.1　监测资料整编

在安全监测中，为保障监视建（构）筑物安全运营，充分发挥工程效益，除了进行现场观测取得第一手资料外，还必须对监测资料进行整理分析。通过对监测数据的分析，能更好地评价监测建（构）筑物的实际性态，找出潜在问题，确保结构物运行安全。监测数据的整理分析工作主要包括两个方面内容：资料整编和数据分析。数据分析包括监测数据初步分析、数据预处理和综合分析与安全评判。本章将对监测资料整编、监测数据初步分析、数据预处理、监测数据综合分析以及安全评判理论进行阐述。本节首先介绍监测资料整编工作。

监测资料整编通常是在对日常监测资料已有计算、校核甚至分析的基础上，定期（1~5 年）将监测的各种原始数据和有关文字、图表（含图片、影像）等材料作审查、考证，综合整理成系统化、图表化的监测成果，并汇编刊印成册（有条件时还制成软盘、光盘）的工作。监测资料整编的目的是便于应用分析，向需用单位提供资料和归档保存。

按一般规定，监测资料的整编可分为三部分内容：平时资料整理与定期资料整理，整编资料刊印。

10.1.1　平时资料整理

平时资料整理工作的主要内容包括：

（1）适时检查各观测项目原始观测数据和巡视检查记录的正确性、准确性和完整性。如有漏测、误读（记）或异常，应及时补（复）测、确认或更正。

（2）及时进行各观测物理量的计（换）算，填写数据记录表格。

（3）随时点绘观测物理量过程线图，考察和判断测值的变化趋势。如有异常，应及时分析原因，并备忘文字说明。原因不详或影响工程安全时，应及时上报主管部门。

（4）随时整理巡视检查记录（含摄像资料），补充或修正有关监测系统及观测设施的变动或检验、校（引）测情况，以及各种考证图、表等，确保资料的衔接与连续性。

10.1.2　定期资料整理

定期资料整理工作的主要内容包括：

(1) 汇集工程的基本概况。包括工程水文特征、地基特征和处理方式、结构物形式和尺寸、工程建设过程中一些可能影响安全的事件（设计修改、施工事故、补强加固等）。

(2) 监测系统布置方式和各项考证资料，以及各次巡检资料和有关报告、文件等资料的汇集。包括监测点基本资料表和工作基点考证表，对平时监测数据记录表的检查情况等。表 10-1 为水平位移观测工作基点考证表。

表 10-1　**水平位移观测工作基点考证表**

编号	型式规格	埋设日期			埋设位置		基础情况	测定日期			高程（m）	备注
		年	月	日	X(m)	Y(m)		年	月	日		

(3) 变形量的统计汇总。在平时资料整理基础上，对整编时段内的各项观测物理量按时序进行列表统计汇总和校对，形成统计表。如表 10-2 所示为水平位移量统计表。此时如发现可疑数据，一般不宜删改，应加注说明，提醒读者注意。

表 10-2　**水平位移量统计表**

观测日期	历时	测点编号及其累积水平位移量						
月　日	天	P_1	P_2		…			P_n
…								
本年总量								
本年内特征值统计	最大值	测点号	日期	最小值	测点号	日期	水平位移量较差	
备注	水平位移正负号规定：向下游、向左岸为正；反之为负。 本年总量为代数和。							

(4) 绘制能表示各观测物理量在时间和空间上的分布特征图，以及有关因素的相关关系图，如图 10-1 所示为某测点的水平位移测值过程线。

(5) 分析各观测物理量的变化规律及其对工程安全的影响，并对影响工程安全的问题提出运行和处理意见。

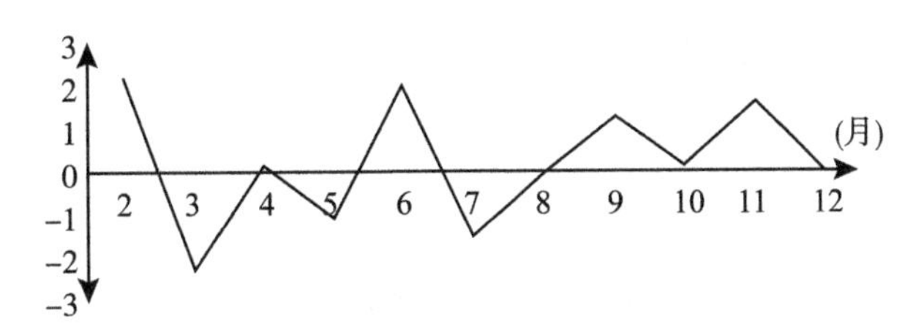

图 10-1 水平位移测值过程线

(6) 对上述资料进行全面复核、汇编，并附以整编说明后，准备刊印成册，建档保存。采用计算机数据库系统进行资料存储和整编者，整编软件应具有数据录入、修改、查询以及整编图、表的输出打印等功能。还应拷贝软盘备份。

10.1.3 整编资料刊印

整编资料刊印的编排顺序为：封面→目录→整编说明→工程概况→考证资料→巡视检查资料→观测资料→分析成果→封底。

封面内容应包括：工程名称、整编时段、卷册名称与编号、整编单位、刊印日期等。目录应清晰明了，应让读者从目录上就能基本了解该册资料的基本内容。整编说明应包括：本时段内的工程变化和运行概况、巡视检查和观测工作概况、资料的可信程度；观测设备的维修、检验、校测及更新改造情况，监测中发现的问题及其分析、处理情况（含有关报告、文件的引述），对工程管理运行的建议，以及整编工作的组织、人员等。

观测资料内容和编排顺序一般可根据本工程的实有观测项目编印，每一项目中，统计表在前，整编图在后。资料分析成果主要是整编单位对本时段内各观测资料进行的常规性简单分析结果，包括分析内容和方法，得出的图、表和简要结论及建议。委托其他单位所作的专门研究和分析、论证，仅简要引用其中已被采纳的、与工程安全监测和运行管理有关的内容及建议，并注明出处备查。

封底起到保护整编成果的作用，也是每册整编资料结束的标志。

整编资料在交印前需经整编单位技术主管全面审查，审查工作的主要内容包括：

(1) 完整性审查：整编资料的内容、项目、测次等是否齐全，各类图表的内容、规格、符号、单位，以及标注方式和编排顺序是否符合规定要求等。

(2) 连续性审查：各项观测资料整编的时间与前次整编是否衔接，整编图所选工程部位、测点及坐标系统等与历次整编是否一致。

(3) 合理性审查：各观测物理量的计（换）算和统计是否正确、合理，特征值数据有无遗漏、谬误，有关图件是否准确、清晰，以及工程性态变化是否符合一般规律等。

(4) 整编说明的审查：整编说明是否符合有关规定内容，尤其注重工程存在的问题、分析意见和处理措施等是否正确，以及需要说明的其他事项有无疏漏等。

正式刊印的整编资料应体例统一，图表完整，线条清晰，装帧美观，查阅方便。一般不应有印刷错误。如发现印刷错误，必须补印勘误表装于印册目录后。

10.2 监测资料初步分析

10.2.1 概述

20世纪30—50年代，观测资料分析工作全部由人工进行。60年代以来，逐步采用电子计算机辅助进行。80年代初期，工业发达国家如美国、日本、意大利等都已实现观测数据的处理自动化。意大利在70年代末80年代初即已采用建模分析方法并实现了混凝土坝的在线安全控制，处于领先地位。中国在50—60年代即已进行资料分析工作，主要用人工计算和点图。70年代后期，开始应用电子计算机。自80年代中期开始，主要用计算机辅助进行资料分析，并已开始研制安全监测专家系统。

监测资料初步分析的主要内容有监测资料的检核和变形分析，其重点是判识监测资料中有无异常观测值。但在有特定需要或上级主管部门有要求时，如工程出现异常和险情时，工程竣工验收和安全鉴定时，需对监测资料进行较为详细的初步分析，以便查找安全隐患和原因，分析变化规律和趋势，预测未来安全状态，为工程决策提供技术支持。监测资料分析成果作为安全预报、安全评估、施工或运行反馈、技术决策的基本依据。

监测资料的初步分析按期限分，一般可分为定期分析和不定期分析。

1. 定期分析

1）施工期资料分析

计算分析建筑物在施工期取得的观测资料，可为施工决策提供必要的依据。例如，为了安全施工，水中填土坝的填土速度控制和混凝土坝浇筑时的混凝土温度控制等，都需要有关观测成果作依据。施工期资料分析也为施工质量的评估和工程运用的可能性提出论证。

2）运营初期资料分析

运营初期是指从工程开始运用起，到验收合格为止的阶段。在此期间各项监测工作都需加强，并应及时计算分析观测资料，以查明建筑物承受实际荷载作用时的工作状态，保证建筑物的安全。观测资料的分析成果，除作为运营初期安全控制的依据外，还为工程验收及长期运用提供了重要资料。

3）运行期资料分析

运行期是指建筑物验收合格后，正式交付使用后的阶段。此阶段应定期进行资料分析（例如大坝等水工建筑物每5年一次），分析成果作为长期安全运行的科学依据，用以判断建筑物性态是否正常，评估其安全程度，制定维修加固方案，更新改造安全监测系统。运行期资料分析是定期进行建筑物安全鉴定的必要资料。

2. 不定期分析

在有特殊需要时才专门进行的分析称不定期分析。如遭遇洪水、地震后，建筑物发生了异常变化，甚至局部遭受破坏，就要进行不定期分析，据以判断建筑物的安全程度，并为制定修复加固方案提供科学依据。

10.2.2 监测资料的检核

变形监测数据处理，除了和常规测量有相同的平差计算外，还必须进行观测资料的整理和分析，并且对变形体的变形情况作短期的预测。在变形监测中，观测的错误是不允许的，系统误差可通过一定的观测程序得到消除或减弱。如果在监测数据中存在错误或系统误差，就会给后续变形分析、变形解释及变形预测带来困难，甚至得出错误结论。所以，监测数据的检核可以保证获得的监测数据只包含有用的变形值和偶然误差，然后再通过寻找一种有效的变形观测数据分析方法将变形值和偶然误差分离出来，能够对变形体作出较好的几何分析和物理解释。

监测资料检核的方法很多，要依据实际观测情况而定。一般来说，任一观测元素（如高差、方向值、偏离值、倾斜值等）在野外观测中均具有本身的观测检核方法，如限差所规定的水准测量线路的闭合差、两次读数之差等，这部分内容可参考有关的规范要求。除此之外，监测资料检核还需在室内进行以下内容的检核。

（1）校核各项原始记录，检查各次变形值的计算是否有误。可通过不同方法的验算，不同人员的重复计算来消除监测资料中可能带有的错误。

（2）原始资料的统计分析，可采用统计方法进行粗差检验。

（3）原始实测值的逻辑分析。在工程建（构）筑物的变形监测数据分析时，通常根据监测点的内在物理意义来分析原始实测值的可靠性。一般进行两种分析，一致性分析和相关性分析。

一致性分析根据时间的关联性来分析连续积累的资料，从变化趋势上推测它是否具有一致性，即分析任一测点的本次原始实测值与前一次（或前几次）原始实测值的变化关系。另外，还要分析该效应量（本次实测值）与某相应原因量之间的关系和以前测次的情况是否一致。一致性分析的主要手段是绘制时间-效应量的过程线图和原因-效应量的相关图。

相关性分析是从空间的关联性出发来检查一些有内在物理联系的效应量之间的相关性，即将某点本测次某一效应量的原始实测值与邻近部位（条件基本一致）各测点的本测次同类效应量或有关效应量的相应原始实测值进行比较，视其是否符合它们之间应有的力学关系。如图 10-2 所示的垂线测量，对建筑物不同高度处进行挠度观测，挠度值为 S_i，对应的测点为 P_i，由于各监测点布设在同一建筑物上，在相类似的因素作用下，各测点所测的挠度值之间存在较密切的空间统计相关性。

在逻辑分析中，若新测值无论展绘于过程线图或相关图上，展绘点与趋势线延长段之间的偏距（见图 10-3）都超过以往实测值展绘点与趋势线间偏距的平均值时，则有两种可能性，即该测次测值存在着较大的误差，也可能是险情的萌芽，这两种可能性都必须引起警惕。在对新测次的实测值进行检查（如读数、记录、量测仪表设备和监测系统工作是否正常）后，如无量测错误，则应接纳此实测值，放入监测资料库，但应对此测值引起警惕。

10.2.3 变形分析

变形分析主要包括两方面内容。第一是对建筑物变形进行几何分析，即对建筑物的空

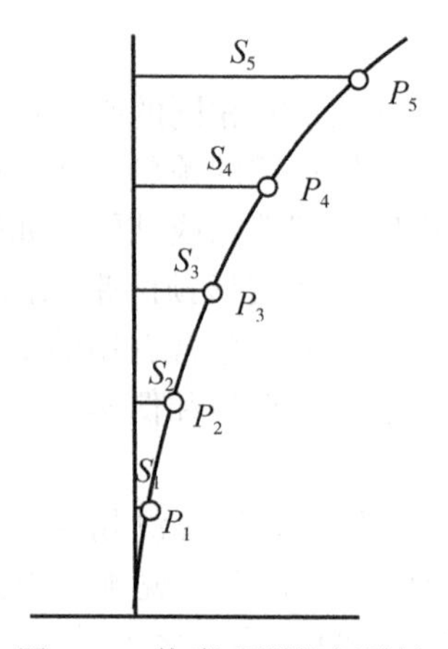

图 10-2　挠度观测的相关性

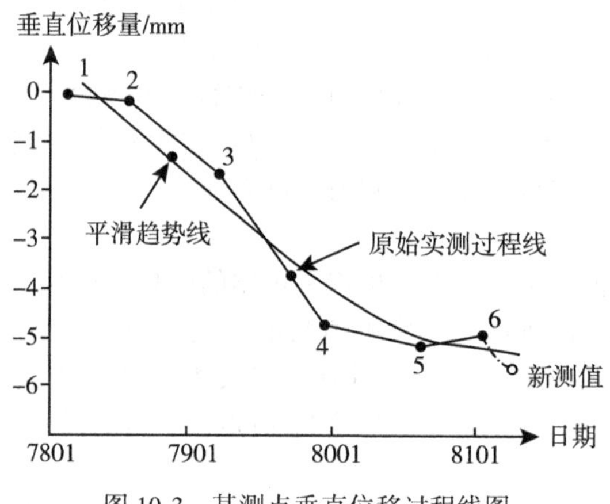

图 10-3　某测点垂直位移过程线图

间变化给出几何描述；第二是对建筑物变形进行物理解释。几何分析的成果是建筑物运营状态正确性判断的基础。常用的变形分析方法有作图分析、统计分析、对比分析和建模分析。

1. 作图分析

（1）通过绘制各观测物理量的过程线及特征原因量下的效应量过程线图，考察效应量随时间的变化规律和趋势，常用的是将观测资料按时间顺序绘制成过程线（如图 10-4、图 10-5 所示）。通过观测物理量的过程线，分析其变化规律，并将其与水位、温度等过程线对比，研究相互影响关系。

（2）通过绘制各效应量的平面或剖面分布图（见图 10-6），以考察效应量随空间的分布情况和特点。

（3）通过绘制各效应量与原因量的相关图，以考察效应量的主要影响因素及其相关程度和变化规律。这种方法简便、直观，特别适用于初步分析阶段。

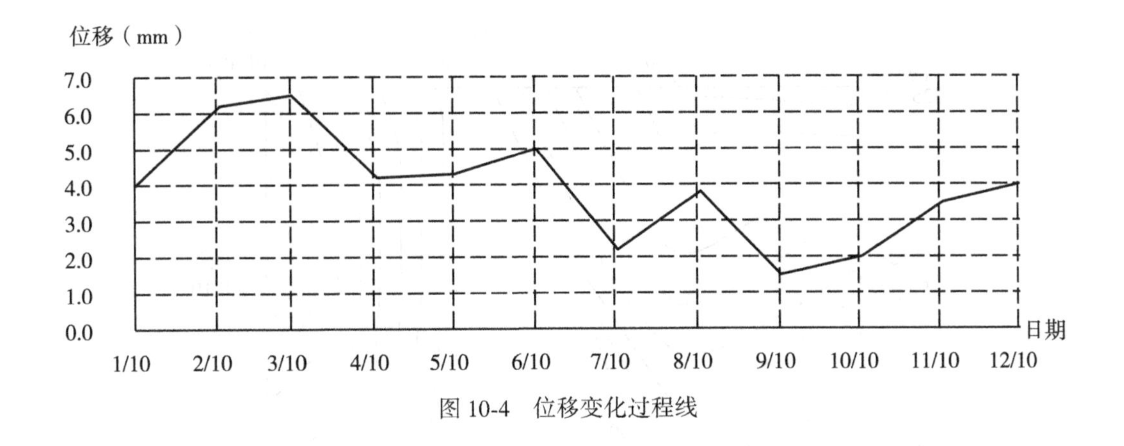

图 10-4　位移变化过程线

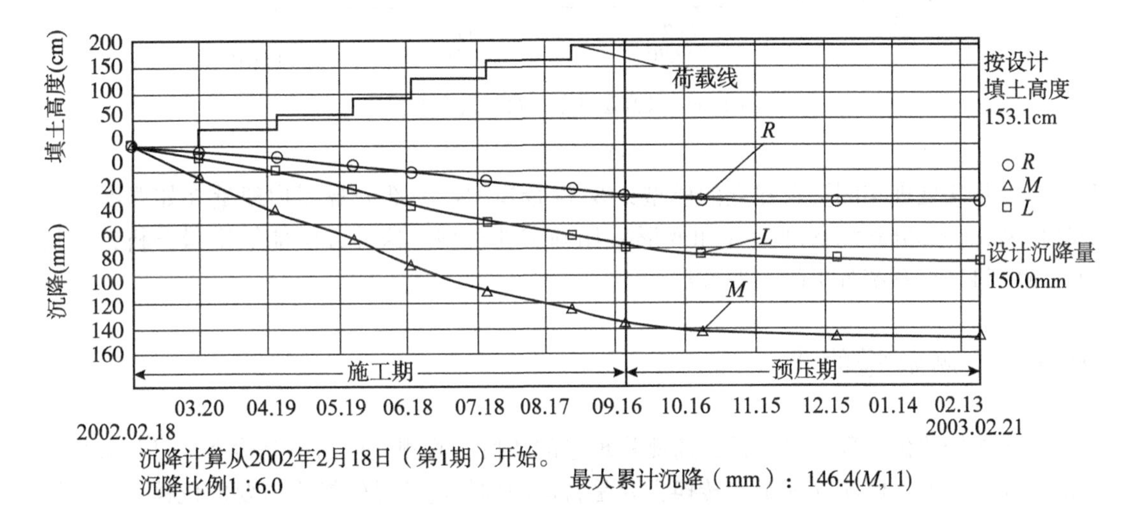

图 10-5　多测点测值过程线

2. 统计分析

对各观测物理量历年的最大和最小值（含出现时间）、变幅、周期、年平均值及年变化率等进行统计、分析，以考察各观测量之间在数量变化方面是否具有一致性、合理性，以及它们的重现性和稳定性等。这种方法具有定量的概念，使分析成果更具实用性。

3. 对比分析

比较各次巡视检查资料，定性考察建筑物外观异常现象的部位、变化规律和发展趋势；比较同类效应量观测值的变化规律或发展趋势是否具有一致性和合理性；将监测成果与理论计算或模型试验成果相比较，观察其规律和趋势是否有一致性、合理性，并与工程的某些技术警戒值相比较，以判断工程的工作状态是否异常。

4. 建模分析

采用系统识别方法处理观测资料，建立数学模型，用以分离影响因素，研究观测物理量变化规律，进行实测值预报和实现安全控制。常用的数学模型有三种：① 统计模型：主要以逐步回归计算方法处理实测资料建立的模型；② 确定性模型：主要以有限元计算

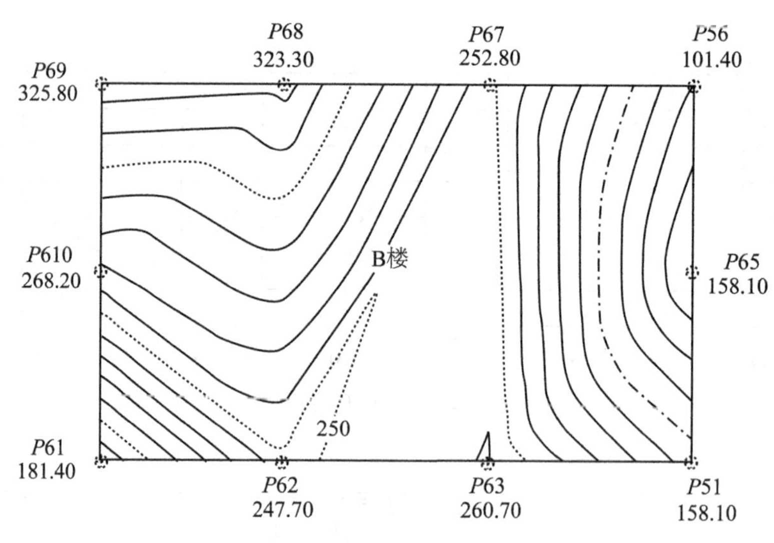

图 10-6　某高层建筑基础沉降分布图

和最小二乘法处理实测资料建立的模型；③ 混合模型：一部分观测物理量（如温度）用统计模型，一部分观测物理量（如变形）用确定性模型。这种方法能够定量分析，是长期观测资料进行系统分析的主要方法。

10.3　监测数据的预处理

监测数据的预处理主要包括：监测物理量的转换、监测数据的粗差检查，以及系统误差的检验等。关于监测物理量的转换主要是将监测到的电信号转换为需要的位移、压力等物理量，这与所采用的测量仪器密切相关，读者可根据实际情况查阅有关资料。本节主要介绍粗差和系统误差的检验方法。

10.3.1　粗差检验

对于任何一个监测系统，其观测数据中或多或少会存在粗差，在变形分析的开始有必要先对观测数据进行预处理，将粗差剔除。

1. 莱依达准则

莱依达准则，即 3σ 准则。在测量中，若已采用措施消除系统误差，或已将其减至微小量，则测量数据中只含有随机误差，且服从正态分布，则可认为残差 v_i 是以 0.9973 的概率出现在 $\pm 3\sigma$ 范围之内，而出现在 $\pm 3\sigma$ 以外的概率仅为 0.0027，相当微小，可以认为是不可能事件，这就有理由判定它是含有粗差的观测值，如图 10-7 所示，即当 $|v_i| > 3\sigma$ 时，可将该观测值予以剔除。其中，观测数据的中误差，既可以用观测值序列本身直接进行估计，也可根据长期观测的统计结果确定，或取经验数值。

对于观测数据序列 $\{x_1, x_2, \cdots, x_N\}$，描述该序列数据的变化特征为

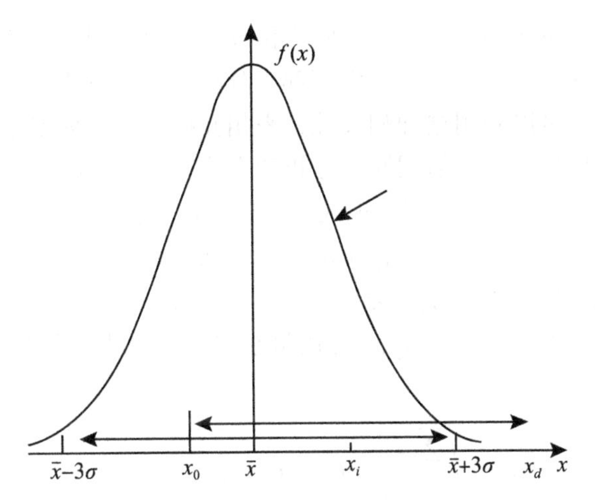

图 10-7 正态分布图

$$d_j = 2x_j - (x_{j+1} + x_{j-1})(j = 2, 3, \cdots, N - 1) \tag{10-1}$$

这样，由 N 个观测数据可得 $N-2$ 个 d_j。这时，由 d_j 值可计算序列数据变化的统计均值 $\bar{d}$ 和均方差 $\hat{\sigma}$：

$$\bar{d} = \sum_{j=2}^{N-1} \frac{d_j}{N-2} \tag{10-2}$$

$$\hat{\sigma}_d = \sqrt{\sum_{j=2}^{N-1} \frac{(d_j - \bar{d})^2}{N-3}} \tag{10-3}$$

则 d_j 残差的绝对值与均方差的比值

$$q_j = \frac{|d_j - \bar{d}|}{\hat{\sigma}_d} \tag{10-4}$$

若 $q_j > 3$，则认为 x_j 是奇异值，应予以舍弃。

2. 统计检验法

根据弹性力学理论，当相同材料的建筑物在相同的荷载作用下，如果其结构条件、材料性质及地基性质不变，则其变形量应相同。根据以上事实，可取历年同一季节、相同荷载的观测值作为同一母体的子样。假设以前的测值子样为：$\{y'_1, y'_2, y'_3, \cdots, y'_{n-1}\}$，本次测值为 y'_n，则可求得样本的均值和方差为：

$$\bar{Y} = \frac{\sum y'_i}{n-1} \quad (i = 1, 2, 3, \cdots, n-1) \tag{10-5}$$

$$S = \sqrt{\frac{\sum (y'_i - \bar{Y})^2}{n-1}} \quad (i = 1, 2, 3, \cdots, n-1) \tag{10-6}$$

当 $|y'_n - \bar{Y}| < KS$ 时，则认为测值无粗差，否则，认为测值异常。

3. 关联分析法

在变形监测中，建筑物的水平位移、竖直位移等一般在同一部位都布有多个测点，这些测点由于其所在的地质条件、荷载条件等都十分相近，其位移变化趋势、位移量都有十分密切的联系。因此，可以利用这种相关性，来相互检核监测数据是否异常。

监测数据的相关性检验，可借用回归分析的方法。假设有测点 A 与 B，其观测值分别为 y_A 与 y_B，且它们的关系可用下列多项式数学模型描述：

$$y_A = a_0 + a_1 y_B + a_2 y_B^2 + \varepsilon \tag{10-7}$$

式中：a_0，a_1，a_2 为系数，ε 为随机误差。

为估计上式中的系数 a_0，a_1，a_2，可用最小二乘法求得其估值，并可求出回归中误差 S 为：

$$S = \sqrt{\frac{\sum \varepsilon_i^2}{n-3}} \quad (i = 1,\ 2,\ 3,\ \cdots,\ n) \tag{10-8}$$

式中：n 为子样个数。

利用该回归方程，就可以根据相邻测点的变形值，预计该相关测点的变形值，从而检核监测数据。在实际检验中，如异常测点的若干个关联测点在时间、方向等方面都发现类似的异常情况，则认为测值异常是由结构变化引起的，否则，认为异常是由监测因素引起的。

10.3.2　系统误差检验

在监测数据中，除了存在偶然误差和可能含有粗差外，还有可能存在系统误差。在有些情况下，观测值误差中的系统误差占有相当大的比例，对这些系统误差若不加恰当的处理，势必要影响监测成果的质量，对建筑物的安全评判也将产生不利的影响。

系统误差产生的原因主要有监测仪器老化、基准点的蠕变等，它虽对结构的安全不产生影响，但对资料分析结果有一定的影响。目前，系统误差的检验方法主要有：U 检验法、均方连差检验法和 t 检验法等，下面就这些方法予以简要介绍。

1. U 检验法

将测值序列，特别是建筑物发生较大事件、监测系统更新改造或出现故障等作为分界点，将测值序列分为两组或若干组，并设 $Y_1 \sim N(\mu_1,\ \sigma_1{}^2)$，$Y_2 \sim N(\mu_2,\ \sigma_2{}^2)$，选择统计量：

$$U = \frac{Y_1 - Y_2}{\sqrt{\dfrac{S_1^2}{n_1} + \dfrac{S_2^2}{n_2}}} \tag{10-9}$$

式中：Y_1，Y_2 为两组样本的平均值；n_1，n_2 为两组样本的子样数；S_1，S_2 为两组样本的方差。

当 $|U| > U_{\frac{\alpha}{2}}$，则存在系统误差；否则，不存在系统误差。若观测资料存在系统误差，则在资料分析时，应设法消除系统误差的影响。

该方法适用于测值系列较长，且建筑物的时效变形已基本收敛的情况。因为，在时效变形显著时，时效变形和系统误差将难以分辨。

2. 均方连差检验法

设从某母体中抽取子样 x_1，x_2，…，x_n，则：$\frac{1}{n-1}\sum_{i=1}^{n-1}(x_{i+1}-x_i)^2$ 称为均方连差，可用它作为统计量。若母体为 $N(\xi, \sigma)$，则：

$$d_i = (x_{i+1}-x_i) \sim N(0, \sqrt{2}\sigma) \tag{10-10}$$

$$E\left(\frac{d_i^2}{2\sigma^2}\right)=1, \ E(d_i^2) = 2\sigma^2 \tag{10-11}$$

若令：$q^2 = \frac{1}{2(n-1)}\sum_{i=1}^{n-1}(x_{i+1}-x_i)^2 = \frac{1}{2(n-1)}\sum_{i=1}^{n-1}d_i^2$，

则：$E(q^2) = \frac{1}{2(n-1)}\sum_{i=1}^{n-1}E(d_i^2) = \sigma^2$。

所以 q^2 为 σ^2 的无偏估计量，而 $\hat{\sigma}^2$ 是 σ^2 的无偏估计量，则作出统计量：

$$r = \frac{q^2}{\hat{\sigma}^2} \tag{10-12}$$

式中：$\hat{\sigma}^2$ 是观测值方差 σ^2 的无偏估计量。

如果在观测过程中，母体均值逐渐移动(有系统误差)而保持其方差 σ^2 不变，则 $\hat{\sigma}^2$ 会受到此移动的影响而变得过大，但 q^2 只包含先后连续两观测值之差，上述移动的影响会得到部分消除，所以 q^2 受移动的影响比 $\hat{\sigma}^2$ 受到的影响小。进行检验时，利用观测值算出 r 值，若 r 值过小，则认为母体均值的逐渐移动是显著的。

由于当 $n > 20$ 时，r 近似正态 $N(1, \sigma_r)$，亦即：$\frac{r-1}{\sigma_r} \sim N(0, 1)$。此外，$\sigma_r^2 = \frac{1}{n+1}$，所以在检验中，原假设 H_0：$r=1$，备选假设 H_0：$r<1$，则拒绝域为 $r < r'_\alpha$。当 $n > 20$ 时拒绝域为：

$$\frac{r-1}{\sqrt{n+1}} < u'_\alpha \tag{10-13}$$

式中：u'_α 为 $N(0, 1)$ 分布的左尾分位值。

利用均方连差检验系统误差时，可根据回归模型求得的改正数 v_i 进行检验，各个 v_i 的方差 σ_{v_i} 均不等，但服从

$$V_i \sim N(0, \sigma_{v_i})$$

在使用均方连差检验时，必须把它标准化，即：

$$\frac{v_i}{\sigma\sqrt{1-h_{ii}}} \sim N(0, 1) \tag{10-14}$$

对于大子样($n > 20$)，$\hat{\sigma}$ 为 σ 的无偏估值，以 $\hat{\sigma}$ 代替 σ，则上式可看作近似正态分布，再构成均方连差统计量，实施系统误差检验。

3. t 检验法

当测量次数较少时，按 t 分布的实际误差分布范围来判别系统误差较合理。其特点是先剔除一个可疑的观测值，然后按 t 分布检验被剔除后的测量值是否含有系统误差。设不包含可疑观测值 x_d 在内，计算均值 $\bar{x}$ 和每次观测值的标准差 $\hat{\sigma}$，则当 $|x_d - \bar{x}| > k(\alpha, n) \cdot \hat{\sigma}_i$ 时，剔除坏值 x_d。其中：

$$\bar{x} = \frac{1}{n-1}\sum_{i \neq d} x_i$$

$$\hat{\sigma}_i^2 = \frac{1}{n-2}\sum_{i \neq d} (x - \widetilde{X})^2$$

$$k(\alpha, n) = t_\alpha(n-2) \cdot \left(\frac{n}{n-1}\right)^2 \tag{10-15}$$

式中，$t_\alpha(n-2)$ 为 t 分布的置信系数，见表 10-3。

表 10-3　　**t 检验 k (α, n) 数值表**

n \ α	0.01	0.05	n \ α	0.01	0.05	n \ α	0.01	0.05	n \ α	0.01	0.05
4	11.46	4.97	11	3.41	2.37	18	3.01	2.18	25	2.86	2.11
5	6.53	3.56	12	3.31	2.33	191	3.00	2.17	26	2.85	2.10
6	5.04	3.04	13	3.23	2.29	20	2.95	2.16	27	2.84	2.10
7	4.36	2.78	14	3.17	2.26	21	2.93	2.15	28	2.83	2.09
8	3.96	2.62	15	3.12	2.24	22	2.91	2.14	29	2.82	2.09
9	3.71	2.51	16	3.08	2.22	23	2.90	2.13	30	2.81	2.08
10	3.54	2.43	17	3.04	2.20	24	2.88	2.12	31	2.80	2.07

10.4　安全评判的目的与意义

安全评判是运用安全系统工程的原理和方法，对拟建或已有工程可能存在的危险性及可能产生的后果进行综合评判和预测，并根据可能导致的事故风险大小，提出相应的安全对策措施，以达到工程项目安全的目的。在安全监测中，安全评判应贯穿于工程的设计、建设和运行整个生命周期各个阶段。对工程进行安全评判，既是政府安全监督管理的需要，也是运营单位搞好安全维护工作的重要保证。

10.4.1　安全评判的意义

建（构）筑物的安全关系到人民生命财产安全和社会的和谐稳定，对我国经济、社会建设和人民生活有着重要影响。因此，对建（构）筑物的安全性做出评判，及时进行除险加固，是关系到国民经济发展和人民生命财产安全的重要课题。安全评判的意义在于可有效地预防事故的发生，减少人员伤害和财产损失，安全评判是预测、预防事故的重要手段。安全评判也是安全管理的一个必要组成部分，通过对建（构）筑物进行安全评判分析，可以确定建（构）筑物的工作性态，生产管理部门据此可以采取控制和调节建筑物的荷载等措施，保障建（构）筑物的安全运营。

安全评判分为安全预评判、安全验收评判、安全现状评判和专项评判。安全预评判，能提高工程建筑物设计的质量和安全可靠程度，可以减少项目建成后由于安全要求引起的调整和返工建设；安全验收评判，是根据国家有关技术标准、规范对建筑物进行的符合性评判，可将潜在的事故隐患在设施开工运行前消除，能提高安全达标水平；安全现状评判，通过对建筑物的安全状态作出评判，使运营单位不仅了解建筑物的沉降变形等可能存在的危险，而且明确其改进方向，同时也为管理监督部门了解运营单位安全运营现状、实施宏观调控打下了基础；专项评判，可为运营单位和政府管理监督部门的管理决策提供科学依据。

10.4.2　安全评判体系

建（构）筑物安全评判通常由一定的评判环节组成。下面以大坝安全评价体系为例，具体说明安全评判体系的内容。大坝安全评判体系由日常巡检、仪器监测、年度检查、特别检查和安全鉴定等环节构成，须遵照有效规范订立的项目、方法和频次，及时进行相关的检查、记录和整理分析。

必须严格按照规定的频次和时间进行全面系统、连续的观测，各种相互联系的观测项目应配合进行，保证观测成果的真实性和准确性。应当掌握特征测值和有代表性的测值，用以研究工程运行状况是否正常，了解工程重要部位和薄弱环节的变化情况。对观测记录的数据应及时整理分析，绘制图表，并做好观测资料的整编工作。如发现观测对象的变化不符合规律或有突变，则应进行复测，并根据复测结果分析原因、进行检查、研究处理对策。所有检查都应认真进行，详细记载。发现问题应暂时保持现场，迅速研究处理。如情况严重则应采取紧急措施，并及时报告上级主管部门善后。

1）日常巡检

根据工程情况和特点制定切实可行的日常巡检制度，具体规定检查时间、部位、内容和要求，确定日常巡检路线和检查程序。日常巡检制度应张贴在醒目位置，巡检工作由责任心强、有经验的监测或工程运行人员负责实施，并及时上报巡检结果及相关病害。巡检主要依靠巡查员的视觉和触觉查找问题，也可适当采用锤、钎、钢尺、放大镜、望远镜、量杯、石蕊纸、回弹仪、照相机、录像机、闭路电视等工具，必要时可进行潜水观察。

2）仪器监测

记录频次较高、部位较多、数据量较大、参数变化细微以及结构内部的变化等，需要用仪器进行监测。现代的仪器监测系统主要由传感器、变送器、信号匹配分配装置、采集记录和分析设备（计算机）、遥测远传遥控设施（网络服务器和上位机）等构成。现场运行人员主要负责监测结果的定时分析预警和数据备份、监测系统的日常维护等工作。

3）年度检查

在每年汛期、枯水期、冰冻期及蚁害显著时期等，按规定的检查项目，由管理单位负责组织比较全面或专门的检查。在巡视检查的基础上，结合前两个环节发现的问题，确定是否需要进行原型的现场勘察、检测，是否需要进行抽样实验等更为深入的工作。其中，现场检测主要采用无损探测方法，包括高压探地雷达、电磁剖面仪、电阻率成像仪、红外温度探测仪、超声检测仪、水声探测仪、水下电视探测仪、潜水器和潜水船等。

4）特别检查

当遭遇特大洪水、强烈地震、重大事故等严重影响安全运用的特殊情况时，主管部门应及时组织特别检查。一般应组织人员和设备对可能出现的险情进行现场检查，并按大坝安全鉴定的相关资料要求实施现场勘测、原型试验、抽样检测等作业，并结合巡检及监测结果进行病害分析，获得初步结论。

5）安全鉴定

大坝运行达到规范确定的年限或者实施了特别检查后，都应对水库枢纽的主要建筑物（大坝、泄洪及输水设施、运行监测所需的房院等）进行系统全面的安全鉴定，以期掌握工程的安全现状，确定相应的运行调度措施，分析工程病害和隐患的类型、部位以及严重程度，为针对性地除险加固提供决策依据。

10.4.3　安全评判的原则

安全评判是判断建筑物工作性态是否合理、运营是否安全的重要手段。安全评判工作以国家有关安全的方针、政策和法律、法规、标准为依据，运用定量和定性的方法对工程建筑物的工作性态、存在的有害因素进行识别、分析和评价，提出预防、控制和治理对策措施，为工程建筑物减少事故发生的风险，为管理单位进行建筑物安全监督管理提供科学依据。

安全评判是关系到被评判工程建筑物是否符合国家规定的安全标准，是能否保证其正常运营的关键性工作。在安全评判工作中必须自始至终遵循科学性、公正性、合法性和针对性原则。

1）科学性

安全评判涉及范围广，影响因素复杂多变。安全预评判，在实现工程项目的本质安全上有预测、预防性；安全现状评判，在整个工程项目上具有全面的现实性；验收安全评判，在工程项目的可行性上具有较强的客观性；专项安全评判，在技术上具有较高的针对性。为保证安全评判能准确地反映被评判项目的客观实际和结论的正确性，在开展安全评判的全过程中，必须依据科学的方法和程序，以严谨的科学态度全面、准确、客观地进行工作，提出科学的对策措施，得出科学的结论。每个环节都必须用科学的方法和可靠的数据，按科学的工作程序一丝不苟地完成各项工作，努力在最大程度上保证评判结论的正确性和对策措施的合理性、可行性和可靠性。

2）公正性

评判结论是评判项目的决策依据、设计依据和安全运行依据，也是监督管理部门进行安全监督管理的执法依据。因此，对于安全评判的每一项工作都要做到客观和公正，既要防止受评判人员主观因素的影响，又要排除外界因素的干扰，避免出现不合理、不公正的情况。要依据有关标准法规和技术的可行性提出明确的要求和建议。评判结论和建议不能模棱两可、含糊其词。

3）合法性

执行安全评判工作必须严格遵守国家和地方颁布的有关安全的方针、政策、法规和标准等；在评判过程中主动接受国家安全监督管理部门的指导、监督和检查，力争为项目决策、设计和安全运行提出符合政策、法规、标准要求的评判结论和建议，为安全生产监督管理提供科学依据。

4）针对性

进行安全评判时，首先应针对被评判项目的实际情况和特征，收集有关资料，对工程进行全面分析；其次要对众多的危险、有害因素及单元进行筛选，对主要的危险、有害因素及重要单元应进行有针对性的重点评判，并辅以重大事故后果和典型案例进行分析、评判；由于各类评判方法都有特定的适用范围和使用条件，要有针对性地选用评判方法；最后要从实际的经济、技术条件出发，提出有针对性、操作性强的对策措施，对被评判项目作出客观、公正的评判结论。

10.5 安全评判方法

综合评判是当一个复杂的系统同时受多种因素影响时，依据多个相关指标对系统进行评价。在工程建筑物安全监测中，建筑物的空间位置、内部形态受到内部应力、温度或其他地质变化等外部环境多种因素的影响，通过对工程建筑物观测到的多种监测信息进行综合评判分析，能够得到科学合理的结论，反馈给监督管理部门，从而保障工程建筑物的安全运行。

常见的安全评判方法有层次分析法、模糊分析法和风险分析法。由于各种分析评判方法原理不同、适用范围不同，所以针对具体问题要选择合理的评判方法。层次分析法通过分层确定权重，减少了传统主观定权存在的偏差；不仅可以用于纵向比较，还可用于横向比较，便于找出薄弱环节，为评价对象的工作性态提供依据；但通过加权平均、分层综合后，指标值被弱化。模糊分析法可以将不完全信息、不确定信息转化为模糊概念，使定性问题定量化，提高评估的准确性和可信度；但是往往只考虑了主观因素的作用，忽略了次要因素，使评价结果不够全面，而且评价的主观性较明显。风险分析的目的在于评价工程建筑物的安全或系统可靠性是否可以被接受，或在失事概率和失事后果两者之间选择风险的方案，建立经济投入、系统安全与系统破坏可能带来的人员及经济损失之间的关系。风险分析主要包括两个相互联系的部分，即风险计算和风险评价。

由于大坝观测资料多，处理和分析工作量大，且受到各种条件限制，管理单位的技术人员很难进行及时处理，从而不能将分析成果及时用于监控工程建筑物的安全运行，也就不能及时发现隐患，以致延误了时机，造成不必要的损失。随着计算机技术的飞速发展，安全评判专家系统的研究取得了巨大的进步。专家系统可以实时监测和馈控工程建筑物安全运行的状况，为工程管理部门对工程安全状况作出及时而准确的评判和决策提供可靠的依据，以充分发挥工程的效益。

10.5.1　层次分析法

层次分析法（Analytic Hierarchy Process，简称 AHP）是美国著名运筹学家、匹茨堡大学汤姆斯·萨蒂（Thomes L. Saaty）教授于 20 世纪 70 年代初提出的一种层次权重决策分析方法。该方法是将与决策有关的因素按支配关系分组形成有序的递阶层次结构，如目标、准则、指标等层次，通过两两比较的方式确定层次中各因素的相对重要性，从而为分析、决策提供定量的依据。层次分析法使问题的分析过程大为简化，具有简洁性、系统性和可靠性等优点。

1. 基本知识

1）数学模型

假设有 n 个物体 A_1，A_2，…，A_n，它们的重量分别记为 w_1，w_2，…，w_n。现将每个物体的重量两两进行比较，若以矩阵表示各物体的这种相互重量关系，则有

$$\boldsymbol{A}=(\delta_{ij})_{n\times n}=\begin{pmatrix}\delta_{11} & \delta_{12} & \cdots & \delta_{1n}\\ \delta_{21} & \delta_{22} & \cdots & \delta_{2n}\\ \vdots & \vdots & & \vdots\\ \delta_{n1} & \delta_{n2} & \cdots & \delta_{nn}\end{pmatrix}=\begin{pmatrix}w_1/w_1 & w_1/w_2 & \cdots & w_1/w_n\\ w_2/w_1 & w_2/w_2 & \cdots & w_2/w_n\\ \vdots & \vdots & & \vdots\\ w_n/w_1 & w_n/w_2 & \cdots & w_n/w_n\end{pmatrix}\tag{10-16}$$

式中，$\boldsymbol{A}$ 为判断矩阵。显然，$\delta_{ij}=1/\delta_{ji}$，$\delta_{ii}=1$，$\delta_{ij}=\delta_{ik}/\delta_{jk}$，$i$，$j$，$k=1$，2，…，$n$。

若取重量向量 $\boldsymbol{W}=(w_1,\ w_2,\ \cdots,\ w_n)^{\mathrm{T}}$，用其右乘判断矩阵 $\boldsymbol{A}$，结果为

$$\boldsymbol{AW}=\begin{pmatrix}w_1/w_1 & w_1/w_2 & \cdots & w_1/w_n\\ w_2/w_1 & w_2/w_2 & \cdots & w_2/w_n\\ \vdots & \vdots & & \vdots\\ w_n/w_1 & w_n/w_2 & \cdots & w_n/w_n\end{pmatrix}\begin{pmatrix}w_1\\ w_2\\ \vdots\\ w_n\end{pmatrix}=\begin{pmatrix}nw_1\\ nw_2\\ \vdots\\ nw_n\end{pmatrix}=n\boldsymbol{W}\tag{10-17}$$

由上式可知，重量向量 $\boldsymbol{W}$ 是判断矩阵 $\boldsymbol{A}$ 对应于 n 的特征向量，根据线性代数知识，n 是 $\boldsymbol{A}$ 的唯一非零最大特征根。

因此，若有一组物体，需要知道它们的重量，而又没有称量仪器，则可以通过两两比较其相互重量，得出每对物体重量比的判断，从而构成判断矩阵；然后通过求解判断矩阵的最大特征值和它所对应的特征向量，就可以得出这一组物体的相对重量。将这一思路应用在实际工作中，对于一些无法测量的因素，只要引入合理的标度，则可以用该方法度量各因素之间的相对重要性，从而为有关决策提供依据。

2）判断矩阵

任何系统分析，都以一定的信息为基础，层次分析法的信息基础主要是人们对于每一层次中各因素相对重要性给出定性的判断。通过引入合适的标度用数值将这些定性判断定量描述，得到的判断矩阵是进一步分析的基础。

（1）判断矩阵的标度及其含义。

判断矩阵表示针对上一层次的某因素，本层次与之相关的因素之间相对重要性的比较。假设 A 层因素中 A_k 与下一层次 B 中的 B_1，B_2，…，B_n 有联系，则将构造的判断矩阵以表格形式表示为：

A_k	B_1	B_2	$\cdots$	B_n
B_1	δ_{11}	δ_{12}	$\cdots$	δ_{1n}
B_2	δ_{21}	δ_{22}	$\cdots$	δ_{2n}
$\vdots$	$\vdots$	$\vdots$		$\vdots$
B_n	δ_{n1}	δ_{n2}	$\cdots$	δ_{nn}

在层次分析法中，一系列成对因素的相对重要性比较为定性比较。为了使其定量化，形成上述数值判断矩阵，必须引入合适的标度值对各种相对重要性的关系进行度量。如表10-4所示为使定性评价转换为定量评价的1~9标度方法。

表10-4　**判断矩阵标度及其含义**

标 度	含　义
1	表示两个因素相比，具有同样的重要性
3	表示两个因素相比，一个因素比另一个因素稍微重要
5	表示两个因素相比，一个因素比另一个因素明显重要
7	表示两个因素相比，一个因素比另一个因素强烈重要
9	表示两个因素相比，一个因素比另一个因素极端重要
2，4，6，8	介于以上两相邻判断的中值
倒数	指标 B_i 与 B_j 相比得判断 λ_{ij}，则 B_j 与 B_i 比较得判断 $\lambda_{ji}=1/\lambda_{ij}$

如果需要用比标度1~9更大的数，可以用层次分析法将因素进一步分解聚类，在比较因素前先比较这些类，这样就可使所比较的因素间值的差别落在1~9标度范围内。

（2）判断矩阵的相关计算。

①特征向量和最大特征值的计算。

判断矩阵是定量的描述，求解判断矩阵不需要太高的精度。下面给出两种计算方法及其过程。

a. 乘积方根法（几何平均值法）。

构造矩阵 $\boldsymbol{A}$；按行将各元素连乘并开 n 次方，即求各行元素的几何平均值：

$$b_i=\left(\sum_{j=1}^{n}\delta_{ij}\right)^{\frac{1}{n}},\quad (i=1,\ 2,\ \cdots,\ n) \tag{10-18}$$

将 b_i $(i=1,\ 2,\ \cdots,\ n)$ 归一化，即求得最大特征值所对应的特征向量：

$$w_j = \frac{b_j}{\sum_{k=1}^{n} b_k}, \quad (j = 1, 2, \cdots, n) \tag{10-19}$$

由 $\boldsymbol{W} = (w_1, w_2, \cdots, w_n)^{\mathrm{T}}$，则判断矩阵 $\boldsymbol{A}$ 的最大特征值 $\lambda_{\max}$ 满足：$\boldsymbol{AW} = \lambda_{\max}\boldsymbol{W}$。即

$$\sum_{j=1}^{n} \delta_{ij} w_j = \lambda_{\max} w_j, \quad (j = 1, 2, \cdots, n) \tag{10-20}$$

计算判断矩阵的最大特征值 $\lambda_{\max}$：

$$\lambda_{\max} = \frac{1}{n} \sum_{i=1}^{n} \frac{\sum_{j=1}^{n} \delta_{ij} w_j}{w_i} \tag{10-21}$$

b. 和法。

构造矩阵 $\boldsymbol{A}$；将判断矩阵 $\boldsymbol{A}$ 按列做归一化处理，得矩阵 $\boldsymbol{Q} = (q_{ij})_{n \times n}$，其中

$$q_{ij} = \frac{\delta_{ij}}{\sum_{k=1}^{n} \delta_{kj}}, \quad (i, j = 1, 2, \cdots, n) \tag{10-22}$$

将矩阵 $\boldsymbol{Q}$ 按行相加得向量 $\boldsymbol{c} = (c_1, c_2, \cdots, c_n)^{\mathrm{T}}$，其中

$$c_i = \sum_{j=1}^{n} q_{ij}, \quad (i = 1, 2, \cdots, n) \tag{10-23}$$

将 $\boldsymbol{c} = (c_1, c_2, \cdots, c_n)^{\mathrm{T}}$ 归一化，即求得最大特征值所对应的特征向量：

$$w_j = \frac{c_j}{\sum_{k=1}^{n} c_k}, \quad (j = 1, 2 \cdots, n) \tag{10-24}$$

按式（10-21）计算判断矩阵的最大特征值 $\lambda_{\max}$。

②判断矩阵的调整。

若判断矩阵不满足一致性条件，必须对判断矩阵进行重新赋值。一般采用如下方法：

a. 利用矩阵的行变换把判断矩阵中的第 n 列元素变成 1，即

$$\boldsymbol{A} = (\delta_{ij})_{n \times n} = \begin{pmatrix} \delta_{11} & \delta_{12} & \cdots & \delta_{1n} \\ \delta_{21} & \delta_{22} & \cdots & \delta_{2n} \\ \vdots & \vdots & & \vdots \\ \delta_{n1} & \delta_{n2} & \cdots & \delta_{nn} \end{pmatrix} \rightarrow \begin{pmatrix} \beta_{11} & \beta_{12} & \cdots & 1 \\ \beta_{21} & \beta_{22} & \cdots & 1 \\ \vdots & \vdots & & \vdots \\ \beta_{n1} & \beta_{n2} & \cdots & 1 \end{pmatrix} = \boldsymbol{B} = (\beta_{ij})_{n \times n} \tag{10-25}$$

若 $\delta_{ij} \approx \delta_{ik}/\delta_{jk}$，则矩阵 $\boldsymbol{B}$ 各列的元素彼此相近，即 $\beta_{ik} = \beta_{jk}$。

b. 观察矩阵 $\boldsymbol{B}$ 各列的数据是否相近，若某列中有数据互不相近，则可重新考虑判断矩阵 $\boldsymbol{A}$ 中相应元素的赋值，从多方面进行推敲，适当修正，从而使之相近。

c. 若矩阵 $\boldsymbol{B}$ 各列在某一行上的元素都出现偏大或偏小的情况，则可修正矩阵 $\boldsymbol{A}$ 相应行的最后一列元素的赋值。

2. *层次分析法结构模型*

利用层次分析法分析问题，首先要把问题条理化和层次化，构造一个递阶的层次分析结构模型，该模型即为层次分析法的分析模型。下面以一个科研课题的选择为例介绍层次

分析结构模型的构造方法。

1）科研课题选择分析模型

一个具体的科研课题的选择，需要考虑很多选择因素，如：

（1）实用价值。科研课题具有的经济价值和社会价值，或完成后预期的经济效益和社会效益。

（2）科学意义。科研课题本身的理论价值，以及对某个科学技术领域的推动作用，关系到科研成果的贡献大小、人才培养和科研单位水平的提高。

（3）优势发挥。选择科研课题要将经济建设的需要与发挥本单位学科及专业人才优势结合起来考虑。

（4）难易程度。科研课题因自身的科学储备、成熟程度，以及科研单位人力、设备等条件的限制所决定的成功可能性及难易程度。

（5）研究周期。科研课题预计花费的时间。

（6）财政支持。科研课题研究所需要的经费、设备，以及经费来源等情况。

以上因素都共同体现了科研贡献大小、人才培养以及科研课题的可行性等方面，最终体现了科研更好地为经济建设服务的根本目标。因此，可以构造出关于选择科研课题的层次分析模型（如图 10-8 所示）。

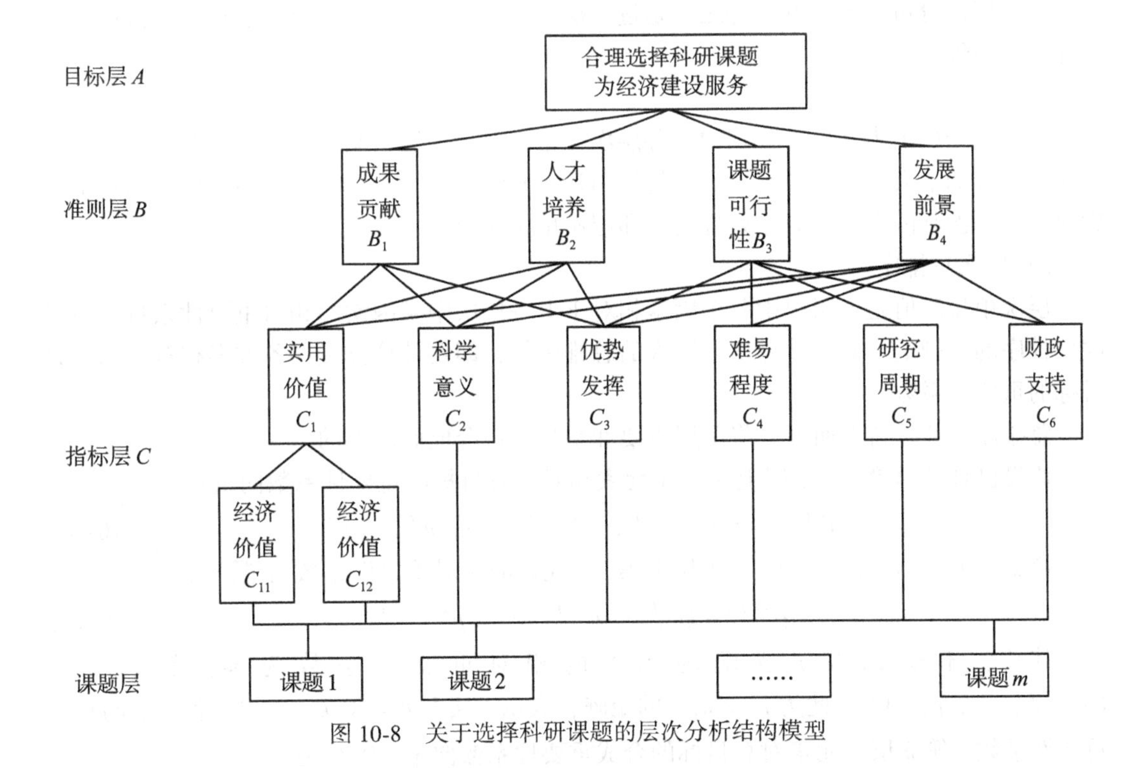

图 10-8 关于选择科研课题的层次分析结构模型

2）层次分析结构模型

层次分析结构模型通常由最高层、中间层和最低层组成。最高层表示解决问题的目的，即层次分析要达到的总目标；中间层表示采取某种措施、政策、方案等来实现预定总目标所涉及的中间环节，可以分为策略层、约束层和准则层等；最低层表示选用解决问题的各种措施、政策、方案等。

在层次分析模型中，用作用线标明上一层次因素同下一层次因素之间的联系。根据各层次因素之间的不同联系，可以将层次分析模型分成不同的层次关系和不同的结构类型。若某个层次中的某个因素与下一层次所有因素均有联系，则称这个因素与下一层次存在着完全层次关系；若某个因素仅与下一层中的部分因素有着联系，则称为不完全层次关系；若上一层各个因素都各自有独立的、完全不同的下级因素，则称为完全独立的结构；若上一层各个因素不是都各自有独立的、完全不同的下级因素，则称为非完全独立的结构。层次之间可以建立子层次，子层次从属于主层次中某个因素，该因素与下一层次的因素有联系，但不形成独立层次。

综上，层次分析结构模型是一个多级递阶结构。通过对问题的系统分析，分别建立研究目标集、影响因素集、衡量标准集和备选对象集，并将其作为多级递阶结构中的一个层次；研究上、下相邻两层各个因素之间的关系，并用作用线标明这些联系，从而构造出层次分析的结构模型。

3. *层次排序*

使用层次分析法的关键步骤之一是进行层次排序，包括层次单排序、层次总排序及总排序的一致性检验。

1）层次单排序

以层次结构图为基础，分别构造各层次元素相对于上层次某个因素的判断矩阵，计算出判断矩阵的最大特征值及其对应的特征向量。判断矩阵的特征向量是各个层次的各个因素对上一层次某因素的相对重要程度，即层次单排序值。

2）层次总排序

层次单排序值是各层次中各个因素相对于上一层次中某因素的相对重要性系数。在层次单排序的基础上，需要计算出各层次的总排序值，即要计算方案层各方案相对目标层总目标的重要性系数。

总排序系数是自上而下、将单层重要性系数进行合成而求得的。

假设已计算出第 $k-1$ 层上 n_{k-1} 个元素相对于总目标的重要性系数向量：

$$\boldsymbol{W}^{(k-1)} = (w_1^{(k-1)}, w_2^{(k-1)}, \cdots, w_{n_{k-1}}^{(k-1)})^{\mathrm{T}} \tag{10-26}$$

第 k 层上 n_k 个元素对第 $k-1$ 层上第 j 个元素的相对重要性系数向量设为

$$\boldsymbol{p}_j^{(k)} = (p_{1j}^{(k)}, p_{2j}^{(k)}, \cdots, p_{n_k j}^{(k)})^{\mathrm{T}} \tag{10-27}$$

其中，不受元素 j 支配的元素的相对重要性系数为零。令 $\boldsymbol{p}^{(k)} = (p_1^k, p_2^k, \cdots, p_{n_{k-1}}^k)^{\mathrm{T}}$，此为 $n_k \times n_{k-1}$ 的矩阵，表示 k 层上元素对 $k-1$ 层上各元素的相对重要性系数。第 k 层上元素对总目标的合成重要性系数向量 $\boldsymbol{W}^{(k)}$ 为

$$\boldsymbol{W}^{(k)} = (w_1^k, w_2^k, \cdots, w_{n_k}^k)^{\mathrm{T}} = p^k \boldsymbol{W}^{(k-1)} \tag{10-28}$$

一般地，$\boldsymbol{W}^{(k)} = p^{(k)} p^{(k-1)} \cdots \boldsymbol{W}^{(2)}$。这里 $\boldsymbol{W}^{(2)}$ 是第二层上元素对总目标的相对重要性系数向量，实际上它就是单排序的重要性系数向量。

3）总排序的一致性检验

总排序的一致性检验也是从上到下逐层进行的。若已求得以 $k-1$ 层上元素 j 为准则的一致性指标 $C.I._j^{(k)}$、平均随机一致性指标 $R.I._j^{(k)}$ 以及一致性比例 $C.R._j^{(k)}$，$j=1, 2, \cdots, n_{k-1}$，则 k 层综合指标 $C.I.^{(k)}$，$R.I.^{(k)}$，$C.R.^{(k)}$ 应为

$$C.I.^{(k)} = (C.I._1^{(k)}, C.I._2^{(k)}, \cdots, C.I._{n_{k-1}}^{(k)}) \boldsymbol{W}^{(k-1)} \tag{10-29}$$

$$R.I.^{(k)} = (R.I._1^{(k)}, R.I._2^{(k)}, \cdots, R.I._{n_{k-1}}^{(k)}) \boldsymbol{W}^{(k-1)} \tag{10-30}$$

$$C.R.^{(k)} = \frac{C.I.^{(k)}}{R.I.^{(k)}} \tag{10-31}$$

当 $C.R.^{(k)} < 0.1$ 时，认为递阶层次结构在 k 层水平以上的所有判断具有整体满意的一致性。

一般地，如果已知 A 层 n 个因素的排序系数（相对重要程度）$\boldsymbol{W} = (w_1, w_2, \cdots, w_n)^{\mathrm{T}}$，若 B 层次某些因素对于上层次 A 的某个因素 A_j 单排序的一致性指标为 $C.I._j$，相应的平均随机一致性指标为 $R.I._j$，则 B 层次总排序随机一致性比例为：

$$C.R. = \frac{\sum_{j=1}^{n} w_j C.I._j}{\sum_{j=1}^{n} w_j R.I._j} \tag{10-32}$$

4. 层次分析法评判决策

1）层次分析法分析过程

层次分析法从本质上讲是一种思维方式，是一个将思维数学化的过程。采用层次分析法对系统进行分析的思路如下：

（1）首先将问题层次化。根据问题的性质和总目标，将问题分解为不同的基本组成因素，并按照因素间的相互关联影响以及隶属关系，将因素按不同层次聚集组合，形成一个多层次的分析结构模型，由高层次到低层次。由此，将系统分析归结为最低层相对于最高层的综合相对重要性系数的确定，即相对优劣次序的排序问题。

（2）计算层次总排序系数。依次由上而下计算方案层相对于目标层的重要性系数或相对优劣次序的排序值，其方法是用下一层各个因素的相对重要性系数与上一层因素本身的重要性系数进行加权综合。在实际计算中，可先计算指标层相对总目标层的相对重要性系数（权重系数），然后计算方案层相对指标层的相对重要性系数，最后综合计算方案层相对于最高层的相对重要性系数（相对优劣次序的排序值）。

（3）根据各个方案、措施相对于总目标的优劣次序，进行问题分析、方案选择、资源分配等评价决策工作。

2）层次分析法基本步骤

（1）分析系统中各因素之间的关系，建立系统的递阶层次结构；

（2）对同一层次的各元素关于上一层次中某一准则的重要性进行两两比较，构造判断矩阵；

（3）由判断矩阵计算层次单排序重要性系数，并进行一致性检验；

（4）对层次单排序重要性系数进行综合，计算层次总排序重要性系数，并进行层次

总排序一致性检验；

（5）按层次总排序重要性系数对评价系统的方案进行排序。

10.5.2　风险分析法

建筑物的风险分析是评价和改进建筑物安全度的有效工具，它能结合工程判断深入地研究建筑物的弱点或缺陷，提高对失事原因和后果的认识，为决策提供依据。

从系统工程的角度出发，风险分析的目的在于评价现行系统的安全或系统可靠性是否可以被接受，或在系统失事概率和失事后果两者之间选择风险的方案，建立经济投入、系统安全与系统破坏可能引起的人员及经济损失之间的关系。风险分析主要包括两个相互联系的部分，即风险计算和风险评价。其中，风险计算着眼于定量地描述事件的成因和发生的概率、处于风险中的人口分布、相应于不同强度时的后果等；风险评价则是要解决“怎样才算安全”的问题，为决策者提出建议。图 10-9 显示了某个风险产生的一般过程，风险分析就是要确定这一过程发生的可能性及其造成的后果。一般工程的风险分析定义如公式（10-33）所示。

$$R = P_f \times C_f^n \tag{10-33}$$

式中，R 为风险；P_f 为破坏概率；C_f 为失事后的损失；n 为指数，一般情况下取为 1。

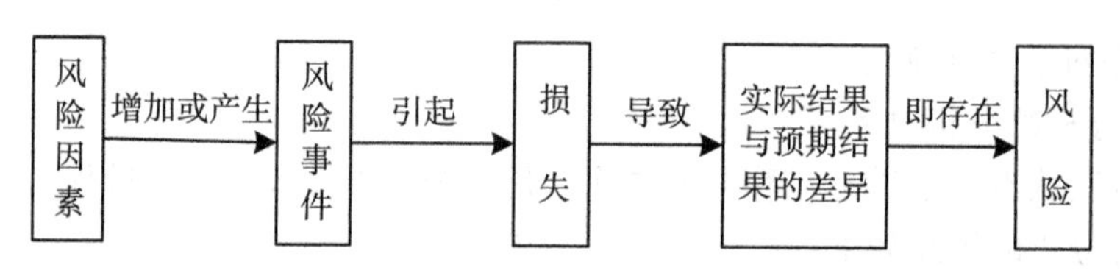

图 10-9　风险产生的一般过程

1. 风险分析的框架结构

风险分析的目的包括以下两个方面：评价现有建筑物的安全度或系统可靠性是否可以接受；在系统失事概率或失事后果两者之间选择一种控制风险的方案。风险分析包括风险识别、风险估计、风险评价和风险转移四个环节，其过程是一个周而复始的分析过程。风险分析的框架结构如图 10-10 所示。

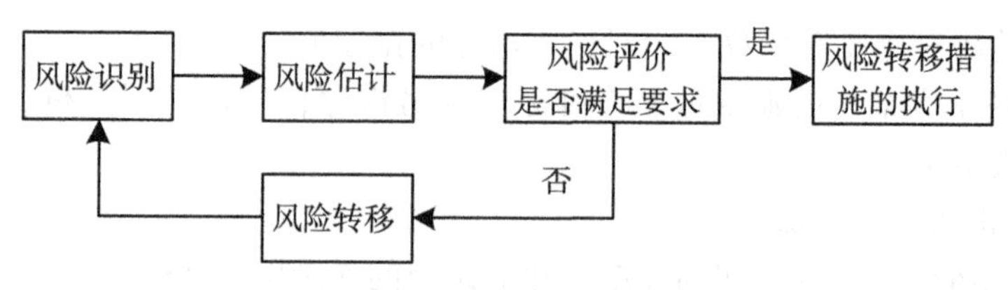

图 10-10　风险分析的框架结构

1）风险识别

风险识别是对建筑物可能出现的各种破坏模式进行鉴别，包括模式的起因和后果两部分。风险识别可通过初步风险分析，确定事故链、事故树或故障树，后果分析三个步骤来实现，最后在所有的失事模式中筛选出主要的失事模式。

2）风险估计

风险估计是确定风险发生的概率及其造成的损失大小（经济损失、生命损失、环境损害等），风险估计的量化是通过破坏概率与破坏后果相乘来实现的。

3）风险评价

风险评价是通过比较风险估计结果与各种指标（如业主要求、社会的“可接受”风险水平等），确定是否需要进行风险转移。风险评价基于风险决策理论，风险决策理论方法主要包括风险校核分析法、风险经济分析法及允许风险分析法三种方法。

4）风险转移

风险转移即拟定降低风险的措施。往往通过减小与失事路径有关的概率和后果来实现。

5）风险转移措施的执行

一般由分析者在完成上述步骤后提出若干可行的风险处理方案，由决策者决定采取哪种方案。

2. 定性风险分析法

定性分析是指利用归纳、演绎、分析、综合等逻辑方法，进行事物的性质及属性研究。定性风险分析法主要是依据研究者的知识、经验、系统环境、政策法规走向以及特殊实例等非量化资料，对系统风险状况做出判断，主要用于风险可测度很小的风险主体。通过定性风险分析可便捷地对资源、危险性、脆弱性等进行系统估计，并对现有的工程防范措施进行评价。常用的定性方法包括专家经验法、层次分析法、矩阵分析法以及情境分析法等。

3. 定量风险分析法

定量分析是运用数量方法和计算工具，研究事物的数量特征、数量关系和变化等。定量风险分析法是在定性分析的逻辑基础上，借助数学工具研究风险主体中的数量特征关系和变化，确定其风险率（或可靠指标）。常用的定量分析方法如下：

1）数理统计分析法

（1）极值统计法。极值的通俗概念为稀有、重大，在人类经验范围内极少出现或发生的事件。如自然界千年不遇的洪水、地震等，这些事件常常打破自然界的相对平衡状态，对人类生活及环境带来重大影响。极值统计法主要是处理一定容量样本的最大值和最小值，可能的最大值与最小值组成它们各自的母体，因此这些值可用具有各自概率分布的随机变量来模拟。

（2）数据统计分析法。描述统计和推论统计是风险分析和不确定性分析的常用工具，数据统计是可靠度和风险分析中信息很重要的来源。精确的和相关的数据参数是保证风险分析结果可靠的前提条件，对工程领域的定量风险分析更是如此。经典统计方法给出了求解均值和方差的方法，该方法得到的结论是不确定性信息的实用源头，特别是对研究者能够形成关于期望值理论的一个正确的理解。假设检验、置信区间分析、变异性分析、曲线拟合、抽样分析、相关性分析、回归分析等均是常用的统计方法。在大坝的可靠度和风险分析中，荷载及抗力因素多以统计分布函数进行描述，参数的分布函数可通过诸多方法来估计。

2）基于可靠度的风险分析法

概率论与数理统计是研究大坝可靠度及风险率的最为有力的工具。常用的基于可靠度的风险率估计方法有重现期法、直接积分法、一次二阶矩法（FOSM）及其改进算法、点估计法、响应面（RSM）法、优化法、随机有限元法（TSFEM）等。

3）模拟风险分析法

在风险分析中，有时风险因子间存在着比较复杂的影响机制，不易正确估计和确定其分布线型与参数，不易集中考虑各随机变量的相关性，对此采用模拟风险分析法是一种非常有效的方法。模拟是对一个系统、一个方案、一个问题用数学模型进行试验，了解其未来可能发生的变化，求其发展变化规律。模拟分为确定型模拟和概率型模拟两类。两者的显著区别在于模型的内在因素是否确定，前者是确定的，后者是不确定的，后者适用于风险分析。概率型模拟的方法很多，最常用的为蒙特卡罗模拟法（Monte Carlo，MC 法）。蒙特卡罗法又称统计试验法或随机模拟法，是一种通过对随机变量的统计试验、随机模拟求解数学和工程技术问题近似解的数学方法。该方法的特点是用数学方法在计算机上模拟实际概率过程，然后加以统计处理；其理论基础是概率统计，基本手段是随机抽样。

4）模糊风险分析法

模糊风险分析法是将风险分析中的模糊语言变量用隶属度函数量化。由于在具体项目或事件风险评价指标体系中存在着许多难以精确描述的指标，可以采用模糊综合评价法进行综合评价，即通过确定风险模糊综合评价指标集给出风险综合评价的等级集。主要步骤包括确定评价指标体系中各指标权重、模糊矩阵的统计确定、模糊综合评价和计算出风险的最终综合价值。

5）最大熵法

最大熵法的基础是信息熵。信息的均值定义为信息熵，它是对整个范围内随机变量不确定性的量度。信息熵的出发点是将获得的信息作为消除不确定性的测度，而不确定性可用概率分布函数描述，这就将信息熵和广泛应用的概率论方法相联系；又因风险估计实质上就是求风险因素的概率分布，因而可以将信息熵、风险估计和概率论方法有机地联系起来，建立最大熵风险估计模型；先验信息（已知数据）构成求极值问题的约束条件，最大熵准则得到随机变量的概率分布。此外，灰色系统理论、贝叶斯理论、人工神经网络及遗传算法等都可以应用于风险定量分析。

10.5.3　模糊分析法

在经典的评价决策模型中，各种数据和信息都被假定为绝对精确，目标和约束也都假定被严格地定义，并有良好的数学表示。因而理论上存在着一个分明的解空间，能寻找到其中的最优解。但是，在安全监控问题的分析处理中，存在着大量具有不确定性和模糊性的分析及评判关系，通常很难构建严格的函数关系模型来解决这些不确定关系的监控问题，这给分析与评判工作带来了一定的难度。例如，混凝土大坝的位移是各种荷载集共同作用在坝体的综合反映。但荷载集，如温度、上下游水位、混凝土的徐变、坝体的结构及其完好情况和基础条件等大量作用因素与坝体位移的关系到底如何，很难逐一表达。坝体位移与各作用因素之间存在的因果关系具有较大程度的模糊性。在这类问题的分析中，采用模糊分析法进行安全评判具有较好的应用价值。

模糊分析法是建立在模糊集合论基础上的一种预测和评价方法。在技术预测方法中，权重是一个经常遇到的系数，通常为一个模糊数，很难加以精确地划定，因此需用模糊分析的方法确定权重。模糊集合论将通常集合论里元素对于集合是否属于的关系，推广为每个元素按一定程度属于一个集合的关系，该程度通过特征函数来表征。通过利用模糊集合描述模糊概念和现象，从而解决一般集合论不能解决的问题。模糊综合评判就是以模糊数学为基础，应用模糊关系合成原理，将一些边界不清、不易定量的因素定量化，进行综合评判的一种方法。

1. 模糊聚类分析

1）聚类方法

模糊聚类分析法通常可归为两种：一是基于模糊相似关系的聚类分析；二是具有模糊等价关系的聚类分析。

在研究模糊聚类分析时，为了将所研究的样本合理分类，通常需要将样本所属的各种性质数量化。经数量化后的样本属性，称为样本的指标。例如，混凝土大坝位移，与库水位的一次、二次……有关，则水位的一次、二次……就可以看作大坝位移样本的一些指标。其他如温度、时效等，都可看作位移样本的指标，经数量化后，可使样本的每一个属性均能用一维实数空间来描述，样本的多个属性就构成相应的多维空间。

设待分析样本的集合为

$$X = \{x_1,\ x_2,\ \cdots,\ x_n\} \tag{10-34}$$

分析的样本 X，根据属性，设有共同所有的 m 个指标，则对于其中任一个样本 x_i，可表达为

$$x_i = \{x_{i1},\ x_{i2},\ \cdots,\ x_{ik},\ \cdots,\ x_{im}\} \tag{10-35}$$

式中，x_{ik} 表示第 i 个样本的第 k 个指标。

为了研究和确定各样本间的相似程度，通常可计算它们间的相似系数 r_{ij}，由 r_{ij} 构成关系矩阵 $\boldsymbol{R}$ 来表达。

建立的关系矩阵 $\boldsymbol{R}$ 通常不满足传递性，不能完整地体现出模糊等价关系，难以在模糊聚类分析中直接应用。因此，需要进一步将 $\boldsymbol{R}$ 改造成模糊等价矩阵 $\boldsymbol{R}^*$。通常采用合成运算规则对 $\boldsymbol{R}$ 求传递闭包的方法实现，即

$$\boldsymbol{R} \rightarrow \boldsymbol{R}^2 \rightarrow \boldsymbol{R}^4 \rightarrow \cdots \rightarrow \boldsymbol{R}^{2k} = \boldsymbol{R}^* \tag{10-36}$$

其中，$k-1 < \lg 2^n \leqslant k$，$n$ 为集合 X 中的样本数。

由模糊等价矩阵 $\boldsymbol{R}^*$，对于任意的 $\lambda \in [0,\ 1]$ 所得的截矩阵 $\boldsymbol{R}_\lambda^*$，也是模糊等价的。即对于有限论域上的模糊等价关系确定后，由任意指定的 $\lambda \in [0,\ 1]$，可以得到一个对应的等价关系集合，即可以得到一个以 λ 为标准的分类。

在样本数及指标很多的情况下，由关系矩阵 $\boldsymbol{R}$ 改造成等价矩阵 $\boldsymbol{R}^*$ 的工作量巨大，需要多次寻找极值和自乘来完成。因此，研究直接由模糊相似关系矩阵进行聚类的方法在实际应用中有重要意义。基于模糊相似关系的聚类分析方法，可以采用编网法和最大树等方

法进行。

2）聚类中心的确定

在设定了类别数后，各类别聚类中心如何合理地确定是模糊聚类分析必须解决的问题。从模糊聚类最基本原则出发，任一样本均以一定的隶属度 W_{ki}，从属于某一类别 L_j，且

$$\left.\begin{aligned} 0 < W_{ki} \leqslant 1 \\ \sum_{k=1}^{c} W_{ki} = 1 \\ \sum_{i=1}^{n} W_{ki} > 0 \end{aligned}\right\} \tag{10-37}$$

式中，c 为分类数，n 为样本数。

此外，若隶属度矩阵 $\boldsymbol{W}_{ki}$ 确定后，可求得相应于各类别的模糊子集 A_k。所以，有

$$A_k = \sum_{i=1}^{n} \frac{W_{ki}}{x_i},\quad k = 1,\ 2,\ \cdots,\ c \tag{10-38}$$

在聚类分析中，可以有各种定义的分类，并可获得相应的隶属度矩阵。但是，在众多的分类中必定存在一种使同类间的相似程度最高而与异类相似程度最低的分类方法。在模糊聚类分析中，若 B 为确定的各指标间的各个聚类中心，该分类为最优分类。可以采用如下一种标准衡量，即满足使同一类的所有样本到各个核心样本距离的和为最小，即

$$f(W,\ B) = \sum_{k=1}^{c} \sum_{i=1}^{n} W_{kj} \| x_{ij} - B_{kj} \| \Rightarrow \min \tag{10-39}$$

式中，c 为分类数，n 为样本数，j 为指标变量（$j = 1,\ 2,\ \cdots,\ m$），m 为指标数。

在 $B_{kj} \neq x_{ij}$ 的条件下，可以用简单的迭代方法求出各聚类中心的近似值，即

$$B_{kj} = \frac{\sum_{i=1}^{n} (W_{kj}) \cdot x_i}{\sum_{i=1}^{n} W_{kj}} \tag{10-40}$$

其中，隶属度系数 W_{kj} 可以用多种方法初步选定。例如，以计算而得的相关系数 r_{ij} 近似代替，也可由公式计算，即

$$W_{ki} = \frac{1}{\sum_{p=1}^{c} \left(\frac{\| x_{ij} - B_{kj} \|}{\| x_{ij} - B_{pj} \|} \right)^{\frac{2}{S-1}}} \tag{10-41}$$

式中，S 为正整数，当距离标准定义为 $\| x_{ij} - B_{kj} \|$ 时，可取 $S = 3$ 计算。

2. 模糊综合评判

模糊综合评判是应用模糊变换原理，考虑与被评判目标相关的因子，从而建立一个科学合理的综合评判体系。首先按一定的数学方法对每一个评判因子进行度量，再利用数学模型将度量结果进行综合。例如，首先用层次分析法确定各个因素在评判中所占的权重，然后利用模糊变换和模糊关系方程进行模糊综合评价。

多层次模糊综合评判的基本原理为模糊变换。设给定两个有限论域

$$U = \{u_1, u_2, \cdots, u_n\} \qquad V = \{v_1, v_2, \cdots, v_m\} \tag{10-42}$$

式中，U 为因素集，V 为评语集。

因素与结果之间的关系可看作一种模糊关系，表达式为 $R(U_i, V_j) = r_{ij}$，即

$$\begin{bmatrix} u_1 \\ u_2 \\ \vdots \\ u_n \end{bmatrix} \begin{bmatrix} r_{11} & r_{12} & \cdots & r_{1m} \\ r_{21} & r_{22} & \cdots & r_{2m} \\ \vdots & \vdots & & \vdots \\ r_{n1} & r_{n2} & \cdots & r_{nm} \end{bmatrix} = \begin{bmatrix} v_1 \\ v_2 \\ \vdots \\ v_m \end{bmatrix} \tag{10-43}$$

R、U、V 构成模糊评价空间。在该模糊评价体系中，最重要的是如何构建模糊关系矩阵。若 A 是 U 上的模糊子集，B 是 V 上的模糊子集，模糊变换可以表示为

$$A \circ \boldsymbol{R} = B \tag{10-44}$$

其中，“$\circ$”为模糊算子，$\boldsymbol{R}$ 为评判矩阵，A 可表示为

$$A = P_1 U_1 + P_2 U_2 + \cdots + P_n U_n = (a_1, a_2, \cdots, a_n) \tag{10-45}$$

同理，B 可表示为 $B = (b_1, b_2, \cdots, b_m)$。

模糊评价的结果 B 表示在评语集内各种可能的大小，通常选取最大的 b_i 相对应的评价结果集中的 V_i 作为评判结果而输出。

在复杂问题的评判中，利用单一的模型不足以有效解决问题。应考虑将各种因素按照某种属性分类，每一类均为低一级的模糊综合评判子集，形成多层次的模糊综合评判体系，如图 10-11 所示。该多层次模糊综合评判体系使各种微小因素的作用在复杂问题的处理中都能得到充分的反映，不会因作用因素太多而使各 P_i 很小，导致单个因素在评价中的贡献十分微弱。

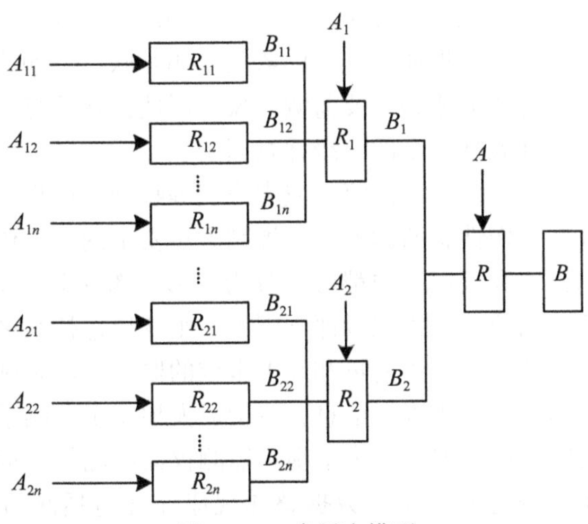

图 10-11　多层次模型

3. 大坝安全多层次模糊综合评判

1）大坝安全多层次模糊综合评判体系

大坝安全监测系统提供大坝安全评判的原始数据，每个正常工作的监测仪器所得到的

监测数据都是在特定位置反映坝体不同响应量的数值体现，都应作为安全评判的影响因子。但是，由于监测仪器的运行状态存在差异，从而不同仪器对评判结果的影响也存在差异。

大坝安全多层次模糊综合评判方法包括监测仪器运行状态评判和各层次的大坝安全评判两个方面。由大坝安全监测系统得到的原始数据可以整理成反映大坝各种性质的效应量，用于大坝的安全层次分析，同时也可以评判监测仪器的运行状态。正确评判仪器运行状态对于评判大坝安全状态至关重要。仪器运行状态评判结果不仅影响由仪器本身提供给效应量分析的数据可信程度，也影响大坝安全评判各层次评判因子的权重，作为理论权重的一种调整从而影响评判结果。大坝安全多层次模糊综合评判体系见图 10-12。

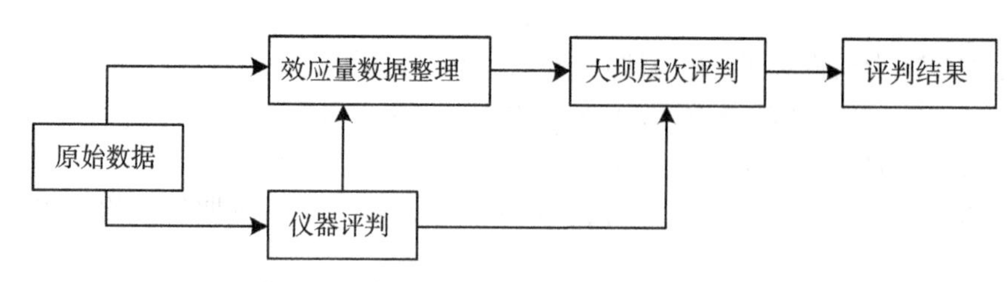

图 10-12　大坝安全多层次模糊综合评判体系

2）评判因子集的建立

评判仪器运行情况的因子有很多，可以归纳为仪器布置的设计合理性、仪器的工作环境、仪器的设计精度、测值的可靠性、测值的长期稳定性和有效测次等 6 个方面。用 $U_{仪器}$ 表示为：

$$U_{仪器}=\{u_{布置},\ u_{环境},\ u_{精度},\ u_{可靠性},\ u_{稳定性},\ u_{有效测次}\} \tag{10-46}$$

在实际的安全监测系统中，坝体和坝基的监测是相互联系、融为一体的，而在近坝区的监测中多以坝肩和潜在的滑坡体为主要监测对象。因此，在此将大坝结构体的安全状态和近坝区安全状态作为评判大坝安全的一级评判因子。

大坝的工作性态主要通过变形、渗流、应力应变等物理量体现，这些物理量的变化综合反映了各种因素对大坝工作性态的影响，是评判大坝安全的主要依据。因此，监测较为全面的大坝，在大坝结构体和近坝区中都可以分为变形、渗流和内观 3 个二级评判因子。将二级评判因子的具体监测项目作为三级评判因子，则变形包括水平位移、垂直位移和位移体倾斜；渗流的观测有扬压力、渗流量和地下水位的监测；内观则分为温度、裂缝和应力应变。为了更好地利用大坝监测资料信息，将构成大坝安全监测系统的各项监测仪器都作为相应监测项目下的四级评判因子。为了衡量监测仪器所测得数据反映出的大坝安全程度，监测仪器下设 4 个五级评判因子：数据整体规律性（包括测值范围、变化幅度、大坝整体运行规律等）、相邻测点的规律性（不均匀沉陷、突变等）、复相关系数（统计学中可以用来检验回归效果）、时效分量的变化（趋于稳定或者收敛）。以上评判因子构成评判大坝安全的各级评判因子，如图 10-13 所示。

3）评语集的建立

（1）监测仪器工作状态评语。根据监测仪器工作状态的好坏，将仪器评语集分为 5

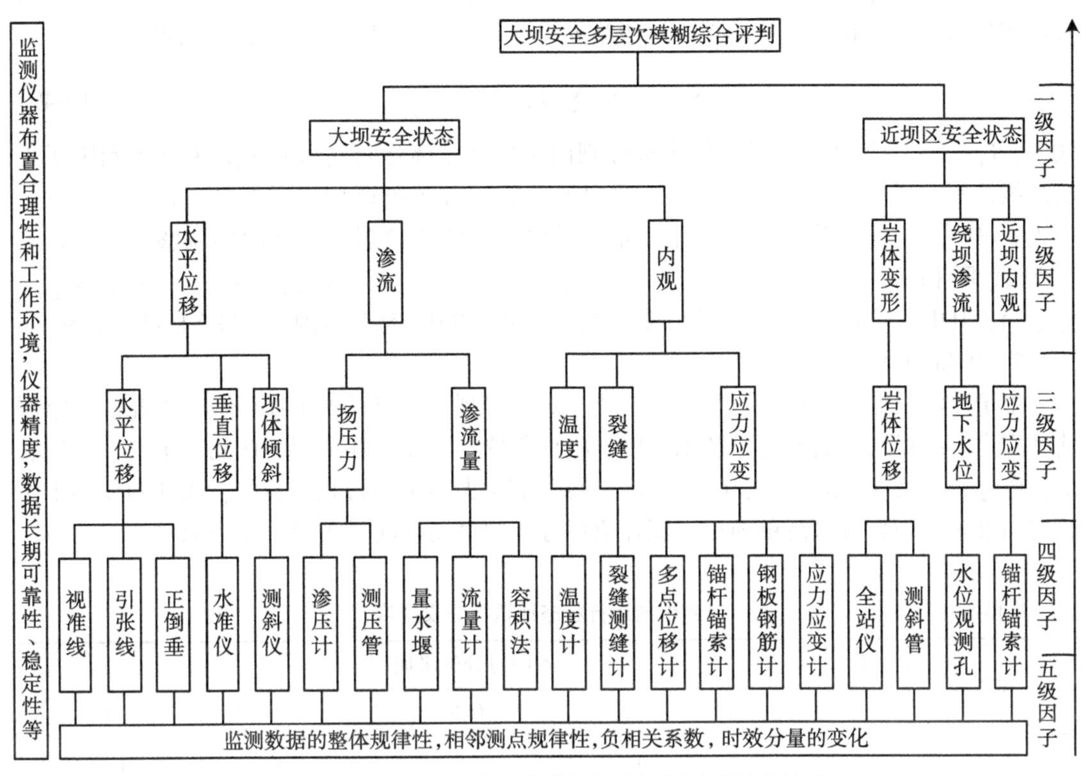

图 10-13 大坝安全多层次模糊综合评判因子层次关系

个等级，表示为：

$$V_{仪器}=\{很好，好，一般，不好，很不好\} \quad (10\text{-}47)$$

（2）大坝安全状态评语。根据不同的标准和方法，大坝安全综合评判论域的划分也不同。从实践经验和习惯出发，将大坝工作综合状态的安全程度共分为 5 个等级，即评语集为：

$$V_{坝}=\{很安全，安全，较安全，不安全，很不安全\} \quad (10\text{-}48)$$

4）评判因子权重

$U_{仪器}$ 中选择的 6 个评判因子是从 6 个角度对监测仪器的验证，因此它们具有相同的权重，即 $U_{仪器}=(1/6, 1/6, 1/6, 1/6, 1/6, 1/6)$。

大坝评判各层次权重的确定如下：

（1）五级评判因子是从 4 个方面以不同角度对安全进行的评判，故它们也具有相同的权重，即 $W_5=(1/4, 1/4, 1/4, 1/4)$。

（2）因监测仪器本身的局限性，使得四级评判因子的权重不同。由同一监测项目下所有表示仪器运行状态的评语得分构成监测仪器得分向量（$\boldsymbol{S}_{仪器1}$，$\boldsymbol{S}_{仪器2}$，…，$\boldsymbol{S}_{仪器k}$），其中 k 为监测同一项目的不同监测仪器类型的个数。经归一化，得到所需权重矩阵 $\boldsymbol{W}_4$。

（3）三级及以上评判因子都是表征大坝安全的不同划分形式，因此根据坝型并结合大坝实际运行的条件会体现出不同的权重。首先确定初始权重 $W_{初}$，根据层次分析法中

1~9 标度方法确定判断矩阵，见表 10-4。为全面描述评判因子，权重应体现该因子下所有监测仪器的运行状况，从而得到该级第 h 个评判因子的仪器整体运行评语得分

$$S_{仪器i,\ h} = \sum_{j=1}^{n} S_{仪器i+1,\ j} w_{i+1,\ j} \tag{10-49}$$

式中，$S_{仪器i+1,\ j}$ 为该评判因子下的次级评判因子仪器整体运行得分；$w_{i+1,j}$ 为该评判因子下的次级评判因子的权重；n 为组成该评判因子的所有次级评判因子个数（$i=1, 2, 3$），且当 $i=3$ 时，$S_{仪器i+1,j}$ 为 $S_{仪器j}$。原始权重值需要经过监测仪器运行状况的调整，此过程可用两者乘积表示：$W'_i=(w_{初i,1}, S_{仪器i,1}, w_{初i,2}, S_{仪器i,2}, w_{初i,h}, S_{仪器i,h}, \cdots, w_{初i,m}, S_{仪器i,m})$，其中 m 为该级评判因子的个数，经归一化，得到该级评判因子的最终权重向量 $\boldsymbol{W}_i$。

5）评价矩阵

由于监测仪器的运行状态很难定量化，难以得到切实可行的隶属函数，因此由专家评估其安全等级得到隶属各评语的隶属度。将评判仪器工作好坏情况在区间［0，1］离散表示：$C_{仪器得分}$（0，0.25，0.5，0.75，1），得分值越大表示运行状态越好；而评判仪器工作状态的隶属度函数就可简单地用不同评语得分下的隶属度向量表示，见表 10-5。

表 10-5　**监测仪器运行状态评语得分隶属度**

评语	不同得分的隶属度				
	0	0.25	0.5	0.75	1
很好	0	0	0	0.33	0.67
好	0	0	0.25	0.5	0.25
一般	0	0.25	0.5	0.25	0
不好	0.25	0.5	0.25	0	0
很不好	0.67	0.33	0	0	0

目前，仪器运行状态的评判因子集 $U_{仪器}$ 中运行好坏程度的隶属度还没有详细和完整的评判标准，结合大量工程实际情况，可采用表 10-6 列出的标准确定评判矩阵。具体步骤如下：

（1）根据仪器的实际运行情况得到评判仪器运行好坏的 6 个因子的不同评语得分隶属度向量 $\boldsymbol{p}_{因子}$。

（2）得到每个评判因子评语得分隶属度向量后，由表征仪器运行 6 个方面的向量组成评判矩阵：$\boldsymbol{M}_{仪器}=(\boldsymbol{p}_{布置}, \boldsymbol{p}_{环境}, \boldsymbol{p}_{精度}, \boldsymbol{p}_{可靠性}, \boldsymbol{p}_{稳定性}, \boldsymbol{p}_{有效测次})^{\mathrm{T}}$。

（3）运用模糊评判原理，得到仪器整体运行的评语得分隶属度向量为：$\boldsymbol{p}_{仪器}=\boldsymbol{W}_{仪器得分} \circ \boldsymbol{M}_{仪器}$，其中 $\boldsymbol{W}_{仪器得分}$ 为仪器评判因子的权重向量。

（4）得到仪器整体运行的评语得分隶属度后，根据离散的评语得分，可以由 $S_{仪器}=C_{仪器得分} \circ \boldsymbol{p}^{\mathrm{T}}_{仪器}$ 计算得到监测仪器总的运行评语得分。

表 10-6　**监测仪器运行状态评判因子**

评语	监测仪器布置的设计合理性	监测仪器的运行条件	监测仪器的设计精度	测值的可靠性	测值的长期稳定性	测值的有效测次率(%)
很好	监测布局设计很合理，监测仪器能全面涉及整个坝体，重点部位精度超过规范	仪器运行条件优越，监测设施能很好地维护，周围环境良好	超过规范精度，监测性能良好	监测方法准确，抗干扰性强，数据处理及时	仪器基本无故障，过程线规律明显，平稳光滑	> 90
好	监测布局设计范围合理，重点部位埋设的监测仪器满足规范要求	仪器运行条件良好，监测设施能经常维护，周围环境良好	超过规范精度，监测性能一般	监测方法正确,受外界影响较小,数据处理及时	仪器故障少，过程线规律明显，略有突变	> 80~90
一般	监测布局的设计能正确反映监测目的，重点部位埋设监测仪器	仪器运行条件一般，周围环境一般，仪器能定期维护	达到规范精度，监测性能一般	监测方法正确，数据受外界影响不大	仪器故障少，过程线能反映大坝运行状况	> 70~80
不好	监测布局涉及范围不全面，只在重点部位埋设监测仪器	仪器运行条件差，周围环境恶劣，维护设施少	精度勉强达到规范精度，监测性能差	监测方法落后，数据处理落后	仪器平均工作时间不长，过程线规律不明显，突变量较大	> 60~70
很不好	监测布局设计极不合理,监测范围很不全面,重点部位无监测仪器	仪器运行条件很差，周围环境恶劣，无维护设施	仪器埋设时间较早，设计精度达不到要求	监测方法不正确，易受外界影响	仪器经常出现故障，数据缺失严重，过程线杂乱无章，突变量大	≤ 60

在大坝安全多层次模糊评判中，上级评判矩阵均由次级评判因子提供。因此，合理得到五级评判因子的安全隶属度是整个评判过程的关键。依据大坝安全评语隶属关系，由专家评估得到各评判因子的评语得分隶属度向量，组成评判矩阵。由 $\boldsymbol{p}_i = \boldsymbol{W}_{i+1} \circ \boldsymbol{M}_{i+1}$ 得到上级评判向量，其中 p_i 是第 i 层大坝安全评语得分隶属度向量，w_{i+1} 是第 $i+1$ 层评判矩阵。大坝不同评语得分的隶属度见表 10-7，大坝评判因子见表 10-8。

表 10-7　**大坝不同评语得分的隶属度**

评语	不同得分的隶属度				
	−2	−1	0	1	2
很安全	0	0	0	0.33	0.67
安全	0.25	0	0.25	0.5	0.25

续表

评语	不同得分的隶属度				
	−2	−1	0	1	2
较安全	0	0.25	0.5	0.25	0
不安全	0.25	0.5	0.25	0	0
很不安全	0.67	0.33	0	0	0

表 10-8　**大坝评判因子**

评语	数据整体规律性	相邻测点规律性	复相关系数	时效分量变化
很安全	全部数据在安全范围内无突变，波动幅度满足要求，整体能很好地符合大坝工作规律	相邻测点规律一致性好，符合空间规律，无不均匀突变现象	> 0.9	随时间减小
安全	数据的范围和变化幅度在大坝承载能力内，符合整体规律性，无突变或突变值较小	相邻测点规律性一致，符合空间规律，熟知的差异在一定范围内	> 0.8~0.9	初期变化较快，后期平稳，对时间的导数接近零
较安全	数据基本处于安全范围内，能较合理地反映大坝的整体规律性，带有突变	相邻测点规律相似，能体现空间规律，有数值差异，突变量较小	> 0.7~0.8	对时间的导数大于零，但随时间变幅减小
不安全	个别数据超出大坝的允许或承载能力，不能很好地表现整体规律性	测点之间联系不好，数值差异量较大，带有突变	> 0.5~0.7	持续增长
很不安全	大量数据超出允许范围，带有很大突变，不符合大坝整体规律性	测点之间基本无联系，测值在数值上和空间分布上突变大	≤ 0.5	持续增长并伴有突变增大的现象

经低层因子到高层因子的评判后，最后得到评判第一层的大坝安全评语得分的隶属度向量 $\boldsymbol{p}_1$，经过计算得到大坝安全得分 $S=C_{大坝得分}\circ\ \boldsymbol{p}_1^T$，$S$ 即大坝安全运行状态的综合表示。

10.6　安全评判专家系统

10.6.1　专家系统

专家系统（Expert System，ES）是一种有大量专门知识与经验的智能程序系统，它能运用某个领域一个或多个专家多年积累的经验和专门知识，模拟领域专家求解问题时的思维过程，以解决该领域中的各种复杂问题。也就是说，专家系统具有三个方面的含义：

（1）它是一种智能的程序系统，能运用专家知识和经验进行启发式推理。

（2）它必须包含大量专家水平的领域知识，并能在运行过程中不断地对这些知识进行更新。

（3）它能应用人工智能技术模拟人类专家求解问题的推理过程，解决那些本来应该由领域专家才能解决的复杂问题。

专家系统是人工智能应用研究的一个重要分支。20 世纪 60 年代末，费根鲍姆等人研制成功第一个专家系统 DENDRAL。专家系统已被成功地运用到众多领域，它实现了人工智能从理论研究走向实际应用，从一般思维方法探讨转入专门知识运用的重大突破。我国专家系统的研发起步于 20 世纪 80 年代，开发成功了许多具有实用价值的应用型专家系统。

如图 10-14 所示，专家系统的基本结构包括数据库、知识库、知识获取机构、推理机、解释器、人-机接口等部分。

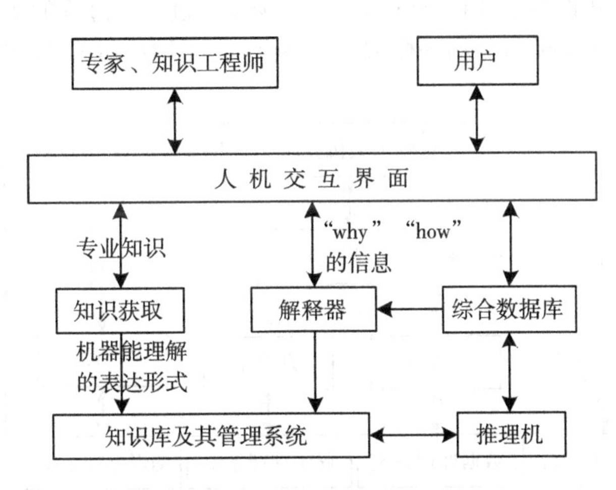

图 10-14　专家系统结构图

（1）数据库又称综合数据库，用来存储有关领域问题的初始事实、问题描述以及系统推理过程中得到的种种中间状态或结果等，系统的目标结果也存于其中。

（2）知识库是专家系统的知识存储器，用来存放被求解问题的相关领域内的原理性知识或一些相关的事实以及专家的经验性知识。原理性或事实性知识是一种广泛公认的知识，即书本知识和常识，而专家的经验知识则是长期的实践结晶。

（3）知识获取机构是专家系统中的一个重要部分，它负责系统的知识获取，由一组程序组成。知识获取机构的基本任务是从知识工程师那里获得知识或从训练数据中自动获取知识，将得到的知识送入知识库，并确保知识的一致性及完整性。

（4）推理机是专家系统在解决问题时的思维推理核心，由一组程序组成，用以模拟领域专家思维过程，以使整个专家系统能以逻辑方式进行问题求解。

（5）解释器是人与机接口相连的部件，负责对专家系统的行为进行解释，并通过人机接口界面提供给用户。

（6）人-机接口是专家系统的另一个关键组成部分，是专家系统与外界进行通信与交互的桥梁，由一组程序与相应的硬件组成。

安全评判专家系统能够实时分析评价建筑物变形程度，发现异常观测值，并对其进行成因解析，综合评价建筑物安全状况，为辅助决策提供技术支持，是安全监测的重要手段之一。下面以大坝安全综合评价专家系统为例说明安全评判系统的详细内容。

10.6.2　大坝安全综合评价专家系统

大坝安全综合评价专家系统是利用存储于计算机内的大坝安全综合评价领域内人类专家的知识，解决过去需要人类专家才能解决的现实问题的计算机系统。

大坝安全综合评价专家系统融汇了坝工理论、数学、力学、人工智能和现代计算等理论、方法及技术，集成实测资料及其正反分析成果、设计和施工资料和专家知识等。大坝安全综合评价专家系统包括综合推理机、知识库、方法库、工程数据库和图库等部分，可以实现对资料及专家知识的全面科学管理，对大坝安全进行全过程的实时分析评价，评定大坝的安全级别。其逻辑模型、物理模型的总体结构见图 10-15 和图 10-16。

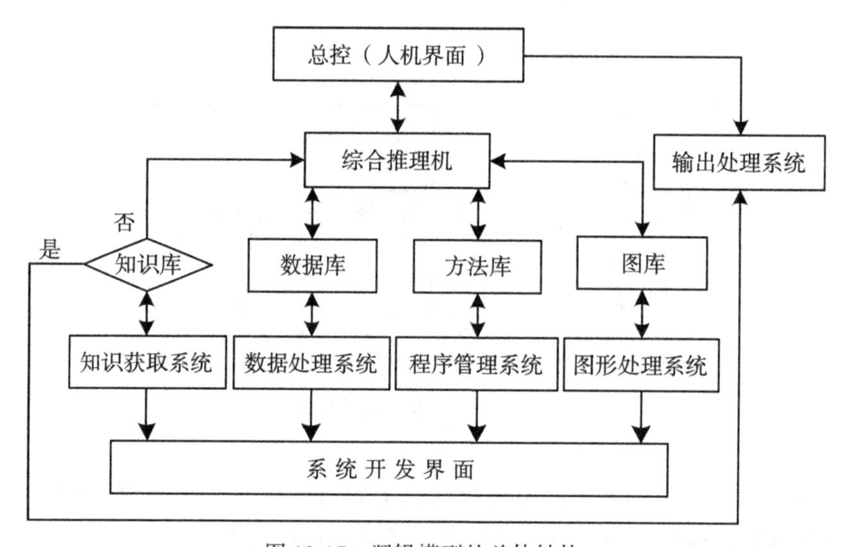

图 10-15　逻辑模型的总体结构

整个系统主要由总控和一机四库组成。一机四库即：①数据库（含图形库和图像库）及其管理子系统；②模型库及其管理子系统；③方法库及其管理子系统；④知识库及其管理子系统；⑤综合分析推理子系统（推理机）。下面介绍各模块的主要功能和要求。

1. 系统总控

建立各子系统之间的联系，提供系统主菜单及选单功能，控制各库和各子系统的协调运行。系统总控的功能包括：

（1）提供系统总菜单；

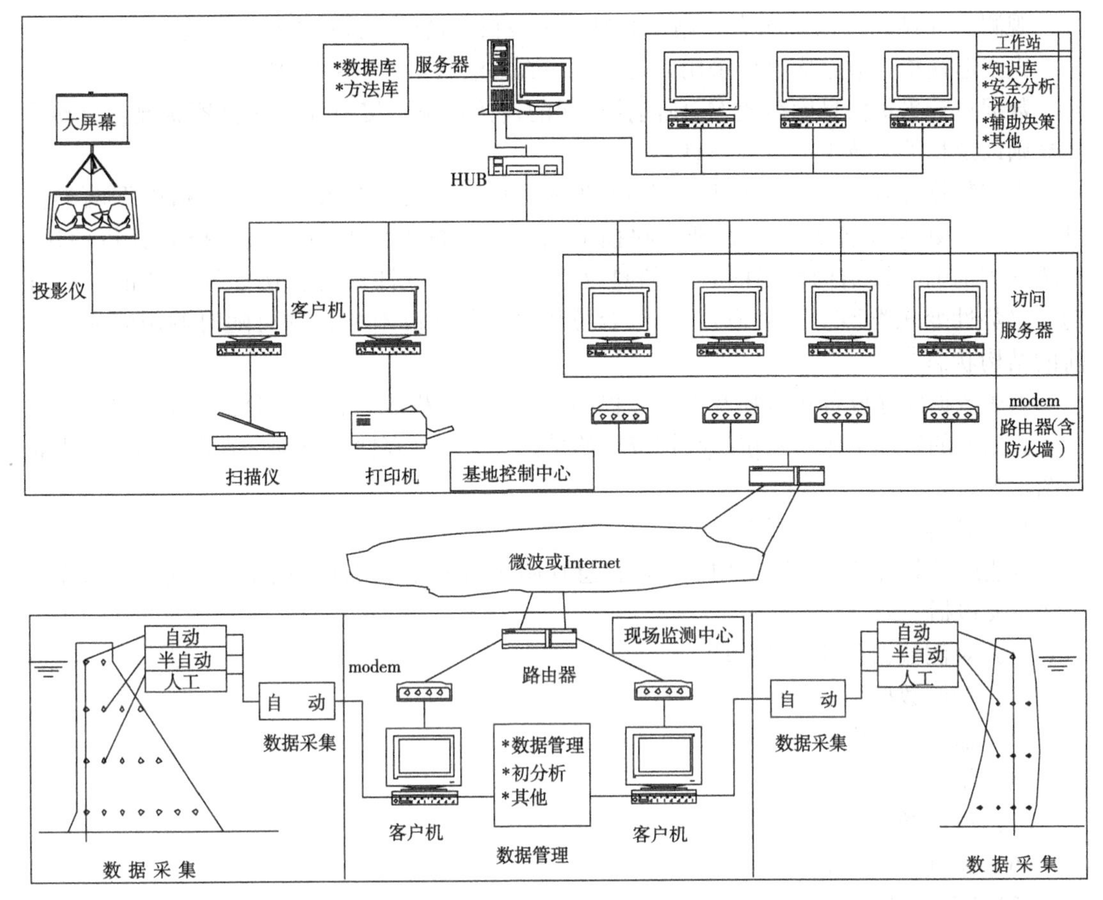

图 10-16 物理模型的总体结构

（2）控制系统内数据采集系统的采集和输入；

（3）启动和控制综合分析推理子系统的运行；

（4）控制系统与外部的通信；

（5）协调系统各库内容的传输。

2. 数据库及其管理子系统

数据库及其管理子系统是面向数据信息存储、查询的计算机软件系统，是整个专家系统运行的基础。数据库的主要内容包括：工程档案库、观测仪器特征库、原始观测数据库、整编观测数据库、观测房（站）库、人工巡视检查信息库、数据自动采集信息库、现实数据库和生成数据库等。

工程档案库主要存放与枢纽安全有关的各种档案资料，包括枢纽结构及布置等图形资料，与枢纽安全有关的各种录像、照片等图像资料，枢纽及建筑物的特性资料、枢纽安全册等信息。

观测仪器特征库存放仪器的编号、名称、技术参数、计算规则和埋设情况等信息。

原始观测数据库存放原型观测的数据资料。

整编观测数据库存放按工程要求换算整编后的原型观测数据资料信息。

观测房（站）存放观测房（站）特征、内设仪器情况、接口参数等信息。

人工巡视检查数据库存放采用人工巡视检查方法获得的观测数据资料。

数据自动采集信息库存放MCU测控单元的连接情况、接口和连接仪器状况、自动采集规则以及相关的技术参数等信息。

现实数据库存放以监控项目为单位的分析推理的现实对象，主要包括以下两类信息：①经过处理（各类误差处理、缺损值的插补）的实测数据，供建模和分析使用；②描述当前监测及结构性态的各类信息（包括定量或定性信息，例如异常值的起始日期、趋势性变化类型、速率等），是综合分析推理的实际对象，并可随时调用以显示当前的结构状态。

生成数据库存放各建筑物及重点工程部位的在线分析成果和正反分析成果信息。

数据库的管理工作主要包括数据资料的采集、录入、存储、整编、查询、传输、报表和图示等。

3. 方法库及其管理子系统

方法库及其管理子系统是用于方法信息存储和调用管理的计算机软件系统。方法库的方法主要包括：

（1）观测数据预处理和检验；

（2）观测数据统计分析；

（3）监控数学模型；

（4）结构分析程序集；

（5）渗流场分析程序集；

（6）反分析程序集；

（7）综合分析模块；

（8）辅助决策模块等。

方法库的管理工作主要包括方法的添加、删除、修改、调用等。

4. 模型库及其管理子系统

模型库及其管理子系统主要提供各类建模程序和储存建筑物不同部位及测点的各类模型数据，并对模型数据进行系统管理。已建的各类模型主要用于预报各建筑物不同部位的运行状况和识别测值的正常或异常性质。模型库的主要模型包括统计模型、确定性模型、混合模型、空间位移场模型等；模型库的管理工作主要包括模型的建立、查询、修改、删除等。

5. 图库

图库主要用于以下各类图表需求。

（1）工程安全概况图表：工程特性表；枢纽布置图和典型剖面图；工程安全表；坝址地质剖面图（含关键问题）；监测系统考证表；监测系统平面和剖面布置图。

（2）监测资料处理和分析图表：监测资料整编图表；监测量的特性值统计图表；监测量的测值过程线、模型计算过程线、各分量过程线等图；监控指标图表；日常巡查图表；关键问题图表。

（3）结构分析图表：材料参数表、应力和稳定分析简图；结构有限元网格、单元和结构点图；应力、位移计算成果图。

（4）渗流分析图表：渗流有限元网格、单元和节点图；渗流场计算成果图。

（5）反分析图表：参数反分析成果表，归并到材料参数表中；修正后的应力、位移计算成果图；修正后的渗流场计算成果图。

（6）综合评价图报表：评判图表；决策图表。

6. 知识库及其管理子系统

知识库及其管理子系统是用于知识信息的存储和使用管理的计算机软件系统。本模块的主要知识内容包括：

（1）建筑物的监控指标；

（2）日常巡视检查评判标准；

（3）观测中误差限值；

（4）力学规律指标；

（5）领域专家的知识和经验；

（6）规程、规范的有关条款等。

对知识库的管理主要是对知识库进行输入、查询、修改、删除等。

7. 推理机（综合分析推理子系统）

推理机（综合分析推理子系统）对工程观测信息进行综合分析和处理，其功能主要包括把各类经整编后的观测数据和观测资料与各类评判指标进行比较，从而识别观测数据和资料的正常或异常性质。在判断观测数据和资料为异常时，进行成因分析和物理成因分析，并根据分析成果发出报警信息或提供辅助决策信息。综合分析推理子系统需要与数据库、模型库、方法库、知识库进行频繁的信息交互。

首先，根据知识库的上述准则识别测值的性质。若为疑点，应用推理链进行成因分析，识别疑点的性质。若识别为异常，对其进行物理成因分析；若还需定量分析时，应用结构或渗流反分析程序进行反分析。当推理无解，找不出疑点的成因时，进入专家综合评判。

1）识别

识别每次测值是正常或疑点。若为正常，将其成果输出；若为疑点，则进入下一步分析。

2）疑点成因分析

经上述识别，若测值为疑点，首先检查观测原因，包括下列内容：

（1）观测记录、计算有无错误。若有错误，修正测值，排除疑点，成果输出；否则，进入下一步检查。

（2）检查监测系统，包括基点、测点、测线、观测仪器等问题。若存在这些问题，排除疑点，成果输出；否则为异常，进入物理成因分析。

3）异常的物理成因分析

（1）首先进行环境量分析，即外因分析。包括水位、温度等是否发生特殊变化、扬压力和地下水位是否发生特殊变化、是否发生强烈地震或采用重大工程措施等。

（2）基础分析。在上述环境量作用下，分析基础尤其是主要滑裂面和地质结构面是否产生过大变形或滑动，帷幕或排水是否受损。

（3）坝体分析。在上述环境量的作用或者基础产生过大变形（或滑动）或帷幕、排水等受损等情况下，分析坝体是否产生过大变形或裂缝。

（4）成因反分析。当坝基和坝体在环境量产生特殊变化时，若需定量分析物理成因，调方法库的有关程序进行结构或渗流反分析，给出产生异常的定量成果；应用推理链，若找出疑点或异常的成因，则将其成因输出，否则进入下一步评判。

4）综合分析和评判

（1）首先输出上述疑点的时间、部位及其上述推理分析过程。

（2）邀请有关专家对上述疑点分析可能产生的原因。然后，进行综合评判，确定或初步确定疑点的成因。

（3）若判断为异常或险情，可以应用有关程序进行结构和渗流反分析，提出运行控制水位的建议。

本章思考题

1. 对监测资料进行整编的目的是什么？资料整编包括哪些工作内容？
2. 对监测资料进行校核的目的是什么？常用的校核方法有哪些？
3. 简述变形监测数据处理与分析的主要内容。
4. 常用的安全评判方法有哪些？
5. 进行安全评判应遵循哪些原则？
6. 层次分析法的基本原理、实现步骤是什么？在分析过程中有哪些注意事项？
7. 层次分析法与模糊分析法的优缺点分别是什么？
8. 常用的定量风险分析法有哪些？
9. 如何构建安全评判专家系统？

参 考 文 献

1. 边少锋，等．卫星导航系统概论（第二版）[M]. 北京：测绘出版社，2016.
2. 陈从平，等．基于视觉机器人的大坝水下表面裂缝检测系统设计 [J]. 三峡大学学报（自然科学版），2016（5）：72-74，86.
3. 陈小卫，岑敏仪，卢俊，等．一种改进的快速最小高差 DEM 匹配方法 [J]. 测绘科学技术学报，2017，34（4）：399-404.
4. 陈永奇，等．变形监测分析与预报 [M]. 北京：测绘出版社，1998.
5. 陈永奇．工程测量学（第 4 版）[M]. 北京：测绘出版社，2016.
6. 程效军，等．海量点云数据处理理论与技术 [M]. 上海：同济大学出版社，2014.
7. 豆朋达，等．分布式光纤传感器大坝安全监测系统研究 [J]. 新器件新技术，2017，07：47-51.
8. 杜国文，刘汉丞，徐德林．小浪底地下工程施工期安全监测技术 [J]. 水利水电工程设计，1999（02）：6-8.
9. 段国学，等．三峡大坝安全监测自动化系统简介 [J]. 人民长江，2009，40（23）：71-72.
10. 付永健，李宗春，何华．稳健的回光反射平面靶心定位算法 [J]. 地球信息科学学报，2018，20（4）：22-29.
11. 付永健，李宗春，何华．应用马氏距离加权的点云法向处理算法 [J]. 测绘科学技术学报，2018，35（4）：22-27.
12. 郭华东，等．雷达对地观测理论与应用 [M]. 北京：科学出版社，2000.
13. 郭鹏，等．新型 FMCW 地基合成孔径雷达在大桥变形监测中的应用 [J]. 测绘通报，2017，(06)：94-97.
14. 国家质量技术监督局．GB/T 17942—2000 国家三角测量规范 [S]. 北京：中国标准出版社，2000.
15. 韩博，等．基于光纤温度传感器的分布式温度测量系统设计 [J]. 测控技术，2016（9）：20-24.
16. 何华．散乱点云数据三角网格曲面重建研究 [D]. 郑州：战略支援部队信息工程大学，2018.
17. 何华，李宗春，阮焕立，等．基于凸包算法和抗差最小二乘法的激光扫描仪圆形标靶中心定位 [J]. 测绘工程，2018，27（3）：23-27.
18. 何华，李宗春，闫荣鑫，等．引入曲面变分实现点云法矢一致性调整 [J]. 测绘学报，2018，47（2）：145-150.

19. 胡金莲，曹婉，李天河．三峡大坝14号坝段坝体应力应变分析及预测［J］. 水电自动化与大坝监测，2007，31（1）：77-80.
20. 黄铭．数学模型与工程安全监测［M］. 上海：上海交通大学出版社，2008.
21. 黄贤武，郇筱霞．传感器原理应用［M］. 成都：电子科技大学出版社，1995.
22. 黄声享，尹晖，蒋征．变形监测数据处理［M］. 武汉：武汉大学出版社，2003.
23. 侯建国，王腾军．变形监测理论与应用［M］. 北京：测绘出版社，2008.
24. 侯东兴．地面三维激光扫描仪点云拼接技术研究［D］. 郑州：解放军信息工程大学，2014.
25. 吉增权．分布式光纤温度监测技术与应用［J］. 工业工程与技术，2013，07：39-40.
26. 匡翠林，等．基于PPP技术监测高层建筑风致动态响应［J］. 工程勘察，2013，41（2）：58-62.
27. 李楠．钢板计在三峡大坝安全监测中的应用［J］. 实验技术与管理，2005，22（5）：36-39.
28. 李爱萍，等．基于全过程监测的三峡电站19#机组蜗壳钢板应力分析［J］. 水电能源科学，2013，31（1）：154-156.
29. 李术才，等．海底隧道新型可拓宽突水模型试验系统的研究及应用［J］. 岩石力学与工程学报，2014，33（12）：2409-2418.
30. 李剑芝，等．基于光纤光栅定位的全分布式光纤位移传感器［J］. 天津大学学报（自然科学与工程技术版），2016（6）：653-658.
31. 李永江．土石坝安全监测技术及安全监控理论研究进展［J］. 水利水电科技进展，2006，26（5）：73-77.
32. 李明福，等．长江堤防重要涵闸施工安全监测技术［J］. 水利水电快报，2007，28（17）：23-26.
33. 李明磊．三维激光扫描点云的线结构语义描述［D］. 郑州：战略支援部队信息工程大学，2017.
34. 刘昌军，刘会玲，张顺福．基于激光点云直接比较算法的边坡变形监测技术研究［J］. 岩石力学与工程学报，2015，34（S1）：3281-3288.
35. 刘学敏，等．IBIS-L系统及其在大坝变形监测中的应用［J］. 测绘与空间地理信息．2015（07）：34-36.
36. 刘春，等．地面三维激光扫描仪的检校与精度评估［J］. 工程勘察，2009，11：56-66.
37. 刘国祥，陈强，罗小军，等．InSAR原理与应用［M］. 北京：科学出版社，2019.
38. 刘志强．GPS/GLONASS实时精密单点定位研究［D］. 上海：同济大学，2015.
39. 刘志强，等．大跨径桥梁运营期GPS/BDS动态形变监测及分析［C］. 第八届全国交通工程测量学术研讨会，2017.
40. 廖明生，林珲．雷达干涉测量——原理与信号处理基础［M］. 北京：测绘出版社，2003.
41. 卢丽君．基于时序SAR影像的地表形变检测方法及其应用［D］. 武汉：武汉大学，2008.

42. 路明月，何永健．三维海量点云数据组织与索引方法［J］. 地球信息科学，2008，10（2）：190-194.
43. 罗伊萍．LiDAR 数据滤波和影像辅助提取建筑物［D］. 郑州：解放军信息工程大学，2010.
44. 马水山，等．长江重要堤防安全监测技术的应用与发展［J］. 人民长江，2002，33（8）：66-68.
45. 皮亦鸣，等. 合成孔径雷达成像原理［M］. 成都：电子科技大学出版社，2007.
46. 孙希龙，余安喜，梁甸农．差分 InSAR 处理中的误差传播特性分析［J］. 雷达科学与技术，2008，6（1）：35-38.
47. 史晓锋，等．分布式光纤测温系统及其在测温监测中的应用［J］. 山东科学，2008，21（6）：50-54.
48. 王力．基于人工标志的激光扫描数据自动拼接技术研究［D］. 郑州：解放军信息工程大学，2010.
49. 王昊，董杰，邓书斌．基于 SARscape 的干涉叠加在地表形变监测中的应用［J］. 遥感信息，2011（6）：109-113.
50. 王玉田，等．光纤传感技术及应用［M］. 北京：北京航空航天大学出版社，2009.
51. 王德厚．大坝安全监测与监控［M］. 北京：中国水利水电出版社，2004.
52. 王坚，张安兵．卫星定位原理与应用［M］. 北京：测绘出版社，2017.
53. 王建鹏．矿山变形灾害监测相关理论及模型研究［D］. 徐州：中国矿业大学，2010.
54. 汪冲．全站扫描仪测量精度分析及其在变形监测中的应用［D］. 郑州：战略支援部队信息工程大学，2018.
55. 吴中如，等．水工建筑物安全监控理论及其应用［M］. 南京：河海大学出版社，1990.
56. 吴中如，朱伯芳．三峡水工建筑物安全监测与反馈设计［M］. 北京：中国水利水电出版社，1999.
57. 邢诚，韩贤权，周校，等．地基合成孔径雷达大坝监测应用研究［J］. 长江科学院院报，2014，31（7）：128-134.
58. 谢宏全，谷风云．地面三维激光扫描技术与应用［M］. 武汉：武汉大学出版社，2016.
59. 许映梅，等．基于小波去噪的苏通大桥索塔 GPS 监测数据分析［J］. 水利与建筑工程学报，2013，11（2）：1-6.
60. 徐亚明，周校，王鹏，等．地基雷达干涉测量的环境改正方法研究［J］. 大地测量与地球动力学，2013，33（3）：41-43.
61. 徐芳，等．利用数字摄影测量进行钢结构挠度的变形监测［J］. 武汉大学学报（信息科学版），2001，（03）：256-260.
62. 徐进军，等．基于地面三维激光扫描的桥梁挠度变形测量［J］. 大地测量与地球动力学，2017，37（06）：609-613.
63. 岳建平，华锡生．大坝安全监控在线分析系统研究［J］. 大坝观测与土木测试，2001（1）：12-15.
64. 岳建平，田林亚，等．变形监测技术与应用［M］. 北京：国防工业出版社，2013.

65. 岳建平，方露．城市地面沉降监控理论与技术［M］．北京：科学出版社，2012.
66. 余腾，胡伍生，孙小荣．基于灰色模型的地铁运营期轨行区沉降预测研究［J］．现代测绘，2017，40（2）：33-36.
67. 余兰，岳建平．改进的 BP 小波神经网络预测模型应用研究［J］．甘肃科学学报，2016，28（5）：38-41.
68. 姚平．GPS 在桥梁监测中的应用研究［D］．上海：同济大学，2008.
69. 姚海敏．大型桥梁结构变形监测应用研究［D］．北京：中国地质大学，2009.
70. 严建国，李双平．三峡大坝变形监测设计优化［J］．人民长江，2002，33（6）：36-38.
71. 尹宏杰，朱建军，李志伟，等．基于 SBAS 的矿区形变监测研究［J］．测绘学报，2011，40（1）：52-58.
72. 尹昕忠．利用波形匹配滤波方法研究汶川地震前后微震时空演化与断裂带成像［D］．北京：中国地震局地质研究所，2019.
73. 叶世榕．非差相位精密单点定位理论与实现［D］．武汉：武汉大学，2002.
74. 余加勇，等．基于全球导航卫星系统的桥梁健康监测方法研究进展［J］．中国公路学报，2016，29（04）：30-41.
75. 翟翊，赵夫来，杨玉海，等．现代测量学［M］．北京：测绘出版社，2016.
76. 张勤，张菊清，岳东杰，等．近代测量数据处理与应用［M］．北京：测绘出版社，2011.
77. 张祥，陆必应，宋千．地基 SAR 差分干涉测量大气扰动误差校正［J］．雷达科学与技术，2011，09（06）：502-506.
78. 张进平．大坝安全监测决策支持系统的开发［J］．中国水利水电科学研究院学报，2003，1（2）：84-89.
79. 张兴．内嵌式微腔光纤法布里-珀罗应变传感器的研制［J］．武汉理工大学学报，2016（1）：80-83.
80. 张文基，等．大跨径桥梁挠度观测方法评述［J］．测绘通报，2002（08）：41-42.
81. 张正禄，等．工程测量学［M］．武汉：武汉大学出版社，2005.
82. 张国龙．基于地面三维激光扫描的滑坡变形监测［D］．郑州：战略支援部队信息工程大学，2018.
83. 张小红，刘经南．机载激光扫描测高数据滤波［J］．测绘科学，2004，29（6）：50-53.
84. 张昌赛，刘正军，杨树文，等．基于 LiDAR 数据的布料模拟滤波算法的适用性分析［J］．激光技术，2018，42（3）：410-416.
85. 赵一晗．大坝形变监测数据分析中若干理论问题的研究［D］．上海：同济大学，2007.
86. 郑德华，等．三维激光扫描仪及其测量误差影响因素分析［J］．测绘工程，2005，14（2）：32-35.
87. 周家刚，等．苏通大桥外部变形监测体系设计［J］．勘察科学技术，2011（4）：49-52.
88. 朱赵辉，等．光纤光栅位移计组在围岩变形连续监测中的应用研究［J］．岩土工程学报，2016，38（11）：2093-2100.
89. 朱建军，杨泽发，李志伟．InSAR 矿区地表三维形变监测与预计研究进展［J］．测绘学报，2019，48（2）：135-144.

90. 中华人民共和国国家质量监督检验检疫总局 . GB/T 14911—2008 测绘基本术语 [S]. 北京：中国标准出版社，2008.
91. 中华人民共和国国家质量监督检验检疫总局 . GB/T 12898—2009 国家三、四等水准测量规范 [S]. 北京：中国标准出版社，2009.
92. 中华人民共和国国家质量监督检验检疫总局 . GB/T 18314—2009 全球定位系统（GPS）测量规范 [S]. 北京：中国标准出版社，2009.
93. 中华人民共和国水利部 . SL 601—2013 混凝土坝安全监测技术规范 [S]. 北京：中国水利水电出版社，2013.
94. 中华人民共和国水利部 . SL 551—2012 土石坝安全监测技术规范 [S]. 北京：中国水利水电出版社，2012.
95. 中华人民共和国住房和城乡建设部 . GB/T 50228—2011 工程测量基本术语标准 [S]. 北京：中国计划出版社，2012.
96. 中华人民共和国行业标准 . SL 196—96 土石坝安全资料整编规程 [S]. 北京：中国水利水电出版社，1996.
97. 中华人民共和国行业标准 . JGJ/T—97 建筑变形测量规范 [S]. 北京：中国建筑工业出版社，1998.
98. Berardino P , Fornaro G , Lanari R, et al. A new algorithm for surface deformation monitoring based on small baseline differential SAR interferograms [J] . IEEE Transactions on Geoscience and Remote Sensing, 2002, 40 (11): 2375-2383.
99. Bernard Ini G, Ricc I P, Coppi F A. Ground based microwave interferometer with imaging capabilities for remote measurements of displacements [C]. M GALAHAD workshop within the 7th Geomatic Week and the "3rd International Geotelematics Fair (GlobalGeo)" . Barcelona, Spai, 2007: 20-23.
100. Besl P J, Mckay H D. A method for registration of 3D shapes [J]. IEEE Transactions on Pattern Analysis and Machine Intelligence, 1992, 14 (2): 239-256.
101. Even M, Schulz K. InSAR deformation analysis with distributed scatterers: a review complemented by new advances [J]. Remote Sensing, 2018, 10 (5): 744.
102. Ferretti A, et al. Nonlinear subsidence rate estimation using permanent scatters in differential SAR interferometry [J]. IEEE Transactions on Geoscience & Remote Sensing, 2000, 38 (5): 2202-2212.
103. Ferretti A , et al. Permanent scatterers in SAR interferometry [J]. IEEE Transactions on Geoscience and Remote Sensing, 2001, 39 (1): 0-20.
104. Ferretti A , Fumagalli A , Novali F , et al. A new algorithm for processing interferometric data-stacks: SqueeSAR [J]. IEEE Transactions on Geoscience and Remote Sensing, 2011, 49 (9): 3460-3470.
105. Gabriel A K, Goldstein R M, Zebker H A. Mapping small elevation changes over large areas: differential radar interferometry [J]. Journal of Geophysical Earth, 1989, 94 (B7): 9183-9191.

106. Graham L C. Synthetic interferometer radar for topographic mapping [J]. Proceedings of the IEEE, 1974, 62 (6): 763-768.

107. Gruen A, Akca D. Least squares 3D surface and curve matching [J]. ISPRS Journal of Photogrammetry and Remote Sensing, 2005, 59 (3): 151-174.

108. Hooper A , Segall P , Zebker H. Persistent scatterer interferometric synthetic aperture radar for crustal deformation analysis, with application to Volcán Alcedo, Galápagos [J]. J. Geophys. Res, 2007: 112 (B07407).

109. Hanssen R F. Radar interferometry data interpretation and error analysis [J]. Remote Sensing and Digital Image Processing, 2001, 1, 1.

110. Kampes B. Radar Interferometry-persistent scatterer technique [M]. Springer Publishing Company, Incorporated, 2006.

111. Kraus K, Pfeifer N. Determination of terrain models in wooded areas with airborne laser scanner data [J]. ISPRS Journal of Photogrammetry and Remote Sensing, 1998, 53 (4): 193-203.

112. Li F K, Goldstein R M. Studies of multibaseline spaceborne interferometric synthetic aperture radars [J]. IEEE Transactions on Geoscience and Remote Sensing, 1990, 28 (1): 88-97.

113. Lv X , Yazici B , Zeghal M , et al. Joint-Scatterer Processing for Time-Series InSAR [J]. IEEE Transactions on Geoscience and Remote Sensing, 2014, 52 (11): 7205-7221.

114. Massonnet D, Rossi M, Carmona C, et al. The displacement field of the Landers earthquake mapped by radar interferometry [J]. Nature, 1993, 364 (6433): 138-142.

115. Rogers A E, Ingalls R P. Venus: mapping the surface reflectivity by radar interferometry [J]. Science, 1969, 165: 797-799.

116. Rosen P A , et al. Synthetic aperture radar interferometry [J]. Proceedings of the IEEE, 2000, 88 (3): 333-382.

117. Rott, Helmut. Advances in interferometric synthetic aperture radar (InSAR) in earth system science [J]. Progress in Physical Geography, 2009, 33 (6): 769.

118. Rusu R B, Blodow N, Marton Z C, et al. Aligning point cloud views using persistent feature distograms [C] //2008 IEEE/RSJ International Conference on Intelligent Robots and Systems, Nice, France: IEEE, 2008: 3384-3391.

119. Rusu R B, Blodow N, Beetz M. Fast Point Feature Histograms (FPFH) for 3D registration [C] //2009 IEEE International Conference on Robotics and Automation, Kobe, Japan: IEEE, 2009: 3212-3217.

120. Sternberg H. Comparison of terrestrial laser scanning systems in industrial as-built-documentation applications [J]. Optical 3-D Measurement Techniques, 2007 (1): 389-397.

121. Strozzi T, Farina P, Corsini A. Survey and monitoring of landslide displacements by means of L- band satellite SAR interferometry [J]. Landslides, 2005 (2): 193-201.

122. Vosselman G. Slope based filtering of laser altimetry data [C] // International Archives of Photogrammetry and Remote Sensing, 2000.

123. Werner C, Wegmuller U, Strozzi T, et al. Interferometric point target analysis for deformation mapping [J]. IEEE International Geoscience & Remote Sensing Symposium, 2003, 7.

124. Zebker H A, Villasenor J. Decorrelation in interferometric radar echoes [J]. IEEE Transactions on Geoscience and Remote Sensing, 1992, 30 (5): 950-959.

125. Zhang L , Ding X , Lu Z. Ground settlement monitoring based on temporarily coherent points between two SAR acquisitions [J]. ISPRS Journal of Photogrammetry and Remote Sensing, 2011, 66 (1): 146-152.

126. Zhang W M, Qi J B, Wan P, et al. An easy-to-use airborne LiDAR data filtering method based on cloth simulation [J]. Remote Sensing, 2016, 8 (6): 501.